LA SCIENCE

DE

LA QUANTITÉ

PRÉCÉDÉE D'UNE ÉTUDE ANALYTIQUE

SUR LES OBJETS FONDAMENTAUX DE LA SCIENCE

PAR

Lucien BUYS

CAPITAINE DU GÉNIE
RÉPÉTITEUR A L'ÉCOLE MILITAIRE DE BELGIQUE

BRUXELLES
LIBRAIRIE EUROPÉENNE C. MUQUARDT
MERZBACH ET FALK, ÉDITEURS
LIBRAIRES DU ROI & DU COMTE DE FLANDRE
45, RUE DE LA RÉGENCE
MÊME MAISON A LEIPZIG
—
1881

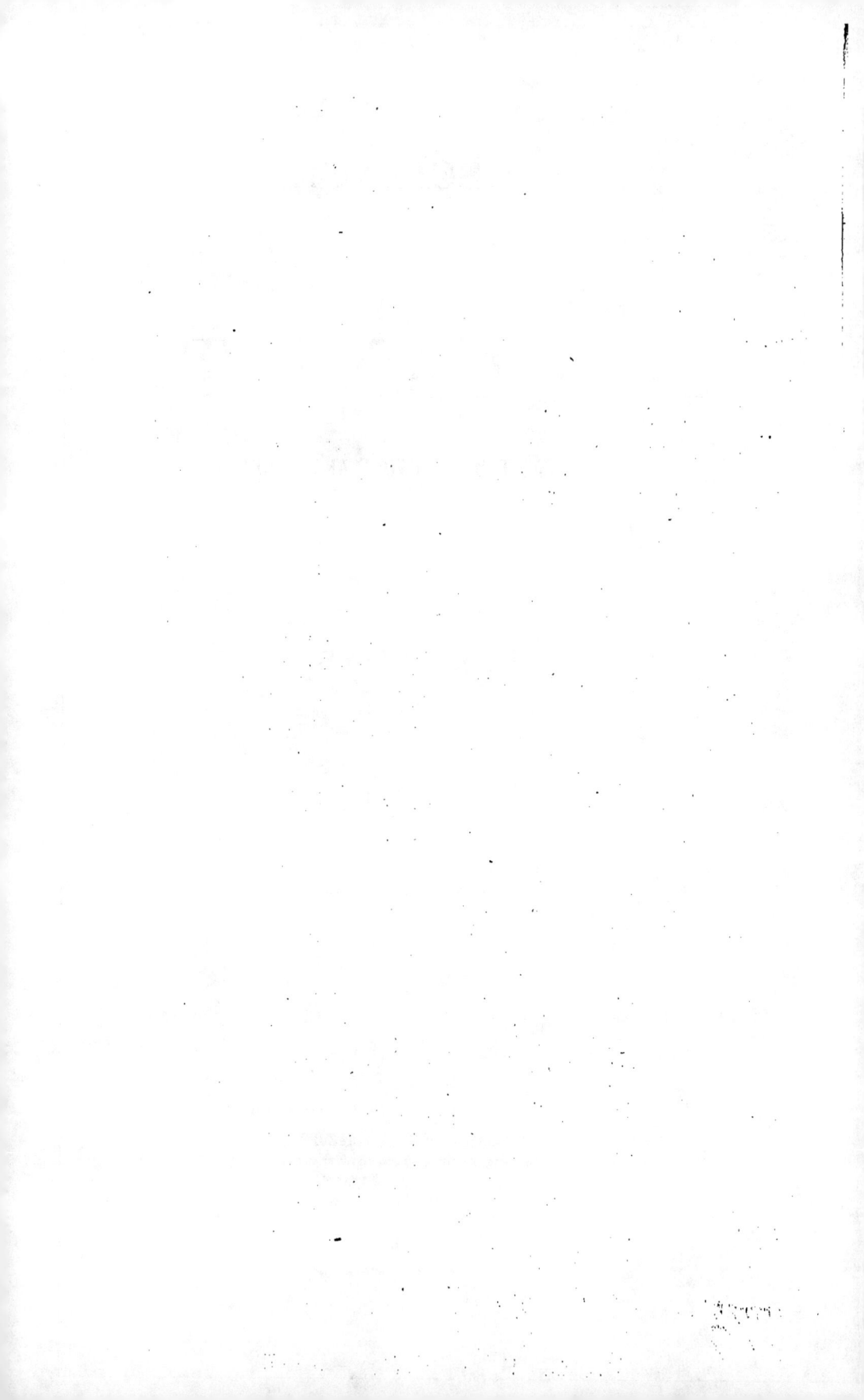

LA SCIENCE

DE

LA QUANTITÉ

BRUXELLES
M. WEISSENBRUCH, IMP. DU ROI
45, RUE DU POINÇON

LA SCIENCE

DE

LA QUANTITÉ

PRÉCÉDÉE D'UNE ÉTUDE ANALYTIQUE

SUR LES OBJETS FONDAMENTAUX DE LA SCIENCE

PAR

Lucien BUYS.

CAPITAINE DU GÉNIE

RÉPÉTITEUR A L'ÉCOLE MILITAIRE DE BELGIQUE

BRUXELLES

LIBRAIRIE EUROPÉENNE C. MUQUARDT

MERZBACH ET FALK, ÉDITEURS

LIBRAIRES DU ROI & DU COMTE DE FLANDRE

45, RUE DE LA RÉGENCE

MÊME MAISON A LEIPZIG

—

1881

INTRODUCTION

ÉTUDE ANALYTIQUE SUR LES OBJETS FONDAMENTAUX DE LA SCIENCE

La science me paraît entraînée de nos jours dans des doctrines subjectives et imaginaires que l'on décore du nom de *positivisme*. Le positivisme est un mot nouveau, mais les doctrines qu'il cache sont vieilles comme le monde : le positiviste moderne est, comme son parrain le matérialiste ancien, un esprit exclusif qui a la prétention de ne connaître que des phénomènes et qui renferme toute la science et la vie humaine dans le cercle restreint des impressions des sens, interprétées selon sa propre fantaisie.

Aussi, comme rien n'est moins *positif* qu'un positiviste, comme rien n'est moins établi que sa singulière méthode, pour acquérir plus sûrement la

1

vérité, retournons en arrière de deux siècles et
revenons à la méthode d'un homme positif. J'ai
nommé Descartes.

« Le bons sens, dit-il, est la chose du monde la
« mieux partagée : car chacun pense en être si bien
« pourvu que ceux mêmes qui sont les plus difficiles
« à contenter en toute autre chose n'ont pas cou-
« tume d'en désirer plus qu'ils en ont. En quoi il
« n'est pas vraisemblable que tous se trompent :
« mais plutôt cela témoigne que la puissance de bien
« juger et de distinguer le vrai d'avec le faux, qui
« est proprement ce qu'on nomme le *bon sens* ou
« la *raison*, est naturellement égale en tous les
« hommes, et qu'ainsi la diversité de nos opinions
« ne vient pas de ce que les uns sont plus raison-
« nables que les autres, mais seulement de ce que
« nous conduisons nos pensées par diverses voies et
« ne considérons pas les mêmes choses. Car ce n'est
« pas assez d'avoir l'esprit bon, mais le principal est
« de l'appliquer bien. Les plus grandes âmes sont
« capables des plus grands vices, aussi bien que des
« plus grandes vertus : et ceux qui ne marchent que
« fort lentement peuvent avancer beaucoup davan-
« tage, s'ils suivent toujours le droit chemin, que
« ceux qui courent et qui s'en éloignent. »

Descartes pose donc la *raison* ou le *bon sens* comme le juge de nos connaissances et montre qu'il faut la cultiver d'après des règles judicieuses pour acquérir la certitude. Voici comment il justifie cette dernière idée par sa propre histoire : « J'ai été nourri « aux *lettres* dès mon enfance, et parce qu'on me « persuadait que par leur moyen on pouvait acquérir « une connaissance claire et assurée de tout ce qui « est utile à la vie, j'avais un extrême désir de les « apprendre. Mais sitôt que j'eus achevé tout ce cours « d'études, au bout duquel on a coutume d'être reçu « au rang des *doctes,* je changeai entièrement d'opi- « nion, car je me trouvais embarrassé de tant de « doutes et d'erreurs, qu'il me semblait n'avoir fait « autre profit en tâchant de m'instruire, sinon que « j'avais découvert de plus en plus mon ignorance. « Et néanmoins j'étais en l'une des plus célèbres « écoles de l'Europe, où je pensais qu'il devait y « avoir de savants hommes s'il y en avait en aucun « endroit de la terre : j'y avais appris tout ce que « les autres apprenaient; et même, ne m'étant pas « contenté des sciences qu'on nous enseignait, j'avais « parcouru tous les livres traitant de celles qu'on « estime les plus curieuses et les plus rares, qui « avaient pu tomber entre mes mains. Avec cela je

« savais les jugements que les autres faisaient de moi ;
« et je ne voyais pas qu'on m'estimât inférieur à mes
« condisciples, bien qu'il y en eût déjà entre eux
« quelques-uns qu'on destinait à remplir les places
« de nos maîtres. Et enfin notre siècle me semblait
« aussi florissant et aussi fertile en bons esprits qu'ait
« été aucun des précédents. Ce qui me faisait prendre
« la liberté de juger par moi de tous les autres, et
« de penser qu'il n'y avait aucune doctrine dans le
« monde qui fût telle qu'on m'avait auparavant fait
« espérer. »

Descartes nous dit ensuite qu'il ne laissait pas
toutefois d'estimer les exercices dont on s'occupe
dans les écoles. Il sait que les langues qu'on y
apprend sont nécessaires pour l'intelligence des
livres anciens, que la gentillesse des fables recueille
l'esprit, que les actions mémorables de l'histoire,
lues avec discrétion, aident à former le jugement :
il estime la lecture des bons livres, l'éloquence, la
poésie avec ses douceurs ravissantes, les mathématiques, la philosophie qui donne le moyen de parler
vraisemblablement de toutes choses et de se faire
admirer des moins savants, la jurisprudence, la
médecine et les autres sciences.

Mais, comme toutes les sciences empruntent leurs

principes à la philosophie et que dans celle-ci il ne
se trouve guère de chose dont on ne dispute et qui
ne soit douteuse, « sitôt que l'âge me permit de sortir
« de la sujétion de mes précepteurs, je quittai entiè-
« rement l'étude des lettres. Et me résolvant de ne
« plus chercher d'autre science que celle qui se pour-
« rait trouver en moi-même, ou bien dans le grand
« livre du monde, j'employai le reste de ma jeunesse
« à faire partout telle réflexion sur les choses qui se
« présentaient que j'en pusse tirer quelque profit.
« Car il me semblait que je pourrais rencontrer beau-
« coup plus de vérité dans les raisonnements que
« chacun fait touchant les affaires qui lui importent
« et dont l'événement le doit punir bientôt après
« s'il a mal jugé, que dans ceux que fait un *savant*
« dans son cabinet touchant des spéculations qui ne
« produisent aucun effet et qui ne lui sont d'autre
« conséquence, sinon que peut-être il en tirera
« d'autant plus de vanité qu'elles seront plus éloi-
« gnées du sens commun ; à cause qu'il aura dû em-
« ployer d'autant plus d'esprit et d'artifice à tâcher
« de les rendre plus vraisemblables. Et j'avais tou-
« jours un extrême désir d'apprendre à distinguer le
« vrai d'avec le faux, pour voir clair en mes actions
« et marcher avec assurance en cette vie. »

« Mais, comme un homme qui marche seul dans
« les ténèbres, je me résolus d'aller si lentement et
« d'user de tant de circonspection en toutes choses,
« que, si je n'avançais que fort peu, je me garderais
« bien au moins de tomber. »

Descartes raconte ensuite qu'il avait un peu étudié
la philosophie, la logique, les mathématiques, l'analyse des géomètres et l'algèbre, trois sciences qui
semblaient devoir contribuer à ses desseins. Cependant, en les examinant, il reconnut (et sa méthode
n'a pas été suffisamment employée pour que, de nos
jours, il n'en soit encore ainsi) que la logique, ses
syllogismes et la plupart de ses autres instructions
servent plutôt à expliquer à autrui les choses qu'on
sait, ou même à parler sans jugement des choses
qu'on ignore, qu'à les apprendre. Et bien qu'elle
contienne, en effet, beaucoup de préceptes très vrais
et très bons, il y en a toutefois tant d'autres mêlés
parmi eux, qui sont ou nuisibles ou superflus, qu'il
est presque aussi malaisé de les en séparer que de
tirer une Diane ou une Minerve d'un bloc de marbre
qui n'est pas encore ébauché. Puis, pour l'analyse des
anciens et l'algèbre des modernes, outre qu'elles ne
s'occupent que de matières fort abstraites et qui ne
semblent d'aucun usage, la première est toujours si

astreinte à la considération des figures qu'elle ne peut exercer l'entendement sans fatiguer beaucoup l'imagination, et l'on s'est tellement assujetti, dans la dernière, à certaines règles et à certains signes qu'on en a fait un art confus et obscur qui embarrasse l'esprit, au lieu d'une science qui le cultive ([1]). Descartes prit donc la résolution de chercher une autre méthode, qui, comprenant les avantages de ces trois, fût exempte de leurs défauts. Au lieu du grand nombre de préceptes dont la logique est composée, il crut qu'il aurait assez des quatre suivants, *pourvu qu'il prit une ferme et constante résolution de ne pas manquer une seule fois à les observer* :

« Le premier était de ne recevoir jamais aucune « chose pour vraie que je ne la connusse évidem- « ment être telle, c'est-à-dire d'éviter soigneusement « la *précipitation* et la *prévention*, et de ne com- « prendre rien de plus en mes jugements que ce qui « se présenterait si clairement et si distinctement à « mon esprit que je n'eusse aucune occasion de le « mettre en doute.

« Le second, de diviser chacune des difficultés que « j'examinerais en autant de parcelles qu'il se pour- « rait et qu'il serait requis pour les mieux résoudre. »

([1]) On ne les a pas modifiées depuis cette époque.

« Le troisième, de conduire par ordre mes pen-
« sées, en commençant par les objets les plus simples
« et les plus aisés à connaître, pour monter peu à
« peu comme par degrés jusques à la connaissance
« des plus composés, et supposant même de l'ordre
« entre ceux qui ne se précèdent pas naturellement
« les uns les autres.

« Et le dernier, de faire partout des dénombre-
« ments si entiers et des revues si générales, que je
« fusse assuré de ne rien omettre. »

Telle est la méthode que Descartes a employée et
qui l'a conduit à des résultats si remarquables pour
son époque concernant une foule de faits et de
théories physiques et spirituels.

La première nécessité de cette méthode est de chercher une connaissance fondamentale qui soit *vraie,*
certaine, immédiate et *universelle,* et qui soit pour
chacun le *point de départ* de sa science. Inspirons-
nous ici des idées du philosophe allemand Krause,
le Descartes germanique.

Toute *connaissance,* vraie ou fausse, suppose deux
termes : le sujet qui connaît, et l'objet qui est connu.
La connaissance *vraie* suppose, en outre, que le sujet
connaît l'objet tel qu'il est en réalité. La connaissance
vraie et certaine suppose que le sujet connaît l'objet

tel qu'il est en réalité et qu'il a conscience de la
vérité. La vérité contient donc deux termes qui s'ac-
cordent parfaitement; mais pouvons-nous vérifier
cet accord, pouvons-nous *en avoir conscience?* Pour
résoudre la question, il suffit de démontrer qu'il
existe un objet pour lequel cet accord et la conscience
de cet accord sont certains; car, dès lors, nous
sommes organisés pour acquérir la certitude. Et
puisque le doute surgit de l'énoncé même du problème de la vérité, puisqu'il réside dans la distinction
du sujet et de l'objet de la connaissance et dans la
possibilité de leur désaccord, le *point de départ* de
la science doit se trouver *au-dessus* de l'opposition
qui existe entre le sujet connaissant et l'objet connu.

DESCARTES, FICHTE, KRAUSE se sont occupés tour à
tour de la question. Voici le raisonnement de DES-
CARTES :

« J'avais dès longtemps remarqué que, pour les
« mœurs, il est besoin quelquefois de suivre des opi-
« nions qu'on sait être fort incertaines, tout de même
« que si elles étaient indubitables : mais, comme je
« désirais m'occuper seulement de la recherche de la
« vérité, je pensai qu'il fallait que je fisse tout le con-
« traire et que je rejetasse comme absolument faux
« tout ce en quoi je pourrais imaginer le moindre

« doute, afin de voir s'il ne resterait point après cela
« quelque chose en ma croyance qui fût entièrement
« indubitable. Ainsi, à cause que nos sens nous
« trompent parfois, je voulus supposer qu'il n'y avait
« aucune chose qui fût telle qu'ils nous la font ima-
« giner. Et puisqu'il y a des hommes qui se mépren-
« nent en raisonnant, même touchant les plus simples
« matières de la géométrie, et y font des paralo-
« gismes, jugeant que j'étais sujet à faillir autant
« qu'aucun autre, je rejetai comme fausses toutes les
« raisons que j'avais prises auparavant pour démon-
« strations; et enfin, considérant que toutes les
« mêmes pensées que nous avons étant éveillés nous
« peuvent aussi venir quand nous dormons sans
« qu'il y ait aucune pour lors qui soit vraie, je me
« résolus de m'imaginer que toutes les choses qui
« m'étaient jamais entrées dans l'esprit n'étaient pas
« plus vraies que les illusions de mes songes. Mais
« aussitôt après je pris garde que, pendant que je
« voulais ainsi penser que tout était faux, il fallait
« nécessairement que moi qui le pensais fusse quel-
« que chose. Et remarquant que cette vérité, *je pense,*
« *donc je suis,* était si ferme et si assurée que toutes
« les plus extravagantes suppositions des sceptiques
« n'étaient pas capables de l'ébranler, je jugeai que

« je pouvais la recevoir sans scrupule pour le pre-
« mier principe de philosophie que je cherchais. »

FICHTE, adoptant une formule plus simple que le
raisonnement, proposa pour point de départ un
jugement identique, *je suis moi.*

KRAUSE enfin, observant que le raisonnement de
Descartes contient trois termes : le moi, la pensée et
l'existence, que le jugement de Fichte en contient
deux, le moi et l'existence, donna pour base à la
science une simple *intuition,* la pensée *moi,* qui se
trouve au fond de toutes les opérations de l'esprit et
ne peut également soulever aucune contestation de
la part du scepticisme. En effet, cette simple intuition *indéterminée* ou *indivise, moi,* sans désignation
ni exclusion d'aucune particularité du moi, nous la
possédons tous : il est impossible de penser : *Je ne
puis être sûr de rien,* sans au moins être sûr de : *je.*

Puisque nous venons de trouver une connaissance
que nous *savons* être *vraie* et *certaine : je me reconnais comme moi,* examinons en quoi consiste la certitude. Remarquant qu'il n'y a rien dans cette intuition indéterminée qui m'assure que je dis la vérité,
sinon que je la reconnais comme évidente, je juge
que je dois prendre pour règle générale que les choses
que je conçois aussi clairement et aussi distinctement

sont toutes vraies et certaines; sinon, il ne me reste qu'à fermer la bouche et à agir comme l'animal; ce que je n'admets pas. Le criterium de la certitude est donc en nous : nous connaissons d'une manière certaine les choses avec lesquelles notre esprit s'est mis en rapport, qu'il reconnaît *en conscience* être telles qu'il les conçoit; en d'autres termes, qu'il ne peut affirmer ne pas être sans faire violence à sa nature. Toute la difficulté consiste seulement à bien remarquer celles que nous concevons de cette manière, à les soumettre loyalement au tribunal de la *Raison*.

La première et la seule vérité certaine et inattaquable dès le début, la connaissance indéterminée du moi, est une intuition de la *Raison*. La science ne peut commencer que par cette intuition et se continue par les conséquences de celle-ci, que nous fait découvrir notre organisation intellectuelle et corporelle. L'enfant, apparaissant sur la terre, connaît son *moi indivis* d'une manière indéterminée et spontanée, par une intuition intellectuelle, mais sans distinguer aucune de ses parties ou de ses propriétés. Après une longue série de nouvelles intuitions intellectuelles acquises par la raison et d'intuitions sensibles acquises par l'intermédiaire des sens, l'homme arrive, en procédant avec méthode *et en examinant d'abord le moi dans son* ENSEMBLE, à reconnaître que son moi est un *être,* un être qui est *quelque chose,* ou qui a une *essence,* un ensemble de propriétés ; que cet être est *posé* d'une certaine façon dans l'*Être total,* qu'il possède une *forme* particulière à l'exclusion d'autres êtres ; et que, par conséquent, il *existe* (¹). Analysant son *essence,* il reconnaît qu'elle est un ensemble harmonieux de propriétés distinctes, mais intimement unies, qui lui sont *propres* et lui appartiennent *en entier.* Il juge que cette essence et chacune de ses propriétés se déterminent comme *forme,* sont *posées* dans l'Être total sous *forme* de la *direction* et de la *contenance :* en tant qu'*essence propre* ou être doué d'un ensemble de propriétés *propres à lui-même,* le moi se *dirige,* se prononce, s'accuse parmi d'*autres* êtres ; en tant qu'*essence entière* ou être doué d'un ensemble de propriétés qui lui appartiennent en entier, il *contient* des parties ou se détermine intérieurement. L'*essence* et la *forme* combinées constituent l'*existence.* Existe *objectivement,* dans la *réalité* ou *subjectivement,* dans notre *imagination,* tout ce dont l'*essence* est *posée.* Il y a lieu de distinguer entre

---

(¹) Voir le tableau des catégories de Krause, dans la *Logique ou la science de la connaissance,* par M. G. Tiberghien, professeur à l'université de Bruxelles.

ce qui existe *en soi* et ce qui existe *en autre chose,* entre ce qui est *substance* et ce qui est *propriété, mode, qualité, accident, modalité* d'une substance.

Après avoir examiné le moi dans son ensemble, l'homme l'examine dans son CONTENU. Il se reconnaît comme l'être d'union de deux substances distinctes, mais non séparées, l'*esprit* et le *corps.* Chacune de ces substances, considérée en elle-même, possède toutes les propriétés ou *catégories* précédentes : elle a *son essence, sa forme, son existence;* elle est *une* et *entière,* une et la même, une et simple; elle a sa *direction* et sa *contenance,* mais elle est encore indéterminée aussi longtemps qu'elle n'entre pas en comparaison avec autre chose. Mettons-la maintenant en présence de l'autre substance, examinons l'une avec l'autre, aussitôt chacune se détermine et trouve son contraire : chacune est ce qu'elle est et n'est que cela, l'esprit est *identique* à lui-même, mais il est l'*autre* du corps, et le corps, à son tour, est l'*autre* de l'esprit : l'esprit n'est pas ce qu'est le corps et le corps n'est pas ce qu'est l'esprit. La relation *coordonnée* se manifeste donc comme *détermination* et *exclusion.* Continuons l'analyse des deux termes opposés : chacun pris en lui-même est un, ensemble ils sont deux : de là l'*unité* et la pluralité ou la *multiplicité,* base des jugements de quantité. En outre, chaque terme en lui-même, en tant qu'il est posé, est *positif*, puisqu'il est quelque chose, mais *par rapport* au terme opposé, il est *négatif,* puisqu'il n'est que ce qu'il est ou qu'il est privé de toute la réalité qui appartient à son contraire : de là, les jugements *affirmatifs* et *négatifs,* que l'on appelle jugements de qualité.

La *détermination,* le *nombre* et la *négation,* qui affectent nécessairement les deux termes d'une antithèse, nous conduisent à la catégorie de la *limite,* qui est également inhérente à l'être considéré non en lui-même, mais dans son contenu. Chaque membre de l'opposition, esprit ou corps, a son *intérieur,* puisqu'il a une contenance; mais comme il n'est pas seul, comme il n'est pas tout, comme il est privé de quelque réalité, son contenu s'arrête où commence celui de son contraire; chacun a donc aussi un *extérieur.* Pour tout ce qui est limité ou déterminé, il y a un dedans et un dehors, un monde intérieur et un monde extérieur. La limite est précisément la ligne de séparation entre l'intérieur et le dehors. L'*infini* n'a point d'extérieur, l'infini est seul, sans second, sans opposition, sans négation, l'infini n'a pas de limites. La limite n'affecte que les parties d'un tout, en tant qu'elles s'excluent mutuellement; mais ces parties avec leurs limites sont contenues dans le tout ou dans l'infini. La limite se détermine de nouveau comme *commencement* et comme *fin*, comme point initial et comme point final, selon que l'objet est envisagé du dehors au dedans ou du dedans au dehors. Le fini est proprement ce qui a une fin, mais se prend communément pour la limite en général. La confusion, du reste, se conçoit aisément ; point de fin sans commencement, point de commencement sans fin. Le contenu de la limite, ce qui est circonscrit de toutes parts entre des points extrêmes, ce qui est susceptible de plus ou de moins, se nomme *quantité* ou grandeur. La grandeur est à la limite comme le fond est à la forme.

En considérant encore les rapports des parties entre elles, au point de vue de leur coexistence, on obtient une catégorie nouvelle, celle de la *conditionnalité*. Deux choses comme l'esprit et le corps, qui sont l'un avec l'autre dans un même tout, sont *nécessaires* l'une à l'autre, d'autant plus nécessaires qu'elles sont plus hétérogènes, de sorte que si l'une vient à pâtir ou à manquer, l'autre pâtit ou manque également : cette relation se nomme *condition;* elle exprime la dépendance mutuelle ou bilatérale de deux termes coordonnés, la solidarité des parties,

tandis que la *causalité* désigne un rapport unilatéral,
la dépendance de la partie vis-à-vis du tout. L'idée
de condition s'applique à tous les êtres finis qui sont
ensemble dans le même monde. Chaque espèce
trouve ses conditions d'existence et de développement dans les espèces voisines; l'homme surtout a
besoin du concours de ses semblables dans la société;
de là le *juste* et l'*injuste*, car le droit n'est que l'expression de certaines conditions qui sont indispen-
sables pour la réalisation de notre fin. De l'idée de
condition dérive encore celle de *complément*. Ce qui
a besoin de conditions extérieures pour vivre est
incomplet et doit se compléter par le concours d'autrui. Cette catégorie ne s'applique pas à l'infini considéré en lui-même, qui, comme tel, est seul, sans
conditions, et n'a pas besoin de complément.

Nous venons d'analyser l'être en rapport avec un
autre être, son contraire; considérons-le maintenant
dans son évolution, où il présente une nouvelle opposition.

Ici nous trouvons la distinction entre l'être même
et la série des actes, des états ou des phénomènes
par lesquels l'être réalise intérieurement son essence.
Le *phénomène* est l'*accident* de la substance. Il faut
lui marquer sa place dans le tableau des catégories,

sans exagérer son importance : il n'est ni le premier,
ni le seul objet de la pensée, comme l'enseignent
aujourd'hui les positivistes. Les êtres changent en
passant d'un état déterminé à un autre état déterminé ; esprits et corps, tout se modifie, tout se manifeste par des phénomènes toujours distincts ; mais
l'essence et les propriétés des êtres ne se perdent pas
pour cela. Il y a donc une double face dans les
choses, l'une variable, l'autre immuable ; chaque
être, en d'autres termes, a deux attributs opposés, le
changement et l'*immutabilité,* dont l'un se rapporte
aux phénomènes passagers, l'autre à l'essence per-
manente. Le *devenir* est la série continue des états
qui s'écoulent : il concilie l'*être* et le *non-être*, comme
dit Hegel, en ce sens que chaque état complètement
déterminé exclut les autres, que l'on ne peut pas se
trouver à la fois dans deux situations différentes ;
que si l'une existe, l'autre n'existe pas et réciproquement. Ce qui *devient* n'est pas encore, et cependant
il est de quelque manière : il commence à être, il
passe graduellement de la *possibilité* à la *réalité*.
Tous ces états qui s'excluent coexistent dans la
même essence. Cette contradiction apparente se
résout par le *temps,* par la succession qui contient
les catégories de l'avant et de l'après. L'être n'est

pas au même instant dans deux états qui s'excluent, mais il avance successivement de l'un vers l'autre. Le *temps* est la forme du changement, l'*éternité* est la forme de l'immuable. Si les phénomènes sont mobiles et transitoires, l'essence est éternelle. Le *temps* est une catégorie réelle qui concerne tous les êtres, en tant qu'ils changent ou deviennent autres. Il n'en est pas de même de l'*espace*, qui n'est que la forme d'une espèce d'êtres, des *corps,* en tant qu'ils existent sous le caractère de l'*extension* et de la *continuité*. Le temps et l'espace combinés donnent le *mouvement,* comme direction des êtres finis les uns vers les autres, sous la condition de la translation et de la durée.

A la face immuable et éternelle des choses se rattache la *puissance;* à leur face variable et temporelle, l'*acte*. Le *possible* existe en *puissance*, le *réel* existe en *acte*. Toute substance est *active,* et si la substance est finie, elle manifeste cette propriété par un double courant dont elle est le sujet et l'objet, par l'action et la passion, par la spontanéité et la réceptivité. Toute *action* reçue provoque une *réaction*. Appréciée au point de vue de la quantité, l'activité se détermine comme *force :* la force est le degré ou le *quantum* d'activité déployée par les êtres spirituels ou physiques. Combinée avec la puissance, l'activité devient *tendance* ou inclination. Chaque être a des *tendances,* marquées par les états possibles qui sont contenus dans sa nature et qui doivent être réalisés par son activité. Les tendances inconscientes sont, dans la matière inorganique, les affinités, dans les corps organisés, les instincts et les dispositions ; les tendances conscientes dans les êtres raisonnables sont les désirs. Les inclinations indiquent la *fin,* le *but* ou la destination des êtres. Tout être a une fin qui fait partie de la téléologie générale de la création, et cette fin se manifeste dans l'ensemble de ses forces et de ses dispositions. Tout être qui a une *fin* trouve dans sa nature les *moyens* de l'atteindre. Les êtres qui ont leur fin en eux-mêmes, qui ont conscience de leur destinée et se reconnaissent responsables de la manière dont ils l'accomplissent, sont des personnes. L'être qui remplit sa mission, qui agit selon sa nature fait *bien,* celui qui agit en opposition avec son essence fait *mal.*

Après avoir examiné son MOI *dans son* ENSEMBLE *et dans son* CONTENU, *et acquis clairement les catégories ou idées fondamentales de l'*ESSENCE, *de la* FORME *et de l'*EXISTENCE, *de la* PROPRIÉTÉ *et de l'*ENTIÈRETÉ, *de la* DIRECTION *et de la* CONTENANCE, *de la* SUBSTANCE *et de la*

MODALITÉ; *de la* DÉTERMINATION *et de l'*EXCLUSION, *de l'*IDENTITÉ *et de la* DIFFÉRENCE, *de l'*UNITÉ *et de la* MULTI-PLICITÉ, *de l'*AFFIRMATION *et de la* NÉGATION, *de l'*INTÉRIEUR *et de l'*EXTÉRIEUR, *de la* LIMITE *et de la* QUANTITÉ, *du* COMMENCEMENT *et de la* FIN, *de la* CONDITION *et du* COMPLÉ-MENT, *du* DEVENIR, *du* CHANGEMENT *et de l'*IMMUTABILITÉ, *du* TEMPS *et de l'*ÉTERNITÉ, *de la* PUISSANCE *et de l'*ACTUA-LITÉ, *de l'*ACTION *et de la* RÉACTION, *de la* FORCE *et de la* TENDANCE, *du* BUT *et du* MOYEN, *du* BIEN *et du* MAL, *l'homme combine les deux aspects de l'*ENSEMBLE *et du* CONTENU; il considère à la fois l'être en lui-même, dans son ensemble et dans son contenu. Des propriétés nouvelles se révèlent dans cette *synthèse*. Entre un être et son contenu, il n'existe plus de rapport d'opposition, mais de transcendance, c'est-à-dire de *subordination* ou de supériorité. Il n'y a donc plus lieu d'appliquer, comme précédemment, le principe de contradiction. Nous voyons, d'une part, le *tout,* de l'autre, les *parties;* par exemple, l'homme dans l'unité de sa nature, l'esprit et le corps comme expressions de sa dualité. Le tout est le *contenant,* les parties sont le *contenu.* Tout ce qui est dans le contenu est aussi dans le contenant, mais tout ce qui est dans le contenant n'est pas pour cela dans le contenu.

La contenance et la subordination des parties

constituent le rapport de *raison* ou de fondement. Les
parties sont *fondées* dans le tout, le tout est la *raison*
de ses manifestations particlles, puisqu'elles y sont
contenues et qu'elles lui sont subordonnées. La *causalité* ajoute à ces rapports un rapport nouveau, le
rapport de *production* : la *causalité* est le lien de
deux choses dont l'une est *produite* par l'autre :
celle-ci se nomme *cause,* celle-là *effet.* La cause est
donc une raison productrice ou déterminante. En
tant que l'être, par sa causalité, réalise constamment
son essence, qui est une et la même, il y a des élé-
ments communs à toute la série des phénomènes qui
marquent son devenir : ces caractères communs et
invariables sont les *lois* de l'activité, fondées dans la
nature des choses.

Un tout avec l'ensemble de ses parties distinctes,
mais intimement liées entre elles et avec le tout nous
donne l'idée d'un *organisme.* Les conditions de l'organisation sont : *unité, variété, harmonie.*

Nous connaissons maintenant les attributs que
l'homme trouve en lui-même et d'après lesquels il
juge chaque chose, attributs que depuis Aristote on
a appelés les *catégories* de la raison. Un pareil sujet
exigerait un ouvrage spécial; nous renvoyons, pour
de plus amples développements, à la psychologie de

Krause, que l'on pourra étudier dans la *Psychologie ou science de l'âme*, par M. G. Tiberghien, professeur à l'université de Bruxelles. Nous nous sommes seulement proposé d'embrasser les catégories d'une façon générale dans leur ordre réel, pour ne pas envisager les objets de la pensée d'un point de vue exclusif. Tout homme se met en rapport avec les choses d'après les lois de son organisation corporelle et intellectuelle, et ses connaissances se forment par l'application des catégories de la raison. La connaissance, à son origine, est *indéterminée* : celle-là est commune à tous. La connaissance ne devient *réfléchie* que dans son développement et le degré de la connaissance réfléchie dépend de l'exercice ; ce n'est qu'après avoir suffisamment examiné et comparé les objets, ceux de son moi comme ceux du non-moi, les impressions des nerfs de ses sens et les manifestations de son esprit, que l'homme parvient à se rendre compte des règles qui président à la construction de son savoir et à revêtir la Science de la forme systématique.

Ce que nous disons de l'individu en particulier s'applique à l'Humanité entière : de nos jours, la science humaine n'est pas encore constituée en système, elle n'est pas réduite à l'unité dans son Principe, l'*Être infini et absolu qui est*. Cependant chaque branche de la Science, quoique comprenant une foule de notions obscures et mal définies, a suffisamment développé son principe spécial pour que la réduction systématique puisse au moins être tentée.

C'est ce que je vais essayer en réunissant les choses que ma raison me semble connaître clairement et distinctement telles qu'elles sont, et que chacun, du reste, ne pourra admettre qu'après les avoir soumises aux lumières de sa propre conscience.

Théorie de la Science.

La *Science* est la connaissance vraie et certaine de l'*Être*, de *Celui qui est*, dans lequel, sous lequel et par lequel est tout ce qui est.

Comme nous l'avons vu, la science humaine commence par la connaissance indéterminée du *moi* et du *non-moi*. L'un et l'autre se déterminent ensuite comme moi matériel et moi spirituel distincts, mais intimement unis, comme non-moi matériel et non-moi spirituel distincts, mais également unis.

Le moi matériel reçoit les impressions du non-moi matériel, le moi spirituel les interprète; ils agissent et réagissent l'un sur l'autre, quoique cependant

dans le moi matériel prédominent la *réceptivité* et
l'*enchaînement* au moi spirituel et au non-moi, tandis
que dans le moi spirituel prédominent la *spontanéité*
et la *liberté*.

Le *moi,* l'homme, en tant que corps et âme, a été
admirablement déterminé par Krause[1]; il en a
conclu les catégories de la raison ou les notions premières d'après lesquelles l'esprit analyse les objets,
d'après lesquelles il doit déterminer chaque *être* en
le considérant *en lui-même, dans son contenu* et *dans
les rapports avec son contenu.*

Le *non-moi matériel* se compose de *corps,* réunis
dans la conception d'un tout infini dans son genre,
appelé la *Matière,* et le *non-moi spirituel* se compose
de substances spirituelles, réunies dans la conception
d'un tout infini dans son genre, appelé l'*Esprit.*
L'*Esprit* et la *Matière,* quoique distincts, sont intimement unis dans l'*Être infini et absolu dans* lequel,
sous lequel, *par* lequel est ce qui est.

La détermination de l'*Être,* en tant qu'être matériel, être spirituel et Être d'union de ces deux êtres
distincts, tel est l'objet de la Science.

Il résulte de ces intuitions, qui nous semblent

---

[1] Voir *Ea science de l'âme dans les limites de l'observation,* par
M. G. Tiberghien, professeur ordinaire à l'université de Bruxelles.

satisfaire aux caractères de la certitude, que la
science de l'Être se subdivise en deux branches : la
science de la Matière et la science de l'Esprit,
réduites à l'unité dans celle de l'Être qui les unit.

Lorsque *tous* leurs objets se présenteront à notre
Raison, au juge que l'Être suprême a placé en nous,
sous forme d'intuitions certaines et évidentes, la
notion de toutes les déterminations de l'Être infini
et absolu lui-même s'y présentera aussi clairement,
et la Science aura chassé le doute à jamais. C'est assez
dire que l'homme et l'humanité ne parviendront à
ce résultat que dans le temps infini.

La Matière.

L'homme commence par percevoir, avec l'aide de
ses sens, un certain nombre de corps qui meublent
la Terre, puis la Terre lui apparaît comme formant
un seul corps, un astre d'un système planétaire, puis
au delà il voit d'autres astres et finit par considérer
la *Matière* comme un tout illimité dans son genre,
composé d'une infinité de corps réunis entre eux par
de la matière à un état de condensation moindre ou
à l'état d'*éther*. La première propriété générique qu'il
attribue à la Matière est celle de la *continuité,* car il

ne peut la concevoir comme entourant des vides absolus dans son intérieur; elle est une substance qui s'étale en tous sens, qui *s'étend de point en point* sous la forme de *l'espace*. Tous les corps ont de *l'étendue*, *limitée* en *longueur*, *largeur* et *profondeur*, sont *posés* les uns à côté des autres et se composent de *particules* ou de molécules encore *juxtaposées*. La propriété formelle qui indique *comment* les corps *coexistent* est *l'espace*, et si l'on admet que la Matière sous le nom d'*éther* est *diffuse* dans toute la *Nature*, l'espace est la forme de la Matière en tant que continue ou la *forme de la continuité* de la Matière.

Tout ce qui est continu est *divisible* sans limite; donc la Matière a la propriété de la *divisibilité* illimitée ou la propriété de pouvoir être séparée en parties distinctes aussi petites qu'on le veut. La propriété formelle qui indique *comment* la Matière se divise est le *nombre*. Le *nombre* indique d'une manière générale comment sont les parties d'un tout *divisé* ou *divisible*.

Une troisième propriété générique de la Matière est l'*activité*. Toute substance matérielle est active et manifeste cette propriété par un double courant, par la *spontanéité* et la *réceptivité*; toute *action* reçue provoque une *réaction*. Estimée au point de vue de la *quantité, du plus ou du moins,* l'activité se détermine comme *force.* L'activité est aussi synonyme de *changement,* car *agir,* c'est *changer d'état,* se modifier, se manifester par des phénomènes toujours distincts, *devenir autre.* La *forme* de l'activité ou du changement est le *temps;* le *temps* indique *comment* les objets changent.

De *l'activité et de l'étendue combinées* résulte la *mobilité* ou la propriété qu'ont les corps de pouvoir modifier leur étendue par leurs actions et leurs réactions réciproques. La forme de la *mobilité* est le *mouvement,* combinaison des formes du temps et de l'espace.

Enfin tous les objets et les formes matériels limités se déterminent du point de vue de la *quantité,* du plus ou du moins.

De l'analyse précédente, il résulte que la science de la Matière se subdivise en deux branches principales distinctes, mais non séparées : la *science de la substance matérielle considérée dans son fond,* et la *science de la substance matérielle considérée dans ses formes* (¹).

(¹) La science de la *matière considérée dans son fond* réunit toutes les sciences que l'on appelle : *physique, chimie, minéralogie, géologie,* etc. La *science des formes de la matière* réunit les sciences que l'on nomme :

Le principe de la *quantité* les concerne toutes deux : nous commencerons donc par le développer. C'est l'objet de l'ouvrage que nous publions aujourd'hui.

L'Esprit.

L'*Esprit* est l'ensemble des *esprits individuels* auquel nous appartenons nous-mêmes en tant qu'esprits doués de *raison*. L'*Esprit* est l'ensemble des substances immatérielles ou intelligentes, que nous connaissons par une intuition claire, de la même manière que la Matière. Nous commençons par remarquer quelques esprits avec lesquels nous sommes en relation dans la famille et dans la société au moyen de la parole; puis, à mesure que nos forces grandissent et que nos rapports s'étendent grâce à l'éducation, nous conversons avec un nombre d'esprits de plus en plus considérable, et nous entrons même par l'écriture en communication avec les génies des siècles passés, qui nous ont laissé leurs ouvrages. Mais nos liens spirituels sont toujours subordonnés au langage. Ce n'est que par un ensemble de signes, phonétiques ou graphiques, s'adres-

mathématiques, *arithmétique ou science des nombres et des quantités, géométrie ou science de l'espace, mécanique,* etc.

sant à l'ouïe ou à la vue, que nous pouvons communiquer avec nos semblables (¹).

En dehors des âmes douées de raison, au-dessous de l'espèce humaine, il existe d'autres âmes plus imparfaites, qui, privées de la conscience d'elles-mêmes, sont incapables de partager nos pensées et nos sentiments, des êtres pourvus d'une âme sensible dominée par l'instinct et n'agissant que dans le cercle de la sensibilité. Enfin, agrandissant toujours la pensée du monde spirituel, nous arrivons à le concevoir comme un tout infini dans son genre, appelé *Esprit*, constitué en antithèse avec la Matière, quoique toujours uni à celle-ci, et embrassant comme elle une infinité d'êtres finis, une infinité de substances individuelles que nous appelons des *âmes*.

Ce n'est pas ici le lieu de développer l'analyse de l'*Esprit* ou du monde spirituel; aussi renvoyons-nous le lecteur aux ouvrages de KRAUSE qui traitent de cet objet (²).

(¹) Puisqu'il en est ainsi, l'instruction doit débuter par la détermination précise des *idées attachées aux signes ou des langues*, et non pas, d'après les tendances de notre époque, par une foule de notions et de termes mal définis.

(²) La science de l'esprit comprend less ciences dites *naturelles*, considérées en tant que *psychologie*.

L'Animalité, l'Humanité.

Si nous *distinguons* les esprits, nulle part nous ne les voyons *séparés* de la matière. Tous s'unissent avec la matière dans un ensemble d'êtres formés d'un esprit et d'un corps, que nous appelons *animaux,* et dont l'ensemble, infini dans son genre, constitue l'*Animalité.*Nous entendons spécialement par *Humanité* tout l'ensemble des êtres *raisonnables* ou des hommes, en quelque temps ou en quelque lieu qu'ils existent, et quelle que soit la forme matérielle qu'ils revêtent. (Voir les ouvrages de KRAUSE.)

L'Être total, infini et absolu.

La *Matière* et l'*Esprit* s'unissent et s'organisent *dans, sous* et *par* l'*Être* nécessairement unique, total, illimité et absolu qui *est,* l'Être que nous avons nommé *Dieu.*

REMARQUE. — Nous n'affirmons pas, dès à présent, que le système de la Science, tel que nous l'avons défini, soit entièrement conforme à la réalité : la discussion viendra peut-être un jour. Nous n'exposons que le résultat de nos méditations, sans nous faire d'illusion sur l'infinité de matériaux qui manquent encore à la solidité de l'édifice. Mais, comme dans tous les actes de la vie nous poursuivons un but, il serait au moins étrange de chercher à acquérir la Science si celle-ci n'avait également un but et un principe. Nous avons défini ce but et ce principe tels que nous les comprenons, et nous chercherons à les atteindre par l'étude approfondie et réfléchie de tout ce qui peut y conduire, en écartant toutes les connaissances qui nous paraissent subjectives, en élaguant les ronces et les broussailles qui barrent la route. A chacun d'ailleurs la tâche de s'y frayer un passage par sa propre volonté; à chacun sa libre conscience, son libre examen, puisqu'il possède le flambeau divin que l'Être suprême a placé en nous : la *Raison*.

— Un dernier mot. Nous nous sommes moins attachés à développer les démonstrations de certains théorèmes qu'à faire voir leurs raisons et leurs connexions avec les autres vérités. Nous demandons donc de l'indulgence pour les erreurs de calcul, de raisonnement et de rédaction qui se seront inévitablement glissées dans un ouvrage de la nature de celui que nous publions aujourd'hui; nous n'avons pas la prétention d'avoir atteint un résultat parfait, et nous nous estimons heureux si nos idées sont seulement jugées dignes d'une discussion ou même d'une contradiction.

LA SCIENCE DE LA QUANTITÉ.

LIVRE I.

PREMIÈRE PARTIE. — DES QUANTITÉS OU DES NOMBRES
D'UNITÉS CONSIDÉRÉS EN EUX-MÊMES, INDÉPENDAMMENT
DES PHÉNOMÈNES DU CHANGEMENT, ET DES SUBSTANCES
OU DES FORMES MATÉRIELLES QUI LES SUPPORTENT.

SECONDE PARTIE. — DES QUANTITÉS OU DES NOMBRES
D'UNITÉS CONSIDÉRÉS DANS LEURS RELATIONS AVEC LES
SUBSTANCES OU LES FORMES MATÉRIELLES QUI LES SUP-
PORTENT.

3

PREMIÈRE PARTIE.

Des quantités ou des nombres d'unités considérés en eux-mêmes, indépendamment des phénomènes du changement, et des substances ou des formes matérielles qui les supportent.

———••———

CHAPITRE PREMIER.

DÉFINITION ET DIVISION DES QUANTITÉS COMPARÉES A L'UNITÉ. — LEUR NOMENCLATURE ET CELLE DES NOMBRES. — LEUR SYSTÈME DE REPRÉSENTATION GRAPHIQUE.

1. Après avoir étudié succinctement la matière dans ses propriétés génériques, analysons-la maintenant dans les corps dont elle est composée. Chacun d'eux, considéré en lui-même, est un *tout*, mais un tout *limité*, qui possède toutes les propriétés énoncées précédemment : il est la somme de portions limitées de matière en certain nombre ; il a son espace, somme des espaces de ses portions ; il a son activité, somme de leurs activités. Considéré dans le contenu de sa limite, ce qui est continu, divisible, circonscrit de toutes parts entre des points

extrêmes, ce qui est susceptible de plus ou de moins est *quantité* (quantum). Ainsi, un *corps* est une quantité (de matière), un *espace* est une quantité (d'espace), une *force* est une quantité (d'activité), etc.

Puisque toutes les substances et les formes matérielles sont *quantités* ou sommes de parties de même nature juxtaposées, nous commencerons par examiner les *quantités*, leurs lois et leurs propriétés, abstraction faite de leur espèce. Il faudra ensuite appliquer ces connaissances à la matière, à l'espace, au temps, au mouvement, à la force et, en général, à tous les objets physiques en tant que quantités et, comme tels, soumis à leurs lois.

2. On appelle donc *quantités* des touts continus, divisibles, limités et, par suite, susceptibles de plus ou de moins, tels que les corps, les espaces, les temps limités. De cette définition, on conclut que toute quantité est une somme d'autres quantités partielles juxtaposées et que l'on se formera une idée d'une quantité relativement à une autre déterminée et de même espèce, en fixant le nombre de ces dernières qu'elle contient. Cette seconde quantité, destinée à servir de terme de comparaison à toutes celles de la même espèce, est nommée l'*unité* et l'on peut dire que l'on *détermine* une quantité en fixant le nombre d'unités et de fractions d'unité qu'elle contient.

3. *De la numération des nombres d'unités.* — Les premières questions que nous devions nous proposer consistent nécessairement à établir une nomencla-

ture systématique des nombres d'unités que peut renfermer une quantité. C'est l'objet de la *numération*.

La somme d'*une* unité et d'*une* unité forme la quantité de *deux* unités; en ajoutant successivement des unités à celle-ci, on obtient les quantités de *trois, quatre, cinq, six, sept, huit* et *neuf* unités.

Ajoutant une nouvelle unité à ces dernières, on obtient une quantité d'unités en nombre *dix*, qui est regardée comme l'unité d'un nouvel *ordre* de grandeur et appelée *dizaine*. On compte par *dizaines* comme on a compté par unités *simples;* ainsi, l'on a les quantités d'*une dizaine, deux dizaines, ..., neuf dizaines*, renfermant des unités en nombres *dix, vingt, trente, quarante, cinquante, soixante, septante* (soixante-dix), *octante* (quatre-vingts), *nonante* (quatre-vingt-dix).

Entre *une dizaine* et *deux dizaines*, il existe neuf autres quantités dont les unités sont en nombres : *dix-un* (onze), *dix-deux* (douze), *dix-trois* (treize), *dix-quatre* (quatorze), *dix-cinq* (quinze), *dix-six* (seize), *dix-sept, dix-huit, dix-neuf.*

Entre *deux dizaines* et *trois dizaines*, il existe aussi neuf quantités dont les unités sont en nombres : *vingt-un, vingt-deux, vingt-trois, vingt-neuf, ..., etc.* On peut ainsi énoncer tous les nombres jusqu'à *nonante-neuf* (quatre-vingt-dix-neuf).

La dernière quantité renfermant *nonante-neuf* unités, augmentée d'une unité, forme *dix dizaines*, dont les unités sont en nombre *cent*. On regarde celle-ci comme l'unité d'un troisième *ordre* de grandeur, appelée *centaine*, et l'on compte par centaines comme on a compté par dizaines et par unités simples. Ainsi, les nombres *cent, deux cents, trois cents,..., neuf cents.* expriment ceux des unités renfermées dans les quantités *une centaine, deux centaines,... neuf centaines.* En plaçant successivement entre les mots : *cent* et *deux cents, deux cents* et *trois cents..., huit cents* et *neuf cents,* les noms des nombres compris depuis *un* jusqu'à *nonante-neuf,* on aura formé les noms de tous les nombres depuis *cent* jusqu'à *neuf cent nonante-neuf.*

En ajoutant une unité à la quantité de *neuf cent nonante-neuf unités,* on obtient celle de *dix centaines,* dont les unités sont en nombre *mille,* et que l'on regarde comme l'unité d'un quatrième ordre de grandeur, dite *unité de mille.* Parvenu à cette quantité, on est convenu, pour ne pas trop multiplier les mots, de regarder l'unité de mille comme une unité d'une nouvelle *classe* de grandeur, et pour former les noms des nombres d'unités suivants, on place devant le mot mille les noms des *neuf cent quatre-vingt-dix-neuf* premiers nombres. Ainsi, l'on dit : *mille, deux mille, trois mille,..., neuf cent quatre-vingt-dix-neuf mille.* Une *dizaine de mille* est d'ailleurs regardée comme l'unité d'un cinquième *ordre* de grandeur; une *centaine de mille,* comme l'unité d'un sixième *ordre.* Plaçant à la suite du nom d'un nombre quelconque de mille les noms de tous les **nombres inférieurs à mille.** il est clair qu'on peut énoncer tous les nombres jusqu'à *neuf cent quatre-vingt-dix-neuf mille neuf cent quatre-vingt-dix-neuf.*

La dernière quantité, augmentée d'une unité, donne la quantité de *mille mille* unités, à laquelle on a donné le nom de *million* et qu'on a regardée comme l'unité d'une deuxième *classe* de grandeur ; de même, une quantité de *mille millions* d'unités s'appelle *billion* et est l'unité d'une troisième *classe;* une quantité de *mille billions* est appelée *trillion* et regardée comme l'unité d'une quatrième *classe,* et ainsi de suite. On compte d'ailleurs dans la *classe* des *millions,* dans celles des *billions,* des *trillions,* des *quatrillions,* etc., comme on a compté dans celle des mille, et il est aisé de comprendre qu'en joignant aux mots génériques : *un, deux, trois, quatre, cinq, six, sept, huit, neuf,* les mots : *million, billion, trillion, quatrillion, quintrillion,*..., on formera la nomenclature de tous les nombres d'unités imaginables.

Observons qu'un *million* est regardé comme l'unité d'un septième *ordre* de grandeur, une *dizaine de millions* comme l'unité d'un huitième *ordre,* une *centaine de billions* comme l'unité d'un neuvième *ordre,* un *trillion* comme l'unité d'un dixième *ordre,* etc., et que, par conséquent, tous les nombres d'unités ont été groupés dans une infinité de *classes* renfermant chacune trois *ordres* de grandeur.

REMARQUE. — Le système de nomenclature des nombres qui vient d'être exposé et qui a été adopté de tous temps par toutes les nations a reçu le nom dc système *décimal* ou à base *dix*, parce que, dans ce système, on regarde dix unités d'un certain ordre comme formant l'unité d'un ordre de grandeur immédiatement supérieur.

On appelle donc *base d'un système de numération* le nombre d'unités d'un certain ordre qui est regardé comme formant l'unité de l'ordre de grandeur immédiatement supérieur. On conçoit que cette base est arbitraire.

4. *De la nomenclature des fractions d'unité.* — Entre deux quantités qui contiennent deux nombres consécutifs d'unités entières choisies pour termes de comparaison, il existe évidemment une infinité d'autres quantités renfermant, outre des unités *entières* en même nombre que la première quantité, toutes les *fractions* possibles de *l'unité principale.* Or, puisqu'on peut concevoir l'unité divisée en autant de parties égales que l'on veut, en *deux* parties appelées *deuxièmes* (moitiés), en *trois* parties appelées *troisièmes* (tiers), en *quatre* parties appelées *quatrièmes* (quarts), en *cinq* parties appelées *cinquièmes*, ..., il faut pouvoir énumérer toutes les quantités fractionnaires renfermant des nombres quelconques de ces parties. L'énoncé d'une fraction comprend nécessairement deux nombres : celui qui désigne en combien de parties l'unité a été divisée, —on l'appelle *dénominateur*, — et celui qui compte combien de ces parties renferme la fraction, — on l'appelle *numérateur.*

Par exemple, *cinq huitièmes* d'unité, *sept neu-*

vièmes d'unité sont des fractions énoncées. La première fraction contient *cinq* parties de l'unité divisée
en *huit* parties égales; la deuxième *sept* parties de
l'unité divisée en *neuf* parties égales. Les nombres
cinq, sept sont les *numérateurs*, les nombres *huit,*
neuf sont les *dénominateurs*.

On conçoit, d'après cela, qu'il est possible d'énoncer une fraction quelconque lorsqu'on a établi la
nomenclature des nombres d'unités entières.

5. *Du système de signes graphiques employés à*
représenter les nombres d'unités entières.—Quelque
simple que soit la nomenclature des nombres d'unités, on éprouverait beaucoup de peine à les étudier
en eux-mêmes et dans leurs rapports si l'on
n'employait des signes graphiques capables de les
représenter rapidement à la pensée. Nous exposerons
ici le système généralement adopté aujourd'hui.

On est convenu de représenter les neuf premiers
nombres d'unités ou les quantités du premier ordre:
une unité, deux unités, trois unités, quatre unités,
cinq unités, six unités, sept unités, huit unités, neuf
unités, respectivement par les *chiffres* ou signes
graphiques

1, 2, 3, 4, 5, 6, 7, 8, 9

et en établissant cette règle, de pure convention,
que: tout chiffre placé à la gauche d'un autre
représentera un nombre d'unités entières de l'ordre
immédiatement supérieur à celui des unités du
nombre exprimé par cet autre, ou, en d'autres

termes, que, lorsque plusieurs chiffres sont écrits les uns à la suite des autres, le premier chiffre à droite représente un nombre d'unités simples; le chiffre immédiatement à gauche, un nombre d'unités du deuxième ordre ou de dizaines; le troisième, un nombre d'unités du troisième ordre ou de centaines, ...; il est aisé de voir qu'on pourra, en général, représenter tous les nombres d'unités entières à l'aide des caractères précédents.

Soit, par exemple, à représenter par des chiffres le nombre de *trois cent soixante-dix-neuf unités.* Cette quantité se compose de neuf unités, plus sept dizaines, plus trois centaines, et peut, par conséquent, d'après la règle convenue, être représentée par

$$379.$$

De même, la quantité de *vingt-huit mille deux cent quarante-sept unités* sera représentée par

$$28247.$$

Caractère ou chiffre 0 (zéro).—Il y a cependant des nombres qu'on ne peut représenter en ne faisant usage que des neuf chiffres précédents. Soient, par exemple, à écrire les nombres de *dix, vingt, trente, ..., unités.* Ces nombres ne contenant pas d'unités simples, on a dû adopter un chiffre qui ne désigne aucune quantité par lui-même, mais qui serve à tenir, dans l'expression graphique d'un nombre, la place des unités de chaque ordre qui manquent dans le nombre proposé. Ce chiffre, *qui marque l'absence de toute quantité*, est 0 (zéro). A l'aide de ce caractère, les nombres de : *dix unités, vingt unités, trente unités*,..., se représentent par

10, 20, 30,...

L'expression graphique du nombre de *deux cent huit mille dix-neuf unités* est, d'après cela,

208019 ;

celle du nombre de *trente-six billions cinq cents millions vingt mille quatre cent sept unités*,

36500020407.

6. *Des caractères employés à représenter graphiquement les fractions de l'unité primitive.* — Pour représenter une fraction par des chiffres, on est convenu de placer l'expression chiffrée du numérateur au-dessus de celle du dénominateur, en interposant une barre. Ainsi, le signe graphique de la fraction : *trois quarts d'unité*, est

$$\frac{3}{4};$$

celui de la fraction : *vingt-trois trente-cinquièmes d'unité*, est

$$\frac{23}{35}.$$

Le signe graphique d'une quantité renfermant un nombre d'unités entières et une fraction s'obtient par la combinaison de leurs signes. Ainsi, la quantité : *trente unités et quatre cinquièmes de l'unité*, s'écrit

$$30\frac{4}{5}.$$

CHAPITRE II.

7. Il résulte de l'essence même des quantités qu'elles ont entre elles des rapports de grandeur. Toute quantité A, comparée à une autre B, est plus grande ou plus petite que celle-ci ou lui est égale (¹). Si $A > B$, A est la *somme* de B et d'une troisième quantité C; si $A < B$, elle est la *différence* entre B et une troisième C ou l'*excès* de B sur C; si A est égal à B, les deux quantités sont *identiques*. En d'autres termes, deux nombres d'unités différents ont entre eux des rapports d'*addition* ou de *soustraction*.

Ces considérations nous amènent à résoudre les deux questions suivantes :

Des nombres d'unités entières ou fractionnaires

(¹) Pour abréger l'écriture, on représente l'idée *est plus grand* par le signe $>$, l'idée *est plus petit* par le signe $<$, et l'idée *est égal* par le signe $=$. Ainsi, les jugements :

A est plus grand que B; A est plus petit que B; A est égal à B, s'écrivent respectivement :

$$A > B; \quad A < B; \quad A = B.$$

étant donnés, déterminer leur somme. C'est l'objet de l'opération nommée *addition*.

Deux nombres d'unités étant donnés, déterminer l'excès du plus grand sur le plus petit. C'est l'objet de la *soustraction*.

§ Ier. — DES OPÉRATIONS A EFFECTUER SUR LES NOMBRES D'UNITÉS ENTIÈRES (^1).

De l'addition des nombres d'unités entières.

8. Deux ou plusieurs nombres A, B, C, D, ..., d'unités entières étant donnés, déterminer leur somme S, c'est-à-dire le nombre d'unités entières qui en contienne à lui seul autant qu'il y en a dans ces divers nombres réunis : telle est la question à résoudre.

9. *Addition des nombres d'unités du premier ordre.* — Leur addition n'offre aucune difficulté : une analyse simple, à laquelle l'homme procède dès qu'il a acquis quelque culture intellectuelle, permet de trouver immédiatement la somme de deux ou plusieurs de ces nombres. On reconnaît ainsi que le nombre entier 3 est la somme des nombres entiers 1 et 2 ; que 4 est la somme de 1 et de 3, de 2 et de 2 ; que 5 est la somme de 1 et de 4, de 2 et de 3, de 1 et de 2 et de 2, etc. (^2).

(^1) Pour abréger le discours, nous dirons souvent *nombre entier*, au lieu de *nombre d'unités entières ; nombre fractionnaire*, au lieu de *nombre d'unités fractionnaires*.

(^2) Pour abréger l'écriture, on écrit que : *5 est la somme de 2 et 3, ou de 1, de 2 et de 2*, de la manière suivante :

$$5 = 2 + 3; \quad 5 = 1 + 2 + 2;$$

le signe $+$ représentant à la pensée l'idée *plus*.

10. *Addition de plusieurs nombres d'unités quel-*
conques, A, B, C, D,... — Il est clair qu'on aura
déterminé la somme de ces nombres si l'on parvient à déterminer la somme de leurs parties,
savoir des nombres d'unités du premier ordre, du
deuxième ordre, du troisième ordre, ..., qu'ils contiennent.

Soit, par exemple, à trouver la somme des
nombres

$$36407,\ 829,\ 95036\ \text{et}\ 804.$$

En remarquant que

36407 = 3 dizaines de mille + 6 unités de mille
    + 4 centaines + 0 dizaines + 7 unités.
 829 =   8   — + 2 — + 9 —
95036 = 9 dizaines de mille + 5 unités de mille
    + 0 centaines + 3 — + 6 —
 804 =   8   — + 0 — + 4 —

on trouve que leur somme S est

S = 12 dizaines de mille + 11 unités de mille + 20 centaines
    + 5 dizaines + 26 unités

ou

S = 1 centaine de mille + 3 dizaines de mille + 3 unités de mille
    + 0 centaines + 7 dizaines + 6 unités,

nombre entier dont l'expression chiffrée est

$$133076.$$

Ainsi, l'on a :

$$36407 + 829 + 95036 + 804 = 133076.$$

Synthèse. — De cette démonstration, on conclut
que l'on pourra procéder à l'addition de plusieurs
nombres entiers de la façon suivante :

36407
829
95036
804
———
133076

On écrit les expressions chiffrées des nombres les unes en dessous des autres, de manière que les chiffres désignant des unités d'un même ordre soient sur une colonne verticale, et on souligne le tout. On ajoute successivement les nombres d'unités du premier ordre, du deuxième ordre, du troisième ordre, …, en ayant soin d'extraire de chaque somme partielle les unités de l'ordre immédiatement supérieur qu'elle contient, pour les ajouter à la somme des unités de cet ordre qui se trouvent dans les nombres. On place en dessous de la barre l'expression de la somme cherchée.

De la soustraction des nombres d'unités entières.

11. Deux nombres étant donnés, chercher l'excès du plus grand sur le plus petit ou la différence entre le plus grand et le plus petit : tel est l'objet de la *soustraction*.

On peut aussi définir la soustraction, une opération qui a pour objet : « Étant donnée la somme de deux nombres d'unités et l'un d'eux, déterminer l'autre, » et, de ce point de vue, la soustraction est l'inverse de l'addition.

12. *Soustraction des nombres d'unités du premier ordre.* — Tant que les nombres proposés ne renferment que des unités du premier ordre, la soustraction est facile. Ainsi, l'excès de 9 sur 6 est 3, ou la différence de 9 à 6 est 3, ou si l'on soustrait 6 de 9, il reste 3. De même 5 de 7 il reste 2, etc. (¹).

Il est encore facile de soustraire un nombre d'unités du premier ordre d'un nombre quelconque.

Ces résultats, qui supposent seulement la connaissance des sommes des nombres d'unités du premier ordre, vont servir de base à la soustraction des nombres quelconques.

13. *Soustraction des nombres d'unités quelconques.* — Soit, par exemple, à soustraire 5467 de 8789. On aura évidemment déterminé la différence entre 8789 et 5467 si l'on parvient à soustraire successivement de 8789 toutes les parties de 5467. Or, en remarquant que

8789 = 8 unités de mille + 7 centaines + 8 dizaines + 9 unités,
5467 = 5   —   + 4   —   + 6   —   + 7   —

on trouve que leur différence D est

D = 3 unités de mille + 3 centaines + 2 dizaines + 2 unités,

nombre dont l'expression chiffrée est

$$3322.$$

DEUXIÈME EXEMPLE. — Soit à trouver l'excès de 83456 sur 28784. En remarquant que

83456 = 8 diz. de mille + 3 unités de mille + 4 cent. + 5 diz. + 6 unités,
28784 = 2   —   + 8   —   + 7   — + 8 — + 4 —

(¹) Pour abréger, on écrit que c est la différence entre a et b, ou que c est l'excès de a sur b, ou que a moins b est égal à c, de la manière suivante :

$$c = a - b;$$

le signe — représentant à la pensée l'idée *moins*.

ou, pour rendre les soustractions partielles possibles, que

83456 = 7 dizaines de mille + 12 unités de mille + 13 centaines
+ 15 dizaines + 6 unités,

on trouve que l'excès de 83456 sur 28784 est

D = 5 diz. de mille + 4 unités de mille + 6 cent. + 7 diz. + 2 unités,

ou 54672.

SYNTHÈSE. — De cette démonstration on conclut
que l'on pourra procéder de la manière suivante à
la soustraction de deux nombres d'unités entières :

7,12,13,15   On écrit les expressions chiffrées des
83456   nombres l'une en dessous de l'autre, de
28784   manière que les chiffres qui représentent
—————
54672   des unités d'un même ordre soient dans
une même colonne verticale, et on souligne le tout.
On soustrait successivement les nombres d'unités du
premier ordre du plus petit nombre de celles du
plus grand, les dizaines des dizaines, les centaines
des centaines,…, en empruntant une unité d'ordre
supérieur s'il est nécessaire. On place en dessous de
la barre l'expression du nombre demandé.

REMARQUE. — On vérifiera la soustraction en ajoutant au plus petit nombre le reste trouvé. Par cette
opération, on doit reproduire le plus grand nombre,
car il résulte des notions mêmes de somme et de différence que si

$$c = a - b,$$

on a

$$a = c + b,$$

et réciproquement de : $a = b + c$, il résulte

$$c = a - b \text{ ou } b = a - c.$$

4

De la multiplication des nombres d'unités entières.

14. Les rapports d'après l'addition et la soustraction sont les seuls rapports essentiels de grandeur que les quantités puissent avoir entre elles. Si l'on connaît les opérations de l'addition et de la soustraction, on pourra déterminer de quels nombres d'unités un nombre quelconque est la somme ou la différence et, par suite, sa composition intérieure.

Cependant un nombre d'unités (entières ou fractionnaires), tout en étant la somme de certains nombres inégaux, est aussi la somme de certains autres égaux, c'est-à-dire égal à un nombre (entier ou fractionnaire) répété ou multiplié un autre nombre (entier ou fractionnaire) de fois. Cette remarque nous conduit à nous proposer l'opération suivante : Trouver la somme de B nombres égaux à A, ou un nombre C égal à un autre nombre A multiplié un certain nombre B de fois. Dans ce cas, cette somme C prend spécialement le nom de *produit* du premier nombre A par le second B. Le nombre à multiplier est dit le *multiplicande* et le nombre de fois qu'on le multiplie est dit le *multiplicateur*. Les deux nombres A et B portent conjointement le nom de *facteurs* du produit.

D'après cette définition, il est clair que la recherche d'un produit pourrait s'opérer comme celle d'une **somme** quelconque, mais elle serait très longue si le multiplicateur était un nombre considérable. Aussi allons-nous chercher à l'abréger et c'est dans cette abréviation que consiste la *multiplication*. La multiplication est donc l'opération qui consiste à trouver, d'une manière abrégée, un nombre, appelé **produit**, qui soit égal à un autre répété autant de fois qu'il y a d'unités dans un troisième.

15. *Multiplication d'un nombre d'unités du premier ordre par un autre nombre d'unités du premier ordre.* — Les produits des nombres d'unités du premier ordre s'obtiennent par additions successives. Ainsi, on reconnaît que le produit de 7 par 5 est $7 + 7 + 7 + 7 + 7$ ou 35 ([1]), etc.

C'est par la connaissance de ces produits que l'on s'élève rapidement à celle des produits de deux ou plusieurs nombres d'unités quelconques.

16. *Multiplication d'un nombre entier quelconque par un autre nombre entier quelconque.* — Soit, par exemple, à multiplier 87468 par 5847. Il est évident que cela revient à répéter successivement 7 fois, puis 4 dizaines de fois ou 40 fois, puis 8 centaines de fois ou 800 fois, puis 5000 fois les unités, les dizaines, les centaines, …, du multiplicande et à réunir tous ces produits partiels.

On trouve d'abord le produit des unités, dizaines,

([1]) Pour abréger, on écrit que c est égal au produit de a par b ou égal à a multiplié b fois, de la manière suivante :

$$c = a \times b \text{ ou } c = a \cdot b ;$$

les signes $\times$ ou $.$ représentant l'idée *multiplié par* ou *multiplié un nombre de fois*. Lorsque les nombres sont désignés d'une façon générale par des lettres, on supprime même tout signe et l'on écrit : $c = ab$.

centaines, mille et dizaines de mille de 87468 par 7,
ou 612276, premier produit partiel, lorsqu'on connaît les produits des nombres d'unités du premier
ordre.

Ensuite, pour obtenir le produit de 87468 par 40,
il suffit de répéter 10 fois le produit de 87468 par 4,
que l'on trouve égal à 349872. L'expression du
nombre égal au produit de ce dernier par 10 s'obtient, d'après le système de représentation graphique
adopté, en plaçant un 0 à sa droite; le deuxième
produit partiel est donc 3498720.

Pareillement, pour effectuer la multiplication de
87468 par 800, il suffit de multiplier 87468 par 8,
ce qui donne 699744, et puis par 100. Or, on obtient
l'expression de ce dernier produit en écrivant deux 0
à la droite du multiplicande; le troisième produit
partiel est donc 69974400.

De même, pour multiplier 87468 par 5000, on le
multiplie d'abord par 5, ce qui donne 437340, et puis
par 1000, ce qui donne 437340000.

Effectuant maintenant l'addition des quatre produits partiels que l'on vient de trouver :

$$
\begin{array}{r}
612276 \\
3498720 \\
69974400 \\
437340000 \\
\hline
\end{array}
$$

on obtient le produit total   544425396

SYNTHÈSE. — De cette démonstration, on conclut

qu'on pourra procéder de la manière suivante à la multiplication de deux nombres entiers :

$$
\begin{array}{r}
87468 \\
5847 \\
\hline
612276 \\
3498720 \\
69974400 \\
437340000 \\
\hline
511425396
\end{array}
$$

On dispose l'expression du multiplicateur sous celle du multiplicande, de manière que les chiffres représentant des unités de même ordre soient dans une même colonne verticale, et on souligne le tout. On forme d'abord le produit du multiplicande par le nombre d'unités du premier ordre, puis par le nombre des dizaines, par le nombre des centaines,..., du multiplicateur. On écrit les expressions des produits partiels les unes en dessous des autres, et l'on additionne ces derniers pour obtenir le produit total cherché, dont on écrit l'expression sous une nouvelle barre horizontale.

De la division des nombres d'unités entières.

17. Réciproquement, un nombre A étant donné, on peut se proposer de déterminer combien de fois il contient un autre B ou en combien de parties égales à B il peut être divisé. C'est l'objet de la *division*.

Le nombre A, qu'il s'agit de diviser, est appelé *dividende*, le nombre B, qui indique les parties dans lesquelles on veut diviser A, est le *diviseur*, et le nombre C de parties égales à B que le dividende contient est dit le *quotient* (de A par B).

La soustraction suffit évidemment à trouver ce quotient, car il s'agit de chercher combien de fois le nombre B peut se retrancher de A. Mais l'opération est longue si le dividende est considérable par rapport au diviseur; aussi allons-nous l'abréger en envisageant la division comme l'opération inverse de la multiplication, c'est-à-dire comme ayant pour objet : « Étant donné un produit A de deux facteurs et l'un de ces facteurs B, déterminer l'autre C. »

18. *Division de deux nombres d'unités de premier ordre.* — Dès que l'on connaît le produit de deux nombres d'unités du premier ordre, on connaît, par là même, le quotient de la division d'un nombre d'unités du premier ordre ou d'un nombre de dizaines et d'unités par un nombre d'unités du premier ordre.

Par exemple, sachant que $35 = 7 \times 5$, on sait que 35 se divise en 5 parties égales à 7, ou que 35 divisé par 7 donne pour quotient 5, et que 35 divisé par 5 donne pour quotient 7. On peut aussi exprimer ceci en disant que 35 contient 5 fois 7 ou 7 fois 5, ou que le cinquième de 35 est 7. — Pareillement, en 47 il entre 5 fois 8, mais, en outre 7 unités, c'est-à-dire que le huitième de 47 est 5 plus le huitième de 7, ou $5\frac{7}{8}$, ou que le quotient de 47 par 8 est 5 unités et $\frac{7}{8}$ d'unité ([1]).

19. *Division de deux nombres quelconques, le quotient étant inférieur à 10.* — Soit, par exemple, à

([1]) Pour abréger, on écrit que a divisé par b donne pour quotient c ou que la *bième* partie de a est c de la manière suivante :

$$\frac{a}{b} = c;$$

c'est-à-dire qu'un quotient se représente par le même signe graphique qu'une fraction, les deux notions étant d'ailleurs identiques.

diviser 79642 par 9901. Le quotient sera plus petit que 10, car

$$79642 < 9901 \times 10 \text{ ou } 99010.$$

On trouve ce quotient en multipliant 9901 successivement par 1, 2, 3, 4, 5, 6, 7, 8 et 9 et en examinant entre lesquels de ces produits le dividende est compris.

La remarque suivante permet cependant d'abréger ces tâtonnements : le nombre des mille du dividende est la somme du produit des mille du diviseur par le quotient et d'un report provenant des produits d'unités d'ordre inférieur. Donc, en divisant les 79 unités de mille du dividende par les 9 unités de mille du diviseur, on aura le quotient ou un nombre plus fort que celui-ci. On sera assuré que le nombre trouvé est le quotient, si l'on peut soustraire du dividende le produit du diviseur par ce nombre.

On dispose généralement l'opération de la manière suivante :

```
   (dividende) 79642 | 9901 (diviseur)    Le quotient est :
(diviseur × quotient) 79208 |  ----------               434
                     --------   8 (quotient)         8 ----.
        (reste)   434                                   9901
```

20. Division d'un nombre quelconque par un nombre quelconque. — Soit, par exemple, à diviser 259579 par 594.

```
259579  594
237600  ----
-----    437
 21979
 17820
-----
  4159
  4158
-----
     1
```

Le quotient contiendra des unités du premier ordre, des dizaines et des centaines, mais pas de mille ni d'unités d'ordre supérieur, car

$$594 \times 100 \text{ ou } 59400 < 259579$$
$$594 \times 1000 \text{ ou } 594000 > 259579$$

Le dividende 259579 est le produit du diviseur par le quotient, lequel produit est égal à la somme des produits partiels du diviseur 594 par les unités, les dizaines et les centaines du quotient (n° 16). Or, le produit partiel de 594 par les centaines du quotient se trouve nécessairement renfermé dans les 2595 centaines du dividende, qui peuvent, en outre, contenir des reports provenant des produits du diviseur par les dizaines et les unités du quotient. Néanmoins, en divisant 2595 par 594, on aura le nombre des centaines du quotient : le nombre ainsi obtenu ne saurait être trop fort, puisque la somme des reports provenant du produit de 594 par les dizaines et les unités du quotient est nécessairement plus petite que 594 centaines ou le produit de 594 par 1 centaine. Si l'on divise 2595 par 594, on trouve pour quotient 4, en opérant comme il est dit au n° 19, et 4 est véritablement le nombre des centaines du quotient.

Soustrayant du dividende le produit 237600 du diviseur par les 4 centaines du quotient, il reste 21979 unités, nombre d'unités qui contient encore la somme des produits partiels du diviseur 594 par les dizaines et les unités du quotient.

Pour obtenir le nombre des dizaines du quotient, on raisonne comme précédemment. Le produit de 594 par les dizaines du quotient se trouve nécessairement renfermé dans les 2197 dizaines du nouveau dividende 21979, qui peuvent, en outre, contenir des dizaines provenant du produit du diviseur par les unités du quotient. Cependant, en divisant 2197 par 594, on aura le nombre des dizaines du quotient : le nombre ainsi obtenu ne saurait être trop fort, car, pour qu'il le fût, il faudrait que la somme des reports provenant du produit de 594 par les unités du quotient surpassât 594 dizaines ou le produit de 594 par 1 dizaine, ce qui est évidemment impossible. On trouve que 594 est contenu 3 fois dans 2197 ; 3 est donc le nombre des dizaines du quotient.

Soustrayant le produit de 594 par 30 ou 17820 de 21979, il reste 4159 unités, qui contiennent ou sont le produit du diviseur par les unités du quotient.

Cherchant enfin combien de fois 4159 contient 594, on trouve 7 pour le nombre des unités du quotient.

Soustrayant le produit de 594 par 7 ou 4158 de 4159, il reste 1 unité.

Le quotient de 259579 par 594 est donc

$$437 \frac{1}{594}.$$

SYNTHÈSE. — De cette démonstration, on conclut que l'on pourra procéder de la manière suivante à la division d'un nombre d'unités entières par un autre nombre entier :

(dividende)	259579	594 (diviseur)	
(594 × 400)	237600	437 (quotient entier)	
(1er reste)	21979		
(594 × 30)	17820	Quotient ·	
(2e reste)	4159		
(594 × 7)	4158	$437\frac{1}{594}$	
(3e reste)	1		

On écrit l'expression du diviseur à la droite de
celle du dividende; on les sépare par un trait ver-
tical et l'on souligne le diviseur. On divise, par le
diviseur, le nombre des plus hautes unités du dividende, de même ordre que celui des plus hautes
unités du quotient, et l'on retranche du dividende
le produit du diviseur par le nombre obtenu. On
obtient ainsi un premier reste ou dividende partiel
sur lequel on opère comme sur le précédent, et
ainsi de suite.

Des puissances des nombres d'unités entières.

21. Tous les nombres d'unités (entières ou fractionnaires) sont des sommes d'autres nombres d'unités que nous savons maintenant déterminer, mais
ces nombres peuvent être considérés en tant que
sommes proprement dites et en tant que *produits* de
deux ou de plusieurs facteurs, en d'autres termes,
en tant que sommes de plusieurs nombres *inégaux*
et en tant que sommes de plusieurs nombres *égaux*.
Les *produits*, à leur tour, se distinguent en produits
de facteurs *inégaux* et en produits de facteurs *égaux*;
les produits de facteurs égaux sont spécialement
appelés *puissances* du nombre qui y entre plusieurs
fois comme facteur. Si un nombre a entre deux fois
comme facteur dans un produit, celui-ci, aa, est dit
la puissance *deuxième* de a, ou le nombre a élevé à la
deuxième puissance; si un nombre a entre trois fois
comme facteur dans un produit aaa, celui-ci est la

puissance *troisième* (ou de *degré* trois) de *a*; en général, si un nombre *a* entre *n* fois comme facteur dans un produit, $\overbrace{aaa..a}^{n \text{ fois}}$, celui-ci est la puissance $n^{ième}$ (ou de *degré n*) de *a* ([1]).

Par exemple,

$4 = 2.2$	est la puissance	deuxième de 2 ;	
$8 = 2.2.2.$	—	troisième de 2 ;	
$16 = 2.2.2.2.$	—	quatrième de 2.	

$9 = 3.3$	—	deuxième de 3 ;	
$27 = 3.3.3.$	—	troisième de 3.	

22. *De la recherche des puissances d'un nombre entier.* — Il résulte des considérations précédentes que, pour obtenir la puissance deuxième d'un nombre *a*, il suffit de le multiplier par lui-même ; pour obtenir sa puissance troisième, de multiplier ce dernier produit par *a*, et ainsi de suite. La recherche des puissances des nombres entiers n'exige donc aucun procédé particulier.

Des racines des nombres d'unités entières.

23. Réciproquement, un nombre *a* d'unités (entières ou fractionnaires) étant donné, on peut dé-

---

([1]) Pour abréger, et pour des raisons que l'on comprendra plus tard, au lieu de désigner la puissance *deuxième* de *a* par *aa*, la puissance *troisième* de *a* par *aaa*, ..., et, en général, la puissance $n^{ième}$ de *a* par $\overbrace{aaa..a}^{n \text{ fois}}$, on les représente respectivement par

$$a^2, a^3, a^4, ..., a^n.$$

Les *degrés* 2, 3,..., *n* indiquent le nombre de fois que *a* entre comme facteur dans la puissance désignée.

mander quel est le nombre b dont il est une puissance de degré quelconque. Ce nombre b prend spécialement le nom de *racine* de a; racine *deuxième*, s'il est le nombre qui entre deux fois comme facteur dans a; racine *troisième* (ou de *degré* trois), s'il est le nombre qui entre trois fois comme facteur dans a,...; et, en général, *racine n^{ieme}* (ou de *degré n*), s'il est le nombre qui entre n fois comme facteur dans a.

Par exemple, 2 est la racine deuxième de 4, la racine troisième de 8, etc. De même, 3 est la racine deuxième de 9, la racine troisième de 27, etc. [1].

---

[1] Pour abréger, et pour des raisons dont on se rendra compte plus tard, on représente respectivement la racine *deuxième* de a, la racine *troisième* de a, ..., et, en général, la racine n^{ieme} de a par

$$a^{\frac{1}{2}}, a^{\frac{1}{3}}, ..., a^{\frac{1}{n}}, ...$$

Les *degrés* 2, 3, ..., n, ... indiquent combien de fois la racine *deuxième*, la racine *troisième*, ..., la racine n^{ieme}, ..., entrent comme facteur dans le nombre a.

Nous avons désigné par a^n la puissance n^{ieme} de a, et par $a^{\frac{1}{n}}$ la racine n^{ieme} de a. Nous représenterons par $a^{\frac{m}{n}}$ la racine n^{ieme} de la puissance m^{ieme} de a, ou la puissance m^{ieme} de la racine n^{ieme} de a, notions équivalentes. Pour nous expliquer plus facilement dans la suite, nous réunirons sous le nom commun d'*exposants* le nombre entier n et les nombres fractionnaires $\frac{1}{n}$, $\frac{m}{n}$, qui affectent a pour indiquer respectivement une puissance, une racine, une puissance de racine ou une racine de puissance. Ainsi, un exposant entier indiquera une puissance du nombre qu'il affecte; un exposant fractionnaire, une racine, de degré marqué par le dénominateur, d'une puissance, de degré marqué par le numérateur, ou inversement.

24. *De la recherche des racines des nombres d'unités entières.* — Les nombres d'unités du premier ordre et l'unité du deuxième ordre :

(1) 1, 2, 3, 4, 5, 6, 7, 8, 9, 10;

ayant pour puissances deuxièmes

(2) 1, 4, 9, 16, 25, 36, 49, 64, 81, 100;

pour puissances troisièmes

(3) 1, 8, 27, 64, 125, 216, 343, 512, 729, 1000;

pour puissances quatrièmes

(4) 1, 16, 81, 256, 625, 1296, 2401, 4096, 6561, 10000;

pour puissances cinquièmes

(5) 1, 32, 243, 1024, 3125, 7776, 16807, 32768, 59049, 100000, etc.;

réciproquement, les nombres des lignes (2), (3), (4), (5), ..., ont pour racines deuxième, troisième, quatrième, cinquième, etc., ..., les nombres de la ligne (1). Après avoir formé ce tableau, on connaîtra donc immédiatement les racines deuxièmes (ou, du moins, les nombres entiers contenus dans ces racines) des nombres dont les unités ne surpassent pas le deuxième ordre, les racines troisièmes des nombres dont les unités ne surpassent pas le troisième ordre, les racines quatrièmes des nombres dont les unités ne surpassent pas le quatrième ordre, et ainsi de suite.

Mais, pour obtenir la racine deuxième d'un nombre plus grand que 100, la racine troisième d'un nombre plus grand que 1000, la racine quatrième d'un nombre plus grand que 10000, etc., ..., il faut étudier au préalable la loi de formation de ces puissances, ou, d'une façon générale, la loi de composition de la puissance $m^{ième}$ d'une somme composée de deux ou plusieurs parties.

25. *Recherche de la loi de composition de la puissance $m^{ième}$ d'une somme $x + a$ contenant deux parties x et a.* — Pour découvrir cette loi, recherchons préalablement la loi de composition du produit de m binômes ([1]) $x + a$, $x + b$, $x + c$, ..., qui ont une partie commune et les autres différentes. Cette loi déterminée, il suffira évidemment, pour connaître la composition de la puissance $m^{ième}$ de $x + a$, de voir ce qu'elle devient lorsque les secondes parties deviennent toutes égales à a.

Loi de composition du produit de m binômes qui ont une partie commune. — Observant que, de la notion même d'un *produit*, il résulte que le produit des parties d'un polynôme par un autre polynôme est égal à la somme des parties du premier polynôme multipliées par chacune de celles du second, on forme aisément les produits réunis dans le tableau suivant :

$$
\begin{array}{l}
x + a \\
\times\,(x + b) \\
\hline
(^2)\,(x + a)\,(x + b) = x^2 + a\,|\,x + ab \\
\qquad\qquad\qquad\qquad\quad + b\,|\,(^3)
\end{array}
$$

([1]) On désigne une somme de deux parties par le nom de *binôme*, une somme de trois parties par le nom de *trinôme*, ..., et, en général, une somme de plusieurs parties par le nom de *polynôme*.

([2]) Lorsqu'on veut indiquer le produit de deux ou plusieurs polynômes, on place ceux-ci entre parenthèses; par exemple, le produit de $x + a$ par $x + b$ se représente par $(x + a)(x + b)$.

$\times (x + c)$

$$(x + a)(x + b)(x + c) \qquad = x^3 + a \begin{vmatrix} x^2 + ab \\ (^3) + ac \\ + bc \end{vmatrix} \begin{vmatrix} x + abc \\ (^3) \end{vmatrix}$$

$\times (x + d)$

$$(x + a)(x + b)(x + c)(x + d) = x^4 + a \begin{vmatrix} x^3 + ab \\ (^3) + ac \\ + bc \\ + ad \\ + bd \\ + cd \end{vmatrix} \begin{vmatrix} x^2 + abc \\ (^3) + abd \\ + acd \\ + bcd \end{vmatrix} \begin{vmatrix} x + abcd \\ (^3) \end{vmatrix}$$

. . . .

La loi de composition des produits successifs est manifeste. Chaque produit se compose d'abord de la puissance de la partie commune x, marquée par le nombre de binômes multipliés; puis, des puissances décroissantes successives de cette même partie, multipliées respectivement par la somme des produits des secondes parties prises autant à autant qu'il est marqué par la différence entre le nombre m des binômes et l'exposant de x; et enfin du produit des secondes parties des binômes.

Afin de ne laisser aucun doute sur la généralité de cette loi, démontrons que, si elle régit le produit de m binômes, elle régit également celui de $m + 1$ binômes. Supposons que la loi soit vérifiée pour le

---

(³) Lorsqu'un facteur x est commun à plusieurs parties, la somme de ces parties est évidemment égale au facteur x multiplié par la somme des quotients de chacune des parties par x; par exemple, $xb + xa = x$ $(b + a)$, etc.

produit de m binômes, c'est-à-dire que l'on ait

$$\overbrace{(x+a)(x+b)\ldots(x+j)}^{m \text{ binômes}} =$$

$$
\begin{array}{c|c|c|c|c}
x^m + a & x^{m-1} + ab & x^{m-2} + \ldots + \overset{n-1}{\overbrace{abc..}} & x^{m-n+1} + \overset{n}{\overbrace{abc..}} & x^{m-n} + \ldots + \overset{m}{\overbrace{abc..j}} \\
+ b & + ac & + acd.. & + acd.. & \\
+ . & + .. & + \ldots & + \ldots & \\
+ . & + .. & + \ldots & + \ldots & \\
+ j & + .. & + \ldots & + \ldots &
\end{array}
$$

Nous aurons, pour le produit du précédent par un nouveau binôme $(x+k)$,

$$\overbrace{(x+a)(x+b)\ldots(x+j)(x+k)}^{m+1 \text{ binômes}} =$$

$$
\begin{array}{c|c|c|c|c}
x^{m-1} + a & x^m + ab & x^{m-1} + \ldots + \overset{n-1}{\overbrace{abc..}} & x^{m-n+1} + \overset{n}{\overbrace{abc..}} & x^{m-n} + \ldots + \overset{m+1}{\overbrace{abc..jk}} \\
+ b & + ac & + acd.. & + acd.. & \\
+ . & + .. & + \ldots . & + \ldots & \\
+ . & + .. & + \ldots . & + \ldots & \\
 & & \overset{n-2}{\overbrace{}} & + \ldots & \\
+ j & + ak & + \overset{}{\overbrace{abc..k}} & \overset{n-1}{\overbrace{}} & \\
+ k & + bk & + acd..k & + \overbrace{abc..k} & \\
 & + .. & + \ldots k & + acd..k & \\
 & & + \ldots . & + \ldots &
\end{array}
$$

produit évidemment soumis à la loi de composition énoncée. Par conséquent, la loi étant vérifiée pour le produit de deux binômes, elle est vraie pour celui de trois binômes, pour celui de quatre binômes, ...,
et, en général, pour celui d'un nombre quelconque de binômes.

Loi *de composition de la puissance* $m^{\text{ième}}$ *du binôme* $x + a$. — On vient de démontrer que :

$$\overbrace{(x+a)(x+b)\ldots(x+j)}^{m \text{ binômes}} =$$

$$x^m + S_1 x^{m-1} + S_2 x^{m-2} + \ldots + (^1)S_n x^{m-n} + \ldots + S_{m-1} x + S_m \text{ ou } \overset{m}{\overbrace{ab..j}}$$

(^{1}) S_n désigne la somme des produits des secondes parties prises n à n.

quels que soient le nombre m et les secondes parties
des binômes. Si celles-ci deviennent toutes égales
à a, le nombre d'unités désigné par le second
membre n'en restera pas moins égal à celui désigné
par le premier. Or, si $b = c = d = \ldots = j = a$, le
premier membre est la puissance $m^{ième}$ de $x + a$; le

coefficient de x^{m-1} est la somme $\overset{m}{\overline{a + a + a + \ldots}}$ ou
le produit ma de la seconde partie a par l'exposant m
de la puissance considérée; le coefficient de x^{m-2} est
$a^2 + a^2 + a^2 \ldots$ ou le *carré* [1] de la seconde partie
répété autant de fois qu'il y avait de produits 2
à 2 des secondes parties différentes; le coefficient
de x^{m-3} est $a^3 + a^3 + a^3 + \ldots$ ou le *cube* [1] de la
seconde partie répété autant de fois qu'il y avait
de produits 3 à 3 des secondes parties différentes;
…; en général, le coefficient de x^{m-n} est $a^n + a^n$
$+ a^n + \ldots$ ou la $n^{ième}$ puissance de la seconde partie a, répétée autant de fois qu'il y avait de produits n à n des secondes parties différentes; enfin

le dernier terme est $\overset{m}{\overline{aaaa\ldots}}$ ou a^m, la $m^{ième}$ puissance
de la seconde partie.

L'expression de la loi de composition de la puissance $m^{ième}$ de $x + a$ est donc :

---

[1] On dit ordinairement *le carré*, au lieu de *la deuxième puissance*,
le cube, au lieu de *la troisième puissance*, à cause de propriétés que nous
reconnaîtrons dans la *science de l'espace* (géométrie).

$$(x + a)^m = x^m + P_{m,1}\, a \,.\, x^{m-1} + P_{m,2}\, a^2 .\, x^{m-2} + \ldots +$$
$$(^1)\, P_{m,n}\, a^n .\, x^{m-n} + \ldots + P_{m,m}\, a^m \text{ ou } a^m ;$$

c'est-à-dire que :

La puissance $m^{ième}$ d'un binôme $x + a$ est la somme de la puissance $m^{ième}$ de la première partie, des puissances décroissantes successives de cette partie multipliées respectivement par les puissances croissantes successives de la seconde partie et par le nombre de produits différents que l'on peut former avec m nombres pris autant à autant qu'il est marqué par la différence entre l'exposant m et celui de la puissance de x dans la partie considérée, et enfin de la puissance $m^{ième}$ de la seconde partie.

Recherche du nombre de produits différents que l'on peut former avec m nombres inégaux combinés n à n. — Il nous reste à chercher le nombre des produits différents que l'on peut former avec m nombres

$$a, b, c, d, \ldots, j$$

combinés n à n.

Pour épuiser les combinaisons 2 à 2 dont ces nombres sont susceptibles, on pourra combiner le nombre a avec chacun des $(m-1)$ autres $b, c, d, \ldots, j$, c'est-à-dire former les produits

$$ab, ac, ad, \ldots, aj,$$

puis le nombre b avec chacun des $(m-1)$ autres $a, c, d, \ldots, j$, c'est-à-dire former les produits

$$ba, bc, bd, \ldots, bj,$$

(¹) $P_{m,1}$, $P_{m,2}$, $P_{m,3}$, ..., $P_{m,n}$, ..., P_m désignent respectivement les nombres de produits différents que l'on peut former avec m nombres pris 1 à 1, 2 à 2, 3 à 3, ..., n à n, ..., m à m.

et ainsi de suite. Ce qui donnera en tout

$$m(m-1)$$

produits. Mais, de cette manière, il est évident que chaque produit ou combinaison (celle de a avec b, par exemple) est formé deux fois, savoir : en combinant d'abord a avec b, puis b avec a, et d'après la notion même d'un produit, il est clair que ab et ba sont égaux. Le nombre des produits distincts de m nombres pris 2 à 2 est donc

$$\frac{m(m-1)}{2}.$$

Les combinaisons des nombres 3 à 3 seront toutes formées si l'on associe successivement la combinaison ab avec chacun des $(m-2)$ nombres restants c, d, ..., j, ce qui donne les produits

$$abc, abd, abe, \ldots, abj\,;$$

puis la combinaison binaire ac avec les $(m-2)$ nombres restants b, d, ..., j, ce qui donne les produits

$$acb, acd, ace, \ldots, acj\,;$$

puis la combinaison binaire ad avec les $(m-2)$ nombres restants b, c, e, ..., j, ce qui donne les produits

$$adb, adc, ade, \ldots, adj\,;$$

et ainsi de suite. Ce qui forme en tout un nombre de produits 3 à 3

$$\frac{m(m-1)}{2}(m-2).$$

Mais, de cette manière, il est clair que chaque produit 3 à 3 (celui de ab par c, de ac par b, de bc par a, par exemple) est formé trois fois. Le nombre des produits distincts de m nombres pris 3 à 3 est donc

$$\frac{m(m-1)(m-2)}{1.\,2.\,3}.$$

On en conclut, ce qui est vrai pour des combinaisons 2 à 2, 3 à 3, ..., subsistant évidemment pour les combinaisons n à n, que le nombre des produits distincts formés avec m nombres pris n à n est exprimé par

$$P_{m,n} \text{ ou } C_{m,n} = \frac{m(m-1)(m-2)\ldots(m-n+1)}{1.\,2.\,3.\,4\ldots n},$$

qu'on désigne, pour abréger, par

$$C_{m,n} = \frac{m(m-1)\ldots(m-n+1)}{[n]}.$$

Expression finale de la loi de composition de la puissance m^{eme} du binôme $x+a$. — D'où il résulte que la loi de composition de la puissance m^{ieme} du binôme $x+a$ est définitivement exprimée par la formule :

$$(x+a)^m = x^m + m\,a\,x^{m-1} + \frac{m(m-1)}{1.\,2}a^2 x^{m-2} + \frac{m(m-1)(m-2)}{1.\,2.\,3}a^3 x^{m-3}$$

$$+\ldots+ \frac{m(m-1)(m-2)\ldots(m-n+1)}{1.\,2.\,3\ldots n}a^n x^{m-n}+\ldots+a^m.$$

26. *Cas particuliers.* — 1° De la formule précédente on déduit pour l'expression de la loi de composition de la deuxième puissance ou du carré du binôme $x+a$:

$$(x+a)^2 = x^2 + 2ax + b^2.$$

En d'autres termes : Le carré d'un binôme se compose du carré de la première partie, du double produit de la première partie par la seconde et du carré de la deuxième partie ;

2° L'expression de la loi de composition du cube de $x + a$ est

$$(x + a)^3 = x^3 + 3ax^2 + 3a^2x + a^3.$$

Le cube d'un binôme se compose, etc.;

3° L'expression de la loi de composition de la cinquième puissance de $(x + a)$ est

$$(x + a)^5 = x^5 + 5 a x^4 + 10 a^2 x^3 + 10 a^3 x^2 + 5 a^4 x + a^5.$$

La cinquième puissance d'un binôme se compose, etc.

27. *Recherche de la racine deuxième ou carrée d'un nombre entier, ou du plus grand carré entier qui y est contenu.* — Maintenant que nous connaissons la loi de composition des puissances d'un binôme, nous pouvons nous proposer de rechercher la racine carrée d'un nombre plus grand que 100, la racine cubique d'un nombre plus grand que 1000, etc. Commençons par la racine carrée.

Soit, par exemple, à extraire la racine carrée de 585916. Ce nombre étant plus grand que 100, sa racine carrée contient des dizaines et des unités, de sorte que, si nous représentons par x le nombre de ces dizaines et par a celui de ces unités, la racine carrée sera désignée par $x + a$ et le nombre proposé par $(x + a)^2$. Mais nous savons (n° 26) que :

$$(x + a)^2 = x^2 + 2 x a + a^2,$$

c'est-à-dire que : le carré d'un nombre entier plus grand que 100, ou le plus grand carré y contenu, se compose du carré du nombre de dizaines de la racine, du double produit de celui-ci par le nombre des unités et du carré du nombre des unités.

Cela posé, il s'agit de trouver le nombre x des dizaines et celui a des unités de la racine. Or, le carré des dizaines est nécessairement un certain nombre de centaines et se trouve renfermé dans les 5859 centaines du nombre proposé, qui peuvent, en outre, contenir des reports provenant du double produit des dizaines par les unités, et du carré des unités. Néanmoins, en extrayant la racine carrée de 5859 ou du plus grand carré entier y contenu, on obtiendra exactement le nombre des dizaines de la racine : en effet, si l'on désigne par α la racine carrée du plus grand carré contenu dans 5859, on aura l'inégalité

$$\alpha < (5859)^{\frac{1}{2}} < \alpha + 1 \dots \quad (1)$$

qui exprime que la racine carrée de 5859 est comprise entre les nombres α et $\alpha + 1$, et d'où résulte la suivante

$$\alpha^2 < 5859 < (\alpha + 1)^2 \dots \quad (2)$$

(car il est de toute nécessité, si la racine carrée de 5859 est comprise entre α et $\alpha + 1$, que le carré 5859 soit compris entre ceux de α et de $\alpha + 1$). Mais comme les nombres d'unités α^2, 5859 et $(\alpha + 1)^2$

58.59.16	765	
4900		
	446	1525
959	6	5
876		
	152	
8316		
7625		
691		

expriment des collections d'unités d'espèce quelconque, on aura aussi

$$\alpha^2 \text{ centaines} < 5859 \text{ centaines} < (\alpha + 1)^2 \text{ centaines} \dots \quad (3)$$

d'où résulte

$$\alpha^2 \text{ centaines} < 5859\,16 < (\alpha + 1)^2 \text{ centaines} \dots \quad (4);$$

en effet, 585916 ou la somme : « 5859 centaines + 16 unités » est plus grand que 5859 centaines, et elle est encore plus petite que $(\alpha + 1)^2$ centaines, puisqu'elle ne surpasse 5859 centaines que de 16 unités ou de moins d'une centaine, tandis que $(\alpha + 1)^2$ centaines surpasse 5859 centaines d'au moins une centaine. Enfin, l'égalité (4) a pour conséquence

$$(\alpha^2 \text{ centaines})^{\frac{1}{2}} < (585916)^{\frac{1}{2}} < [(\alpha + 1)^2 \text{ centaines}]^{\frac{1}{2}}$$

ou

$$\alpha \text{ dizaines} < (585916)^{\frac{1}{2}} < (\alpha + 1) \text{ dizaines},$$

c'est-à-dire que la racine carrée de 585916 est comprise entre α dizaines et $(\alpha + 1)$ dizaines et que le nombre α, racine carrée de 5859, est bien le nombre des dizaines de la racine cherchée.

Nous sommes donc amenés à extraire la racine carrée de 5859. Or, ce nombre étant plus grand que 100, sa racine carrée ou la racine du plus grand carré y contenu est plus grande que 10 et se compose de dizaines et d'unités. Le même raisonnement que le précédent appliqué à 5859 ferait voir que le nombre des dizaines de sa racine, qui est aussi celui des centaines de la racine cherchée, est égal à la racine carrée de 58.

Nous sommes donc conduits, en dernière analyse,

à extraire la racine carrée de 58. Le plus grand carré contenu dans 58 est 49 (n° 24), dont la racine est 7. 7 est le nombre des dizaines de la racine de 5859 et le nombre des centaines de la racine cherchée.

Soustrayant le carré de 7 dizaines ou 49 centaines de 5859, nous obtenons un reste 959, qui renferme encore le double produit des dizaines de la racine de 5859 par les unités de cette racine et le carré de ses unités, plus un excès si 5859 n'est pas un carré parfait.

Le double produit des dizaines par les unités est un nombre de dizaines et, par conséquent, doit se trouver dans les 95 dizaines du reste, parmi lesquelles il peut cependant y en avoir qui proviennent du carré des unités et de l'excès. Si donc on divise 95 par le double du nombre des dizaines, 2×7 ou 14, on aura pour quotient le nombre des unités de la racine ou un nombre trop grand. On obtient 6 pour quotient de cette division. Pour savoir si 6 est le nombre des unités de la racine de 5859, on forme le double produit du nombre 7 des dizaines par celui 6 des unités, puis le carré des unités; et 6 est véritablement le nombre des unités de la racine 5859, si cette somme peut se soustraire de 959. Pour la former, on écrit 6 à la droite de 14, double du nombre des dizaines, et l'on multiplie le nombre 146 par 6 : on obtient bien ainsi la somme du double produit des dizaines par les unités et du carré des unités, puisque :

146
6
876

$146 = 140 + 6$ ou 2.7 diz. $+ 6$, et $146 \times 6 = 2.7$ diz. $\times 6 + 6^2$.

On trouve $146 \times 6 = 876$, qui peut se retrancher de 959, reste 83. Ainsi le nombre 6 n'est pas trop grand, donc il est bon. 76 est la racine du plus grand carré contenu dans 5859 et, comme nous l'avons démontré, le nombre des dizaines de la racine cherchée.

Il nous reste à obtenir le nombre des unités de cette racine. Or, 585916 contient le carré de 76 dizaines, plus deux fois 76 dizaines multipliées par le nombre des unités, plus le carré des unités. On peut en retrancher le carré de 76 dizaines : le carré de 76 a été retranché de 5859 et l'on a trouvé pour reste 83; donc si l'on retranche le carré de 76 dizaines de 5859 centaines, il reste 83 centaines ou 8300, et si on retranche ce carré de 585916, il restera 8316. Ce reste contient encore le double produit du nombre 76 des dizaines par celui des unités, plus le carré des unités et plus un excès s'il en existe. Le double produit du nombre 76 des dizaines par les unités est un nombre de dizaines tout entier renfermé dans les 831 dizaines de 8316, qui peuvent, en outre, contenir des dizaines provenant du carré des unités et de l'excès. Si donc l'on divise 831 par 2.76 ou 152, on aura pour quotient le nombre des unités de la racine ou un nombre plus grand. Divisant 831 par 152, on obtient 5 pour quotient. Pour savoir si 5 est le nombre des unités de la racine cherchée, on forme le double produit de 76 dizaines par 5 unités, on y ajoute le carré des unités et l'on voit si cette somme peut se retrancher de 8316. On

forme cette somme en multipliant 1525 par 5, comme
il a été expliqué ci-dessus. Cela donne 7625, qui
peut être soustrait de 8316, reste 691. Le nombre
des unités est donc 5.

La racine carrée du plus grand carré entier contenu dans 585916 est 765, dont le carré est 585916
— 691 ou 585225.

Synthèse. — De cette démonstration, il résulte
que l'on pourra procéder de la manière suivante à
l'extraction de la racine carrée d'un nombre entier :

On sépare l'expression du nombre en tranches de
deux chiffres à partir de la droite,
la dernière à gauche pouvant
n'avoir qu'un seul chiffre. On
extrait la racine du plus grand
carré contenu dans le nombre
représenté par la première tranche à gauche, et l'on retranche ce
carré de celui-ci.

```
58.59.16 | 765
49       |————
         | 146 | 1525
————     |   6 |    5
75.9     |————
876      | 152
————     |
831.6
7625
————
691
```

On abaisse, à côté du reste, la seconde tranche à
gauche et l'on sépare le dernier chiffre de droite par
un point ; puis on divise le nombre représenté par
les chiffres de gauche, par le double de la racine
déjà trouvée. On écrit le quotient à côté du double
de la racine ; on multiplie le nombre ainsi formé,
par ce quotient, et on retranche le produit du
nombre désigné par l'expression du premier reste
suivie de la seconde tranche.

On abaisse, à côté du nouveau reste, la troisième
tranche ; on sépare le dernier chiffre de droite par

un point, et on divise le nombre représenté par les chiffres de gauche par le double de la racine déjà trouvée. On écrit le quotient à côté du double de la racine; on multiplie le nombre ainsi formé par ce quotient et on retranche le produit du nombre désigné par l'expression du second reste suivie de la troisième tranche. On continue cette série d'opérations jusqu'à ce qu'on ait abaissé toutes les tranches.

Si, à la fin de ces opérations, on n'obtient aucun reste, le nombre proposé est un carré parfait. Si l'on obtient un reste, le nombre n'est pas un carré parfait : mais l'on connaît alors la racine carrée du plus grand carré entier contenu dans le nombre ou la partie entière de la racine carrée de ce nombre.

28. *Recherche de la racine troisième ou cubique d'un nombre entier ou du plus grand cube entier qui y est contenu.* — Soit, par exemple, à extraire la racine cubique de 43725658. Ce nombre étant plus grand que 1000, sa racine cubique est plus grande que 10 et contient des dizaines et des unités, de sorte que, si nous représentons par x le nombre de ces dizaines et par a celui de ces unités, la racine cubique sera désignée par $x + a$, et le nombre proposé par $(x + a)^3$. Mais nous savons (n° 26) que :

$$(x + a)^3 = x^3 + 3x^2 a + 3x a^2 + a^3,$$

c'est-à-dire que : le cube d'un nombre entier plus grand que 1000 ou le plus grand cube entier y contenu se compose du cube des dizaines de la racine, du triple produit du carré des dizaines par les unités, du triple produit des dizaines par le carré des unités, et du cube des unités.

Cela posé, il s'agit de trouver le nombre x des dizaines et celui a des unités. Or, le cube des dizaines est nécessairement un certain nombre de mille et se trouve renfermé dans les 43725 mille du nombre proposé, qui peuvent, en outre, contenir des mille

$$
\begin{array}{l|l}
43.725.658 & 352 \\
27\,000 & \\
\hline
16\,725 & 27 = 3.3^2 \\
 & 3675 = 3.35^2 \\
\end{array}
$$

43 725 658
42 875 000
———
850 658

43 725 858
43 614 208
———
111 450

$$
\begin{array}{r}
35 \\
35 \\
\hline
175 \\
105 \\
\hline
1225 \\
35 \\
\hline
6125 \\
3675 \\
\end{array}
$$

$35^3 = 42875$;

$$
\begin{array}{r}
352 \\
352 \\
\hline
704 \\
1760 \\
1056 \\
\hline
123904 \\
352 \\
247808 \\
619520 \\
371712 \\
\end{array}
$$

$352^3 = 43614208$

provenant des autres parties du cube. Néanmoins, on démontrerait, d'une façon analogue à celle employée pour la racine carrée, qu'en extrayant la racine cubique de 43725, on obtiendra exactement le nombre des dizaines de la racine.

On est donc amené à extraire la racine cubique de 43725, et le même raisonnement que le précédent nous conduira, en dernière analyse, à extraire la racine cubique de 43. Le plus grand cube contenu dans 43 est 27 (n° 24), dont la racine est 3. 3 est le nombre des dizaines de la racine de 43725 et le nombre des centaines de la racine cherchée.

Soustrayant le cube de 3 dizaines ou 27000 de 43725, nous obtenons un reste 16725, qui renferme encore le triple produit du carré des dizaines de la racine de 43725, par les unités de cette racine, etc.

Le triple produit du carré des dizaines par les unités est un nombre de centaines et, par conséquent, doit se trouver dans les 167 centaines du reste, parmi lesquelles il peut cependant y en avoir qui proviennent des autres parties du cube. Si donc on divise 167 par 3.3^2 ou 27, on aura pour quotient le nombre des unités de la racine de 43725 ou un nombre plus grand. On obtient 6 pour quotient de cette division. Pour savoir si 6 est le nombre des unités de la racine de 43725, on pourrait former les différentes parties du cube et examiner si leur somme peut être retranchée de 43725; mais il sera tout aussi expéditif de former directement le cube de 36 et de s'assurer s'il peut être retranché de 43725. Or, on trouve : $36^3 = 46656 > 43725$, donc 6 est un nombre plus grand que celui des unités de la racine. On essaie 5 et, puisque $35^3 = 42875 < 43725$, 5 est le chiffre exact des unités de la racine de 43725, qui est 35. 35 est, comme nous l'avons démontré, le nombre des dizaines de la racine cherchée.

Il nous reste à obtenir le nombre des unités de cette racine, nombre que nous trouvons égal à 2 en appliquant le même raisonnement que sur le nombre 43725.

La racine cubique du plus grand cube entier

contenu dans 43725658 est 352, dont le cube est
43725658 — 111450 ou 43614208.

SYNTHÈSE. — De cette démonstration, il résulte
que l'on pourra procéder de la manière suivante à
l'extraction de la racine cubique d'un nombre
entier :

On sépare l'expression du nombre en tranches de
trois chiffres, à partir de la droite, la dernière à

$$
\begin{array}{r|l}
43.725.658 & 352 \\
\hline
27 & \\
\hline
167.25 & 3.3^2 = 27 \\
 & 3.35^2 = 3675 \\
\end{array}
$$

$$
\begin{array}{r}
43725 \\
42875 \qquad 35^3 = 42875. \\
\hline
8506.58 \\
43725658 \qquad 352^3 = 43614208. \\
42614208 \\
\hline
111450
\end{array}
$$

gauche pouvant n'avoir qu'un ou deux chiffres. On
extrait la racine du plus grand cube contenu dans
le nombre désigné par la première tranche à gauche,
et l'on retranche ce cube de ce nombre. On abaisse,
à côté du reste, la seconde tranche; on sépare deux
chiffres vers la droite et on divise le nombre désigné
par les chiffres de gauche par le triple carré de la
racine déjà trouvée. On écrit le quotient à la droite
de celle-ci, et on élève au cube le nombre ainsi
formé; si ce cube est plus grand que le nombre
représenté par les deux premières tranches de
gauche, on diminue le quotient d'une ou de plu-

sieurs unités, jusqu'à ce qu'on obtienne un cube
qui puisse se retrancher du nombre désigné par
l'ensemble des deux premières tranches. La soustraction faite, on abaisse à côté du reste la troisième
tranche, puis on sépare deux chiffres vers la droite
et l'on divise le nombre désigné par les chiffres de
gauche par le triple carré de la racine déjà trouvée.
Le quotient, s'il n'est pas trop fort, doit être tel
qu'en l'écrivant à la droite des deux premiers
chiffres de la racine, et élevant au cube le nombre
qui en résulte, on puisse retrancher le produit du
nombre désigné par l'ensemble des trois premières
tranches. On continue la même série d'opérations
jusqu'à ce que l'on ait abaissé toutes les tranches.

29. *Recherche de la racine cinquième d'un nombre*
entier ou de la plus grande cinquième puissance en-
tière qui y est contenue. — Soit, par exemple, à
extraire la racine cinquième de 111167913618807.
Ce nombre étant plus grand que 100000, sa racine
cinquième est plus grande que 10 et contient des
dizaines et des unités, de sorte que, si nous représentons par x le nombre de ces dizaines et par a
celui de ces unités, la racine cinquième sera désignée par $x + a$, et le nombre proposé par $(x + a)^5$.
Mais nous savons (n° **26**) que :

$$(x + a)^5 = x^5 + 5x^4 a + 10 x^3 a^2 + 10 x^2 a^3 + 5 x a^4 + a^5,$$

c'est-à-dire que : *la cinquième puissance d'un nombre*
entier plus grand que 100000 se compose, etc.

Cela posé, il s'agit de trouver le nombre x des

dizaines et celui *a* des unités, et cela par un raisonnement analogue à celui de la racine cubique. Nous
ne le répéterons plus, et nous nous bornerons à
donner le tableau des calculs :

1116.79136.18807	407			
1024				
	$5.4^4 = 1280$		$5.40 = 12800000$	
927.9136				
	927	1280	92791361	12800000
111679136	000		89600000	
102400000		0		7
	927		3191361	
9279136.18807				
	$40^3 = 102400000$		$407^3 = 11167913618807$	
11167913618807				
11167913618807				
0				

La racine cinquième de 11167913618807 est 407.

30. Remarque. — On conçoit que le procédé de
l'extraction des racines, exposé ci-dessus, est applicable à une puissance quelconque, mais les calculs
deviennent excessivement laborieux si le degré de
celle-ci est considérable. Nous verrons plus tard des
procédés plus expéditifs.

§ II. — Des fractions d'unité considérées dans les mêmes opérations.

De l'addition des fractions d'unité.

31. Il faut distinguer deux cas : 1° les nombres
de parties d'unité à ajouter se composent de parties

de même grandeur, ou 2° ils se composent de parties de grandeurs différentes.

PREMIER CAS. — *Les fractions se composent de parties de même grandeur ou ont même dénominateur.* — Soit, par exemple, à trouver la somme des fractions

$$\frac{2}{11}, \frac{3}{11} \text{ et } \frac{4}{11}.$$

Il est clair que :

$$(2 \text{ onzièmes}) \frac{2}{11} + (3 \text{ onz.}) \frac{3}{11} + (4 \text{ onz.}) \frac{4}{11} = (2+3+4) \text{ onz.}$$

$$\text{ou } \frac{2+3+4}{11} \text{ ou } \frac{9}{11}.$$

On trouverait de même que :

$$(5 \text{ vingt-troisièmes}) \frac{5}{23} + (2 \text{ vingt-troisièmes}) \frac{2}{23} + \frac{7}{23} + \frac{4}{23}$$

$$= \frac{5+2+7+4}{23} = \frac{18}{23}.$$

SYNTHÈSE. — La somme de plusieurs fractions d'unité, composées de parties de même grandeur (ou qui ont même dénominateur), est égale à une fraction dont le numérateur est la somme des numérateurs des fractions proposées et dont le dénominateur est le dénominateur commun de celles-ci.

DEUXIÈME CAS. — *Les fractions se composent de parties d'unité qui ont des grandeurs différentes ou elles ont des dénominateurs différents.* — Soit, par exemple, à ajouter

$$\frac{2}{3} \text{ à } \frac{3}{4} \text{ et à } \frac{7}{8}.$$

Pour pouvoir énoncer la somme de ces fractions,

6

il est clair qu'il faut d'abord qu'elles soient réduites en parties de même grandeur ou au même dénominateur. A cet effet, il suffit de choisir une partie de l'unité, telle que le $\frac{1}{3}$, le $\frac{1}{4}$, le $\frac{1}{8}$ soient des *multiples* de cette partie, c'est-à-dire soient divisibles en parties de cette grandeur; en d'autres termes, il suffit de diviser l'unité principale en un certain nombre de parties divisible par 3, 4 et 8 ou de déterminer un dénominateur divisible à la fois par les dénominateurs 3, 4 et 8, et de reconnaître à combien de ces parties chacune des fractions est équivalente. Le produit $3 \times 4 \times 8$ ou 96 est divisible par 3, 4 et 8 : 3 y est contenu 32 fois; 4, 24 fois; 8, 12 fois; c'est-à-dire que le $\frac{1}{3}$ de l'unité principale vaut $\frac{32}{96}$; le $\frac{1}{4}$, $\frac{24}{96}$; le $\frac{1}{8}$, $\frac{12}{96}$.

Par conséquent :

$$\frac{2}{3} = \frac{2.32}{96} = \frac{64}{96}; \quad \frac{3}{4} = \frac{3.24}{96} = \frac{72}{96}; \quad \frac{7}{8} = \frac{7.12}{96} = \frac{84}{96}$$

et

$$\frac{2}{3} + \frac{3}{4} + \frac{7}{8} = \frac{64}{96} + \frac{72}{96} + \frac{84}{96} = \frac{64 + 72 + 84}{96} = \frac{220}{96} = 2 \text{ unités } \frac{28}{96}.$$

32. *Réduction de plusieurs fractions au même dénominateur.* — En généralisant ce qui précède, on peut énoncer la règle suivante : « Pour réduire plusieurs fractions au même dénominateur, on multiplie le numérateur et le dénominateur de chacune d'elles par le quotient obtenu en divisant un multiple commun des dénominateurs par le dénominateur de chacune. »

33. Réduction d'une fraction à de moindres termes, numérateur et dénominateur. — Dans le calcul des fractions, on arrive souvent à des fractions dont le numérateur et le dénominateur sont de grands nombres et peuvent être réduits à de plus petits. Par exemple, la fraction $\frac{84}{96}$, trouvée ci-dessus, est composée de 84 parties de l'unité subdivisée en 96^{ièmes}. Mais, 84 et 96 étant à la fois divisibles par 2, la fraction $\frac{84}{96}$ est équivalente à la fraction

$$\frac{84 : 2}{96 : 2} = \frac{42}{48}.$$

En effet, l'unité primitive étant divisée en 96 parties égales, réunissons deux de ces parties : elle se trouve alors divisée en 48 parties égales. Or, 42 de ces parties, doubles d'un 96ième, forment évidemment un tout équivalent au double de 42 ou à 84 des 96^{ièmes}.

Un raisonnement analogue établit l'équivalence des fractions $\frac{42}{48}$ et $\frac{42 : 2}{48 : 2}$ ou $\frac{21}{24}$; des fractions $\frac{21}{24}$ et $\frac{21 : 3}{24 : 3}$ ou $\frac{7}{8}$, qui ne peut plus se réduire.

La démonstration exposée ci-dessus étant générale, on en conclut que : « Une fraction dont les deux termes, numérateur et dénominateur, sont divisibles par un même nombre, est équivalente à une autre fraction dont le numérateur et le dénominateur sont le numérateur et le dénominateur de la proposée, divisés par ce nombre. » Lorsqu'on aura trouvé ce nombre, la réduction de la fraction à de moindres termes se fera sans difficulté.

De la soustraction des fractions d'unité.

34. Premier cas. — *Les fractions se composent de parties de même grandeur ou ont même dénominateur.* — On a évidemment :

$$\text{(15 douzièmes)} \frac{15}{12} - \frac{5}{12} \text{(5 douzièmes)} = \frac{10}{12} = \frac{5}{6}.$$

Deuxième cas. — *Les fractions à soustraire se composent de parties de grandeurs différentes ou elles ont des dénominateurs différents.* — Pour pouvoir énoncer l'excès de la plus grande sur la plus petite, il suffit de les réduire au même dénominateur.

Exemple I.

$$\frac{7}{8} \text{(7 huitièmes)} - \frac{2}{3} \text{(2 tiers)} = \frac{21}{24} - \frac{16}{24} = \frac{5}{24}.$$

Exemple II. — Soit à soustraire $5\frac{11}{13}$ de $13\frac{3}{4}$. On trouve aisément par des opérations connues :

$$5\frac{11}{13} = 5\frac{44}{52}; \ 13\frac{3}{4} = 13\frac{39}{52} = 12\frac{91}{52};$$

d'où

$$13\frac{3}{4} - 5\frac{11}{13} = 12\frac{91}{52} - 5\frac{44}{52} = 7\frac{47}{52}.$$

On énoncera facilement la règle à suivre.

De la multiplication des fractions d'unité.

35. Comme pour les nombres entiers, nous appelons *produit d'une fraction $\frac{a}{b}$ par une autre $\frac{c}{d}$* la quantité égale à $\frac{a}{b}$ répétée ou multipliée autant de fois qu'il est marqué par $\frac{c}{d}$; *produit d'une fraction $\frac{a}{b}$ par* *un nombre entier* e, la quantité égale à $\frac{a}{b}$ multipliée e fois; *produit d'un nombre entier* e *par une fraction* $\frac{a}{b}$, la quantité égale à e multiplié $\frac{a}{b}$ de fois.

36. Considérons successivement les divers cas :

Premier cas. — Obtenir le produit de la fraction $\frac{7}{12}$ par le nombre entier 5, c'est-à-dire la quantité qui soit égale à $\frac{7}{12}$ répétée 5 fois. Le produit est évidemment.

$$(7 \text{ douzièmes}) \frac{7}{12} \times (5 \text{ fois}) = \frac{7 \times 5}{12} = \frac{35}{12} (35 \text{ douzièmes})$$

ou $2\frac{11}{12}$.

Donc, le produit d'une fraction $\frac{a}{b}$ par un nombre entier e est une fraction ou un nombre fractionnaire $\frac{a \times e}{b}$, dont le numérateur est le produit du numérateur a de la proposée par le nombre entier e et dont le dénominateur est le même que celui de la proposée.

Deuxième cas. — Obtenir le produit du nombre entier 12 par la fraction $\frac{4}{7}$, c'est-à-dire la quantité égale à 12 répété $\frac{4}{7}$ de fois. Or, le $\frac{1}{7}$ de 12 est $\frac{12}{7}$, et les $\frac{4}{7}$ de 12 sont donc

$$\frac{12.4}{7} = \frac{48}{7} = 6\frac{6}{7}.$$

Donc, le produit d'un nombre entier e par la fraction ou le nombre fractionnaire $\frac{a}{b}$ est une fraction ou un nombre fractionnaire $\frac{e \times a}{b}$, dont le numéra-

teur est le produit du nombre entier e par le numérateur a de la proposée et dont le dénominateur est
le même que celui de cette dernière.

Troisième cas. — Obtenir le produit de la fraction
$\frac{3}{4}$ par la fraction $\frac{5}{8}$, c'est-à-dire la quantité égale à $\frac{3}{4}$
répétée $\frac{5}{8}$ de fois. Le $\frac{1}{8}$ de $\frac{3}{4}$ est $\frac{3}{4.8}$ ou $\frac{3}{32}$; en effet,
$\frac{1}{4 \times 8}$ ou $\frac{1}{32}$ étant la huitième partie d'un quart, $\frac{3}{32}$ sont
la huitième partie de $\frac{3}{4}$. Les $\frac{5}{8}$ de $\frac{3}{4}$ sont donc $\frac{3.5}{32}$ ou
$\frac{15}{32}$ ou $\frac{3.5}{4.8}$.

Donc, le produit d'une fraction $\frac{a}{b}$ par une autre $\frac{c}{d}$
est une fraction $\frac{a \times c}{b \times d}$, dont le numérateur est le produit des numérateurs des fractions proposées et dont
le dénominateur est le produit de leurs dénominateurs.

De la division des fractions d'unité.

37. L'opération a pour objet : Étant donnée une
fraction $\frac{a}{b}$, déterminer combien de fois elle renferme
une autre fraction $\frac{c}{d}$. Ce nombre de fois est ce que
l'on appelle le *quotient* de $\frac{a}{b}$ par $\frac{c}{d}$.

38. Considérons successivement les divers cas qui
peuvent se présenter :

Premier cas. — Obtenir le quotient d'une fraction,
$\frac{5}{7}$, par un nombre entier, 6, c'est-à-dire déterminer
le nombre de fois que $\frac{5}{7}$ contient 6. 1 unité contient

$\frac{1}{6}$ de fois 6, donc $\frac{1}{7}$ d'unité contient $\frac{1}{7.6}$ ou $\frac{1}{42}$ de fois 6, et $\frac{5}{7}$ contiendront $\frac{5}{42}$ de fois 6. En d'autres termes, le quotient de $\frac{5}{7}$ par 6 est $\frac{5}{42}$ ou $\frac{5}{7.6}$.

Donc, le quotient d'une fraction ou d'un nombre fractionnaire $\frac{a}{b}$ par un nombre entier e est une fraction ou un nombre fractionnaire $\frac{a}{b \times e}$, dont le numérateur est égal à celui de la proposée et le dénominateur est égal au produit de son dénominateur par le nombre entier.

DEUXIÈME CAS. — Obtenir le quotient d'un nombre entier, 12, par une fraction, $\frac{7}{9}$, c'est-à-dire déterminer combien de fois 12 contient $\frac{7}{9}$, ou le nombre qui, multiplié par $\frac{7}{9}$, donne pour produit 12. 12 contient 12×9 ou 108 fois le $\frac{1}{9}$ de l'unité et, par suite, il contiendra $\frac{12 \times 9}{7}$ ou $\frac{108}{7}$ de fois $\frac{7}{9}$ ou $\frac{5}{7.6}$.

Donc, le quotient d'un nombre entier e par une fraction $\frac{a}{b}$ est une fraction $\frac{e \times b}{a}$, dont le numérateur est égal au produit de e par le dénominateur b de la proposée et dont le dénominateur est égal au numérateur de cette dernière.

TROISIÈME CAS. — Obtenir le quotient d'une fraction, $\frac{3}{7}$, par une fraction, $\frac{5}{11}$, c'est-à-dire déterminer combien de fois $\frac{3}{7}$ contient $\frac{5}{11}$.

Or, $\frac{3}{7}$ contient $\frac{3}{7}$ de fois l'unité, donc elle contien-

dra $\frac{3 \times 11}{7}$ ou $\frac{33}{7}$ de fois le $\frac{1}{11}$ de l'unité, et par conséquent, $\frac{3 \times 11}{7 \times 5}$ ou $\frac{33}{35}$ de fois les $\frac{5}{11}$ de l'unité.

Donc, le quotient d'une fraction $\frac{a}{b}$ par une autre
fraction $\frac{c}{d}$ est une fraction $\frac{a \times d}{b \times c}$, dont le numérateur
est égal au produit du numérateur de la première
par le dénominateur de la seconde et dont le dénominateur est égal au produit du dénominateur de la
première par le numérateur de la seconde.

Des puissances des fractions d'unité.

38. De même que pour les nombres entiers, on
entend par *puissance* d'une fraction $\frac{a}{b}$ le produit de
plusieurs facteurs égaux à $\frac{a}{b}$. Le produit de deux
facteurs égaux à $\frac{a}{b}$, $\frac{a}{b} \times \frac{a}{b}$ ou $\frac{a^2}{b^2}$, est la *puissance
deuxième* ou le carré de $\frac{a}{b}$; ...; en général, le pro-
duit de n facteurs égaux $\frac{a}{b}$, $\overbrace{\frac{a}{b} \times \frac{a}{b} \times \frac{a}{b} \times \dots \times \frac{a}{b}}^{n}$
ou $\frac{a^n}{b^n}$, est la *puissance $n^{ième}$* de $\frac{a}{b}$.

Par exemple, $\frac{2}{3} \times \frac{2}{3}$ ou $\frac{2^2}{3^2}$ ou $\frac{4}{9}$ est le carré de $\frac{2}{3}$;
$\frac{2}{3} \times \frac{2}{3} \times \frac{2}{3}$ ou $\frac{2^3}{3^3}$ ou $\frac{8}{27}$ est le cube de $\frac{2}{3}$, etc.

Il résulte de cette notion même qu'une puissance
de degré quelconque d'une fraction $\frac{a}{b}$ est une fraction $\frac{a^n}{b^n}$, dont les deux termes, numérateur et déno-

minateur, sont les puissances de même degré des deux termes de la proposée.

La recherche des puissances d'une fraction n'exige donc aucun procédé particulier.

Des racines des fractions d'unité.

39. Il est clair que la racine de degré quelconque n d'une fraction $\frac{a^n}{b^n}$, dont les deux termes sont des puissances de deux nombres entiers, est une fraction $\frac{(a^n)^{\frac{1}{n}}}{(b^n)^{\frac{1}{n}}}$ ou $\frac{a}{b}$, dont les deux termes sont les racines des deux termes de la proposée, et l'on trouve cette racine par des procédés déjà exposés.

Par exemple :

$$\left(\frac{4}{16}\right)^{\frac{1}{2}} = \left(\frac{2^2}{4^2}\right)^{\frac{1}{2}} = \frac{(2^2)^{\frac{1}{2}}}{(4^2)^{\frac{1}{2}}} = \frac{2}{4} = \frac{1}{2}$$

$$\left(\frac{27}{125}\right)^{\frac{1}{3}} = \frac{(27)^{\frac{1}{3}}}{(125)^{\frac{1}{3}}} = \frac{3}{5}, \text{ etc.}$$

§ III. — Recherche des racines des nombres d'unités entières ou fractionnaires, qui ne sont pas exactement des puissances d'autres nombres d'unités déterminés.

40. Un nombre entier qui n'est pas une puissance d'un autre nombre entier a pour racine une quantité bien déterminée et composée d'unités et de fractions d'unité, mais qui, tout en pouvant être énoncée

ou mesurée aussi approximativement que l'on veut en fonction de l'unité principale et de ses subdivisions, ne peut cependant l'être complètement. Il est clair, en effet, qu'un nombre entier, a, qui n'est pas une puissance $n^{ième}$ d'un autre nombre entier, ne peut avoir pour racine un nombre fractionnaire, $\frac{c}{d}$, complètement exprimé en fonction de l'unité principale et de ses subdivisions, car le produit d'un nombre fractionnaire $\frac{c}{d}$ multiplié n fois par lui-même ne peut être qu'un nombre fractionnaire, $\frac{c^n}{b^n}$, et non un nombre entier.

On exprime ce fait en disant que : La racine $n^{ième}$ d'un nombre entier qui n'est pas la puissance $n^{ième}$ d'un autre nombre entier, est incommensurable avec l'unité principale. Il en est évidemment de même des racines d'une fraction ou d'un nombre fractionnaire qui ne sont pas des puissances exactes d'une autre fraction ou d'un autre nombre fractionnaire.

Par exemple :
$$(2)^{\frac{1}{2}}, (3)^{\frac{1}{2}}, (5)^{\frac{1}{3}}, ..., 29^{\frac{1}{3}}, ..., \left(\frac{2}{3}\right)^{\frac{1}{3}}, \left(\frac{3}{8}\right)^{\frac{1}{5}}, ...$$

sont des quantités incommensurables avec l'unité.

Mais il est du moins possible d'exprimer une pareille quantité, en fonction de l'unité principale et de ses subdivisions, avec telle approximation qu'on voudra. Soit, par exemple, à trouver la racine $k^{ième}$ d'un nombre a, d'unités entières ou fractionnaires, qui n'est pas la $k^{ième}$ puissance d'un autre nombre entier ou fractionnaire, à moins de $\frac{1}{n}$ près, c'est-à-dire soit à déterminer un nombre fractionnaire tel qu'augmenté de $\frac{1}{n}$, il ait pour puissance $k^{i\text{ème}}$ un nombre plus grand que a, et que lui-même ait pour puissance $k^{i\text{ème}}$ un nombre plus petit que a. Si l'on désigne par $\frac{r}{n}$ le nombre de $n^{i\text{èmes}}$ cherché, il devra être tel que :

$$\left(\frac{r}{n}\right)^{k} < a < \left(\frac{r+1}{n}\right)^{k} ;$$

c'est-à-dire que r doit être tel que :

$$r^{k} < a.n^{k} < (r+1)^{k}$$

ou tel que :

$$r < (a \times n^{k})^{\frac{1}{k}} < r + 1.$$

Donc, le numérateur r du nombre cherché est la racine de la plus grande $k^{i\text{ème}}$ puissance entière contenue dans $a \times n^{k}$, racine qu'on appelle souvent *racine à 1 unité près*.

Synthèse. — D'où l'on conclut le procédé suivant :

Pour exprimer, à moins de $\frac{1}{n}$ près, la racine $k^{i\text{ème}}$ d'un nombre entier ou fractionnaire a qui n'est pas la $k^{i\text{ème}}$ puissance d'un nombre entier ou fractionnaire déterminé, multipliez le nombre donné a par la puissance $k^{i\text{ème}}$ du dénominateur n; recherchez la partie entière de la racine $k^{i\text{ème}}$ du produit ou sa racine $k^{i\text{ème}}$ à 1 unité près. La racine cherchée, à $\frac{1}{n}$ près, est une fraction ayant cette dernière pour numérateur et le nombre n pour dénominateur.

Remarquons que, n pouvant être aussi grand que

l'on veut et, par suite, le degré d'approximation $\frac{1}{n}$ aussi petit que l'on veut, on exprimera une racine incommensurable avec une exactitude illimitée.

Exemples :

$$1^\circ \ _{\frac{1}{12}}(59)^{\frac{1}{2}} \left(\text{à } \frac{1}{12} \text{ près}\right) = \frac{_1(59.12^2)^{\frac{1}{2}}}{12} = \frac{_1(8496)^{\frac{1}{2}}}{12} = \frac{92}{12} \left(\text{à } \frac{1}{12} \text{ près par défaut}\right)$$

$$\text{ou } \frac{93}{12} \left(\text{à } \frac{1}{12} \text{ près par excès}\right).$$

$$2^\circ \ _{\frac{1}{15}}(11)^{\frac{1}{2}} \left(\text{à } \frac{1}{15} \text{ près}\right) = \frac{_1(11.15^2)^{\frac{1}{2}}}{15} = \frac{49}{15} \text{ ou } 3\frac{1}{5} \left(\text{à } \frac{1}{15} \text{ près par défaut}\right).$$

$$3^\circ \ _{\frac{1}{23}}\left(31\frac{4}{7}\right)^{\frac{1}{2}} \left(\text{à } \frac{1}{23} \text{ près}\right) = \ _{\frac{1}{23}}\left(\frac{221}{7}\right)^{\frac{1}{2}} = \frac{_1\left(\frac{221}{7} \times 23^2\right)^{\frac{1}{2}}}{23} = \frac{_1\left(\frac{116904}{7}\right)^{\frac{1}{2}}}{23}$$

$$= \frac{_1\left(16701\frac{2}{7}\right)^{\frac{1}{2}}}{23} = \frac{_1(16701)^{\frac{1}{2}}}{23} = \frac{129}{23} \text{ ou } 5\frac{14}{23} \left(\text{à } \frac{1}{23} \text{ près par défaut}\right).$$

REMARQUE. — On obtient la $_1\left(16701\frac{2}{7}\right)^{\frac{1}{2}}$ à 1 unité près en faisant abstraction de la fraction $\frac{2}{7}$, parce qu'il est évident que, si 16701 est compris entre les carrés de deux nombres entiers consécutifs, il doit en être de même de 16701 $\frac{2}{7}$. Cette observation est applicable à tous les cas où l'on a besoin de connaître seulement la partie entière d'une racine de degré quelconque d'un nombre fractionnaire : il suffit de considérer la partie entière contenue dans ce nombre et d'en extraire la racine à 1 unité près.

$4°$ $\underset{\frac{1}{20}}{\left(79\frac{8}{11}\right)^{\frac{1}{2}}} = \underset{\frac{1}{20}}{\left(\frac{877}{11}\right)^{\frac{1}{2}}} = \dfrac{{}_1\left(\frac{877}{11}\times 20^2\right)^{\frac{1}{2}}}{20} = \dfrac{178}{20} = 8\,\dfrac{18}{20} = 8\,\dfrac{9}{10}.$

$5°$ $\underset{\frac{1}{13}}{\left(\frac{7}{13}\right)^{\frac{1}{2}}}\left(\text{à }\frac{1}{13}\text{ près}\right) = \dfrac{{}_1\left(\frac{7}{13}\times 13^2\right)^{\frac{1}{2}}}{13} = \dfrac{{}_1(7\times 13)^{\frac{1}{2}}}{13} = \dfrac{9}{13}.$

$6°$ $\underset{\frac{1}{100}}{(29)^{\frac{1}{2}}} = \dfrac{{}_1(29.100^2)^{\frac{1}{2}}}{100} = \dfrac{{}_1(290000)^{\frac{1}{2}}}{100} = \dfrac{538}{100} = 5\,\dfrac{38}{100},\text{ à }\dfrac{1}{100}\text{ près.}$

$7°$ $\underset{\frac{1}{12}}{(15)^{\frac{1}{3}}}\left(\text{à }\frac{1}{12}\text{ près}\right) = \dfrac{{}_1(15\times 12^3)^{\frac{1}{3}}}{12} = \dfrac{{}_1(25920)^{\frac{1}{3}}}{12} = \dfrac{29}{12}\text{ ou }2\,\dfrac{5}{12}.$

$8°$ $\underset{\frac{1}{20}}{\left(37\frac{8}{13}\right)^{\frac{1}{3}}}\left(\text{à }\frac{1}{20}\text{ près}\right) = \underset{\frac{1}{20}}{\left(\frac{489}{13}\right)^{\frac{1}{3}}} = \dfrac{{}_1\left(\frac{489}{13}\times 20^3\right)^{\frac{1}{3}}}{20} = \dfrac{{}_1\left(\frac{3912000}{13}\right)^{\frac{1}{3}}}{20}$

$= \dfrac{{}_1\left(300923\frac{1}{13}\right)^{\frac{1}{3}}}{20} = \dfrac{{}_1(300923)^{\frac{1}{3}}}{20} = \dfrac{67}{20}\text{ ou }3\,\dfrac{7}{20}.$

$9°$ $\underset{\frac{1}{1000}}{(25)^{\frac{1}{3}}}\left(\text{à }\frac{1}{1000}\text{ près}\right) = \dfrac{{}_1(25\times 1000^3)^{\frac{1}{3}}}{1000} = \dfrac{{}_1(25000000000)^{\frac{1}{3}}}{1000}$

$= \dfrac{2924}{1000} = 2\,\dfrac{924}{1000}.$

$10°$ $\underset{\frac{1}{10}}{\left(2\frac{1}{3}\right)^{\frac{1}{5}}}\left(\text{à }\frac{1}{10}\text{ près}\right) = \underset{\frac{1}{10}}{\left(\frac{7}{3}\right)^{\frac{1}{5}}} = \dfrac{{}_1\left(\frac{7}{3}\times 10^5\right)^{\frac{1}{5}}}{10} = \dfrac{{}_1\left(\frac{700000}{3}\right)^{\frac{1}{5}}}{10}$

$= \dfrac{{}_1\left(233333\frac{1}{3}\right)^{\frac{1}{5}}}{10} = \dfrac{{}_1(233333)^{\frac{1}{5}}}{10} = \dfrac{11}{10} = 1\,\dfrac{1}{10}.$

§ IV. — Du système de représentation graphique des fractions décimales et des procédés d'opérations qui les concernent.

41. Parmi toutes les fractions de l'unité primitive, il faut distinguer celles qui sont composées de parties décimales de l'unité ou de parties de l'unité subdivisée en multiples des puissances de la base du système de numération, et que l'on appelle, pour cette raison, fractions décimales. Exemple :

$$\frac{7}{10}, \frac{29}{100}, \frac{5400}{1000}.$$

42. *Du système de représentation graphique des fractions décimales.* — D'après la convention adoptée pour la représentation des nombres d'unités au moyen de 10 chiffres, lorsque plusieurs chiffres sont écrits les uns à côté des autres, le premier chiffre à droite exprime un nombre d'unités simples, le chiffre immédiatement à gauche exprime un nombre de dizaines, etc. Il est avantageux d'étendre cette convention aux chiffres placés à la droite de celui qui représente des unités du premier ordre, en ayant soin, toutefois, de les distinguer par un signe quelconque, une virgule par exemple : le chiffre placé à la droite de la virgule représentera un nombre de dixièmes, celui placé à la droite de celui-ci représentera un nombre de centièmes, etc.

Par exemple, la quantité : 24 unités, 7 dixièmes et 5 centièmes, ou 24 unités et la fraction décimale 75 centièmes, se représente par

24,75 ;

la quantité : 0 unité, 4 dixièmes, 7 centièmes et 8 millièmes, ou la fraction décimale $\frac{478}{1000}$, par

$$0,478;$$

la quantité : 7 unités et la fraction décimale $\frac{49305}{100000}$, par

$$7,49305.$$

43. REMARQUE. — Il résulte de ces conventions que si, dans l'expression d'une fraction ou d'un nombre fractionnaire décimaux, on recule la virgule de 1, 2, 3, ..., rangs vers la droite, la nouvelle expression sera celle d'une fraction ou d'un nombre fractionnaire 10, 100, 1000, ..., fois plus grands; si l'on recule la virgule de 1, 2, 3, ..., rangs vers la gauche, la nouvelle expression sera celle d'une fraction ou d'un nombre fractionnaire 10, 100, 1000, ..., fois plus petits. Ainsi $0,235 \left(\frac{235}{1000}\right)$ représente une fraction 10 fois plus petite que $2,35 \left(2\frac{35}{100}\right)$, et $0,0235 \left(\frac{235}{10000}\right)$ représente une fraction 10 fois plus grande que $0,00235 \left(\frac{235}{100.000}\right)$.

Addition et soustraction des fractions décimales.

44. Ces opérations s'effectuent naturellement sur les fractions décimales d'après les mêmes règles que celles établies pour les nombres entiers. Par exemple, soit à ajouter :

32,4056 à 245,379, à 12,0476, à 9,38 et à 459,2375.

On écrit les expressions des nombres les unes en dessous des autres, de manière que les chiffres désignant des unités d'un même ordre soient sur une colonne verticale, et on souligne le tout. On ajoute successivement les nombres d'unités des différents ordres en commençant par celles de l'ordre inférieur et en ayant soin d'extraire de chaque somme partielle les unités de l'ordre immédiatement supérieur qu'elle contient, pour les ajouter à la somme des unités de cet ordre qui se trouvent dans les nombres. On place en dessous de la barre l'expression de la somme cherchée.

$$
\begin{array}{r}
32,4056 \\
245,379 \\
12,0476 \\
9,38 \\
459,2375 \\
\hline
758,4497
\end{array}
$$

On énoncera aussi facilement la règle à suivre pour soustraire de 62,09 la quantité 23,0784 :

$$
\begin{array}{r}
{\scriptstyle 12 \quad\;\; 8\;9\,10} \\
6\,2,0\,9 \\
2\,3,0\,7\,8\,4 \\
\hline
3\,9,0\,1\,1\,6
\end{array}
$$

Multiplication des fractions décimales.

45. Soit à multiplier 35,407 par 12,54. Ces nombres fractionnaires se représentent, d'après les signes ordinaires, par $\frac{35407}{1000}$ et $\frac{1254}{100}$. Or, le produit de $\frac{35407}{1000}$ par $\frac{1254}{100}$ est égal à

$$
\frac{35407.1254}{1000.100} = \frac{44400378}{100000}
$$

qui s'écrit, d'après le système graphique décimal :

$$444,00378.$$

Mais, les numérateurs des fractions $\frac{35047}{1000}$ et $\frac{1254}{100}$

ne sont autres que les expressions des nombres décimaux proposés, abstraction faite de la virgule.

On conclut de là que : Pour multiplier deux nombres décimaux l'un par l'autre, on multipliera d'abord les nombres que représentent leurs expressions, abstraction faite de la virgule ; puis l'on divisera le produit par le produit des dénominateurs des nombres décimaux ; l'expression de ce quotient s'obtient en séparant par une virgule, à partir de la droite, autant de chiffres qu'il y a de zéros dans l'expression du produit des dénominateurs ou qu'il y a de chiffres à droite des virgules dans celles des nombres proposés. On peut disposer l'opération comme pour les nombres entiers.

$$
\begin{array}{r}
35,407 \\
12,54 \\
\hline
141628 \\
177035 \\
70814 \\
35407 \\
\hline
444,00378
\end{array}
$$

Division des fractions décimales.

46. Cette opération n'offre pas plus de difficulté. Soit, par exemple, à diviser 43,047 par 2,53698, ou $\frac{43047}{1000}$ par $\frac{253698}{100000}$. On a (n° 38) :

$$\frac{43047}{1000} : \frac{253698}{100000} = \frac{43047 \times 100000}{1000 \times 253698} = \frac{4304700000}{253698000}$$

$$= \frac{4304700}{253698} = 16\frac{245532}{253698}.$$

On conclut de là qu'il suffit de faire la division des nombres entiers représentés par les expressions des nombres décimaux, abstraction faite des virgules, après avoir toutefois ramené le nombre des

7

chiffres des expressions décimales à être le même de part et d'autre.

DEUXIÈME EXEMPLE. — Soit à diviser 3,4703 par 0,027 ou $\frac{34703}{10000}$ par $\frac{27}{1000}$. On a :

$$\frac{34703}{10000} : \frac{27}{1000} = \frac{34703000}{270000} = \frac{34703}{270} = 128\frac{143}{270}.$$

47. *Conversion d'une fraction quelconque de l'unité principale en fraction décimale.* — Dans les exemples précédents, on a facilement obtenu les nombres entiers et les fractions qui constituent les quotients. On pourrait demander d'exprimer ces fractions en parties décimales.

Proposons-nous donc cette question générale :

Une fraction quelconque de l'unité principale étant donnée, trouver une fraction équivalente composée de parties décimales, ou, plus brièvement, la convertir en fraction décimale.

Soit proposée d'abord la fraction $\frac{13}{47}$. 1 unité contient 10 dixièmes, $\frac{1}{47}$ d'unité contient $\frac{10}{47}$ de dixième, et $\frac{13}{47}$ contiennent $\frac{130}{47}$ de dixième; ainsi,

$$\frac{13}{47} = \frac{130}{47} \text{ de dixième} = 2 \text{ dixièmes} + \frac{36}{47} \text{ de dizième.}$$

Mais 1 dixième contient 10 centièmes et, par conséquent, $\frac{36}{47}$ de dixime contiennent $\frac{360}{47}$ de centième, c'est-à-dire que :

$$\frac{36}{47} \text{ de dixième} = 7 \text{ centièmes} + \frac{31}{47} \text{ de centième,}$$

et par suite :

$$\frac{13}{47} = 2 \text{ dixièmes} + 7 \text{ centièmes} + \frac{31}{47} \text{ de centième.}$$

Ensuite, $\frac{31}{47}$ de centième valent $\frac{310}{47}$ de millième ou 6 millièmes $\frac{28}{47}$ de millième, donc :

$$\frac{13}{47} = 2 \text{ dixièmes} + 7 \text{ centièmes} + 6 \text{ millièmes} + \frac{28}{47} \text{ de millième.}$$

En continuant à raisonner de la sorte, on trouve successivement :

$$\frac{13}{47} = 2 \text{ dixièmes} + 7 \text{ centièmes} + 6 \text{ millièmes} + 5 \text{ dix-millièmes}$$
$$+ \frac{45}{47} \text{ de dix-millième,}$$

$$\frac{13}{47} = 2 \text{ dixièmes} + 7 \text{ centièmes} + 6 \text{ millièmes} + 5 \text{ dix-millièmes}$$
$$+ 9 \text{ cent-millièmes} + \frac{27}{47} \text{ de cent-millième,}$$

ou, employant les signes conventionnels des fractions décimales,

$$\frac{13}{47} = 0,27659 + \frac{27}{47} \text{ de cent-millième,}$$

$$\text{ou} + \frac{27}{49} . 0,00001.$$

Si l'on néglige la fraction $\frac{27}{47}$ de cent-millième, on dira que 0,27659 est la valeur de $\frac{13}{47}$ *à moins d'un cent-millième d'unité près*, attendu que la fraction $\frac{27}{47}$ de cent-millième, que la proposée contient en outre, est moindre qu'un cent-millième.

SYNTHÈSE. — On peut réunir les divisions successives que nous venons de faire dans le tableau ci-contre :

$$
\begin{array}{r|l}
130 & 47 \\
360 & \overline{0,27659} \\
310 & \\
280 & \\
450 & \\
27 & \\
\cdot\cdot &
\end{array}
$$

et l'on conclut de l'analyse précédente que l'on procédera de la manière suivante à la conversion d'une fraction quelconque en fraction décimale :

On dispose les expressions des deux termes, numérateur et dénominateur, comme dans la division. On divise le numérateur par le dénominateur, et l'on place une virgule à la droite de l'expression du quotient. On écrit un 0 à la droite de celle du reste, et l'on divise le nombre désigné par le résultat par le dénominateur; le quotient est le nombre de dizièmes. On écrit un 0 à la droite de l'expression du nouveau reste, et l'on divise le nombre désigné par le résultat par le dénominateur; le quotient est le nombre de centièmes, et ainsi de suite. Si l'une de ces divisions se fait sans reste, la fraction proposée peut se convertir exactement en décimales, sinon la méthode fournit seulement des valeurs de plus en plus approchées. Dans ce dernier cas, la fraction décimale obtenue diffère de la fraction proposée d'une quantité moindre que l'unité de l'ordre décimal auquel on a arrêté le quotient.

48. Il est facile maintenant de convertir en fractions décimales les fractions qui font partie des quotients dans les exemples de division traités au n° 46. On trouve, en appliquant la règle donnée ci-dessus :

4304700	253698
1767720	
2455320	16,967
1720380	
1981920	
206034	
. . . . . .	

c'est-à-dire que :

$$\frac{43,047}{2,53698} = 16,967 \text{ à moins de } 0,001 \text{ près.}$$

On trouve de même :

$$\begin{array}{c|c} 34703 & 270 \\ \dots & \overline{} \\ \dots & 128,5296 \end{array}$$

c'est-à-dire que :

$$\frac{3,4703}{0,027} = 128,5296 \text{ à moins de } 0,0001 \text{ près.}$$

49. REMARQUE. — Il serait utile de savoir *à priori* si la fraction proposée est commensurable ou non avec les subdivisions décimales de l'unité. Cela revient évidemment à reconnaître si le numérateur multiplié par une puissance de 10 convenable est divisible ou non par le dénominateur; nous serons en mesure de résoudre la question après avoir étudié les nombres dans leur composition intérieure.

Des puissances et des racines des fractions décimales.

50. La recherche des puissances et des racines des fractions décimales et des nombres fractionnaires décimaux n'exige aucun procédé particulier et ne subit d'autres modifications que celles des méthodes de représentation.

Donnons quelques exemples de l'extraction des racines de fractions décimales et des racines de nombres quelconques avec une approximation donnée en décimales.

$$1° \quad _{0,001}(3,425)^{\frac{1}{2}} \text{ (à 0,001 près)} = \frac{_1(3,425 \times 1000^2)^{\frac{1}{2}}}{1000} = \frac{_1(342500)^{\frac{1}{2}}}{1000}$$

$$= \frac{1849}{1000} = 1,849;$$

$$2° \quad _{0,01}\left(\frac{310}{13}\right)^{\frac{1}{2}} = \frac{\left(\frac{310}{13} \times 100^2\right)^{\frac{1}{2}}}{100} = \frac{_1\left(\frac{3100000}{13}\right)^{\frac{1}{2}}}{100} = \frac{_1(238464)^{\frac{1}{2}}}{100} = \frac{488}{100} = 4,88;$$

$$3° \quad _{0,001}(25)^{\frac{1}{3}} \text{ (à 0,001 près)} = \frac{_1(25 \times 1000^3)^{\frac{1}{3}}}{1000} = \frac{_1(25000000000)^{\frac{1}{3}}}{1000}$$

$$= \frac{2924}{1000} = 2,924;$$

$$4° \quad _{0,01}(3,1415)^{\frac{1}{2}} \text{ (à 0,01 près)} = \frac{_1(3,1415 \times 100^3)^{\frac{1}{2}}}{100} = \frac{_1(3141500)^{\frac{1}{2}}}{100}$$

$$= \frac{146}{100} = 1,46;$$

$$5° \quad _{0,001}\left(\frac{14}{25}\right)^{\frac{1}{3}} = \frac{_1\left(\frac{14}{25} \times 1000^3\right)^{\frac{1}{3}}}{1000} = \frac{_1\left(\frac{14000000000}{25}\right)^{\frac{1}{3}}}{1000} = 0,824.$$

§ V. — Synthèse du chapitre II.

51. Il résulte de l'analyse des rapports simples de grandeur existant entre les nombres que : « Tout nombre d'unités, entières ou fractionnaires, peut être considéré en tant que *somme*, *produit* ou *puissance*, ou, inversement, en tant que *différence*, *quotient* ou *racine* d'autres nombres.

Nous ne concevons pas, d'ailleurs, la possibilité d'autres rapports simples de grandeur entre les

nombres ou les quantités ; car tout nombre, entier
ou fractionnaire, ne peut être envisagé que comme
somme de nombres inégaux et comme somme de
nombres égaux, et, de ce dernier point de vue,
comme somme d'un nombre d'unités répété une
ou plusieurs fois en nombre égal ou inégal à lui-
même.

CHAPITRE III.

52. Nous avons reconnu les divers rapports simples de grandeur que les nombres d'unités supportent entre eux et exposé les procédés d'opération qui permettent de déterminer ces rapports, lorsqu'on adopte la numération décimale et le système de représentation graphique au moyen de 10 chiffres.

Mais on conçoit que l'essence des quantités ou des nombres d'unités est indépendante de telle ou de telle nomenclature, de tel ou de tel système de représentation graphique que nous puissions leur appliquer, et que, par conséquent, nous devons développer l'étude de leurs lois et de leurs propriétés indépendamment de ceux-ci, en les désignant par des signes quelconques, par exemple des lettres.

Toutefois, avant de procéder à cette étude, éclaircissons cette dernière idée en montrant la possibilité d'énoncer et de représenter les nombres au moyen d'un système quelconque de mots et de signes, c'est-à-dire en établissant la *théorie des systèmes de numération.*

53. *Des systèmes de numération et de représentation graphique.* — Nous avons déjà dit (n° 3) que l'on

appelle *base* d'un système de numération le nombre
d'unités d'un certain ordre, qui est regardé comme formant l'unité de l'ordre de grandeur immédiatement
supérieur. Or, théoriquement, il est évidemment permis de prendre pour cette base de la formation des
noms des nombres tel nombre que l'on voudra. On
pourrait adopter le système de numération à base
deux et regarder la quantité de deux unités comme
l'unité d'un deuxième ordre de grandeur; on désignerait alors le nombre suivant par *deux-un* (c'est
celui que, dans le système de numération décimale,
nous appelons *trois*). Après celui-ci se présenterait
le nombre *deux-deux* ou unité du troisième ordre,
et ainsi de suite. De même, en adoptant le système
de numération à base *douze*, on considérerait la
quantité de douze unités du premier ordre comme
formant l'unité du deuxième ordre, et l'on désignerait les nombres suivants par *douze-un, douze-deux,*
.... D'une façon générale, adoptant le système de
numération à base B, on regarderait la quantité
de B unités du premier ordre comme formant
l'unité d'un deuxième ordre, la quantité de B unités
du deuxième ordre comme formant l'unité d'un
troisième ordre, et ainsi de suite.

Ces considérations suffisent pour faire comprendre
comment on formerait les noms des nombres en
donnant à cette formation une base conventionnelle
quelconque.

On conçoit aussi qu'il est possible de représenter les nombres avec plus ou moins de dix caractères, par exemple avec autant de caractères qu'il est marqué par la base B du système de numération adopté, en établissant une convention analogue à celle qui régit la représentation décimale, à savoir que : Tout chiffre placé à la gauche d'un autre représente un nombre d'unités entières de l'ordre immédiatement supérieur à celui des unités du nombre exprimé par cet autre, ou, en d'autres termes, que lorsque plusieurs chiffres sont écrits les uns à la suite des autres, le premier chiffre à droite représente un nombre d'unités simples; le chiffre immédiatement à gauche un nombre d'unités du deuxième ordre ou B fois plus grandes, le troisième un nombre du troisième ordre ou B^2 fois plus grandes, ..., etc.

Pour fixer les idées, proposons-nous de représenter graphiquement les nombres, auxquels, pour plus de facilité, nous conserverons leurs noms usuels, au moyen du système de représentation à base 7, c'est-à-dire au moyen de sept chiffres, par exemple,

$$0, 1, 2, 3, 4, 5, 6,$$

désignant respectivement

zéro, un, deux, trois, quatre, cinq, six.

Le nombre de *sept* unités du premier ordre ou l'unité du deuxième ordre se représente, d'après la convention énoncée ci-dessus, par

$$10,$$

et les nombres

huit, neuf, dix, onze, douze, treize,
par 11, 12, 13, 14, 15, 16.

Le nombre de *quatorze* unités ou la quantité renfermant *deux* unités du deuxième ordre s'écrit

20,

et les nombres

quinze, seize, dix-sept, ..., vingt-un, vingt-deux, ..., quarante-deux,
  21,   22,   23,   ...,   30,   31,   ...,   60,

quarante-huit.
66.

Le nombre de *quarante-neuf* unités, ou l'unité du
troisième ordre, est représenté par

100,

et les nombres

  cinquante, cinquante-un, ..., trois cent quarante-deux.
par 101,   102, ...,   666.

Le nombre de *trois cent quarante-trois* unités ou
l'unité du quatrième ordre s'écrit

1000, etc.

On voit que tous les nombres sont susceptibles
d'être écrits d'après ce système; il en serait de même
d'après tout autre.

54. *Des opérations effectuées sur des nombres écrits
d'après un système quelconque.* — Il est clair que les
procédés d'opération seront les mêmes que si les
nombres étaient écrits d'après le système décimal;
il faut, toutefois, tenir compte des rapports qui
existent entre les unités des différents ordres de
grandeur.

Pour familiariser le lecteur avec les systèmes de
numération, nous développerons chacune des quatre
premières opérations sur des nombres écrits d'après

le système à base *douze*, dont les douze caractères sont, par exemple :

0, 1, 2, 3, 4, 5, 6, 7, 8, 9, α, β.

zéro, un, deux, trois, quatre, cinq, six, sept, huit, neuf, dix, onze.

1° *Addition*. — Soit à ajouter :

$$3704α$$
$$β2956$$
$$27βα5$$
$$48αβ$$

Somme. . . . 15α678

2° *Soustraction*.

$$5α0046$$
$$47α68β$$

Différence. . . 121577

3° *Multiplication*.

$$3407α$$
$$5α68$$

$$228528$$
$$1803β0$$
$$294664$$
$$148332$$

Produit. . . 177608828

4° *Division*.

177608828 | 5α68
15780 |
----------| 3407α
1βα08
1β628

3α082
351α8

4α968
4α968

0

55. Remarque. — Il est facile d'écrire, d'après un système de représentation quelconque, un nombre écrit d'après un autre système à base quelconque. Résolvons cette question :

Un nombre N étant écrit d'après le système à base B, l'écrire d'après le système à base B′ (c'est-à-dire employant B′ chiffres).—Observons que, d'après le nouveau système, B′ unités du premier ordre forment une unité de second ordre; donc, autant de fois le nombre proposé N, écrit d'après la base B, contiendra B′, la nouvelle base, autant il renfermera d'unités du second ordre du système B′, c'est-à-dire que, si l'on divise N par B′, le quotient est le nombre d'unités du second ordre, et le reste, nécessairement moindre que B′, est le nombre d'unités du premier ordre du nombre écrit d'après le système B′.

De même, puisque B′ unités du second ordre forment une unité du troisième ordre, si l'on divise le nombre trouvé d'unités du second ordre par B′, le quotient est le nombre d'unités du troisième ordre et le reste le nombre d'unités du quatrième ordre du nombre N écrit d'après le système à base B′, et ainsi de suite.

D'où l'on conclut que, pour traduire un nombre du système à base B en système à base B′, il faut :

Diviser le nombre proposé par la base B′ du nouveau système écrite d'après l'ancien, etc.

56. Exemples. — 1° Traduire le nombre 369 (trois

cent soixante-neuf) écrit d'après le système *dix* dans le système *sept*.

$$
\begin{array}{c|c}
369 & 7 \\
19 & \\
\text{1}^{\text{er}}\text{ reste. . . . } 5 & 52 \quad\Big|\quad 7 \\
\text{nombre d'unités du 1}^{\text{er}}\text{ ordre} & 2^{\text{e}}\text{ reste } 3 \\
\text{d'après le nouveau système.} & \text{id. du} \\
& 2^{\text{e}}\text{ ordre.}
\end{array}
$$

Le nombre $(369)_{\text{dix}}$ s'écrit d'après le système *sept* :

$$1035;$$

2° Traduire le nombre 8423 (huit mille quatre cent vingt-trois), écrit d'après le système *dix*, dans le système à base *douze*.

Le nombre $(8423)_{\text{dix}}$ s'écrit d'après le système à base *douze* :

$$4\alpha\,5\beta;$$

3° $(5347)_{\text{dix}} = (12475)_{\text{huit.}}$

4° $(784365)_{\text{dix}} = (49633\alpha)_{\text{onze}};$

5° Traduire le nombre 240, écrit d'après le système *cinq* dans le système *douze*. — *Douze* s'écrit d'après le système *cinq* : 22.

$$
\begin{array}{r|l}
240 & 22 \\
22 & \\
\hline
& 10\,(\text{cinq}) \\
\hline
20 & \\
(\text{dix}). &
\end{array}
$$

Ainsi : $(240)_{\text{cinq}} = (5\,\alpha)_{\text{douze}}$;

6° Traduire $(115)_{\text{neuf}}$ dans le système à base *douze*.

$$
\begin{array}{r|l}
115 & 13 \\
103 & \\
\hline
& 7\,(\text{sept}) \\
\hline
12 & \\
(\text{onze}) &
\end{array}
$$

Ainsi : $(115)_{\text{neuf}} = (7\,\beta)_{\text{douze}}$;

7° Traduire $(115)_{\text{neuf}}$ dans le système *dix*.

$$
\begin{array}{r|l}
115 & 11 \\
11 & \\
\hline
& 10\,(\text{neuf}) \\
\hline
5 & \\
(\text{cinq}) &
\end{array}
$$

Ainsi : $(115)_{\text{neuf}} = (95)_{\text{dix}}$;

8° Traduire $(3212)_{\text{sept}}$ dans le système *douze*.

$$
\begin{array}{r|l|l}
3212 & 15 & \\
15 & & \\
\hline
& 163 & 15 \\
141 & 15 & \\
132 & \hline & 10\ (\text{sept}) \\
\hline & 13 & \\
62 & (\text{dix}) & \\
51 & & \\
\hline
11 & & \\
(\text{huit}) & &
\end{array}
$$

Ainsi : $(3212)_{\text{sept}} = (7\,\alpha\,8)_{\text{douze}}$.

CHAPITRE IV.

§ Ier. — COMBINAISONS DE L'ADDITION ET DE LA SOUSTRACTION.

57. *Additionner à une quantité la somme de plusieurs autres.* — La somme d'une quantité a et d'un polynôme $b + c + d + \ldots$ s'obtient évidemment en ajoutant successivement à la quantité a toutes les parties du polynôme, c'est-à-dire que :

$$a + (b + c + d + \ldots) = a + b + c + d + \ldots$$

58. *Additionner à une quantité* a *la différence de deux autres,* b — c, *en d'autres termes, un polynôme composé d'une partie additive* b *et d'une partie soustractive* c. — La somme d'une quantité a et de la différence de deux nombres $b - c$ est égale à la somme de a et de b, diminuée de c, c'est-à-dire que :

$$a + (b - c) = a + b - c.$$

59. *Soustraire d'une quantité* a *la somme* b + c + … *de plusieurs autres.* — Il suffit de soustraire successivement chacun des nombres du polynôme, c'est-à-dire que :

$$a - (b + c + d + \ldots) = a - b - c - d - \ldots$$

60. *Soustraire d'une quantité* a *la différence de deux autres,* b — c. — Il suffit de soustraire d'abord de a le nombre b et d'ajouter ensuite à la différence le nombre c, puisque, par la première opération, on retranche c unités de trop, c'est-à-dire que :

$$a - (b - c) = a - b + c.$$

61. *Additionner à une quantité la différence entre deux sommes de quantités ou un polynôme quelconque composé de parties additives et de parties soustractives.* — Soit à trouver la somme de a et du polynôme : $b - c - d + e + f - g$.

Un polynôme composé de termes additifs et de termes soustractifs équivaut à la différence entre la somme des termes additifs $(b + e + f)$ et celle des termes soustractifs $(c + d + g)$ ou à :

$$(b + e + f) - (c + d + g).$$

La somme demandée est donc :

$$a + [(b + e + f) - (c + d + g)] = a + b + e + f - c - d - g$$
$$= a + b - c - d + f - g.$$

SYNTHÈSE. — Pour obtenir la somme de deux ou plusieurs polynômes composés de parties additives et de parties soustractives, il suffit d'effectuer les opérations indiquées par leurs formules écrites les unes à la suite des autres.

Exemple :

$$(4x^3 - 5a^2 x - 8a^3 - 4a\, x^2) + (2a^2 x - 3x^3 + 7a^3) + (9a^3 - 5a\, x^2 + 5x^3$$
$$= 4x^3 - 5a^2 x - 8a^3 - 4a\, x^2 + 2a^2 x - 3x^3 + 7a^3 + 9a^3 - 5a\, x^2 + 5x^3$$
$$= 4x^3 - 3x^3 + 5x^3 - 4a\, x^2 - 5a\, x^2 - 5a^2 x + 2a^2 x - 8a^3 + 7a^3 + 9a^3$$
$$= 6x^3 - 9a\, x^2 - 3a^2 x + 8a^3.$$

8

62. *Soustraire d'une quantité la différence entre deux sommes de quantités ou un polynôme composé de parties additives et de parties soustractives.* — Soit à trouver la différence entre une quantité a et la quantité polynôme

$$b - c - d + e + f - g$$

qui équivaut à

$$(b + e + f) - (c + d + g).$$

La différence demandée est (nº 60) :

$$a - (b - c - d + e + f - g) = a - [(b + e + f) - (c + d + g)]$$
$$= a - b - e - f + c + d + g = a - b + c + d - e - f + g.$$

Donc, pour obtenir la différence entre deux polynômes composés de termes additifs et de termes soustractifs, il suffit d'effectuer les opérations indiquées par la formule du premier suivie de celle du second, dans laquelle on a préalablement changé les signes des parties.

EXEMPLE. — La différence entre les deux polynômes

$$(7a^3b - 8a^2b^2 + 5a^4 - 2b^4) \text{ et } (2a^4 - 4ab^3 + 4a^3b - 2b^4)$$

est

$$7a^3b - 8a^2b^2 + 5a^4 - 2b^4 - 2a^4 + 4ab^3 - 4a^3b + 2b^4$$
$$= 5a^4 - 2a^4 + 7a^3b - 4a^3b - 8a^2b^2 + 4ab^3 - 2b^4 + 2b^4$$
$$= 3a^4 + 3a^3b - 8a^2b^2 + 4ab^3.$$

§ II. — COMBINAISONS DE L'ADDITION, DE LA SOUSTRACTION ET DE LA MULTIPLICATION.

63. *Multiplication d'une quantité monôme formée de plusieurs facteurs par d'autres quantités monômes formées de plusieurs facteurs.* — De la notion de produit, il résulte que le produit de deux ou de plusieurs nombres est toujours le même dans quelque ordre qu'on les multiplie. Donc le produit de la quantité $7a^3b^2$ par $4a^2b$ est :

$$7a^3b^2 \times 4a^2b = 7 \times 4.a^3.a^2.b^2.b.$$

Or, le produit de la troisième puissance, a^3, d'un nombre a par sa deuxième puissance, a^2, est sa cinquième puissance, a^5, ou la puissance dont l'exposant est la somme de 3 et de 2 ; de même, le produit de la deuxième puissance, b^2, d'un nombre par lui-même est sa troisième puissance, b^3, ou la puissance dont l'exposant est la somme de 2 et de 1. On en déduit, par une induction évidente, qu'en général le produit de la $m^{ième}$ puissance d'un nombre a^m par sa $n^{ième}$ puissance, a^n, est sa $m + n^{ième}$ puissance, a^{m+n}, ou la puissance dont l'exposant est $m + n$. On conclut de là que :

$$7a^3b^2 \times 4a^2b = 28a^5b^3,$$

28 fois le produit de la cinquième puissance de a par la troisième puissance de b.

Par le même raisonnement, on trouvera que :

$$12a^2b^4c^2 \times 8a^3b^2d^2 = 96a^5b^6c^2d^2$$
$$7a^3b^2 \times 5a^2bc^2 \times 8a^4c^3d^2 \times 2ad = 56a^{10}b^3c^5d^3,$$
$$a^{\frac{m}{n}}.a\,a^{\frac{p}{n}} = .a^{\frac{m+p}{n}}.$$

REMARQUE. — Au point de vue de la représentation graphique, on pourrait énoncer la règle suivante :

On obtient l'expression du produit de deux monômes en écrivant l'expression du produit des coefficients et, à la suite de celle-ci, les lettres qui désignent les facteurs du multiplicande et du multiplicateur, en affectant chaque lettre d'un exposant égal à la somme des exposants dont cette même lettre est affectée dans les facteurs.

64. *Multiplication d'un polynôme composé de termes additifs et soustractifs par une quantité monôme.* — Il est clair qu'il suffit de multiplier successivement chacune des parties du polynôme par le nombre. monôme. Ainsi :

$$(a - b + c - d)\, k = ak - bk + ck - dk.$$

Exemple :

$$(3a^4b - 5a^3b^2 + 6abc^3 - 4b^2c)\, 5ab^2 = 15a^5b^3 - 25a^4b^4$$
$$+ 30a^2b^3c^3 - 20ab^4c.$$

Remarque. — Réciproquement :

$$ak - bk + ck - dk = k\,(a - b + c - d);$$

si un nombre k est facteur commun à toutes les parties d'un polynôme, celui-ci est équivalent au produit de k par le polynôme composé des quotients de chacune des parties par k.

65. *Multiplication d'une somme de plusieurs parties par une autre somme de plusieurs parties ou d'un polynôme composé de termes additifs par un autre polynôme composé de termes additifs.* — Le produit du polynôme multiplicande par le polynôme multiplicateur est formé du produit de toutes les parties du premier par chacune de celles du second. Ainsi :

$$(a + b + c)\,(d + f) = (a + b + c)\, d + (a + b + c)\, f$$
$$= ad + bd + cd + af + bf + cf.$$

Exemple :

$$(3a^2 + 4ab + b^2)\,(2a + 5b) = 6a^3 + 8a^2b + 2ab^2 + 15a^2b + 20ab^2 + 5b^3$$
$$= 6a^3 + 23a^2b + 22ab^2 + 5b^3.$$

66. *Multiplication d'un polynôme,* a — b + c — d, *composé de parties additives et soustractives par un autre polynôme,* f — g + h — k, *composé de la même manière.* — Le polynôme multiplicande et le polynôme multiplicateur sont des nombres égaux à la différence entre la somme de leurs parties à additionner et celle de leurs parties à soustraire. Désignons la partie additive, $a + c$, du polynôme multiplicande par A et sa partie soustractive, $b + d$, par B; nommons C et D les parties analogues dans le multiplicateur. — Le produit cherché est donc celui de la différence, A — B, par la différence C — D. Or, ce produit est égal à la différence A — B répétée autant de fois qu'il y a d'unités dans C, diminuée d'autant de fois A — B qu'il y a d'unités dans D, c'est-à-dire que :

$$(A — B)(C — D) = (A — B) C — (A — B) D$$
$$= AC — BC — (AD — BD)$$
$$= AC — BC — AD + BD;$$

d'où

$$(a — b + c — d)(f — g + h — k) = (a + c)(f + h) — (b + d)(f + h)$$
$$— (a + c)(g + k) + (b + d)(g + k) = af + cf + ah + ch — bf$$
$$— df — bh — dh — ag — cg — ak — ck + bg + dg + bk + dk,$$

ou, pour écrire les parties dans l'ordre où elles se présentent :

$$af — bf + cf — df — ag + bg — cg + dg + ah — bh + ch — dh — ak$$
$$+ bk — ck + dk.$$

SYNTHÈSE. — Dans le polynôme, produit de deux polynômes formés de parties additives et de parties soustractives, les produits des parties additives du multiplicande par les parties additives du multiplicateur et des parties soustractives du premier par les parties soustractives du second sont à additionner; les produits partiels des parties soustractives de l'un par les parties additives de l'autre sont à soustraire.

EXEMPLE. — Dans la pratique, afin d'obtenir plus de symétrie, on ordonne les deux polynômes par rapport aux puissances d'un même facteur contenu dans leurs parties.

Multiplicande.	a^2	$x^3 + 2a^3$	$x^2 - a^4$	$x + 3a^2b^3$
	$- 2ab$	$- 4b^3$	$- a^2b^2$	$- 2ab^4$
	$+ b^2$		$+ b^4$	

Multiplicateur.	a	$x^2 + a^2$	$x - a^3$
	$- b$	$- ab$	$+ b^3$
		$- b^2$	

Produits partiels par :

		x^5	$x^4 - a^5$	$x^3 + 3a^3b^3$	x^2	x
$ax^2.$	a^3					
	$- 2a^2b$	$+2a^4$	$- a^3b^2$	$-2a^2b^4$		
	$+ ab^2$	$-4ab^3$	$+ ab^4$			
$- ba^2.$	$- a^2b$	$-2a^3b$	$+ a^4b$	$-3a^2b^4$		
	$+ 2ab^2$	$+4b^4$	$+ a^2b^3$	$+2ab^5$		
	$- b^3$		$- b^5$			
$a^2x.$		$+ a^4$	$+2a^5$	$- a^6$	$+3a^4b^3$	
		$-2a^3b$	$-4a^2b^4$	$- a^4b^2$	$-2a^2b^4$	
		$+ a^2b^2$		$+ a^2b^4$		
$- abx.$		$- a^3b$	$-2a^4b$	$+ a^5b$	$-3a^3b^4$	
		$+2a^2b^2$	$+4ab^4$	$+ a^3b^3$	$+2a^2b^5$	
		$- ab^3$		$- ab^5$		
$- bx^2.$		$- a^2b^2$	$-2a^3b^2$	$+ a^4b^2$	$-3a^2b^5$	
		$+2ab^3$	$+4b^5$	$+ a^2b^4$	$+2ab^6$	
		$- b^4$		$- b^6$		
$- a^3 .$			$- a^5$	$-2a^6$	$+ a^7$	$-3a^5b^2$
			$+2a^4b$	$+4a^2b^3$	$+ a^5b^2$	$+2a^4b^4$
			$- a^3b^2$			
b^3			$+ a^2b^3$	$+2a^3b^3$	$+ a^4b^3$	$+3a^2b^6$
			$-2ab^4$	$-4b^6$	$- a^2b^5$	$-2ab^7$
			$+ b^5$		$+ b^7$	

	a^3	x^5+3a^4	$x^4+ a^4b$	x^3-3a^6	$x^2+ a^7$	x
	$-3a^2b$	$-5a^3b$	$-4a^3b^2$	$+ a^5b$	$+ a^5b^2$	$-3a^5b^3$
Produit	$+3ab^2$	$+2a^2b^2$	$-2a^2b^3$	$+2a^4b^3$	$+2a^4b^3$	$+2a^4b^4$
total.	$- b^3$	$-3ab^3$	$+3ab^4$	$-6a^3b^4$	$-6a^3b^4$	$+3a^2b^6$
		$+3b^4$	$+4b^5$	$-2a^2b^5$	$-2a^2b^5$	$-2ab^7$
				$+2ab^6$	$+2ab^6$	
				$+ b^7$	$+ b^7$	

REMARQUE. — On a, dans le produit final, réuni les parties semblables ou de même grandeur. Il est à remarquer que, parmi ces parties, il s'en trouve qui ne peuvent se réduire avec aucune autre; ce sont : 1° la partie provenant de la multiplication du terme du multiplicande qui renferme la plus *haute* puissance d'un quelconque des facteurs dans les différents termes, par le terme du multiplicateur qui renferme la plus haute puissance du même facteur; 2° la partie provenant de la multiplication du terme du multiplicande qui renferme la plus *faible* puissance d'un quelconque des facteurs dans les différents termes, par le terme du multiplicateur qui renferme la plus faible puissance du même facteur. En effet, ces deux produits partiels doivent renfermer une puissance de ce facteur plus élevée ou plus faible que celle des autres produits partiels, et, par conséquent, ne peuvent être semblables à aucun d'eux.

§ III. — Combinaisons de l'addition, de la soustraction
et de la division.

67. *Division d'une quantité monôme formée de plu-sieurs facteurs par une autre quantité monôme for-*

mée de plusieurs facteurs. — Soit à diviser le monôme $72a^5$, produit de 72 et de la puissance 5ième du nombre a, par le monôme $8a^3$, produit de 8 et de la puissance 3ième de a. On obtient le quotient d'un produit de plusieurs facteurs par un autre produit de plusieurs facteurs en divisant le premier produit successivement par chacun des facteurs du second; cela résulte de la notion même du produit-dividende qui est un nombre égal au quotient répété autant de fois qu'il y a d'unités dans le diviseur. On conçoit, en outre, que, pour obtenir le quotient du dividende par le diviseur, il suffit de diviser chacun de ses facteurs par le facteur de même nature du diviseur : ainsi, pour diviser $72\,a^5$ par $8\,a^3$, on divisera le facteur 72 du dividende par le facteur 8 du diviseur, et le facteur a^5 par le facteur a^3. Or, $\frac{72}{8} = 9$, et le quotient de la cinquième puissance de a par sa troisième puissance est égal au carré, a^2, de a, la puissance dont l'exposant est la différence entre les exposants 5 et 3; de sorte que :

$$\frac{72\,a^5}{8\,a^3} = 9\,a^2.$$

On obtiendrait par des raisonnements analogues :

$$\frac{35\,a^3b^2c}{7\,ab} = 5\,a^2bc\,;\quad \frac{12\,a^4b^2cd}{8\,a^2bc^2} = \frac{22\,a^2bd}{4c} \text{ ou } \frac{3\,a^2bd}{2c}\,;\quad \frac{48\,a^3b^2cd^3}{36\,a^2b^3c^2de} = \frac{4\,ad^2}{3\,bce}.$$

REMARQUE. — Le raisonnement exposé ci-dessus ne diffère, du reste, que par la forme de celui qui nous a permis de réduire des fractions à des termes plus simples et que nous avons développé au n° 33.

SYNTHÈSE. — Au point de vue de la représentation graphique, on pourrait énoncer la règle suivante :

On obtient l'expression du quotient de deux
monômes en écrivant l'expression du quotient des
coefficients et, à la suite de celle-ci, les lettres qui
désignent les facteurs du dividende et du diviseur,
affectées chacune d'un exposant égal à la différence
des exposants dont cette même lettre est affectée
dans les deux monômes.

68. *Division d'une quantité polynôme composée de
parties additives et de parties soustractives.* — Il est
clair, après ce qui a été dit au n° 64, qu'il suffit de
diviser successivement chacune des parties du polynôme par le nombre monôme.

EXEMPLE :

$$\frac{15a^5b^3 - 25a^4b^4 + 30a^2b^3c^3 - 2ab^4c}{5ab^2} = 3a^4b - 5a^3b^2 + 6abc^3 - 4b^2c.$$

69. *Division d'une quantité polynôme composée de
parties additives et de parties soustractives par une
autre quantité polynôme.* — Soit à diviser le polynôme

$$51a^2b^2 + 10a^4 - 48a^3b - 15b^4 + 4ab^3$$

par le polynôme

$$4ab - 5a^2 + 3b^2.$$

Pour avoir plus de symétrie, ordonnons les deux
polynômes par rapport aux puissances décroissantes
d'un même facteur des parties, par exemple du fac-

teur a, et disposons les opérations dans le tableau suivant :

$$
\begin{array}{l|l}
10a^4 - 48a^3b + 5a^2b^2 + 4ab^3 - 15b^4 & -5a^2 + 4ab + 3b^2 \\
-10a^4 + 8a^3b + 6a^2b^2 & \\
\hline
& -2a^2 + 8ab - 5b^2 \\
\end{array}
$$

$$
\begin{array}{c}
-40a^3b + 57a^2b^2 + 4ab^3 - 15b^4 \\
+40a^3b - 32a^2b^2 - 24ab^3 \\
\hline
25a^2b^2 - 20ab^3 - 15b^4 \\
-25a^2b^2 + 20ab^3 + 15b^4 \\
\hline
0
\end{array}
$$

Il s'agit de trouver le polynôme qui, multiplié par le diviseur, reproduise le polynôme-dividende. Or, d'après la notion du produit de deux polynômes, le dividende est composé des produits partiels, additifs et soustractifs, de chacun des termes du diviseur par chacun des termes du quotient cherché. Cela posé, si l'on pouvait découvrir dans le dividende le terme qui provient de la multiplication de l'un des termes du diviseur par l'un des termes du quotient, alors, en divisant l'un par l'autre ces deux termes, on obtiendrait un terme du quotient.

D'après la remarque du n° 66, le produit partiel $10a^4$ contenant la plus haute puissance du nombre a provient, sans réduction, de la multiplication des deux termes du diviseur et du quotient qui contiennent respectivement la plus haute puissance du même nombre. Donc, en divisant le terme (additif) $10a^4$ par le terme (soustractif) $5a^2$ du diviseur, on est certain d'avoir le terme du quotient qui contient la plus haute puissance de a. Mais nous avons démontré (n° 66) que, dans le polynôme, produit de deux autres composés de parties additives et de parties soustractives, les produits partiels des parties additives du multiplicande par les parties additives du multiplicateur et des parties soustractives du premier par les parties soustractives du second sont additives, et que les produits partiels des parties soustractives de l'un par les parties additives de l'autre sont soustractives. Donc, dans le polynôme, quotient du dividende par le diviseur, la partie, quotient du terme additif $10a^4$ par le terme soustractif $5a^2$, est soustractive et égale à $\frac{10a^4}{5a^2}$ ou $2a^2$. Multipliant maintenant le diviseur par ce terme soustractif, on obtient :

$$10a^4 - 8a^3b - 6a^2b^2$$

et retranchant ce produit du dividende, on obtient pour reste (n° 62) :

$$- 40a^3b + 57a^2b^2 + 4ab^3 - 15b^4.$$

Ce résultat se compose des produits partiels de chacune des parties du diviseur par chacune des parties du quotient qui sont encore à déterminer. On peut donc le regarder comme un nouveau dividende et raisonner sur lui comme sur le polynôme proposé. On est ainsi conduit à prendre dans ce résultat le terme $- 40a^3b$ (soustractif) qui renferme la plus haute puissance du nombre a et à le diviser par le même terme $- 5a^2$ (soustractif) du diviseur. Or, d'après les principes du n° 66 rappelés ci-dessus, le quotient du terme soustractif $- 40a^3b$ par le terme soustractif $- 5a^2$ est additif et égal à $8ab$: la deuxième partie du quotient est donc $8ab$. Multipliant le diviseur par le terme $8ab$ et retranchant le produit

$$- 4a^3b + 32a^2b^2 + 24ab^3$$

du premier dividende partiel, on obtient pour résultat :

$$25a^2b^2 - 20ab^3 - 15b^4,$$

deuxième dividende partiel sur lequel on raisonnera comme sur le précédent.

On obtient alors la troisième partie du quotient $- 5b^2$.

SYNTHÈSE. — D'où l'on conclut qu'on peut procéder de la manière suivante à la division de deux polynômes :

Après avoir ordonné le dividende et le diviseur par rapport aux puissances d'un même facteur, divisez le premier terme à gauche du dividende par le premier terme à gauche du diviseur ; vous obtenez ainsi le premier terme du quotient ; multipliez le diviseur par ce terme et retranchez le produit du dividende proposé. Divisez ensuite le premier terme du reste par le premier terme du diviseur ; vous obtenez ainsi le second terme du quotient ; multipliez le diviseur par ce second terme et retranchez le produit du résultat de la première opération. Continuez ainsi les opérations.

70. Voici de nouveaux exemples :

$$1° \quad \frac{x^5 - 2x^3 + x + 1}{x^2 - 3} = x^3 + x + \frac{4x - 1}{x^3 - 3};$$

$$2° \quad \frac{2x^4 + 3x^2 - 5x + 7}{7x^3 + x - 1} = \frac{2}{7}x + \frac{\dfrac{19}{7}x^2 - \dfrac{33}{7}x + 7}{7x^3 + x - 1};$$

$$3° \quad \frac{x^2\left(\dfrac{2}{3}\right)^{\frac{1}{2}} + 3x - \dfrac{1}{4}}{3x^2 - \dfrac{1}{2}} = \frac{1}{3}\left(\dfrac{2}{3}\right)^{\frac{1}{2}} + \frac{3x + \dfrac{1}{6}\left(\dfrac{2}{3}\right)^{\frac{1}{2}} - \dfrac{1}{4}}{3x^2 - \dfrac{1}{2}};$$

$$
\begin{array}{l|l|l|l|l|l}
4° \; a^3 & x^5 + 3a^4 & x^4 + a^4b & x^3 - 3a^6 & x^2 + a^7 & x - 3a^5b^3 \\
-3a^2b & -5a^3b & -4a^3b^2 & + a^5b & + a^5b^2 & +2a^4b^4 \\
+3ab^2 & +2a^2b^2 & -2a^2b^3 & +10a^3b^3 & +2a^4b^3 & +3a^2b^6 \\
- b^2 & -3ab^3 & +3ab^4 & -3a^2b^4 & -6a^3b^4 & -2ab^7 \\
 & +3b^4 & +4b^5 & + ab^5 & -2a^2b^5 & \\
 & & & -5b^6 & +2ab^6 & \\
 & & & & + b^7 &
\end{array}
$$

$$
\begin{array}{l|l|l}
a & x^2 + a^2 & x - a^3 \\
-b & -ab & +b^3 \\
 & -b^2 &
\end{array}
$$

$$
\begin{array}{l|l|l|l}
a^2 & x^3 + 2a^3 & x^2 - a^4 & x + 3a^2b^3 \\
- 2ab & - 4b^3 & - a^2b^2 & - 2ab^4 \\
+ b^2 & & + b^4 &
\end{array}
$$

71. REMARQUE. — Le quotient d'un polynôme par un autre ne peut pas toujours être exprimé complètement par un polynôme composé de parties entières. Après les divisions que nous venons de faire, on conçoit que cela n'est possible que si :

1° Le quotient du premier terme du dividende ordonné par le premier terme du diviseur et celui du dernier terme du dividende par le dernier terme du diviseur sont des nombres entiers;

2° Le quotient du premier terme de chaque dividende partiel divisé par le premier terme du diviseur est un nombre entier;

3° Après un certain nombre de divisions partielles, on trouve au quotient un terme qui, multiplié par le diviseur, reproduise le dernier dividende partiel.

§ IV. — COMBINAISONS DE L'ADDITION, DE LA SOUSTRACTION ET DE L'ÉLÉVATION AUX PUISSANCES.

72. *Des puissances d'une quantité monôme formée de plusieurs facteurs.* — La puissance $m^{ième}$ d'un monôme étant le produit de m facteurs égaux à ce monôme, on trouve aisément :

$$(5a^3b^2c)^m = \overbrace{5a^3b^2c.\ 5a^3b^2c.\ \ldots\ldots}^{m\ \text{fois}}$$

$$= \overbrace{5.5.5\ldots}^{m}\ \overbrace{a^3.a^3.a^3\ldots}^{m}\ \overbrace{b^2.b^2.b^2\ldots}^{m}\ \overbrace{ccc\ldots}^{m}$$

$$= 5^m\ a^{3m}\ b^{2m}\ c^m.$$

Par le même raisonnement, on obtient :

$$(5a^{\frac{m}{n}}\ b^{\frac{1}{p}}\ c^r)^q = 5^q.a^{\frac{m}{n}\cdot q}\ b^{\frac{q}{p}}.c^{rq}.$$

Au point de vue de la représentation graphique, on pourrait énoncer la règle suivante :

On obtient l'expression de la puissance $m^{ième}$ d'un monôme en écrivant l'expression de la puissance $m^{ième}$ du coefficient et, à la suite de celle-ci, les lettres qui désignent les facteurs du monôme, affectées chacune d'un exposant égal à m fois l'exposant dont cette lettre est affectée dans le monôme donné.

73. *Des puissances d'un binôme composé de parties additives.* — Au n° 25, nous avons reconnu la loi de composition de la puissance $m^{ième}$ d'un binôme composé de deux parties additives. Il nous sera facile

maintenant de former la puissance $m^{ième}$ d'un polynôme quelconque composé de parties additives et
soustractives.

Mais, rappelons d'abord la composition de la puissance $m^{ième}$ du binôme $(x + a)$:

$$(x+a)^m = x^m + C_{m,1}\, ax^{m-1} + C_{m,2}\, a^2 x^{m-2} + \ldots + C_{m,n}\, a^n x^{m-n}$$
$$+ C_{m,m-1}\, a^{m-1} x + C_{m,m} \cdot a^m \text{ ou } a^m;$$

ou, remplaçant $C_{m,1}, \ldots C_{m,n}, \ldots$ par leurs valeurs :

$$(x + a)^m = x^m + max^{m-1} + \frac{m\,(m-1)}{1.2}\, a^2 x^{m-2} + \ldots$$
$$+ \frac{m(m-1)\ldots(m-n+1)}{1.2.3.\ldots n} a^n x^{m-n} + \frac{m(m-1)(m-2)\ldots(m-n)}{1.2.3.\ldots(n+1)} a^{n+1} x^{m-n-1}$$
$$+ \ldots + \frac{m(m-1)\ldots 3.2}{1.2.3\ldots(m-1)} a^{m-1} x + a^m,$$

et faisons quelques remarques :

1° Le coefficient d'un terme quelconque du développement est égal au coefficient du terme précédent, multiplié par l'exposant de x dans ce terme et
divisé par la différence entre l'exposant m et celui
de x, ou par l'exposant de a, dans le terme que l'on
considère. C'est ce qu'on voit immédiatement en
comparant le terme quelconque :

$$\frac{m\,(m-1)\,(m-2)\,\ldots\,(m-n+1)\,(m-n)}{1.2.3\ldots n\,(n+1)} a^{n+1}\, x^{m-n-1}$$

à celui qui le précède

$$\frac{m\,(m-1)\,(m-2)\,\ldots\,(m-n+1)}{1.2.3.\,\ldots\,n} a^n\, x^{m-n};$$

2° Dans le développement de $(x + a)^m$, si les parties sont ordonnées comme ci-dessus par rapport aux
puissances décroissantes du nombre x, les coeffi-

cients des parties à égale distance des extrêmes sont égaux. En effet, le coefficient du terme dans lequel l'exposant de x est $m - n$ ou qui a n termes avant lui est $C_{m,n}$, le coefficient du terme dans lequel l'exposant de x est n ou qui en a n après lui est $C_{m, m - n}$, et l'on a :

$$C_{m,n} = \frac{m(m-1)\ldots(m-n+1)}{1.2.3\ldots n}$$
$$= \frac{m(m-1)\ldots(m-n+1)(m-n)(m-n-1)\ldots 3.2.1,}{1.2.3\ldots n \cdot 1.2.3 \ldots (m-n)},$$

$$C_{m, m-n} = \frac{m(m-1)\ldots(n+1)}{1.2.3\ldots(m-n)} = \frac{m(m-1)\ldots(n+1)n(n-1)\ldots 3.2.1}{1.2.3\ldots n \cdot 1.2.3\ldots(m-n)}$$

ou
$$C_{m, n} = C_{m, m-n}.$$

Il était, du reste, évident à priori que $C_{m,n} = C_{m,n-n}$ puisqu'en divisant successivement le produit des m nombres par chacun des produits de ces nombres pris n à n, on obtient pour quotient un produit de $m - n$ nombres, et que le nombre de ces quotients ou produits différents des nombres pris $m - n$ à $m - n$ est $C_{m,n}$.

Ces deux remarques fournissent un moyen de développer rapidement la puissance $m^{ième}$ d'un binôme; de la seconde, il résulte qu'après avoir trouvé la première moitié des termes de $(x + a)^m$, on a les coefficients des termes de la seconde moitié, qui sont les mêmes que ceux de la première pris en sens inverse.

Exemples :

$$(x + a)^7 = x^7 + 7ax^6 + \left(\frac{7.6}{2} \text{ ou } 21\right) a^2 x^5 + \left(\frac{21.5}{3} \text{ ou } 35\right) a^3 x^4$$
$$+ 35a^4 x^3 + 21a^5 x^2 + 7a^6 x + a^7;$$

$$(x + a)^{10} = x^{10} + 10ax^9 + \left(\frac{10.9}{2} \text{ ou } 45\right)a^2x^8 + \left(\frac{45.8}{3} \text{ ou } 120\right)a^3x^7$$

$$+ \left(\frac{120.7}{4} \text{ ou } 210\right)a^4x^6 + \left(\frac{210.6}{5} \text{ ou } 252\right)a^5x^5 + 210a^6x^4$$

$$+ 120a^7x^3 + 45a^8x^2 + 10a^9x + a^{10}.$$

74. *Des puissances d'un binôme composé d'une partie additive et d'une partie soustractive.* — On rechercherait leur loi de composition de la même-manière que pour $(x + a)^m$, mais on l'obtient plus rapidement en remarquant qu'il suffit d'examiner ce que deviennent les produits partiels du développement de $(x + a)^m$ si le nombre a est soustractif. Or (n° 66), si a est soustractif, le carré du $(- a)$[1] ou le produit du nombre soustractif par lui-même est additif et égal à a^2, la troisième puissance du $(- a)$ ou $a^2 \times (- a)$ est soustractive, ..., en général, les termes qui renferment les puissances de degré pair du nombre soustractif sont additives, et les parties qui renferment les puissances de degré impair du nombre soustractif sont soustractives dans le polynôme cherché, c'est-à-dire que

$$(x - a)^m = x^m - max^{m-1} + \frac{m(m-1)}{1.2}a^2x^{m-2} - \frac{m(m-1)(m-2)}{1.2.3}a^3x^{m-3}$$

$$+ ... \pm \frac{m(m-1)...(m-n+1)}{1.2.3...n}a^nx^{m-n} \mp \frac{m(m-1)...(m-n)}{1.2.3...(n+1)}a^{n+1}x^{m-n-1}$$

$$\pm ..... \pm a^m.$$

75. *Des puissances d'un polynôme* $(x + y + z + u + ...)$. — Soit à trouver la puissance $m^{ième}$ de ce polynôme. Ce dernier peut être considéré comme com-

---

[1] $(- a)$ représente l'idée : « le nombre soustractif a ».

posé de deux parties x et $y + z + u + \ldots = a$; on a alors

$$\left(x + \overbrace{y + z + u + \ldots}^{a}\right)^m = (x + a)^m = x^m + C_{m,1}\, a x^{m-1} + \ldots$$
$$+ C_{m,n}\, a^n\, x^{m-n} + \ldots + a^m,$$

ou, puisque $\qquad a = y + z + u + \ldots \qquad$ (1),

$$\left(x + \overbrace{y + z + u + \ldots}^{a}\right)^m = x^m + C_{m,1}\, a^{m-1}(y + z + u + \ldots) + \ldots$$
$$+ C_{m,n}\, x^{m-n}(y + z + u + \ldots)^n + \ldots + (y + z + u + \ldots)^m.$$

Le polynôme $y + z + u + \ldots$, dont les puissances entrent dans les termes du développement, peut, à son tour, être considéré comme composé de deux termes y et $z + u + \ldots = b$, et l'on aura

$$(x + y + z + u + \ldots)^m = x^m + m\, x^{m-1}(y + b) + \ldots$$
$$+ C_{m,n}\, x^{m-n}(y + b)^n + \ldots + (y + b)^m,$$

ou

$$(x + y + z + u + \ldots)^m = x^m + m\, x^{m-1}(y + b) + \ldots$$
$$+ C_{m,n}\, x^{m-n}(y^n + \ldots + C_{n,n'}\, b^{n'} y^{n-n'} + \ldots) + \ldots + (y^m + \ldots) \qquad (2).$$

Le polynôme $b = z + u + \ldots$, dont les puissances entrent dans ce développement, peut aussi être considéré comme composé de deux termes z et $u + \ldots = c$, et l'on aurait une nouvelle expression du développement de $(x + y + z + u + \ldots)^m$.

Mais, pour plus de brièveté, nous allons nous occuper seulement de former un terme quelconque du développement cherché. Un terme général du développement (2) est

$$C_{m,n} \times C_{n,n'}.\, x^{m-n}\, y^{n-n'}\, b^{n'} \qquad (3)$$

ou, puisque $b = z + u + \ldots$,

$$C_{m.n}.\, C_{n,n'}.\, x^{m-n}\, y^{n-n'}(z + u + \ldots)^{n'},$$

et, en considérant $z + u + \ldots$ comme composé de deux parties z et $c = u + \ldots$, on obtient

$$C_{m,n} \cdot C_{n,n'} \cdot x^{m-n}\, y^{n-n'}\, (z + c)^{n'}.$$

L'expression générale d'un terme du développement de $(z + c)^{n'}$ est

$$C_{n',\,n''}\, z^{n'-n''} \cdot c^{n'},$$

et, par conséquent, un terme général du développement cherché est

$$C_{m,n} \cdot C_{n,n'} \cdot C_{n',\,n''}\, x^{m-n}\, y^{n-n'}\, z^{n'-n''} \cdot c^{n'} \qquad (4)$$

ou, en continuant de même,

$$C_{m,n} \cdot C_{n,n'} \cdot C_{n',n''} \cdot C_{n'',n'''} \ldots x^{m-n}\, y^{n-n'}\, z^{n'-n''}\, v^{n''-n'''} \ldots \qquad (5)$$

Puisque

$$C_{m,n} = \frac{[m]}{[m-n]\,[n]},$$

le terme (5) devient

$$\frac{[m]}{[m-n]\,[n]} \cdot \frac{[n]}{[n-n']\,[n']} \cdot \frac{n'}{[n'-n'']\,[n'']}$$
$$\frac{n''}{[n''-n''']\,[n''']} \ldots x^{m-n}\, y^{n}\ \ n'\, z^{n'-n''}\, v^{n''-n'''} \ldots$$

ou

$$\frac{[m]}{[m-n]\,[n-n']\,[n'-n'']\,[n''-n''']\ldots}\, x^{m-n}\, y^{n-n'}\, z^{n'-n''}\, v^{n''-n'''}\ldots$$

dans lequel la somme des exposants

$$(m-n) + (n-n') + (n'-n'') + (n''-n''') + \ldots = m.$$

EXEMPLES. — 1° Le terme en $x^4 y^3 z^5 u^9 v^{11}$ du développement de

$$(x + y + z + u + v)^{32}$$

aura pour coefficient

$$\frac{[32]}{[4] \cdot [3] \cdot [5] \cdot [9] \cdot [11]};$$

2° $(x + a + b)^2 = x^2 + 2ax + a^2 + 2bx + 2ab + b^2;$

3° $(x + a + b)^3 = x^3 + 3x^2(a + b) + 3x(a + b)^2 + (a + b)^3,$

ou

$$(x+a+b)^3 = \frac{[3]}{[3]}x^3 + \frac{[3]}{[2].1}x^2a + \frac{[3]}{[2].1}x^2b + \frac{[3]}{1.[2]}xa^2 + \frac{[3]}{1.[2]}xb^2$$

$$+ \frac{[3]}{1.1.1}xab + \frac{[3]}{[3]}a^3 + \frac{[3]}{[2].1}a^2b + \frac{[3]}{[3]}b^3 ;$$

4° $(2a^2 - 4ab + 3b^2)^3 = 8a^6 - 48a^5b + 132a^4b^2 - 208a^3b^3$
$$+ 198a^2b^4 - 108ab^5 + 27b^6.$$

§ V. — Combinaisons de l'addition, de la soustraction et de l'extraction des racines.

76. *Des racines de quantités monômes formées de plusieurs facteurs.* — De ce que (n° 72)

$$(5a^3b^2c)^m = 5^m a^{3m} b^{2m} c^m,$$

on conclut immédiatement que

$$(5^m a^{3m} b^{2m} c^m)^{\frac{1}{m}} = 5a^3 b^2c.$$

Au point de vue de la représentation graphique, on peut donc énoncer la règle suivante :

On obtient l'expression de la racine $m^{ième}$ d'un monôme en écrivant l'expression de la racine $m^{ième}$ du coefficient et, à la suite de celle-ci, les lettres qui désignent les facteurs du monôme, affectées chacune d'un exposant égal à la $m^{ième}$ partie de l'exposant dont cette lettre est affectée dans le monôme donné.

De ces considérations et des notions de puissance et de racine, on conclut les résultats suivants :

1° (racine $n^{ième}$ du produit $abcd$)

$$(abcd)^{\frac{1}{n}} = a^{\frac{1}{n}} b^{\frac{1}{n}} c^{\frac{1}{n}} d^{\frac{1}{n}}$$

(est égale au produit des racines $n^{ièmes}$ de chacun des facteurs);

2° $(a^n b^p)^{\frac{1}{n}} = a b^{\frac{p}{n}}$ ($a \times$ par la racine $n^{ième}$ de la $p^{ième}$ puissance de b).

Par exemple,

$$(54a^4 b^3 c^2)^{\frac{1}{3}} = (27.2)^{\frac{1}{3}} (a^3.a)^{\frac{1}{3}} (b^3)^{\frac{1}{3}} (c^2)^{\frac{1}{3}} = (27)^{\frac{1}{3}} (a^3)^{\frac{1}{3}} (b^3)^{\frac{1}{3}} \times 2^{\frac{1}{3}} a^{\frac{1}{3}} (c^2)^{\frac{1}{3}}$$
$$= 3ab . (2ac^2)^{\frac{1}{3}} ;$$

$$(8a^2)^{\frac{1}{3}} = 8^{\frac{1}{3}} a^{\frac{2}{3}} = 2a^{\frac{2}{3}} ; \quad (48a^5 b^8 c^4)^{\frac{1}{4}} = 2ab^2 c (3ac^2)^{\frac{1}{3}} ;$$

$$(192a^7 bc^{12})^{\frac{1}{6}} = (64a^6 c^{12})^{\frac{1}{6}} . (3ab)^{\frac{1}{6}} = 2ac^2 . (3ab)^{\frac{1}{6}} .$$

3° $(a^n)^{\frac{1}{mn}}$ (racine $mn^{ième}$ de la $n^{ième}$ puissance de a);

$$(a^n)^{\frac{1}{mn}} = [(a^n)^{\frac{1}{n}}]^{\frac{1}{m}} = a^{\frac{1}{m}}$$

(est égale à la racine $m^{ième}$ de a).

Par exemple,

$$(4a^2)^{\frac{1}{6}} = [(4a^2)^{\frac{1}{2}}]^{\frac{1}{3}} = (2a)^{\frac{1}{3}} ,$$
$$(36a^2 b^2)^{\frac{1}{4}} = [(36a^2 b^2)^{\frac{1}{2}}]^{\frac{1}{2}} = (6ab)^{\frac{1}{2}} ;$$

4° (la racine $m^{ième}$ de a)

$$a^{\frac{1}{m}} = (a^n)^{\frac{1}{mn}}$$

(est égale à la racine $mn^{ième}$ de la $n^{ième}$ puissance de a).

Ce principe sert à ramener deux ou plusieurs racines au même degré, ce qui est souvent utile. Soient, par exemple, les deux racines

$$(2a)^{\frac{1}{3}} \text{ et } (a+b)^{\frac{1}{4}}$$

que l'on veut réduire au même degré ; on aura

$$(2a)^{\frac{1}{3}} = (2^4.a^4)^{\frac{1}{3.4}} = (16a^4)^{\frac{1}{12}},$$

$$(a+b)^{\frac{1}{4}} = [(a+b)^3]^{\frac{1}{4.3}} = [(a+b)^3]^{\frac{1}{12}}.$$

Ainsi, pour réduire deux ou plusieurs racines au même degré, on multiplie le degré de chaque racine par le produit de tous les autres degrés et on élève la quantité dont il faut extraire la racine à une puissance d'un degré marqué par ce produit.

Soit à ramener au même degré les racines

$$a^{\frac{1}{4}}, \ (5b)^{\frac{1}{6}}, \ (a^2+b^2)^{\frac{1}{8}};$$

il vient

$$a^{\frac{1}{4}} = (a^6)^{\frac{1}{24}}$$

$$(5b)^{\frac{1}{6}} = (5^4\, b^4)^{\frac{1}{24}}$$

$$(a^2+b^2)^{\frac{1}{8}} = [(a^2+b^2)^3]^{\frac{1}{24}}.$$

En général, on pourra remplacer les racines

$$(a^x)^{\frac{1}{n}}, \ (b^\beta)^{\frac{1}{p}}, \ (c')^{\frac{1}{q}}$$

par les racines de même degré npq

$$(a^{x\,pq})^{\frac{1}{npq}}, \ (b^{\beta nq})^{\frac{1}{npq}}, \ (c'^{np})^{\frac{1}{npq}}.$$

77. Addition et soustraction de racines. — Si les racines données sont identiques, c'est-à-dire si l'on donne des racines de même degré d'un même nombre, l'addition et la soustraction se feront aisément. Sinon, il faut ramener les racines au même degré.

EXEMPLES :

1° : $3b^{\frac{1}{3}} + 2b^{\frac{1}{3}} = 5b^{\frac{1}{3}}$;

2° : $3b^{\frac{1}{3}} - 2b^{\frac{1}{3}} = b^{\frac{1}{3}}$;

3° : $(48ab^2)^{\frac{1}{2}} + b.(75a)^{\frac{1}{2}} = 4b(3a)^{\frac{1}{2}} + 5b(3a)^{\frac{1}{2}} = 9b(3a)^{\frac{1}{2}}$;

4° : $(8a^3b + 16a^4)^{\frac{1}{3}} - (b^4 + 2ab^3)^{\frac{1}{3}} = 2a(b + 2a)^{\frac{1}{3}} - b(b + 2a)^{\frac{1}{3}}$

$\qquad = (2a - b)(b + 2a)^{\frac{1}{3}}$;

5° : $(4a^2)^{\frac{1}{6}} + 2(2a)^{\frac{1}{3}} = (2a)^{\frac{1}{3}} + 2(2a)^{\frac{1}{3}} = 3(2a)^{\frac{1}{3}}$.

78. Multiplication et division de racines. — 1° Soit à trouver le produit de

$$2a \left(\frac{a^2 + b^2}{c}\right)^{\frac{1}{3}}$$

par

$$3a \left[\frac{(a^2 + b^2)^2}{d}\right]^{\frac{1}{3}} .$$

Les considérations des n°s 76 et 77 nous permettent de poser

$$2a \left(\frac{a^2 + b^2}{c}\right)^{\frac{1}{3}} \times 3a \left[\frac{(a^2 + b^2)^2}{d}\right]^{\frac{1}{3}} = 6a^2 \left[\frac{(a^2 + b^2)^3}{cd}\right]^{\frac{1}{3}} = \frac{6a^2(a^2 + b^2)}{(cd)^{\frac{1}{3}}} .$$

On trouverait de même :

2° $3a(8a^2)^{\frac{1}{4}} \times 2b(4a^2c)^{\frac{1}{4}} = 6ab(32a^4c)^{\frac{1}{4}} = 12a^2b(2c)^{\frac{1}{4}}$;

3° $\dfrac{(a^2b^2 + b^4)^{\frac{1}{3}}}{\left(\dfrac{a^2 - b^2}{8b}\right)^{\frac{1}{3}}} = \dfrac{[8b(a^2b^2 + b^4)]^{\frac{1}{3}}}{(a^2 - b^2)^{\frac{1}{3}}} = 2b \left(\dfrac{a^2 + b^2}{a^2 - b^2}\right)^{\frac{1}{3}}$;

4° $3a.b^{\frac{1}{6}} \times 5b(2c)^{\frac{1}{8}} = 3a(b^4)^{\frac{1}{24}} \times 5b(2^3c^3)^{\frac{1}{24}} = 15ab(8b^4c^3)^{\frac{1}{24}}$;

5° $\left(\dfrac{a}{b}\right)^{\frac{1}{m}} = \dfrac{a^{\frac{1}{m}}}{b^{\frac{1}{m}}}$;

$6°\ \dfrac{(a^m)^{\frac{1}{p}}}{(b^n)^{\frac{1}{q}}} = \dfrac{(a^{mq})^{\frac{1}{pq}}}{(b^{nq})^{\frac{1}{pq}}} = \left(\dfrac{a^{mq}}{b^{nq}}\right)^{\frac{1}{pq}};$

$7°\ \dfrac{3h\,(a^m)^{\frac{1}{p}}}{4k\,(b^n)^{\frac{1}{q}}} = \dfrac{3h}{4k}\left(\dfrac{a^{mq}}{b^{nq}}\right)^{\frac{1}{pq}}.$

79. *Formation des puissances et extraction des racines de racines.*

$1°\ \left[(4a^3)^{\frac{1}{4}}\right]^2 = \left[4^{\frac{1}{4}}(a^3)^{\frac{1}{4}}\right]^2 = (4^{\frac{1}{4}})^2\left[(a^3)^{\frac{1}{4}}\right]^2 = 2a\,.\,a^{\frac{1}{2}} = 2a^{\frac{3}{2}};$

$2°\ \left[3.(2a)^{\frac{1}{3}}\right]^5 = 3^5\,(2^{\frac{1}{3}})^5\,(a^{\frac{1}{3}})^5 = 243\,.\,(32a^5)^{\frac{1}{3}} = 486a\,(4a^2)^{\frac{1}{3}};$

$3°\ \left[(2a)^{\frac{1}{4}}\right]^2 = (2^{\frac{1}{4}})^2\,(a^{\frac{1}{4}})^2 = (2^2)^{\frac{1}{4}}\,(a^2)^{\frac{1}{4}} = (4a)^{\frac{1}{2}};$

$4°\ \left[(3b)^{\frac{1}{6}}\right]^2 = (3^{\frac{1}{6}})^2\,.\,(b^{\frac{1}{6}})^2 = 3^{\frac{1}{3}}\,b^{\frac{1}{3}};$

$5°\ \left[(3c)^{\frac{1}{4}}\right]^{\frac{1}{3}} = (3^{\frac{1}{4}})^{\frac{1}{3}}\,(c^{\frac{1}{4}})^{\frac{1}{3}} = 3^{\frac{1}{12}}\,c^{\frac{1}{12}};$

$6°\ \left[(8a^3)^{\frac{1}{4}}\right]^{\frac{1}{3}} = (8^{\frac{1}{4}})^{\frac{1}{3}}\left[(a^3)^{\frac{1}{4}}\right]^{\frac{1}{3}} = (8^{\frac{1}{3}})^{\frac{1}{4}}\left[(a^3)^{\frac{1}{3}}\right]^{\frac{1}{4}} = (2a)^{\frac{1}{4}};$

$7°\ \left[(9a^2)^{\frac{1}{3}}\right]^{\frac{1}{2}} = \left[(9a^2)^{\frac{1}{2}}\right]^{\frac{1}{3}} = (3a)^{\frac{1}{3}}.$

Synthèse des n°s 76, 77, 78 et 79 :

1° La racine $n^{ième}$ d'un produit est égale au produit des racines $n^{ièmes}$ de chacun de ses facteurs.

$$(abcd)^{\frac{1}{n}} = a^{\frac{1}{n}}\,.\,b^{\frac{1}{n}}\,.\,c^{\frac{1}{n}}\,.\,d^{\frac{1}{n}};\ (a^n\,b^p)^{\frac{1}{n}} = (a^n)^{\frac{1}{n}}\,(b^p)^{\frac{1}{n}} = a\,.\,(b^p)^{\frac{1}{n}};$$

2° La racine $mn^{ième}$ d'une quantité est égale à la racine $m^{ième}$ de la racine $n^{ième}$ de cette quantité.

$$(a^n)^{\frac{1}{mn}} = \left[(a^n)^{\frac{1}{n}}\right]^{\frac{1}{m}} = a^{\frac{1}{m}};$$

3° La racine $m^{ième}$ d'une quantité est égale à la racine $mn^{ième}$ de la $n^{ième}$ puissance de cette quantité.

$$a^{\frac{1}{m}} = (a^n)^{\frac{1}{mn}};$$

4° La racine $m^{i\text{ème}}$ d'un quotient est égale à la racine $m^{i\text{ème}}$ du dividende divisée par la racine $m^{i\text{ème}}$ du diviseur.

$$\left(\frac{a}{b}\right)^{\frac{1}{m}} = \frac{a^{\frac{1}{m}}}{b^{\frac{1}{m}}};$$

5° La puissance $m^{i\text{ème}}$ de la racine $n^{i\text{ème}}$ d'une quantité est égale à la racine $n^{i\text{ème}}$ de la puissance $m^{i\text{ème}}$ de cette quantité;

$$(b^{\frac{1}{n}})^m = (b^m)^{\frac{1}{n}}, \ \left(b^{\frac{1}{mn}}\right)^{mp} = \left[(b^{np})^{\frac{1}{mn}}\right] = \left[(b^{np})^{\frac{1}{n}}\right]^{\frac{1}{m}} = (b^p)^{\frac{1}{m}};$$

6° La racine $m^{i\text{ème}}$ de la racine $n^{i\text{ème}}$ d'une quantité est égale à la racine $mn^{i\text{ème}}$ de cette quantité.

$$(b^{\frac{1}{n}})^{\frac{1}{m}} = b^{\frac{1}{mn}}, \ [(b^{pq})^{\frac{1}{n}}]^{\frac{1}{mp}} = \{[(b^{pq})^{\frac{1}{n}}]^{\frac{1}{p}}\}^{\frac{1}{m}} = \{[(b^{pq})^{\frac{1}{p}}]^{\frac{1}{n}}\}^{\frac{1}{m}}$$

$$= [(b^q)^{\frac{1}{n}}]^{\frac{1}{m}} = (b^q)^{\frac{1}{mn}}.$$

80. *Extraction de la racine d'un polynôme composé de parties additives et soustractives.* — Soit P le polynôme proposé dont on veut trouver la racine $m^{i\text{ème}}$ et concevons ce polynôme ordonné par rapport aux puissances décroissantes d'un facteur a qui entre dans ses termes. Désignons d'ailleurs par

$x + y + z + u + \ldots$ *(x, y, z... désignant des parties add. ou soust.)*

le polynôme racine, que l'on peut également supposer ordonné par rapport aux puissances décroissantes de a.

En élevant $(x + y + z + u + \ldots)$ à la $m^{i\text{ème}}$ puissance et regardant, pour le moment, $y + z + u + \ldots$ comme ne formant qu'une seule partie, on aura

$$P \text{ ou } (x + y + z + u + ...)^m = x^m + m x^{m-1} (y + z + u + ...)$$
$$+ \frac{m(m-1)}{1.2} x^{m-2} (y + z + u + ...)^2$$
$$+ \cdots \cdots \cdots \cdots \cdots$$
$$+ \frac{m(m-1)...(m-n+1)}{1.2.3....n} x^{m-n}$$
$$\times (y + z + u + ...)^n$$
$$+ \cdots \cdots \cdots \cdots \cdots$$

Or, il est bien évident, d'après les principes de la multiplication des polynômes, que le terme x^m du second membre de cette égalité doit renfermer a avec un exposant plus élevé qu'aucun des autres termes de ce second membre, et ne peut se réduire avec ceux-ci. Donc, x^m est égal au terme de P, affecté de la plus haute puissance de a; et, par conséquent, si l'on extrait la racine $m^{ième}$ du premier terme de P, on obtiendra nécessairement le premier terme x de la racine.

Retranchant x^m de P, et appelant R le reste, on trouve

$$R \text{ ou } P - x^m = m x^{m-1}(y + z + u + ...) + \frac{m(m-1)}{1.2} x^{m-2} (y + z + u + ...)^2$$
$$+ ... + \frac{m(m-1)...(m-n+1)}{1.2.3....n} x^{m-n}(y + z + u + ...)^n + ...,$$

nouvelle égalité dans le second membre de laquelle le terme

$$m x^{m-1} y$$

ne pourra subir de réduction avec les autres. En effet, les termes

$$y, y^2, y^3, ... y^m,$$

qui entrent dans les polynômes $(y + z + u + ...)^2$, $(y + z + ...)^3 ..., (y + z + u + ...)^m$, renfermant respectivement le facteur a avec un exposant plus élevé que les autres termes de ces polynômes, il suffit de faire voir que le terme

$$mx^{m-1}y$$

renferme le facteur a avec un exposant plus élevé que le terme quelconque

$$\frac{m(m-1)\ldots(m-n+1)}{1.2.3\ldots n}\, x^{m-n}\, y^n.$$

En comparant les deux produits

$$x^{m-1}y \text{ et } x^{m-n}y^n,$$

qui sont équivalents à

$$x^{m-n}y.\, x^{n-1} \text{ et } x^{m-n}y.\, y^{n-1},$$

on voit qu'ils ont un facteur commun, et que des deux facteurs non communs

$$x^{n-1} \text{ et } y^{n-1},$$

le premier contient a avec un exposant plus fort que le second. Donc, le terme $mx^{m-1}y$ ne peut se réduire avec un terme quelconque $\dfrac{m\,(m-1)\ldots(m-n+1)}{1.2.3\ldots n}\, x^{m-n}\, y^n$ qui le suit.

Ainsi, la partie $mx^{m-1}y$ est égale, sans réduction, à la partie de R qui contient a avec l'exposant le plus élevé; et si l'on divise la première partie de R par mx^{m-1}, on aura nécessairement, pour quotient, la seconde partie y de la racine.

Retranchant de P la $m^{ième}$ puissance de $x + y$, et désignant par R_2 le reste de cette soustraction, on démontrera, comme précédemment, que la première partie de R_2, ou de $P - (x + y)^m$, est égale à $mx^{m-1}z$, sans réduction; ainsi, en divisant cette première partie par mx^{n-1}, on aura la troisième partie z du polynôme racine, et ainsi de suite.

SYNTHÈSE. — D'où l'on conclut que l'on peut procéder de la manière suivante à l'extraction de la racine $m^{ième}$ d'un polynôme :

Après avoir ordonné le polynôme P par rapport à l'un des facteurs qui entre dans ses parties, on extrait la racine $m^{ième}$ de la première partie de ce polynôme; on obtient ainsi la première partie du polynôme racine. On retranche de P la $m^{ième}$ puissance de cette première partie. Puis l'on divise la première partie du reste par m fois la $(m-1)^{ième}$ puissance de la partie trouvée de la racine; on obtient ainsi la seconde partie de la racine.

On forme la $m^{ième}$ puissance de la somme des deux parties déjà obtenues, puis on soustrait de P cette $m^{ième}$ puissance.

On divise la première partie du nouveau reste par m fois la $(m-1)^{ième}$ puissance de la première partie de la racine; on obtient la troisième partie de la racine, et ainsi de suite.

81. EXEMPLES. — Il est facile d'appliquer le raisonnement et le procédé aux cas particuliers de l'extraction des racines 2e, 3e, 4e, ..., pour lesquelles $m = 2, 3, 4, ...$ Nous nous bornerons à donner la disposition habituelle des calculs et les résultats pour une racine 2e et une racine 3e.

1° Extraire

$$(49a^2b^2 - 24ab^3 + 25a^4 - 30a^3b + 16b^4)^{\frac{1}{2}}.$$

$$\begin{array}{l|l}
25a^4 - 30a^3b + 49a^2b^2 - 24ab^3 + 16b^4 & 5a^2 - 3ab + 4b^2 \\
- 25a^4 + 30a^3b - 9a^2b^2 & \\
\hline
R_1 \ldots\ldots\ldots \quad 40a^2b^2 - 24ab^3 + 16b^4 & 2.5a^2 = 10a^2 \\
 , \qquad\qquad - 40a^2b^2 + 24ab^3 - 16b^4 & (mx^{m-1}) \\
\hline
R^2 \ldots\ldots\ldots \qquad\qquad 0 &
\end{array}$$

La racine cherchée est

$$5a^2 - 3ab + 4b^2;$$

2º Extraire

$$(8x^6 - 36ax^5 + 66a^2x^4 - 63a^3x^3 + 33a^4x^2 - 9a^5x + a^6)^{\frac{1}{3}}.$$

$$\begin{array}{l|l}
8x^6 - 36ax^5 + 66a^2x^4 - 63a^3x^3 + 33a^4x^2 - 9a^5x + a^6 & 2x^2 - 3ax + a^2 \\
- 8x^6 & \\
\hline
R_1 \ldots - 36ax^5 + 66a^2x^4 - 63a^3x^3 + 33a^4x^2 - 9a^5x + a^6 & mx^{m-1} = 3.(2x^2)^2 = 12x^4 \\
+ 36ax^5 - 54a^2x^4 + 27a^3x^3 & (x+y)^m = (2x^2 - 3ax)^3 \\
\hline
& = 8x^6 - 36ax^5 - 54a^2x^4 - 27a^3x^3 \\
R_2 \ldots\ldots\ldots \quad 12a^2x^4 - 36a^3x^3 + 33a^4x^2 - 9a^5x + a^6 & (x+y+z)^m = (2x^2 - 3ax + a^2)^3 \\
 - 12a^2x^4 + 36a^3x^3 - 33a^4x^2 + 9a^5x - a^6 & = \ldots\ldots\ldots\ldots\ldots \\
\hline
R_3 \ldots\ldots\ldots \qquad\qquad 0 &
\end{array}$$

La racine cherchée est

$$2x^2 - 3ax + a^2.$$

82. *Applications du calcul des racines.* — Soit à évaluer, à 1 unité près, $6.(13)^{\frac{1}{2}}$. Comme 13 n'est pas un carré parfait, on ne peut exprimer qu'approximativement sa racine (nº 40). Cette racine est égale à 3 plus une certaine fraction $\frac{1}{\Delta}$,

$$(13)^{\frac{1}{2}} = 3 + \frac{1}{\Delta},$$

et, par suite,

$$6(13)^{\frac{1}{2}} = 6\left(3 + \frac{1}{\Delta}\right) = 18 + 6.\frac{1}{\Delta}.$$

Or, $6.\frac{1}{\Delta}$ peut être plus grand que 1, et, par conséquent, le nombre d'unités entières contenues dans $6.(13)^{\frac{1}{2}}$ peut être plus grand que 18. Afin de déterminer exactement ce nombre, on remarque que, la racine carrée d'un produit étant égale à la racine carrée de ses facteurs, on a

$$6.(13)^{\frac{1}{2}} = (6^2.\ 13)^{\frac{1}{2}} = (468)^{\frac{1}{2}}.$$

Le nombre d'unités entières contenues dans la racine carrée de 468 est 21; donc $6.(13)^{\frac{1}{2}} = 21$, à 1 unité près;

2° De même $12.(7)^{\frac{1}{2}} = (12^2.7)^{\frac{1}{2}} = 31$, à 1 unité près;

3° Soit à exprimer, avec une approximation connue, $\dfrac{7}{3-5^{\frac{1}{2}}}$. Le dénominateur étant incommensurable avec l'unité, on ne connaîtra pas l'approximation du résultat calculé si on laisse la quantité $\dfrac{7}{3-5^{\frac{1}{2}}}$ sous cette forme. Pour que l'approximation puisse être déterminée, il faut rendre le dénominateur commensurable avec l'unité, et, à cet effet, il suffit de remarquer que

$$\frac{7}{3-5^{\frac{1}{2}}} = \frac{7(3+5^{\frac{1}{2}})}{(3-5^{\frac{1}{2}})(3+5^{\frac{1}{2}})} = \frac{7(3+5^{\frac{1}{2}})}{9-5} = \frac{21+7.5^{\frac{1}{2}}}{4}$$

$$= \frac{21+(7^2.5)^{\frac{1}{2}}}{4} = \frac{21+(245)^{\frac{1}{2}}}{4}.$$

Le nombre d'unités entières contenues dans la racine carrée de 245 est 15; ainsi

$$\frac{7}{3-5^{\frac{1}{2}}} = \frac{21+15}{4} + \frac{\text{une fraction}}{4} = \frac{36}{4} + \frac{\text{une fraction}}{4}$$

$$= 9 + \frac{\text{une fraction}}{4}.$$

Et $\dfrac{7}{3-5^{\frac{1}{2}}} = 9$, à moins de $\dfrac{1}{4}$ près;

3° D'une façon générale, lorsque le dénominateur d'une fraction contient des racines incommensurables avec l'unité, il faut, pour exprimer la fraction avec une approximation connue, rendre le dénominateur commensurable avec l'unité. Voici quelques exemples :

$$(\mathrm{I})\ \frac{m}{a^{\frac{1}{2}}} = \frac{m \cdot a^{\frac{1}{2}}}{a^{\frac{1}{2}} \cdot a^{\frac{1}{2}}} = \frac{m a^{\frac{1}{2}}}{a};$$

$$(\mathrm{II})\ \frac{m}{a^{\frac{1}{2}}+b^{\frac{1}{2}}} = \frac{m(a^{\frac{1}{2}}-b^{\frac{1}{2}})}{(a^{\frac{1}{2}}-b^{\frac{1}{2}})(a^{\frac{1}{2}}+b^{\frac{1}{2}})} = \frac{m(a^{\frac{1}{2}}-b^{\frac{1}{2}})}{a-b};$$

$$(\mathrm{III})\ \frac{m}{a^{\frac{1}{2}}+b^{\frac{1}{2}}} = \frac{m(a^{\frac{1}{2}}+b^{\frac{1}{2}})}{(a^{\frac{1}{2}}-b^{\frac{1}{2}})(a^{\frac{1}{2}}+b^{\frac{1}{2}})} = \frac{m(a^{\frac{1}{2}}+b^{\frac{1}{2}})}{a-b};$$

$$(\mathrm{IV})\ \frac{m}{a^{\frac{1}{2}}-b^{\frac{1}{2}}+c^{\frac{1}{2}}} = \frac{m[(a^{\frac{1}{2}}-b^{\frac{1}{2}})-c^{\frac{1}{2}}]}{[(a^{\frac{1}{2}}-b^{\frac{1}{2}})+c^{\frac{1}{2}}][(a^{\frac{1}{2}}-b^{\frac{1}{2}})-c^{\frac{1}{2}}]}$$

$$= \frac{m[(a^{\frac{1}{2}}-b^{\frac{1}{2}})-c^{\frac{1}{2}}]}{(a^{\frac{1}{2}}-b^{\frac{1}{2}})^2-c} = \frac{m(a^{\frac{1}{2}}-b^{\frac{1}{2}}-c^{\frac{1}{2}})}{a+b-c-2(ab)^{\frac{1}{2}}}$$

$$= \frac{m(a^{\frac{1}{2}}-b^{\frac{1}{2}}-c^{\frac{1}{2}})(a+b-c+2(ab)^{\frac{1}{2}})}{[a+b-c-2(ab)^{\frac{1}{2}}][a+b-c+2(ab)^{\frac{1}{2}}]}$$

$$= \frac{m(a^{\frac{1}{2}}-b^{\frac{1}{2}}-c^{\frac{1}{2}})(a+b-c-2(ab)^{\frac{1}{2}})}{(a+b-c)^2-4ab}.$$

$$(V)\quad \frac{m}{(a^{\frac{1}{2}}-b^{\frac{1}{2}})+(c-d^{\frac{1}{2}})} = \frac{m\,[(a^{\frac{1}{2}}-b^{\frac{1}{2}})-(c-d^{\frac{1}{2}})]}{[(a^{\frac{1}{2}}-b^{\frac{1}{2}})+(c-d^{\frac{1}{2}})]\,[(a^{\frac{1}{2}}-b^{\frac{1}{2}})-(c-d^{\frac{1}{2}})]}$$

$$= \frac{m\,(a^{\frac{1}{2}}-b^{\frac{1}{2}}-c+d^{\frac{1}{2}})}{(a^{\frac{1}{2}}-b^{\frac{1}{2}})^2-(c-d^{\frac{1}{2}})^2} = \frac{m\,(a^{\frac{1}{2}}-b^{\frac{1}{2}}+d^{\frac{1}{2}}-c)}{a+b-2(ab)^{\frac{1}{2}}-c^2-d+2(cd)^{\frac{1}{2}}}$$

$$= \frac{m\,(a^{\frac{1}{2}}-b^{\frac{1}{2}}+d^{\frac{1}{2}}-c)}{(a+b-c^2-d)-2(ab)^{\frac{1}{2}}+2(cd)^{\frac{1}{2}}}$$

$$= \frac{m\,(a^{\frac{1}{2}}-b^{\frac{1}{2}}+d^{\frac{1}{2}}-c)[a+b-c^2-d-2(ab)^{\frac{1}{2}}-2(cd)^{\frac{1}{2}}]}{[a+b-c^2-d-2(ab)^{\frac{1}{2}}+2(cd)^{\frac{1}{2}}][a+b-c^2-d-2(ab)^{\frac{1}{2}}-2(cd)^{\frac{1}{2}}]}$$

$$= \frac{m\,(a^{\frac{1}{2}}-b^{\frac{1}{2}}+d^{\frac{1}{2}}-c)[a+b-c^2-d-2(ab)^{\frac{1}{2}}-2(cd)^{\frac{1}{2}}]}{[a+b-c^2-d-2(ab)^{\frac{1}{2}}]^2-[2(cd)^{\frac{1}{2}}]^2}$$

$$= \frac{m\,(a^{\frac{1}{2}}-b^{\frac{1}{2}}+d^{\frac{1}{2}}-c)\,[a+b-c^2-d-2(ab)^{\frac{1}{2}}-2(cd)^{\frac{1}{2}}]}{(a+b-c^2)^2+4ab-4c^2d-4(a+b-c^2)\,(ab)^{\frac{1}{2}}}$$

$$= \frac{[m(a^{\frac{1}{2}}-b^{\frac{1}{2}}+d^{\frac{1}{2}}-c)(a+b-c^2-d-2(ab)^{\frac{1}{2}}-2(cd)^{\frac{1}{2}})][(a+b-c^2)^2+4ab-4c^2d+4(a+b-c^2)^2(ab)^{\frac{1}{2}}]}{[(a+b-c^2)^2+4ab-4c^2d-4(a+b-c^2)(ab)^{\frac{1}{2}}][(a+b-c^2)^2+4ab-4c^2d+4)(a+b-c^2)(ab)^{\frac{1}{2}}]}$$

$$= \frac{m(a^{\frac{1}{2}}-b^{\frac{1}{2}}+d^{\frac{1}{2}}-c)[a+b-c^2-d-2(ab)^{\frac{1}{2}}-2(cd)^{\frac{1}{2}}][(a+b-c^2)^2+4ab-4c^2d+4(a+b-c^2)(ab)^{\frac{1}{2}}]}{(a+b-c^2)^2+4ab-4c^2d-16(a+b-c^2)^2ab}$$

4° Voici une application numérique qui pourra servir de guide pour toute recherche analogue.

Déterminer $x=\left[\dfrac{5\cdot 3^{\frac{1}{2}}}{4-2^{\frac{1}{2}}}\right]^{\frac{1}{3}}$ à moins de 0,1 près, c'est-à-dire déterminer un nombre fractionnaire tel que, augmenté de $\dfrac{1}{10}$, il aît pour puissance troisième un nombre plus grand que x, et que lui-même ait pour puissance troisième un nombre plus petit que x (voir le n° 40). Or, il résulte du n° 40 que la puissance troisième de la quantité $\dfrac{5.3^{\frac{1}{2}}}{4-2^{\frac{1}{2}}}$ doit être exprimée à moins de 0,001 près, pour que sa racine troisième soit exprimée à moins de 0,1 près.

Il s'agit d'abord de déterminer $\dfrac{5.3^{\frac{1}{2}}}{4-2^{\frac{1}{2}}}$ à moins de 0,001 près.

Pour que l'approximation soit connue, il faut rendre le dénominateur commensurable avec l'unité, en remarquant que

$$\frac{5.3^{\frac{1}{2}}}{4-2^{\frac{1}{2}}} = \frac{5.3^{\frac{1}{2}}(4+2^{\frac{1}{2}})}{(4-2^{\frac{1}{2}})(4+2^{\frac{1}{2}})} = \frac{5.3^{\frac{1}{2}}(4+3^{\frac{1}{2}})}{4^2-2} = \frac{20.3^{\frac{1}{2}}+5.6^{\frac{1}{2}}}{14};$$

puis, il suffit d'exprimer $20.3^{\frac{1}{2}} + 5.6^{\frac{1}{2}}$ à moins de 0,01 près, la division par 14 donnant évidemment une erreur $< \dfrac{1}{1400}$, et, *à fortiori*, $< 0,001$. Pour que la somme approximativement exprimée, $20.3^{\frac{1}{2}} + 5.6^{\frac{1}{2}}$, diffère de moins de 0,01 de sa véritable valeur, il faut déterminer $20.3^{\frac{1}{2}}$ et $5.6^{\frac{1}{2}}$ à moins de $\dfrac{1}{2}.0,01$ près.

Cela posé, comme nous avons

$$20.3^{\frac{1}{2}} = (20^2.3)^{\frac{1}{2}} = (1200)^{\frac{1}{2}} = 34,64 \text{ à moins de} \frac{1}{200} \text{ (par défaut)},$$

$$5.6^{\frac{1}{2}} = (5^2.6)^{\frac{1}{2}} = (150)^{\frac{1}{2}} = 12,25, \text{ à moins de} \frac{1}{200} \text{ (par excès)},$$

il vient

$$20.3^{\frac{1}{2}} + 5.6^{\frac{1}{2}} = 34,64 + 12,25 = 46,89$$

à moins de $\dfrac{1}{2}.0,01$, et, *à fortiori*, à moins de 0,01;

10

car l'erreur commise étant formée d'une différence, sera moindre que la plus grande, sans qu'on puisse affirmer que le résultat soit par défaut ou par excès.

Ainsi, l'on a définitivement

$$_{0,1}\left[\frac{5.3^{\frac{1}{2}}}{4-2^{\frac{1}{2}}}\right]^{\frac{1}{3}} = {}_1\left[\frac{46,84}{14}\right]^{\frac{1}{3}} = {}_1(3,349)^{\frac{1}{3}} = 1,6 \text{ à moins de 0,1 près.}$$

$$5°\quad {}_{0,01}(23)^{\frac{1}{6}} = \frac{{}_1(23.100^6)^{\frac{1}{6}}}{100} = 1,68 \text{ ou, plus brièvement,}$$

$$_{0,01}(23)^{\frac{1}{6}} = \frac{{}_1(23.100^6)^{\frac{1}{6}}}{100} = \frac{[(23 \times 100^6)^{\frac{1}{2}}]^{\frac{1}{3}}}{100} = 1,68.$$

CHAPITRE V.

§ Ier. — INTRODUCTION.

83. Nous avons reconnu les rapports de grandeur que les nombres d'unités supportent entre eux et développé les opérations qui permettent de les déterminer. Il est évident qu'il doit exister dans ces rapports des lois et des propriétés immuables que nous allons tâcher de rechercher.

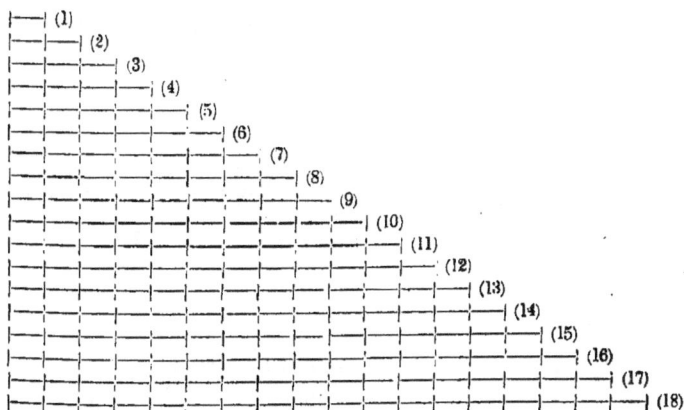

Comparons d'abord tous les nombres d'unités

entières au nombre de 2 unités entières : le nombre 3 contient 2 unités et 1 unité, le nombre 4 contient 2 unités et 2 unités, ou deux fois le nombre 2, le nombre 5 contient deux fois le nombre 2 et 1 unité, etc. Dans la série des nombres entiers, il se présente donc alternativement un nombre qui contient 2 un nombre entier de fois, et un nombre qui contient 2 un nombre entier de fois et $\frac{1}{2}$ fois, ou qui est égal à 2 répété un certain nombre de fois, plus sa moitié ou l'unité. Nous exprimons ce fait plus brièvement en disant qu'il se présente alternativement un nombre entier *divisible* (exactement) par 2 et un autre *non* (exactement) *divisible* par 2, ou encore un nombre *multiple* de 2 et un autre *non multiple* de 2. Tels sont, parmi les premiers, 2, 4, 6, 8, 10, …, et parmi les derniers, 1, 3, 5, 7, 9, … Nous appelons *pairs* les nombres entiers divisibles par 2, et *impairs* ceux qui ne le sont pas.

Comparant de même tous les nombres entiers au nombre 3, on trouve alternativement deux nombres non multiples de 3 et un nombre multiple de 3.

En comparant entre eux tous les nombres entiers, autres que l'unité, on remarque qu'il y a des nombres divisibles par un ou plusieurs de ceux qui les précèdent et d'autres qui ne le sont pas. Tels sont, parmi les premiers : 4, multiple de 2 ; 6 multiple de 2 et de 3, … ; parmi les derniers : 5, divisible ni par 2, ni par 3, ni par 4 ; 7 ; 11 ; …. On appelle *premiers* les nombres entiers non divisibles par un des précédents, et *non premiers*, les nombres entiers divisibles par l'un ou l'autre des précédents.

Remarque. — On dit aussi que deux nombres entiers sont *premiers entre eux*, lorsqu'ils n'ont entre eux aucun facteur commun (autre que l'unité, bien entendu).

§ II. — Théorie des caractères de divisibilité.

84. On doit se demander s'il est possible de distinguer rapidement les nombres premiers des nombres non premiers, c'est-à-dire de reconnaître, plus brièvement que par l'exécution de la division, si un nombre quelconque est premier ou non avec 2, avec 3, avec 4, ..., ou, en général, avec un nombre quelconque qui le précède. C'est ce que nous allons rechercher dans la théorie des *caractères de divisibilité* d'un nombre par d'autres. Il suffit, du reste, d'avoir traité quelques opérations sur les nombres entiers ou fractionnaires pour comprendre l'importance de ces recherches.

Pour savoir si un grand nombre d'unités entières est divisible par un autre, il est naturel de chercher à le diviser en deux parties dont la plus grande soit divisible par le second nombre ; alors, si la plus petite est divisible par celui-ci, ce qui est plus facile à reconnaître, il est clair que le nombre total le sera. En d'autres termes, la recherche des caractères de divisibilité se base sur le principe évident que : Si les deux parties d'une somme A sont divisibles chacune par un même nombre d'unités entières, la somme elle-même sera divisible par ce nombre d'unités; si l'une des parties d'une somme B est divisible et l'autre non divisible par un nombre d'unités, le reste de la division de la somme par le nombre proposé est le même que celui de la division de la partie non divisible par ce nombre.

De ce principe et de la notion de produit, on conclut aussi que : Le produit de deux nombres a et b est divisible par tout nombre qui divise exactement l'un des deux facteurs a ou b.

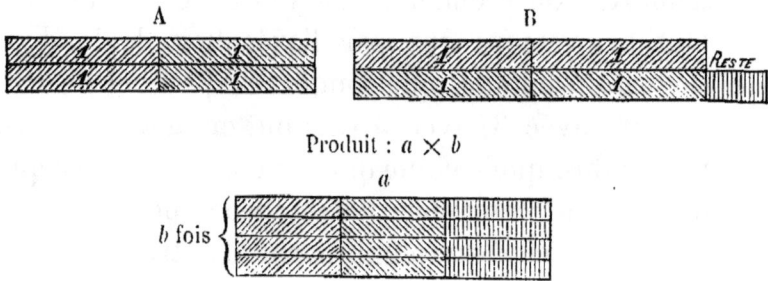

Produit : $a \times b$

Pour trouver un caractère de divisibilité d'un nombre par un facteur quelconque, on divisera le nombre proposé en deux parties, dont la plus grande réunisse les nombres d'unités d'ordres supérieurs et apparaisse immédiatement comme divisible par le facteur considéré. On conçoit que le mode de division du nombre proposé en parties convenables dépend de la base du système de numération choisi et du rapport qu'a le facteur avec cette base. Nous allons examiner successivement les caractères de divisibilité les plus utiles.

85. *Caractère de divisibilité d'un nombre par un factcur de la base ou de ses puissances.* — D'après un système de numération à base B, un nombre N est divisible par un facteur a d'une puissance quelconque m de la base, si le nombre des unités des ordres inférieurs au $(m + 1)^{ième}$ est divisible par a, en d'autres termes, si le nombre désigné par la tranche des m chiffres de droite est divisible par a. Si ce nombre n'est pas divisible par a, le reste de la division de N par a est le même que le reste de la division de ce nombre par ce facteur.

Soit le nombre

$$N = .f.... e.... d.... \overset{m\ \text{chiffres}}{\overbrace{c.... b}},$$

.... e, ... d, ... c, ... b désignant des tranches de m chiffres. On a, d'après la convention des systèmes de représentation graphique,

$$N = \overset{m\ \text{chiffres}}{\overbrace{.... b}} + ... c \times B^m. + ... d \times B^{2m} + ... e \times B^{3m} + ...,$$

ou, en séparant le nombre en deux parties dont la plus grande est évidemment divisible par a,

$$N = ... b + B^m (.... c + ... d \times B^m + ... e \times B^{2m} + ...).$$

La partie $B^m(.... c + ... d \times B^m + ... e \times B^{2m} + ...)$ est divisible par a, puisque a divise B^m. Donc, si a divise .... b ou le nombre représenté par la tranche des m chiffres de droite, N est divisible par a.

Corollaires. — 1° D'après le système décimal, tout nombre sera divisible :

Par 2 *ou* 5, facteurs de 10^1, lorsque le nombre désigné par le chiffre de droite sera divisible par 2 ou 5 (Ex.: 284, 3825, 4200);

Par 4 *ou* 25, facteurs de 100 ou de 10^2, lorsque le nombre désigné par la tranche des deux chiffres de droite sera divisible par 4 ou 25 (Ex. : 232, 8150);

Par 8 *ou* 125, facteurs de 1000 ou de 10^3, lorsque le nombre désigné par la tranche des 3 chiffres de droite sera divisible par 8 ou 125 (Ex. : 1824, 3275);

2° D'après le système de numération à base *douze*, les facteurs 2, 3, 4, 6 de la base donnent lieu aux mêmes caractères de divisibilité que 2 ou 5 d'après le système à base *dix*.

86. *Caractère de divisibilité d'un nombre par un facteur de* $B^m - 1$. — D'après un système de numération à base B, un nombre N est divisible par un facteur a de $B^m - 1$, si la somme des nombres représentés par les tranches de m chiffres prises de droite à gauche est divisible par ce facteur a. Dans le cas contraire, même observation, pour le reste, qu'au caractère précédent.

Soit le nombre
$$N = \ldots e \ldots d \ldots c \ldots b,$$
$\ldots e, \ldots d, \ldots c, \ldots b$ désignant des tranches de m chiffres. On a
$$N = \ldots b + \ldots c \times B^m + \ldots d \times B^{2m} + \ldots e \times B^{3m} + \ldots,$$
ou, pour séparer le nombre en deux parties dont la plus grande soit divisible par a,
$$N = \begin{cases} \quad + \ldots c(B^m-1) + \ldots d(B^{2m}-1) + \ldots e(B^{3m}-1) + \ldots \\ \ldots b \quad + \ldots c \quad + \ldots d \quad\quad + \ldots e. \end{cases}$$

La partie désignée par la première ligne est divisible par a; en effet, de l'hypothèse
$$B^m - 1 = a.\, q \text{ ou } B^m = a\, q + 1,$$

on déduit

$$B^{2m} = aqB^m + B^m = aqB^m + aq + 1,$$

d'où $$B^{2m} - 1 = a(qB^m + q) = aq',$$

c'est-à-dire que $B^{2m} - 1$ est divisible par a. On prouverait de même que $B^{3m} - 1$, ... sont divisibles par a, et, par suite, que la première partie du nombre N,

$$.... c\,(B^m - 1) + ... d\,(B^{2m} - 1) + ... e\,(B^{3m} - 1) + ...,$$

est divisible par a. Donc, si la deuxième partie ou la somme des nombres désignés par les tranches de m chiffres de droite à gauche,

$$.... b + ... c + ... d + ... e ....,$$

est divisible par a, le nombre N le sera aussi.

COROLLAIRES. — 1° D'après le système décimal, un nombre sera divisible par 3 ou 9, facteurs de $10^1 - 1$, lorsque la somme des nombres désignés par les chiffres du nombre proposé sera divisible par 3 ou 9;

2° D'après le système décimal, un nombre N sera divisible par 11, facteur de $10^2 - 1$, lorsque la somme des nombres désignés par les tranches de deux chiffres du nombre N, prises de droite à gauche, sera divisible par 11.

Ce caractère est commun au facteur 9 de $10^2 - 1$; de plus, il a pour correspondant dans le système B, celui du facteur $B + 1$;

3° D'après le système décimal, un nombre N sera divisible par 7 ou 13, facteurs de $10^3 - 1$, lorsque la somme des nombres désignés par les tranches de

6 chiffres, prises de droite à gauche, sera divisible par 7 ou 13.

87. *Caractère de divisibilité d'un nombre par un facteur de $B^m + 1$.* — D'après le système de numération à base B, un nombre N est divisible par un facteur a de $B^m + 1$ si la somme des nombres représentés par les tranches de m chiffres de rang impair, prises de droite à gauche, diminuée de la somme des nombres représentés par les tranches de m chiffres de rang pair, est divisible par a.

Soit le nombre

$$N = \dots f \dots e \dots d \dots c \dots b,$$

$\dots f, \dots e, \dots d, \dots c, \dots b$ désignant des tranches de m chiffres. On a

$$N = \dots b + \dots c \times B^m + \dots d \times B^{2m} + \dots e \times B^{3m} + \dots f \times B^{4m} + \dots$$

ou, pour séparer le nombre en deux parties dont la plus grande soit divisible par a,

$$N = \begin{cases} \quad + \dots c(B^m+1) + \dots d(B^{2m}-1) + \dots e(B^{3m}+1) + \dots f(B^{4m}-1) + \dots \\ \dots b - \dots c \qquad + \dots d \qquad\quad - \dots e \qquad\quad + \dots f. \end{cases}$$

Faisons voir que la première partie, désignée par la ligne supérieure, est divisible par a, facteur de $B^m + 1$.

De $$B^m + 1 = a.q \text{ ou } B^m = a.q - 1 \qquad (1),$$
on déduit

$$B^{2m} = aqB^m - B^m = aqB^m - (aq - 1) = aqB^m - aq + 1,$$

ou $$B^{2m} = a(qB^m - q) + 1 = aq' + 1,$$

c'est-à-dire que

$$B^{2m} - 1 = a(qB^m - q) = aq' \qquad (2)$$

et est divisible par a.

On prouverait de même que $B^{4m} - 1$ est divisible par a et, d'une façon générale, que, si

$$B^{2p.m} - 1$$

($2p$ représentant un nombre pair) est divisible par a,

$$B^{(2p+2)m} - 1$$

l'est aussi; en effet, si, par hypothèse,

$$B^{2p.m} - 1 = a.q'' \quad (3)$$

ou $\qquad B^{2p.m} = aq'' + 1 ,$

ou a $\qquad B^{2p.m}. B^{2m} = aq'' B^{2m} + B^{2m}$

ou $\qquad B^{(2p+2)m} = aq'' B^{2m} + aq' + 1$

ou $\qquad B^{(2p+2)m} - 1 = a (q'' B^{2m} + q') = aq''' \quad (4);$

c'est-à-dire que $B^m - 1$ est divisible par a, l'exposant de B étant un nombre pair quelconque. Donc,

$$B^{2m} - 1, B^{4m} - 1, B^{6m} - 1, \ldots$$

sont divisibles par a.

D'un autre côté,

$$B^m = aq - 1$$

donnant

$$B^{3m} = aq. B^{2m} - B^{2m} = aqB^{2m} - aq' - 1$$

ou $\qquad B^{3m} + 1 = a (qB^{2m} - q') = aq_2,$

on en déduit que

$$B^{3m} + 1$$

est divisible par a.

On prouverait de même que $B^{5m} + 1$ est divisible par a, et d'une façon générale que, si

$$B^{(2p+1)m} + 1$$

($2p + 1$ représentant un nombre impair quelconque) est divisible par a,

$$B^{(2p + 3)m} + 1$$

l'est aussi, et, par conséquent, que $B^m + 1$ est divisible par a, l'exposant de B étant un nombre impair quelconque.

Ainsi,

$$B^{2m} - 1, \; B^{4m} - 1, \; B^{6m} - 1, \; \dots\dots,$$

$$B^m + 1, \; B^{3m} + 1, \; B^{5m} + 1, \; \dots\dots,$$

sont des multiples de a, et la première partie de N, savoir

$$\dots c(B^m + 1) + \dots d(B^{2m} - 1) + \dots e(B^{3m} + 1) + \dots f(B^{4m} - 1) + \dots$$

étant divisible par a, le nombre proposé le sera également si la deuxième partie

$$\dots b - \dots c + \dots d - \dots e + \dots f - \dots$$

ou $(\dots b + \dots d + \dots f + \dots) - (\dots c + \dots e + \dots)$

est divisible par a.

COROLLAIRES. — 1° D'après le système décimal, un nombre sera divisible par 11 ou $10^1 + 1$, lorsque l'excès de la somme des nombres représentés par les chiffres de rang impair, pris de droite à gauche, sur celle des nombres exprimés par les chiffres de rang pair, admet 11 pour diviseur.

Ce caractère de divisibilité est le même que celui du facteur $B + 1$ d'après le système B;

2° D'après le système décimal, un nombre est divisible par 7 ou 13, facteurs de $10^3 + 1$, lorsque l'excès de la somme des nombres représentés par les tranches de 3 chiffres de rang impair, prises de droite à gauche, sur la somme des nombres exprimés par les tranches de 3 chiffres de rang pair, est divisible par 7 ou 13.

§ III. — Détermination des facteurs tant premiers que non premiers d'un nombre d'unités entières.

88. La connaissance des caractères de divisibilité sera particulièrement utile dans la résolution de cette question, puisqu'elle permet de déterminer rapidement si un nombre est divisible par 2, 3, 4, 5, ... Quant à la détermination des facteurs d'un nombre entier, on conçoit qu'elle sera d'un grand secours pour la simplification des opérations que nous avons eu à exécuter sur les nombres, soit entiers, soit fractionnaires : nous en reprendrons, du reste, quelques-unes.

89. Avant de procéder à la recherche des facteurs entiers d'un nombre N, démontrons quelques principes sur lesquels il faudra s'appuyer.

Principe Ier. — *Tout nombre premier β qui ne divise ni l'un ni l'autre des nombres A et B ne peut diviser leur produit AB.*

Pour le démontrer, supposons que le nombre premier β puisse diviser le produit AB, tout en ne divisant ni le facteur A, ni le facteur B, et prouvons que les conséquences de cette hypothèse sont inadmissibles.

Comparons les nombres A, B et le produit AB au

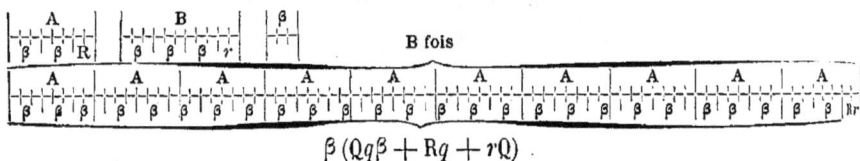

$$\beta (Qq\beta + Rq + rQ)$$

nombre β. Puisque β ne divise ni A, ni B, on aura

$$A = \beta.Q + R, \quad (1)$$
$$B = \beta.q + r, \quad (2)$$

les restes R et r étant plus petits que β. Et le produit AB sera de la forme

$$AB = (\beta Q + R)(\beta q + r) = Qq\beta^2 + Rq\beta + rQ\beta + Rr,$$

ou

$$AB = \beta(Qq\beta + Rq + Qr) + Rr \quad (3).$$

Or, si l'on suppose que **AB** est divise AB, comme la première partie de AB est divisible par β, on suppose par là même que la deuxième partie Rr soit divisible par β, c'est-à-dire qu'on ait

$$Rr = \beta.k \quad (4),$$

k étant entier.

Remarquons que, si l'un ou l'autre des restes R et r est égal à l'unité, notre hypothèse est déjà inadmissible, car si l'on a, par exemple, R $= 1$, la condition [1] de divisibilité de AB par β devient $r = \beta.k$, c'est-à-dire une impossibilité, puisque $r < \beta$.

Admettons donc que R et r soient > 1. La première conséquence de l'hypothèse : AB divisible par β, est, dans ce cas, que le produit des deux nombres R et r, tous deux plus grands que 1 et tous deux $< \beta$, doit être divisible par β, de sorte qu'on ait

$$R r = \beta . k \quad (3).$$

Ensuite, puisque $R < \beta$, si l'on divise β par R, il viendra

$$\beta = R . q' + R',$$

et

$$\beta . r = R r q' + R' r,$$

c'est-à-dire que $R r q' + R' r$ est divisible par β. Mais, par suite de notre hypothèse, la partie $R r . q'$ étant divisible par ce nombre, il faudra que l'autre partie $R' r$ le soit aussi. Le nombre R', reste de la division de β par R est $< R$, et ne peut d'ailleurs être nul, puisque β est premier. Donc, une nouvelle conséquence de notre hypothèse est que le produit $R' r$ $< R r$, sans être nul, doit être divisible par β, de sorte qu'on ait : $R' r = \beta . k'$.

En poursuivant le même raisonnement, on déduira de cette dernière conséquence une troisième conséquence, à savoir : qu'un autre produit $R'' r$ ou $R' r' < R' r$, sans être nul, doit être divisible par β.

Et en continuant la suite de ces produits décroissants, on parviendra nécessairement à un produit $< \beta$, lequel, sans être nul, devrait encore être divisible par β, ce qui est impossible.

La conséquence de l'hypothèse : AB divisible par le nombre premier β, A et B n'étant pas divisible par ce nombre, est donc inadmissible, et celle-ci ne saurait exister.

90. *Corollaires du principe précédent.* — 1° *Tout nombre premier β qui divise un produit AB et qui ne*

divise pas l'un des facteurs, B, *doit diviser l'autre facteur,* A.

Car, d'après le principe précédent, s'il ne divisait pas A, il ne pourrait non plus diviser le produit;

2° *Tout nombre premier* β *qui divise un produit* AB *doit diviser l'un des deux facteurs,* A ou B;

3° *Tout nombre premier* β *qui divise une puissance quelconque* A^m *d'un nombre* A *doit diviser* A.

En effet, A^m n'est autre que le produit : $A^{m-1} \times A$; or, tout nombre premier qui divise $A^{m-1}.A$ doit diviser A^{m-1} ou A (2°). Supposons qu'il divise A^{m-1}, sans diviser A; alors, divisant A^{m-1} ou $A^{m-2}.A$, il doit diviser A^{m-2}; divisant A^{m-2} ou $A^{m-3}.A$, il doit diviser A^{m-3}, ..., et finalement il doit diviser A^2 ou $A \times A$, et, par suite, A.

91. REMARQUE. — On pourrait établir le théorème du n° 89 et ses corollaires, en démontrant d'abord le théorème suivant :

Tout nombre entier β, *premier ou non, qui divise un produit* AB *de deux facteurs et qui est premier avec l'un des facteurs, doit nécessairement diviser l'autre facteur.*

Supposons que β, divisant AB, soit premier avec A;

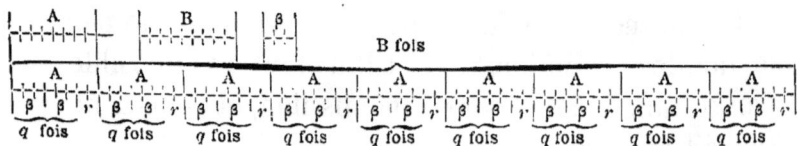

je dis qu'il doit diviser B. Si chacun des nombres A du produit AB se divise en q parties de β unités, avec

un reste $r < \beta$, le produit AB, outre les Bq collections de β unités, contiendra rB unités, c'est-à-dire
qu'on aura

$$A = \beta q + r \quad (1)$$

et
$$AB = \beta B q + B r \quad (2).$$

Or, AB (par hypothèse) et Bβq étant divisibles par β,
il faudra que la partie Br le soit aussi. Voyons les
conséquences qui en résultent pour β, et, à cet
effet, comparons β à r. Si l'on divise β par le reste r,
il vient

$$\beta = r q' + r' \quad (3)$$

r' étant $< r$; il y aura nécessairement un reste r',
car, si r divisait exactement β, en vertu de (1), il
diviserait A, et β et A ne seraient pas premiers
entre eux, ce qui est contre l'hypothèse. On a donc,
par suite de (3),

$$B\beta = q'.rB + Br' \quad (4),$$

et, β divisant Bβ et q'Br, doit diviser Br'.

Mais, si nous comparons r' à r, il vient

$$r = r'q'' + r'' \quad (5),$$

r'' étant $< r'$; il y aura nécessairement un reste, car
si r' divisait exactement r, en vertu de (3), il diviserait r et β, et, en vertu de (1), A et B; A et β ne
seraient pas premiers entre eux, ce qui est contre
l'hypothèse. On a donc, par suite de (5),

$$Br = Br'q'' + Br''$$

et, β, divisant Br et Br', devra diviser Br''.

En continuant les mêmes raisonnements, puisque

les restes r, r', r'', ... existent toujours et diminuent indéfiniment, on finira par obtenir un reste 1. Ainsi, l'on aura

$$r_n = r_{n+1} \cdot q_{n+2} + 1;$$

d'où l'on conclut

$$Br_n = Br_{n+1} \cdot q_n + B$$

et, puisque de l'hypothèse il résulte que Br, Br', Br'', ..., Br_n et Br_{n+1} sont divisibles par β, on en conclut que β doit nécessairement diviser B.

Corollaires. — 1° *Tout nombre premier qui divise exactement un produit* AB *doit diviser l'un des facteurs ;*

2° *Tout nombre premier qui divise une puissance quelconque* A^m *de* A, *doit diviser* A ;

3° *Tout nombre* β, *premier avec chacun des deux facteurs d'un produit* AB, *est premier avec ce produit;*

4° *Tout nombre premier* β *qui ne divise ni l'un ni l'autre des facteurs d'un produit* AB, *ne divise pas le produit.*

92. *Recherche des facteurs d'un nombre donné.* — Abordons maintenant la recherche des facteurs tant premiers que non premiers d'un nombre N, et, pour cela, remarquons que :

1° *Les diviseurs non premiers d'un nombre ne peuvent être que les produits de ses facteurs premiers combinés de toutes les façons possibles.*

Car les facteurs premiers d'un diviseur non premier doivent nécessairement diviser N ;

2° *Un produit formé d'une combinaison quelconque*

des facteurs premiers de N *divise* N, *ou un nombre* N
divisible par plusieurs autres α, β, γ, ... *premiers
entre eux, est divisible par leur produit.*

En effet, puisque α divise N, on a

$$N = \alpha.q \quad (1),$$

q étant entier. Mais, par hypothèse, β divise N ou
αq, β est premier avec α, donc (n° 91) β doit diviser q,
c'est-à-dire qu'on doit avoir

$$q = \beta q', \quad (2)$$

q' étant entier; d'où l'on déduit

$$N = \alpha\beta.q' \quad (3)$$

Ainsi N est divisible par αβ.

Pareillement, γ divisant N ou $\alpha\beta q'$, et étant premier avec α et β, donc avec αβ (n° 89), doit diviser
q', c'est-à-dire qu'on doit avoir

$$q' = \gamma.q'' \quad (4)$$

q'' étant entier; d'où l'on déduit

$$N = \alpha\beta\gamma.q'' \quad (5);$$

ce qui prouve que N est divisible par α × β × γ, et
ainsi de suite.

Conséquences. — Il résulte de ces deux remarques
que :

Si α, β, γ, ... sont des nombres premiers entre
eux et entrent comme facteurs dans N des nombres
de fois exprimés respectivement par *m, n, p,* ..., le
nombre N est divisible par

$$\overset{m\text{ fois}}{\overline{\alpha\alpha\alpha....}} \; \overset{n\text{ fois}}{\overline{\beta\beta\beta....}} \; \overset{p\text{ fois}}{\overline{\gamma\gamma.....}}$$

ou

$$\alpha^m.\beta^n.\gamma^p.....,$$

et par tous les nombres qu'on obtient en multipliant deux à deux, trois à trois, ... les diverses
puissances de α, β, γ, ... comprises depuis la première jusqu'à celle dont le degré est marqué par m
pour α, par n pour β, par p pour γ, ...

En effet, α, β, γ, ... étant des nombres premiers
entre eux, il en est de même de leurs puissances
α^m, β^n, γ^p ... (n° 89) et de leurs produits deux à deux,
trois à trois, ...; donc, en vertu de la deuxième
remarque, ces produits doivent aussi diviser N.

On obtiendra donc tous les facteurs de N en
recherchant ses facteurs premiers et les produits
formés par leurs combinaisons.

93. *Recherche des facteurs premiers d'un nombre N.*
— La méthode à suivre pour opérer la décomposition de N en ses facteurs premiers consiste à essayer
la division du nombre N par chacun des nombres
premiers 2, 3, 5, 7, 11, ..., en commençant par les
plus petits. (On conçoit que la connaissance des
caractères de divisibilité abrégera ces opérations).
Lorsque la division par un de ces nombres, α, se fait
sans reste, on la répète autant de fois qu'il est possible, par exemple m fois, et appelant q le dernier
quotient, on a

$$N = \alpha^m . q. \quad (6).$$

Le nombre q ne pouvant plus être divisé par α,
tout diviseur premier de N autre que α devra diviser
q, puisqu'il ne divise pas α^m (n° 91); et, par suite, la
détermination des facteurs premiers de N autres
que α se réduit à celle des facteurs premiers de q.

Il est inutile d'essayer la division de q par un nombre premier plus petit que α, car si q était divisible par $\beta < \alpha$, il est clair que N serait aussi divisible par β, ce qui n'a pas lieu. On ne devra donc essayer la division de q que par des nombres premiers plus grands que α.

Si β est le moindre diviseur premier de q et n le nombre de fois qu'il y entre comme facteur, on a

$$q = \beta^n . q';$$

d'où l'on déduit

$$N = \alpha^m \beta^n . q'', \text{ etc.}$$

On obtiendra ainsi

$$N = \alpha^m \beta^n \gamma^p \delta^q \ldots q_k .$$

En continuant cette série d'opérations, on obtiendra bientôt un quotient qui sera un nombre premier ou une certaine puissance d'un nombre premier.

Supposons, pour fixer les idées, que

$$N = \alpha^m \beta^n \gamma^p \delta^q ,$$

α, β, γ, δ étant les seuls facteurs premiers que renferme N. Le nombre N est dit alors *décomposé en ses facteurs premiers*.

REMARQUE. — *Si, après avoir essayé la division du nombre donné* N *par les nombres premiers plus petits que* $N^{\frac{1}{2}}$, *on n'en trouve aucun qui divise* N, *on en conclura avec certitude que* N *est premier.*

Pour le démontrer, il suffit de faire voir que si N n'admet pas de facteur premier plus petit que $N^{\frac{1}{2}}$, il n'en admettra pas non plus de plus grand, ou encore que, s'il en admet un plus grand, il doit en admettre un plus petit, ce qui serait contre l'hypothèse.

Supposons que N soit divisible par un nombre premier $\alpha > N^{\frac{1}{2}}$, c'est-à-dire que

$$N = \alpha . q ;$$

alors, puisque $\alpha > N^{\frac{1}{2}}$, on aurait

$$q = \frac{N}{\alpha} < \frac{N}{N^{\frac{1}{2}}} \text{ ou } < N^{\frac{1}{2}} ;$$

N serait divisible par un nombre $q < N^{\frac{1}{2}}$ et, *à fortiori*, par un nombre premier plus petit que $N^{\frac{1}{2}}$, ce qui est contre l'hypothèse.

On peut donc reconnaître, de cette manière, si un nombre donné N est premier ou non; mais, quoique cette méthode soit susceptible de quelques abréviations, elle est, en général, longue et fastidieuse. Aussi des mathématiciens ont-ils jugé convenable de construire des tables de nombres premiers plus ou moins étendues. La manière la plus simple de construire ces tables est de commencer par écrire de suite les nombres impairs

$$1, 3, 5, 7, 9, 11, 13, 15, \ldots.$$

jusqu'à 100000 ou toute autre limite qu'on peut se proposer. Cette suite étant formée, on en efface successivement tous les multiples de 3, puis tous ceux de 5, tous ceux de 7, …, en conservant seulement les premiers termes, 3, 5, 7, …, etc., non effacés par les opérations antérieures. De cette manière, il

est visible que tous les nombres restants n'ont·
d'autres diviseurs qu'eux-mêmes, et qu'ainsi ils sont
des nombres premiers.

On pourra consulter la table de CHERNAC, professeur à Deventer, donnée dans son *Cribrum arithme-*
ticum, où l'on trouve tous les nombres premiers et
les diviseurs des autres nombres jusqu'à un million,
ou la table de BURCKHARDT, qui contient les nombres
premiers de 1 à 3036000 et les plus petits diviseurs
des autres nombres.

94. EXEMPLE. — Soit à trouver les diviseurs premiers du nombre 5880.

On réunit les divisions dans le tableau suivant :

5880	2
2940	2
1470	2
735	3
245	5
49	7
7	7
1	

On obtient ainsi le nombre décomposé en
ses facteurs premiers :

$$5880 = 2^3 \times 3 \times 5 \times 7^2.$$

Proposons-nous maintenant de former
tous les diviseurs de 5880 tant premiers que
non premiers (n° 92). Pour les former avec
ordre, plaçons d'abord sur une même ligne horizontale les quatre nombres 1, 2, 4, 8 ou 1, 2, 2^2, 2^3.

Cela posé, multiplions tous les termes de cette
première ligne par le facteur 3; nous obtenons une
nouvelle ligne de diviseurs 3, 6, 12, 24 ou 3, 3 × 2,
3 × 2^2, 3 × 2^3.

Passant au facteur 5, nous multiplions tous les
nombres des deux lignes précédentes par ce facteur,
et nous obtenons deux nouvelles lignes de diviseurs
5, 10, …; 15, 30, ….

Passant au facteur 7, qui entre deux fois dans le nombre proposé, nous multiplions d'abord tous les termes des quatre lignes précédentes par ce facteur, ce qui donne quatre nouvelles lignes de diviseurs, puis, tous les termes de ces quatre dernières lignes par le même facteur 7, ce qui donne encore quatre nouvelles lignes de diviseurs.

Voici le tableau de tous ces diviseurs :

$$
\begin{array}{llll}
1, & 2, & 4, & 8 = 2^3 \\
3, & 6, & 12, & 24 = 2^3 \times 3 \\
5, & 10, & 20, & 40 = 2^3 \times 5 \\
15, & 30, & 60, & 120 = 2^3 \times 3 \times 5 \\
7, & 14, & 28, & 56 \\
21, & 42, & 84, & 168 \\
35, & 70, & 140, & 280 \\
105, & 210, & 420, & 840 = 2^3 \times 3 \times 5 \times 7 \\
49, & 98, & 196, & 392 \\
147, & 294, & 588, & 1176 \\
245, & 490, & 980, & 1960 \\
735, & 1470, & 2940, & 5880 = 2^3 \times 3 \times 5 \times 7^2.
\end{array}
$$

REMARQUE. — Dans la pratique, il convient d'écrire sur la première ligne les puissances du facteur premier qui entre le plus de fois dans le nombre proposé.

95. REMARQUES. — 1° Dès qu'on a opéré la décomposition d'un nombre en ses facteurs premiers, on peut aisément *obtenir le nombre total des diviseurs du nombre proposé* sans être obligé de former le second tableau.

En effet, soit

$$N = \alpha^m \beta^n \gamma^p \delta^q \, ;$$

et considérons la première série de diviseurs

$$1, \alpha^1, \alpha^2, \alpha^3, \ldots, \alpha^m,$$

dont le nombre est $m + 1$.

En multipliant tous les nombres de cette série successivement par les termes

$$\beta^1, \beta^2, \beta^3, \ldots, \beta^n,$$

qui sont en nombre n, on forme un nombre n de nouvelles séries de diviseurs de $m + 1$ termes chacune, ou $(m + 1)n$ diviseurs, auxquels il faut joindre les $m + 1$ diviseurs de la première série, ce qui donne

$$(m + 1)\,n + m + 1 = (m + 1)\,(n + 1)$$

diviseurs.

Multipliant maintenant tous les termes de ces différentes séries de diviseurs, successivement par les termes

$$\gamma^1, \gamma^2, \gamma^3, \ldots, \gamma^p,$$

qui sont en nombre p, nous obtiendrons un nombre de nouvelles séries de diviseurs égal à $(m + 1)(n + 1)\,p$, auquel il faudra ajouter le nombre $(m + 1)(n + 1)$ des diviseurs formés précédemment.

Ainsi, le nombre total des diviseurs déjà obtenus est

$$(m + 1)(n + 1)\,p + (m + 1)(n + 1), \text{ ou } (m + 1)(n + 1)(p + 1),$$

et ainsi de suite.

Dans l'exemple traité ci-dessus, comme on a trouvé

$$5880 = 2^3 \times 3 \times 5 \times 7^2,$$

on aura

$$(3 + 1)(1 + 1)(1 + 1)(2 + 1) \text{ ou } 4.2.2.3 = 48$$

pour le nombre total des diviseurs; c'est, en effet, ce qui résulte de la formation du second tableau;

2° Il est facile, d'après cela, de *trouver un nombre qui ait tant de diviseurs qu'on voudra*. Cherchons, par exemple, un nombre qui ait 36 diviseurs; on décomposera 36 en facteurs premiers ou non, tels que $4 \times 3 \times 3$; on diminuera chaque facteur d'une unité, ce qui donnera $3 \times 2 \times 2$; d'où l'on conclura que $\alpha^3 \beta^2 \gamma^2$ est l'une des formes du nombre cherché, α, β, γ étant des nombres premiers inégaux. Les facteurs $6 \times 3 \times 2$ de 36 donneraient une autre forme du nombre cherché $\alpha^5 \beta^2 \gamma^1$, dans laquelle le plus simple des nombres est $2^5 . 3^2 . 5 = 1440$;

3° On pourrait demander *de combien de manières le nombre* $N = \alpha^m \beta^n \gamma^p$ *peut être décomposé en produit de deux facteurs entiers quelconques* A *et* B. Puisque le facteur A se combine dans N avec le facteur $\frac{N}{A}$ ou B, le nombre des produits AB ou BA égaux à N est la moitié de celui des diviseurs de N, savoir

$$\frac{1}{2} (m + 1)(n + 1)(p + 1);$$

4° *Si deux nombres entiers* N *et* N′ *sont égaux, ils se composent nécessairement des mêmes facteurs premiers, élevés respectivement à la même puissance dans chacun d'eux.*

En effet, si N admettait un facteur premier α ne divisant pas N′, le quotient $\frac{N}{\alpha}$ serait entier, le quotient $\frac{N'}{\alpha}$ serait fractionnaire, et, néanmoins, ils devraient être égaux, ce qui est impossible. Donc

N' et N' ne peuvent admettre des facteurs premiers différents.

Si α entrait dans N à une plus haute puissance n que dans N, le quotient $\frac{N}{\alpha^n}$ serait entier, le quotient $\frac{N'}{\alpha^n}$ serait fractionnaire, et, néanmoins, ils devraient être égaux, ce qui est encore impossible. Donc, etc...

De là résulte qu'*un nombre ne peut admettre qu'un seul système de facteurs premiers.*

96. *Recherche du plus grand diviseur commun à plusieurs nombres.* — Après avoir déterminé tous les diviseurs de deux ou plusieurs nombres, on pourrait se demander quel est le plus grand diviseur commun à ces nombres. On conçoit que la connaissance de ce diviseur est utile, par exemple dans la réduction des fractions à de moindres termes (voir le n° 33).

Puisqu'un nombre d'unités entières, décomposé en ses facteurs premiers, ne peut avoir d'autres diviseurs que ces facteurs premiers et leurs combinaisons deux à deux, trois à trois, ... (n° 95, 4°), il s'ensuit que deux ou plusieurs nombres entiers N, N', N'',... n'ont pour diviseurs communs que les facteurs premiers communs à tous ou les combinaisons communes de ces facteurs.

Donc, *le plus grand diviseur commun à plusieurs nombres est le produit des facteurs premiers communs à ces nombres, élevés respectivement à la plus faible des puissances avec lesquelles ces facteurs entrent dans les nombres proposés.*

Remarquons immédiatement qu'il résulte de là que : *Tout diviseur commun à plusieurs nombres divise leur plus grand diviseur commun.*

EXEMPLE. — Ainsi, pour déterminer le plus grand diviseur commun aux nombres 2150 et 3612, on décompose les deux nombres en leurs facteurs premiers.

On trouve

2150	2		3612	2
1075	5		1806	2
215	5		903	3
43	43		301	7
1			43	43
			1	

$$2150 = 2.5^2.43 \, ; \; 3612 = 2^2.3.7.43.$$

Le plus grand diviseur commun D est le produit des facteurs premiers communs, 2 et 43, élevés respectivement à la plus faible des deux puissances, 1 et 1, auxquelles ces facteurs entrent dans les deux nombres ; c'est-à-dire que

$$D = 2 \times 43 = 86.$$

(On voit que 5×5 ou 25, et $2 \times 3 \times 7$ ou 42 sont les quotients de la division de 2150 et 3612 par 86.)

97. *Autre procédé pour la recherche du plus grand diviseur commun à deux nombres.* — Ce second procédé est, en général, plus simple que le précédent, surtout lorsqu'on y apporte dans la pratique quelques modifications que nous signalerons.

Soient, par exemple, les deux nombres 360 et 276 dont il faut déterminer le plus grand diviseur commun.

Il est d'abord évident que ce plus grand commun diviseur ne saurait surpasser le plus petit nombre,

276, et comme 276 est divisible par lui-même, pourvu qu'il divise 360, il sera le plus grand commun diviseur cherché.

Essayant la division de 360 par 276, on trouve pour quotient 1 et pour reste 84 : donc 276 n'est pas le plus grand diviseur commun.

Je dis maintenant que le plus grand diviseur commun à 360 et 276 est le même que le plus grand diviseur commun au plus petit nombre 276 et au reste 84 de la division. En effet, nous avons

$$360 = 276.1 + 84,$$

et si nous désignons par D le plus grand diviseur commun à 360 et 276, et par D' le plus grand diviseur commun à 278 et 84, nous remarquons que D, diviseur de la somme 360 et de la partie 276.1, doit diviser la deuxième partie 84 (n° 84); donc,

D, diviseur de 276 et 84, $\overset{\text{(Ne peut être plus grand que)}}{>}$ D', leur plus grand diviseur commun.

D'un autre côté D', diviseur de 276.1 et 84, doit diviser la somme 360, et, par suite,

D', diviseur de 276 et 360, $\overset{\text{(Ne peut être plus petit que)}}{<}$ D, leur plus grand diviseur commun.

De là, on conclut que

$$D \gtrless D',$$

donc D = D'.

Ainsi, la question est ramenée à chercher le plus grand diviseur commun à 276 et 84, système plus simple que celui des nombres 360 et 276.

Pour cela, raisonnons sur 276 et 84, comme nous avons raisonné sur les nombres primitifs, c'est-à-dire essayons la division de 276 par 84; alors, si la division se fait exactement, 84 sera le plus grand diviseur commun à 276 et 84, et, par conséquent, à 360 et 276.

En effectuant cette nouvelle division, on a 3 pour quotient et 24 pour reste ; donc, 84 n'est pas le plus grand commun diviseur cherché. Mais, par un raisonnement analogue à celui qui a été fait ci-dessus, on prouvera que le plus grand diviseur commun à 276 et à 84 est le même que le grand diviseur commun au premier reste 84 et au second reste 24.

La question étant actuellement ramenée à chercher le plus grand diviseur commun à 84 et à 24, il faut diviser 84 par 24. En effectuant cette nouvelle division, on obtient 3 pour quotient et 12 pour reste; donc 24 n'est pas le plus grand diviseur commun. Mais comme ce plus grand diviseur commun est le même que le plus grand diviseur commun à 24 et à 12, divisons 24 par 12; nous trouvons un quotient exact 2; ainsi 12 est le plus grand diviseur commun à 24 et à 12; il l'est donc aussi à 84 et à 24, à 276 et à 34, à 360 et à 276. Donc, enfin, 12 est le plus grand commun diviseur cherché.

Dans la pratique, on peut réunir les calculs de la manière suivante :

On développera sans peine la synthèse de cette opération.

	1	3	3	2
360	276	84	24	12
276	252	72	24	
84	24	12	0	

Remarque. — Si le dernier diviseur est l'unité, c'est une preuve que les deux nombres proposés sont premiers entre eux, puisqu'ils n'ont pas d'autre diviseur commun que l'unité.

Application. — Réduire à ses moindres termes la fraction $\frac{592}{999}$ (voir le n° 33).

Cherchons le plus grand diviseur commun à 592 et 999; nous effectuerons alors leur division par ce nombre, et nous obtiendrons la fraction demandée.

	1	1	2	5			999	37		592	37
999	592	407	185	37		;	259	27	;	222	16
407	185	37	0				0			0	

Le plus grand diviseur commun est 37; ainsi, en divisant 999 et 592 par 37, on a $\frac{16}{27}$ pour la fraction $\frac{592}{999}$ réduite à ses moindres termes.

Simplification de la recherche du plus grand diviseur commun à deux nombres. — Dans la pratique du second procédé, on peut apporter les modifications suivantes :

Puisque le plus grand diviseur commun à deux nombres ne se compose que des facteurs premiers communs aux deux nombres, on peut supprimer dans l'un d'eux un facteur qui s'y trouve en évidence et qui n'entre pas dans l'autre.

On peut supprimer un facteur qui est évidemment commun aux deux nombres, pourvu qu'à la fin de l'opération, on en tienne compte en multipliant le

résultat auquel on parvient, par le facteur sup-
primé.

Ces suppressions peuvent se faire dans chacune
des opérations que comporte le procédé.

Ainsi, soient les deux nombres 2150 et 3612. On
voit que 2150 contient le facteur 5, et même le facteur 25 (par la connaissance des caractères de divisibilité), qui n'entre pas dans 3612; on supprime
donc celui-ci, et le quotient est 86.

De même, 3612 contient le facteur 3, qui n'entre
pas dans 2150; on le supprime et le quotient est
1204.

Les deux nombres 86 et 1204 ont évidemment le
facteur commun 2 que l'on met à part, et la question est ramenée à la recherche du plus grand diviseur commun à 43 et 602.

Divisant 602 par 43, on trouve un quotient exact
14; donc, 43×2 ou 86 est le plus grand diviseur
commun cherché.

98. *Recherche du plus grand diviseur commun à
plusieurs nombres.* — On appliquerait sans peine le
premier procédé à plusieurs nombres, 24, 36 et 168.

Décomposant ces nombres en leurs facteurs premiers, on trouve

$$24 = 2^3 \times 3, \quad 36 = 2^2 \times 3^2, \quad 168 = 2^3 \times 3 \times 7,$$

et le plus grand diviseur commun est $2^2 \times 3 = 12$.

DEUXIÈME PROCÉDÉ. — Pour trouver le plus grand
diviseur commun, P, à plusieurs nombres

$$A, B, C, E, \ldots$$

il faut d'abord chercher le plus grand diviseur commun D aux deux nombres A et B, puis le plus grand diviseur commun D′ à celui D qui vient d'être trouvé et au troisième nombre C, puis le plus grand diviseur commun D″ à ce dernier D′ et à un quatrième nombre E′, etc.

En effet, je dis d'abord que D′, le plus grand diviseur commun à D et C, est le plus grand diviseur commun ∂ à A, B, C. Car le plus grand diviseur commun ∂ à A, B et C, devant diviser A et B, divise leur plus grand diviseur commun D (n° 96); d'ailleurs il divise C; ainsi il doit diviser D′, le plus grand diviseur commun à D et C, donc

$$\partial \mathrel{\rlap{\!\!>}\,} D'.$$

D'un autre côté, D′ divisant D, divise A et B; ainsi D′ divise A, B, et C, et, par conséquent, leur plus grand diviseur commun ∂; donc

$$D' \mathrel{\rlap{\!\!>}\,} \partial.$$

Puisque ∂ $\gtrless$ D′, ∂ = D′, le plus grand diviseur commun à D et C.

Pareillement, le plus grand diviseur commun ∂′ à A, B, C, E, devant diviser A, B, C, divise D′ leur plus grand diviseur commun; d'ailleurs il divise E; ainsi il doit diviser le plus grand diviseur commun D″ à D′ et E, donc

$$\partial' \mathrel{\rlap{\!\!>}\,} D''.$$

D'un autre côté, D″ devant diviser D′, divise A, B, C; ainsi D″ divise A, B, C, E, et, par consé-

12

quent, leur plus grand diviseur commun δ'; donc

$$D'' \not\!\!\triangleright \delta'.$$

Puisque $\delta' \begin{smallmatrix} \triangleright \\ \triangleleft \end{smallmatrix} D''$, $\delta' = D''$.

Et ainsi de suite.

EXEMPLE. — On trouve, par ce procédé, que les nombres 504, 756, 1260 et 2058 ont pour plus grand diviseur commun 42.

REMARQUE. — On conçoit qu'il y a avantage à opérer d'abord sur les deux nombres les plus petits, puisque le plus grand diviseur commun cherché ne saurait surpasser celui qui existe entre ces deux nombres.

99. *Recherche du plus petit multiple commun à plusieurs nombres.* — La règle établie au n° 32 pour réduire deux ou plusieurs fractions au même dénominateur nécessite la recherche d'un nombre multiple commun à plusieurs dénominateurs. C'est donc une question importante à traiter, pour la simplicité des calculs, que celle qui consiste à déterminer *le plus petit multiple commun* à plusieurs nombres.

Pour obtenir le plus petit multiple commun à plusieurs nombres A, B, C, D, ..., il faut les décomposer en leurs facteurs premiers. Le produit de tous ces facteurs premiers élevés respectivement à la plus haute des puissances auxquelles ces facteurs se trouvent élevés dans les différents nombres est leur plus petit multiple commun.

En effet, ce produit est d'abord multiple de chaque nombre, puisqu'il en contient tous les facteurs premiers à une puissance au moins égale à celle qui entre dans ce nombre. En outre, c'est le plus petit multiple commun à tous les nombres, car, pour contenir exactement un nombre quelconque, il suffit qu'il renferme chaque facteur premier à une puissance au moins égale à celle qui entre dans ce nombre.

APPLICATION. — Soit à réduire à un même dénominateur les six fractions suivantes,

$$\frac{13}{60}, \frac{17}{28}, \frac{23}{240}, \frac{173}{225}, \frac{319}{490}, \frac{523}{720}.$$

Décomposant les dénominateurs en leurs facteurs premiers, on trouve

$$60 = 2^2.3.5 \, ; \, 28 = 2^2.7 \, ; \, 240 = 2^4.3.5 \, ; \, 225 = 3^2.5^2 \, ;$$
$$490 = 2.5.7^2 \, ; \, 720 = 2^4.3^2.5.$$

Les seuls facteurs premiers qui entrent dans ces dénominateurs sont 2, 3, 5 et 7; et les plus hautes puissances auxquelles ces facteurs s'y trouvent sont 2^4, 3^2, 5^2, 7^2. Donc, le plus petit multiple commun à tous les dénominateurs est

$$2^4.3^2.5^2.7^2 = 176400 \, ;$$

et ce nombre est le dénominateur commun auquel il s'agit de réduire toutes les fractions.

Pour exécuter cette opération, on divise séparément le dénominateur commun par le dénominateur de chacune des fractions proposées, et l'on multiplie le numérateur par le quotient correspondant. On trouve ainsi pour les six fractions :

$$\frac{38220}{176400}, \frac{107100}{176400}, \frac{16905}{176400}, \frac{135632}{176400}, \frac{114840}{176400}, \frac{128135}{176400}.$$

REMARQUE. — On conçoit que, pour comparer des fractions qui ont des dénominateurs différents, il suffit de les réduire à un même dénominateur.

§ VI. — DE QUELQUES PROPRIÉTÉS IMPORTANTES
DES PUISSANCES DE NOMBRES ENTIERS.

100. THÉORÈME. — *La puissance* $m^{ième}$ *d'un produit de plusieurs facteurs est le produit des puissances* $m^{ièmes}$ *de ces facteurs.*

Car $(abc)^m = \overbrace{abc \times abc \times ....}^{m \text{ fois}} = \overbrace{aaa}^{m \text{ fois}} ... \overbrace{b}^{m \text{ fois}} ... \overbrace{c}^{m \text{ fois}} ... = a^m b^m c^m.$

APPLICATION. — $70^2 = 7^2 . 10^2 = 49.100 = 4900.$

101. THÉORÈME. — *Tout nombre entier* N *admettant le facteur premier* α, *n'est point une* $m^{ième}$ *puissance parfaite, s'il n'est pas divisible par* $α^m$.

COROLLAIRE. — *Tout nombre pair qui n'est pas multiple de 4 n'est pas carré parfait.*

102. *Tout nombre impair qui, diminué d'une unité, n'est pas divisible par 4, n'est pas carré parfait.*

Car, la racine carrée de N étant impair, peut être représentée par

$$2n + 1,$$

dont le carré est

$$4n^2 + 4n + 1$$

et admet le diviseur 4, après avoir été diminué d'une unité.

103. THÉORÈME. — *D'après le système de numération décimale, tout nombre dont le nombre d'unités* *du premier ordre est* 2, 3, 7 *ou* 8, *n'est pas carré parfait.*

En effet, lorsqu'on multiplie un nombre par lui-même, les unités du premier ordre du produit proviennent du produit du nombre des unités du premier ordre du multiplicande par celui des unités du premier ordre du multiplicateur, c'est-à-dire du carré du nombre des unités du premier ordre. Or, les carrés des nombres d'unités du premier ordre sont

$$0, 1, 4, 9, 16, 25, 36, 49, 64, 81$$

et aucun ne renferme les nombres d'unités du premier ordre 2, 3, 7 ou 8.

104. Théorème. — *D'après le système de numération décimale, tout nombre dont le nombre des unités du premier ordre est* 5 *ne sera pas carré parfait si le nombre des dizaines n'est pas* 2.

Car la racine, par sa forme

$$a.10 + 5,$$

donne pour carré

$$(a.10)^2 + 2(a.10)\,5 + 5^2 = a\,00 + a\,00 + 25.$$

105. Théorème. — *La différence entre les carrés de deux nombres entiers qui diffèrent d'une unité est égale à l'unité augmentée du double du plus petit de ces nombres.*

Car $(a + 1)^2 - a^2 = a^2 + 2a + 1^2 - a^2 = 2a + 1$.

106. Remarque. — On conçoit que les propriétés des puissances que nous venons d'énoncer peuvent être utiles pour reconnaître la nature d'un nombre.

§ V. — DES QUELQUES PROPRIÉTÉS IMPORTANTES
CONCERNANT LES FRACTIONS D'UNITÉ.

107. Théorème. — *Si, sans altérer le dénominateur d'une fraction, on multiplie ou on divise son numérateur par un certain nombre, la nouvelle fraction sera ce nombre de fois plus grande ou plus petite que la première.*

Cela résulte de la notion même d'une fraction (voir le n° 4).

108. Théorème. — *Si, sans altérer le numérateur d'une fraction, on multiplie ou on divise son dénominateur par un certain nombre, la nouvelle fraction sera ce nombre de fois plus petite ou plus grande que la proposée.* (Idem.)

109. Théorème. — Des deux théorèmes précédents, il résulte que :

Une fraction est équivalente à une autre dont les deux termes sont ceux de la première multipliés ou divisés par un même nombre.

110. Théorème. — *En ajoutant ou en retranchant un même nombre aux deux termes d'une fraction, on obtient une fraction plus grande ou plus petite que la proposée.*

Soit $\frac{a}{b}$ la fraction proposée; ajoutons aux deux termes le nombre m, ce qui donne la nouvelle fraction

$$\frac{a+m}{b+m}.$$

Pour comparer celle-ci à $\frac{a}{b}$, réduisons-les au

même dénominateur $b(b + m)$; il vient pour la fraction $\frac{a}{b}$,

$$\frac{a(b+m)}{b(b+m)},$$

et pour la fraction $\frac{a+m}{b+m}$,

$$\frac{(a+m)b}{(b+m)b};$$

ou

$$\frac{ab+am}{b^2+bm} \text{ et } \frac{ab+bm}{b^2+bm}.$$

Or, les deux numérateurs ont une partie commune ab, et la partie bm du second numérateur est plus grande que la partie am du premier, puisque l'on a $b > a$. Donc la seconde fraction est plus grande que la première.

On prouverait de même que $\frac{a-m}{b-m} < \frac{a}{b}$.

REMARQUE. — Si l'on avait $a > b$, c'est-à-dire si $\frac{a}{b}$ était un nombre fractionnaire, la relation aurait lieu dans l'ordre inverse.

111. THÉORÈME. — *Si une fraction $\frac{a}{b}$, dont les deux termes sont premiers entre eux, est égale à une autre fraction $\frac{c}{d}$, les deux termes de celle-ci sont nécessairement des équimultiples des deux termes de la première.*

En effet, de

$$\frac{a}{b} = \frac{c}{d},$$

on déduit

$$c = \frac{ad}{b}.$$

Or, b étant premier avec a, il faut, puisque b divise ab, que b divise d (n° 91), c'est-à-dire que

$$d = b.q;$$

et, par suite, que

$$c = \frac{abq}{b} = a.q;$$

ou que c et d soient des équimultiples de a et de b.

112. THÉORÈME. — *Deux fractions $\frac{a}{b}$, $\frac{c}{d}$ irréductibles égales ont nécessairement leurs termes analogues identiques.*

Car (n° 111) de

$$\text{irréductible } \frac{c}{d} = \frac{a}{b},$$

on déduit

$$a = cq, \quad b = dq.$$

De même, de

$$\text{irréductible } \frac{a}{b} = \frac{c}{d},$$

on déduit

$$c = aq', \quad b = dq'.$$

D'où l'on conclut

$$ac = ac.qq',$$
$$bd = bd.qq',$$

et

$$qq' = 1.$$

Puisque q et q' sont entiers,

$$q = q' = 1;$$

donc

$$a = c \text{ et } b = d.$$

DE LA RÉDUCTION DES FRACTIONS EN SUBDIVISIONS DE L'UNITÉ,
D'ORDRES (¹) MULTIPLES DE LA BASE DU SYSTÈME DE
NUMÉRATION.

(*Théorie des fractions périodiques.*)

113. Parmi toutes les fractions de l'unité primitive, il faut distinguer (n° 44) celles qui sont composées de parties décimales de l'unité, si l'on adopte
le système de numération à base *dix*, et, en général, les fractions composées de subdivisions de l'unité
d'ordres multiples de la base B, si l'on adopte un
système de numération à base B quelconque; et
cela, parce que du système de représentation graphique des nombres, il résulte pour ces fractions
un système de représentation graphique et des
méthodes d'opération plus brefs et plus faciles.

C'est pourquoi aussi nous avons résolu au n° 47
la question suivante : Une fraction quelconque de
l'unité principale étant donnée, trouver une fraction équivalente à celle-ci et composée de parties
décimales ou de subdivisions de l'unité d'ordres
multiples de la base *dix*; et nous avons fait remarquer qu'il serait utile de savoir, *à priori*, si la fraction donnée est commensurable ou non avec les subdivisions décimales de l'unité. Maintenant que nous

---

(¹) Nous entendons, par *ordre d'une subdivision de l'unité*, le nombre
de ces subdivisions que contient l'unité. Ainsi, le B*ième* de l'unité est la
subdivision d'ordre B.

avons étudié les principales propriétés de la composition des nombres, nous sommes à même de résoudre complètement le problème.

114. Pour plus de généralité, traitons la question d'après un système de numération à base B quelconque, et reprenons, de ce point de vue, la première partie, savoir : Une fraction de l'unité principale étant donnée, trouver une fraction équivalente à celle-ci et composée de subdivisions de l'unité d'ordres multiples de la base B du système de numération.

Soit proposée la fraction $\frac{N}{D}$. 1 unité contient B. $B^{ièmes}$ d'unité, $\frac{1}{D}$ d'unité contient $\frac{B}{D}$ de $B^{ièmes}$, et $\frac{N}{D}$ contiennent $\frac{N.B}{D}$ de $B^{ièmes}$; ainsi,

$$\frac{N}{D} = \frac{N.B}{D} \text{ de } B^{ièmes} = a \, B^{ièmes} + \frac{R}{D} \text{ de } B^{ièmes}.$$

Mais $\frac{1}{B}$ contient $B.B^{2ièmes}$ et, par conséquent, $\frac{R}{D}$ de $B^{2ièmes}$ contiennent $\frac{R.B}{D}$ de $B^{2ièmes}$, c'est-à-dire que

$$\frac{R}{D} \text{ de } B^{ièmes} = b \, B^{2ièmes} + \frac{R'}{D} \text{ de } B^{2ièmes},$$

et, par suite,

$$\frac{N}{D} = a.\frac{1}{B} + b.\frac{1}{B^2} + \frac{R'}{D}.\frac{1}{B^2}.$$

En continuant à raisonner de la sorte, on trouve successivement

$$\frac{N}{D} = a.\frac{1}{B} + b.\frac{1}{B^2} + c.\frac{1}{B^3} + d.\frac{1}{B^4} + \ldots,$$

ou, en employant les signes conventionnels de pareilles fractions,

$$\frac{N}{D} = 0, abcd \ldots$$

Il est évident que ces opérations reviennent à multiplier le numérateur de la fraction proposée par une puissance B^x de la base, B^x désignant l'ordre des plus petites subdivisions de l'unité que l'on veut obtenir, à rechercher la partie entière du quotient de la division de $N \times B^x$ par D, et à diviser celle-ci par B^x; en d'autres termes, ces opérations reviennent à exécuter celles indiquées par la formule

$$\frac{N}{D} = \frac{N \times B^x}{D} \times \frac{1}{B^x}.$$

115. Proposons-nous de reconnaître, *à priori*, si une fraction $\frac{N}{D}$, que nous pouvons supposer réduite à ses moindres termes, est commensurable ou non avec les subdivisions de l'unité d'ordres multiples de la base, c'est-à-dire si elle est réductible ou non en une fraction composée de pareilles subdivisions.

Pour que la fraction irréductible $\frac{N}{D}$ soit commensurable avec les subdivisions de l'unité divisée en B^x parties ou soit réductible en $B^{rièmes}$, il faut que $N.B^x$ soit divisible par D. Or, D étant premier avec N par hypothèse, pour que D divise $N \times B^x$, il faut (n° 91) que D divise B^x et, par conséquent, ne contienne d'autres facteurs premiers que ceux de B^x (n° 95, 4°), ou que ceux de B (n° 90, 3°).

Réciproquement, si D ne renferme pas d'autres facteurs premiers que ceux de B, il divisera nécessairement une certaine puissance B^x de la base. En effet, supposons que la décomposition de la base en ses facteurs premiers donne, par exemple,

$$B = \alpha^n \beta^p \delta^q,$$

et que

$$D = \alpha^{n'} \beta^{p'} \delta^{q'}.$$

D divisera

$$B^x = \alpha^{nx} \beta^{px} \delta^{qx},$$

si x est tel que

$$nx \geq n', \, px \geq p', \, qx \geq q',$$

(car tout nombre B^x divisible par plusieurs autres α^{nx}, β^{px}, δ^{qx} premiers entre eux, est divisible par leur produit, n° 92, 2°), c'est-à-dire si

$$x \geq \frac{n'}{n}, \, x \geq \frac{p'}{p}, \, x \geq \frac{q'}{q},$$

ou si x est égal au plus haut quotient entier, exact ou par excès, des exposants des facteurs de la base entrant dans le dénominateur D, divisés par les exposants des mêmes facteurs de la base.

Remarquons, en outre, que B^x est la moindre puissance de B qui soit divisible par D, car

$$B^{x-1} = \alpha^{n'(x-1)} \beta^{p(x-1)} \delta^{q(x-1)}$$

contient au moins l'un des facteurs α, β, δ à une puissance dont l'exposant est au moins inférieur d'une unité à l'exposant du facteur analogue de D, et, par suite, n'est pas divisible par ce facteur.

Donc, si x est déterminé comme nous l'avons dit,

le quotient $\frac{N \times B^x}{D}$ est entier, la fraction proposée est réductible en $B^{r\,ièmes}$.

SYNTHÈSE. — Toute fraction ordinaire $\frac{N}{D}$, exprimée par ses moindres termes, dont le dénominateur D ne contient pas d'autres facteurs premiers que ceux de la base du système de numération d'après lequel elle est exprimée, est réductible en une fraction composée de subdivisions de l'unité d'ordre multiple de la base, indiqué par cette base élevée à une puissance dont l'exposant est le plus haut quotient entier, exact ou par excès, des exposants des facteurs de D, divisés par les exposants des mêmes facteurs de la base. Le nombre des chiffres de l'expression graphique de la fraction transformée et écrite d'après le système du nº 42 est égal à ce même quotient.

COROLLAIRE. — D'après le système décimal, toute fraction ordinaire irréductible, dont le dénominateur ne contient pas de facteurs premiers différents de 2 et de 5, est équivalente à une fraction composée de subdivisions décimales de l'unité d'ordre multiple de *dix*, indiqué par la puissance de *dix* dont l'exposant est égal au plus haut exposant de 2 et de 5 dans le dénominateur.

En effet, pour $B = 10 = 2.5$, on a $n = p = 1$, et x devient égal à la plus haute valeur de n' et de p'.

EXEMPLES. — 1º D'après le système à base *douze* $= 2^2.3$, les fractions

$$\frac{3}{8} = \frac{3}{2^3}, \quad \frac{7}{160} = \frac{7}{2^3.3^3}$$

peuvent s'écrire

$$\frac{3}{8} = \frac{3.10^2}{8} \cdot \frac{1}{10^2}, \quad \frac{7}{160} = \frac{7 \times 10^3}{160} \cdot \frac{1}{10^3},$$

et sont équivalentes à

$$\frac{3}{8} = 0,46, \quad \frac{7}{160} = 0,048;$$

les nombres de chiffres des expressions graphiques sont respectivement égaux aux plus hauts quotients entiers, exacts ou par excès, des divisions,

pour la 1re, $\frac{3}{2}$, ou 2; pour la 2e, $\frac{3}{2}, \frac{3}{1}$, ou 3;

2° D'après le système à base $dix = 2.5$, les fractions

$$\frac{7}{8} = \frac{7}{2^3}; \quad \frac{13}{25} = \frac{13}{5^2}, \quad \frac{317}{1250} = \frac{317}{2.5^4}$$

peuvent s'écrire

$$\frac{7}{8} = \frac{7.10^3}{8} \cdot \frac{1}{10^3}, \quad \frac{13}{25} = \frac{13.10^2}{25} \cdot \frac{1}{10^2}, \quad \frac{317}{1250} = \frac{317 \times 10^4}{1250} \cdot \frac{1}{10^4},$$

et sont équivalentes à

$$0,875; \quad 0,52; \quad 0,2536;$$

les nombres de chiffres sont respectivement égaux au plus haut exposant de 2 et de 5 dans le dénominateur.

116. De ce qui précède, il résulte que :

Toute fraction ordinaire irréductible $\frac{N}{D}$, dont le dénominateur D contient d'autres facteurs premiers que ceux de la base, n'est pas commensurable avec les subdivisions de l'unité d'ordres multiples de la base, et n'est pas réductible en une fraction composée de pareilles subdivisions.

En effet, en multipliant le numérateur N par B^x, x étant quelconque, on n'introduit pas dans ce produit les facteurs étrangers à la base, qui existent au dénominateur D, et, par suite, le quotient $\frac{N.B^x}{D}$ ne saurait être entier.

On ne pourra exprimer qu'approximativement la fraction $\frac{N}{D}$ au moyen de ces subdivisions, mais cependant aussi approximativement qu'on le voudra. Remarquons, en outre, que les nombres des subdivisions des divers ordres successifs multiples de la base, contenus dans la proposée, se reproduiront *périodiquement* dans la série ; car, chaque reste partiel dans la division de $N.B^x$ par D devant être inférieur au diviseur D, on devra, au plus tard à la $D^{ième}$ division partielle, retrouver un reste déjà obtenu et, par conséquent, un quotient partiel déjà obtenu.

Nous exprimons ces circonstances en disant que la fraction sera *périodique*. Dans son expression écrite, les chiffres en nombre illimité se reproduiront *périodiquement* et dans le même ordre.

Corollaire. — Toute fraction ordinaire irréductible, exprimée d'après le système décimal et dont le dénominateur contient d'autres facteurs premiers que 2 et 5, se transforme en une fraction décimale périodique.

EXEMPLES. — 1° D'après le système à base *douze*
$= 2^2.3$, les fractions

$$\frac{4}{\beta}, \frac{15}{24} \text{ où } 24 = 2^2.7,$$

sont équivalentes aux fractions périodiques non
terminées

$$0,44444\ldots; \quad 0,7\ 35186\alpha\ 35186\alpha\ldots;$$

2° D'après le système à base *dix* $= 2.5$, les frac-
tions $\frac{7}{6}$ où $6 = 2.3$, $\frac{29}{84}$ où $84 = 2^3.3.7$,

sont équivalentes aux périodiques non terminées

$$0,857142\ 857142\ldots; \quad 0,34\ 523809\ 523809\ldots$$

REMARQUE. — Dans les fractions $0,4444\ldots$;
$0,857142\ 857142\ldots$, la période commence dès le
premier quotient partiel ou dès le premier chiffre
de leurs expressions. Dans les fractions $0,7\ 35186\alpha$
$36186\alpha\ldots$; $0,34\ 523809\ 523809\ldots$, la période ne
commence qu'après le premier et le deuxième quotient partiel, ou qu'après le premier et le deuxième
chiffre de leurs expressions.

Les deux premières fractions sont appelées *périodiques simples*; les deux dernières, *périodiques
mixtes*.

117. Nous venons de voir que certaines fractions
ordinaires irréductibles, transformées en fractions
composées de subdivisions de l'unité d'ordres multiples de la base, donnent lieu à des fractions périodiques, simples ou mixtes.

Réciproquement, toute fraction périodique,
simple ou mixte, a naturellement pour limite une

fraction ordinaire que l'on doit se proposer de rechercher. Nous entendons par *limite* d'une quantité variable une quantité constante dont la quantité variable s'approche indéfiniment, sans jamais l'atteindre, mais de manière à en différer d'aussi peu qu'on le voudra.

PREMIER CAS. — Occupons-nous d'abord de *retrouver la limite d'une fraction périodique simple*

$$0, \overset{x}{\overline{abc..k}}\ \overset{x}{\overline{abc..k}}\ abc..k \ .....$$

dont la période a x chiffres. Désignons par F cette limite, telle que

$$F = \lim. \ 0, abc..k \ abc..k \ .....$$

ou

$$F = \lim. \left(\frac{abc..k}{B^x} + \frac{abc..k}{B^{2x}} + \frac{abc..k}{B^{3x}} + ... \right)$$

ou

$$F = \lim. \ \frac{1}{B^x}\left(abc..k + \frac{abc..k}{B^x} + \frac{abc..k}{B^{2x}} + ... \right)$$

ou

$$F = \frac{abc..k}{B^x} + \frac{1}{B^x} \lim. \left(\frac{abc..k}{B^x} + \frac{abc..k}{B^{2x}} + ... \right)$$

ou

$$F = \frac{abc..k}{B^x} + \frac{1}{B^x}.F$$

ou

$$F.B^x = abc..k + F$$

ou

$$F (B^x - 1) = abc..k.$$

D'où l'on conclut que

$$F = \frac{abc..k}{B^x - 1} = \frac{abc..k}{\alpha\alpha..\alpha},$$

si α désigne le dernier chiffre du système de numération à base B.

SYNTHÈSE. — Toute fraction périodique simple a pour limite une fraction ordinaire, dont le numérateur est le nombre désigné par une *période* de chiffres et dont le dénominateur est la puissance de la base de degré égal au nombre des chiffres de la période, diminuée d'une unité, ou encore le nombre désigné par autant de derniers chiffres du système de numération qu'il y a de chiffres dans la période.

COROLLAIRE. — D'après le système décimal, toute fraction périodique simple a pour limite une fraction ordinaire dont le numérateur est le nombre désigné par une *période* de chiffres et dont le dénominateur est le nombre désigné par autant de 9' qu'il y a de chiffres dans la période.

EXEMPLES. — 1° D'après le système décimal,

$$\text{lim. } 0,945\ 945\ 945\ \ldots\ldots = \frac{945}{999} = \frac{109}{111};$$

$$\text{lim. } 0,99999\ \ldots\ldots\ldots = \frac{9}{9} = 1;$$

$$\text{lim. } 0,000327\ 000327.. = \frac{327}{999999} = \frac{109}{333333};$$

2° D'après le système à base *douze*,

$$\text{lim. } 0,4444\ \ldots\ldots\ldots = \frac{4}{\beta};$$

$$\text{lim. } 0,57\alpha8\ 57\alpha8\ldots = \frac{57\alpha8}{\beta\beta\beta\beta}.$$

Remarquons que lim. $0,57\alpha8\ 57\alpha8\ldots$ est la même chose que

$$\text{lim. } \left(\frac{5}{10} + \frac{7}{10^2} + \frac{\alpha}{10^3} + \frac{8}{10^4} + \frac{5}{10^5} + \frac{7}{10^6} + \frac{\alpha}{10^7} + \frac{8}{10^8} + \ldots \right).$$

DEUXIÈME CAS. — Occupons-nous de la recherche de la limite d'une fraction périodique mixte

$$0, \overbrace{mn..p}^{x\ \text{chiffr.}} \overbrace{abc..k}^{y\ \text{chiffr.}} \overbrace{abc..k}^{y\ \text{chiffr.}} \overbrace{abc..k}^{y\ \text{chiffr.}} .....$$

dont la partie non périodique a x chiffres et dont la période a y chiffres. Désignons par F cette limite, telle que

$$F = \lim. \; 0, \; mn..p \; abc..k \; abc..k \; ....$$

ou

$$F = \lim. \left(\frac{mn..p}{B^x} + \frac{abc..k}{B^{x+y}} + \frac{abc..k}{B^{x+2y}} + ... \right)$$

ou

$$F = \lim. \left[\frac{1}{B^x} \left(mn..p + \frac{abc..k}{B^y} + \frac{abc..k}{B^{2y}} + ... \right) \right]$$

ou

$$F = \frac{1}{B^x} \; mn..p + \frac{1}{B^x} \; \lim. \left(\frac{abc..k}{B^y} + \frac{abc..k}{B^{2y}} + ... \right)$$

ou (premier cas)

$$F = \frac{mn..p}{B^x} + \frac{1}{B^x} \cdot \frac{abc..k}{B^{y-1}}.$$

D'où l'on conclut

$$F = \frac{(mn..p)\,(B^y - 1) + abc..k}{B^x\,(B^{y-1})}$$

ou

$$F = \frac{\overbrace{(mn..p)}^{x\ \text{chiffres}} B^y - \overbrace{mn..p}^{x\ \text{chiffres}} + \overbrace{abc..k}^{y\ \text{chiffres}}}{B^x\,(B^y - 1)}$$

ou

$$F = \frac{\overbrace{mn..p \; 000.0}^{x\ \text{chiffr}\ \ y\ \text{zéros}} - \overbrace{mn..p}^{x\ \text{chiffres}} + \overbrace{abc..k}^{y\ \text{chiffres}}}{(B^y - 1)\,B^x}$$

ou

$$F = \frac{mn..p \; abc..k - mn..p}{\underbrace{\alpha\alpha\alpha..\alpha}_{y\ \text{chiffres}} \; \underbrace{000..0}_{x\ \text{zéros}}}$$

Synthèse. — Toute fraction périodique mixte a pour limite une fraction ordinaire, dont le numérateur est la différence entre le nombre désigné par la partie non périodique suivie d'une période et le nombre désigné par la partie non périodique, dont le dénominateur est le produit de la puissance de la base marquée par le nombre de chiffres de la partie non périodique et de la puissance de la base marquée par le nombre de chiffres de la période, diminuée d'une unité, ou bien encore le nombre désigné par autant de derniers chiffres du système de numération qu'il y a de chiffres dans la période suivis d'autant de zéros qu'il y a de chiffres dans la partie non périodique.

Corollaire. — D'après le système de numération décimale, toute fraction périodique mixte a pour limite une fraction ordinaire dont le numérateur, etc., et dont le dénominateur est le nombre désigné par autant de 9 qu'il y a de chiffres dans la période, suivis d'autant de 0 qu'il y a de chiffres dans la partie non périodique.

Exemples. — 1° D'après le système décimal,

$$\lim. \; 0,53 \; 759 \; 759 \; \ldots = \frac{53759 - 53}{99900} = \frac{53706}{99900} = \frac{8951}{16650};$$

$$\lim. \; 0,34 \; 523809 \; 523809 \ldots = \frac{34523809 - 34}{99999900} = \frac{34523775}{99999900} = \frac{29}{84};$$

2° D'après le système à base douze,

$$\lim. \; 0,7 \; 35186\alpha \; 35186\alpha \; \ldots = \frac{735186\alpha - 7}{\beta\beta\beta\beta\beta 0} = \frac{15}{24};$$

3° D'après le système à base sept,

$$\text{lim. } 0{,}35\ 143\ 143\ \ldots = \frac{35143 - 35}{66600} = \frac{35105}{66600}.$$

118. REMARQUES.—Nous avons trouvé pour la limite de la fraction périodique simple 0, *abc..k abc..k*...,

$$F = \frac{abc..k}{\alpha\alpha..\alpha}, \qquad (1)$$

et pour la limite de la fraction périodique mixte 0, *mn..p abc..k abc..k* ...,

$$F = \frac{mn..pabc..k - mn..p}{\alpha\alpha..\alpha 00..0}. \qquad (2)$$

1° De la formule (1), on déduit que :

Les fractions périodiques simples ne peuvent avoir pour limites que des fractions ordinaires irréductibles dont les dénominateurs ne renferment aucun des facteurs de la base. En effet, le dénominateur

$$\alpha\alpha..\alpha = \alpha + \alpha.B + \alpha.B^2 + \ldots + \alpha.B^x$$

de la limite ne contient aucun facteur de la base (n° 84), puisque α ou $B - 1$ ne peut être divisible par un facteur quelconque de B ;

2° De la formule (2), on déduit que :

Les fractions périodiques mixtes ne peuvent avoir pour limites que des fractions ordinaires irréductibles dont les dénominateurs contiennent des facteurs étrangers à la base et au moins un facteur de cette base. En effet, le numérateur de (2) ne peut contenir la base comme facteur, puisque *p* est nécessairement différent de *k*, et, par conséquent, le dénominateur de la limite contiendra au moins un des facteurs de la base.

119. Démontrons encore les réciproques de ces deux conséquences :

1° Toute fraction ordinaire irréductible $\frac{N}{D}$ dont le dénominateur D ne contient aucun des facteurs de la base peut se transformer en fraction périodique simple.

En effet, soit $\frac{N}{D}$ la proposée et supposons qu'on ait pu obtenir

$$\frac{N}{D} = 0, \; mn..p \; abc..k \; abc..k..., \quad (1)$$

une périodique mixte.

Faisons voir l'impossibilité de ce résultat. De (1) on conclurait

$$\frac{N}{D} = \frac{mn..p \; abc..k - mn..p}{\alpha\alpha..\alpha \, 00..0} = \frac{N'}{D'}$$

$\frac{N'}{D'}$ étant la fraction réduite à ses moindres termes. Mais alors, pour que $\frac{N}{D}$ irréductible fût égal à $\frac{N'}{D'}$ irréductible, il faudrait (n° 112) que

$$N = N' \; \text{et} \; D = D'.$$

Or, $D = D'$ est une impossibilité (n° 95, 4°), puisque D' contient des facteurs qui n'entrent pas dans D (n° 118, 2°).

Il est donc impossible que $\frac{N}{D}$ se transforme en une périodique mixte et, puisqu'elle ne peut se transformer en une fraction commensurable avec les subdivisions de l'unité d'ordre multiple de la base (n°s 115, 116), elle doit se transformer en une fraction périodique simple.

COROLLAIRE. — D'après le système décimal, toute fraction ordinaire, réduite à ses moindres termes, dont le dénominateur ne contient ni le facteur 2, ni le facteur 5, se transforme en une fraction périodique simple;

2° Toute fraction ordinaire irréductible $\frac{N}{D}$ dont le dénominateur D, outre des facteurs différents de ceux de la base, contient des facteurs de la base, se transforme en une fraction périodique mixte. **La partie non périodique de son expression renferme autant de chiffres qu'il y a d'unités dans le plus haut quotient entier, exact ou par excès, des exposants des facteurs de la base entrant dans le dénominateur, divisés par les exposants des mêmes facteurs dans la base.**

Soit $\frac{N}{D}$ la proposée et supposons qu'on ait pu obtenir

$$\frac{N}{D} = 0, abc..k\ abc..k...., \quad (2)$$

une périodique simple.

Faisons voir l'impossibilité de ce résultat. De (2) on conclurait

$$\frac{N}{D} = \frac{abc..k}{\alpha\alpha..k} = \frac{N'}{D'},$$

$\frac{N'}{D'}$ étant la fraction réduite à ses moindres termes. Mais alors, pour que $\frac{N}{D}$ irréductible fut égal à $\frac{N'}{D'}$ irréductible, il faudrait (n° 112) que

$$N = N' \text{ et } D = D'.$$

Or, $D = D'$ est une impossibilité (n° 95, 4°), puisque D contient des facteurs qui n'entrent pas dans D' (n° 118, 2°).

Il est donc impossible que $\dfrac{N}{D}$ se transforme en une périodique simple; elle doit se transformer en une périodique mixte 0, *mn..p abc.. k abc.. k...*

Je dis maintenant que le nombre des chiffres de la partie non périodique est égal à x, le plus haut quotient entier, exact ou par excès, des divisions

$$\frac{n'}{n}, \frac{p'}{p}, \frac{q'}{q}$$

des exposants des facteurs de la base entrant dans le dénominateur

$$D = \alpha^{n'} \beta^{p'} \delta^{q'} . \xi,$$

par les exposants des facteurs de la base

$$B = \alpha^{n} \beta^{p} \delta^{q} .$$

En effet, si la partie non périodique ne se composait que de $x - 1$ chiffres, on aurait

$$\frac{N}{D} = \frac{mn..p\,abc..k - mn..p}{\alpha\alpha..\alpha . \, B^{x-1}}$$

ou

$$\frac{N}{D} = \frac{N'}{D'.\alpha^{n(x-1)}\beta^{p(x-1)}\delta^{q(x-1)}} = \frac{N'}{D''}; (3)$$

et, en réduisant la fraction à ses moindres termes, son dénominateur renfermerait l'un des facteurs α, β ou δ de la base B à une puissance moindre que dans D, puisque $x - 1$ est plus petit que $\dfrac{n'}{n}$ ou $\dfrac{p'}{p}$ ou $\dfrac{q'}{q}$. Il est donc impossible que $D = D''$, comme l'exigerait l'égalité (3) (n° 112), et, par suite, il est impossible

que le nombre des chiffres de la partie non périodique soit plus petit que le plus haut quotient entier,
exact ou par excès, des exposants des facteurs de
la base entrant dans le dénominateur, divisés par
les exposants des mêmes facteurs dans la base.

On démontrerait, de même, que le nombre des
chiffres de la partie non périodique ne peut être
égal à $x + 1$ ou plus grand que ce plus haut quotient entier, exact ou par excès.

Donc, le nombre de ces chiffres lui est égal.

Corollaire. — D'après le système décimal, toute
fraction ordinaire irréductible, dont le dénominateur contient un des facteurs 2 ou 5, ou tous les
deux, ainsi que d'autres facteurs premiers, se transforme en une fraction périodique mixte dont l'expression a autant de chiffres non périodiques qu'il
y a d'unités dans le plus haut exposant de 2 ou
de 5 entrant dans le dénominateur.

§ VI. — De quelques propriétés des résultats de la
comparaison des nombres d'unités. — Des équidifférences et des équiquotients.

120. Définitions. — En général, on peut déterminer le rapport qui existe entre deux nombres
d'unités soit d'après l'addition, soit d'après la multiplication. Dans le premier cas, on détermine de
combien d'unités l'un surpasse l'autre, c'est-à-dire
la différence des deux nombres; dans le deuxième
cas, on détermine combien de fois l'un contient

l'autre, c'est-à-dire le quotient des deux nombres.

Après avoir comparé quatre nombres, deux à deux, d'après l'addition, on peut comparer les résultats, c'est-à-dire les différences. Ces différences sont égales ou elles ne le sont pas; si elles sont égales, les quatre nombres sont *en équidifférence*.

Par exemple, soient les quatre nombres 12, 5, 24, 17. Puisqu'on a

$$12 - 5 = 7, \quad 24 - 17 = 7,$$

il vient

$$12 - 5 = 24 - 17.$$

Les nombres 12, 5, 24, 17 sont en équidifférence, et on peut l'énoncer en disant que, du point de vue de l'addition, 12 est à 5 comme 24 est à 17. Le premier et le troisième nombre ou les deux premiers nombres de chacun des rapports se nomment les *antécédents* de l'équidifférence; le second et le quatrième s'appellent les *conséquents*.

Après avoir comparé quatre nombres, deux à deux, d'après la multiplication, on peut comparer également les quotients résultants. Ces quotients sont égaux ou ne le sont pas; s'ils sont égaux, les quatre nombres sont *en équiquotient*.

Par exemple, soient les quatre nombres 15, 5, 36, 12. Puisqu'on a

$$\frac{15}{5} = 3, \quad \frac{36}{12} = 3,$$

il vient

$$\frac{15}{5} = \frac{36}{12}.$$

Les nombres 15, 5, 36, 12 sont en équiquotient, et

on peut l'énoncer en disant que, du point de vue
de la multiplication, 15 est à 5 comme 36 est à 12.
Les dénominations des nombres sont, du reste, les
mêmes que dans les équidifférences. Ainsi 15 et 36
sont les *antécédents;* 5 et 12 sont les *conséquents* de
l'équiquotient.

Les équidifférences et les équiquotients jouissent
de plusieurs propriétés que nous allons développer.

Propriétés des équidifférences.

121. *La somme des nombres extrêmes d'une équidifférence est égale à la somme des nombres moyens.*

Car de

$$a - b = c - d,$$

il résulte

$$a - b + d = c$$
$$a + d - b = c$$
$$a + d = b + c.$$

122. *Réciproquement, si quatre nombres*

$$a, b, c, d$$

sont tels que la somme des extrêmes $a + d$ *est égale
à la somme des moyens* $b + c$, *les quatre nombres
sont en équidifférence.*

Car de

$$a + d = b + c,$$

on déduit

$$a + d - b = c$$
$$a - b = c - d.$$

123. Conséquence. — Il résulte des propriétés précédentes que :

Si l'on connaît trois termes d'une équidifférence,

on obtient le quatrième, si c'est un extrême, en retran-
chant de la somme des moyens l'extrême connu, et, si
c'est un moyen, en retranchant de la somme des
extrêmes le moyen connu.

En effet, désignant par x l'extrême inconnu de
l'équidifférence

$$a - b = c - x,$$

il vient

$$a - b + x = c$$
$$x = c + b - a.$$

Si x désigne le moyen inconnu de l'équidifférence

$$a - x = c - d,$$

on a successivement

$$a = c - d + x$$
$$a + d = c + x$$
$$a + d - c = x.$$

124. REMARQUES. — 1° Deux nombres d'une équidifférence peuvent être identiques, comme dans
l'équidifférence

$$39 - 27 = 27 - 15.$$

On a alors

$$2.27 = 39 + 15$$

ou

$$27 = \frac{39 + 15}{2}.$$

Lorsque les deux moyens sont identiques, chacun
est donc la demi-somme des extrêmes.

Une remarque analogue peut se faire si les
extrêmes sont identiques; par exemple, dans l'équidifférence $39 - 27 = 51 - 39$.

Lorsque le conséquent d'un premier rapport d'après l'addition est égal à l'antécédent d'un second rapport d'après l'addition, ce nombre est *moyen d'équidifférence* entre les deux nombres extrêmes. Tel est le nombre x dans l'équidifférence

$$25 - x = x - 49,$$

savoir
$$x = \frac{49 + 23}{2} = 36;$$

2° On a obtenu ci-dessus l'équidifférence

$$23 - 36 = 36 - 49. \qquad (1)$$

Lorsqu'on écrit l'équidifférence de cette façon, on admet une extension de la signification du signe (—) de la soustraction. En effet, il est impossible de soustraire 36 unités de 23 unités, 49 unités de 36 unités, et si le signe (—) indiquait simplement la soustraction, la relation (1) serait incompréhensible. Aussi doit-on entendre que cette relation exprime que 23 unités diffèrent en moins de 36 unités autant que 36 unités diffèrent en moins de 49 unités, et qu'elle exprime d'ailleurs la même idée que

$$36 - 23 = 49 - 36,$$

où le signe (—) a sa première signification.

On comprend de même la relation

$$9 - 14 = 18 - 23$$

qui équivaut à
$$14 - 9 = 23 - 18.$$

125. *Si l'on augmente ou si l'on diminue les deux*

antécédents, si l'on augmente ou si l'on diminue les deux conséquents, si l'on augmente ou si l'on diminue les deux premiers termes ou les deux derniers termes d'une équidifférence d'un même nombre, les nombres obtenus sont encore en équidifférence.

En effet, il est évident que, par ces diverses transformations, on augmente ou l'on diminue d'un même nombre la somme des extrêmes et celle des moyens; ainsi l'égalité des deux sommes n'est pas troublée et les nombres obtenus sont encore en équidifférence (n° 122).

126. *Si l'on intervertit l'ordre des deux extrêmes, l'ordre des deux moyens d'une équidifférence, ou bien si l'on met les moyens à la place des extrêmes, les nombres sont encore en équidifférence.*

Car il est évident qu'après ces mutations la somme des extrêmes est encore égale à celle des moyens (n° 122).

127. En général, *toute transformation exécutée sur une équidifférence, et telle que la somme des extrêmes reste égale à celle des moyens, ne détruit pas l'équidifférence* (n° 122).

Propriétés des équiquotients.

128. *Le produit des nombres extrêmes d'un équiquotient est égal au produit des nombres moyens.*
Car, de

$$\frac{a}{b} = \frac{c}{d}, \quad (1)$$

qui exprime que la $d^{ième}$ partie de c est égale à la $b^{ième}$ partie de a, on déduit immédiatement que

$$c = \frac{a}{b}.d = \frac{ad}{b}, \quad (2)$$

c'est-à-dire que c est égal à d fois la $b^{ième}$ partie de a ou la $b^{ième}$ partie de ad. De (2) on déduit aussi, par un raisonnement élémentaire, que

$$c \times b = a \times d.$$

129. *Réciproquement, si quatre nombres*

$$a, b, c, d$$

sont tels que le produit des extrêmes ad *est égal au produit des moyens* bc, *les quatre nombres sont en équiquotient.*

Car, de

$$ad = bc,$$

on déduit

$$\frac{a}{b} = \frac{c}{d}, \quad \text{c. q. f. d.}$$

130. Conséquence. — De ces propriétés, il résulte que :

Si l'on connaît trois nombres d'un équiquotient, on obtient le quatrième, si c'est un extrême, en divisant le produit des moyens par l'extrême connu, et si c'est un moyen, en divisant le produit des extrêmes par le moyen connu.

Par exemple, soit l'équiquotient suivant, dans lequel x désigne l'extrême inconnu,

$$\frac{18}{24} = \frac{72}{x}.$$

Puisqu'on a

$$18x = 72.24,$$

il en résulte

$$x = \frac{72.24}{18} = 96.$$

L'équiquotient est donc

$$\frac{18}{24} = \frac{72}{96}.$$

131. REMARQUE. — Deux nombres d'un équiquotient, par exemple les deux moyens, peuvent être identiques, comme dans celui-ci,

$$\frac{9}{12} = \frac{12}{16}.$$

Dans ce cas, le produit des deux moyens est le carré de chacun, et ce carré est égal au produit des extrêmes; donc, chacun des moyens est égal à la racine carrée du produit des extrêmes.

Une remarque analogue peut être faite si les extrêmes sont identiques, par exemple dans l'équiquotient

$$\frac{12}{9} = \frac{16}{12}.$$

Lorsque le conséquent du premier rapport d'un équiquotient est identique avec l'antécédent du second rapport, ce nombre est *moyen d'équiquotient* entre les deux extrêmes. Tel est le nombre x dans l'équiquotient

$$\frac{a}{x} = \frac{x}{b},$$

savoir

$$x = (ab)^{\frac{1}{2}}.$$

132. D'après le n° 129, on conçoit que, *si l'on fait subir aux nombres d'un équiquotient telle transformation qui laisse le produit des extrêmes égal au* *produit des moyens, les nouveaux nombres obtenus sont encore en équiquotient.* Citons quelques trans-formations permises et souvent utiles.

133. *Si l'on multiplie ou si l'on divise les deux premiers nombres* a *et* b *d'un équiquotient, ou les deux derniers* c *et* d, *par un même nombre, les nombres obtenus sont encore en équiquotient.*

Car de $\frac{a}{b} = \frac{c}{d}$, on déduit $\frac{ak}{bk} = \frac{c}{d}$, puisque $\frac{ak}{bk} = \frac{a}{b}$.

De même de $\frac{a}{b} = \frac{c}{d}$, on a $\dfrac{\frac{a}{k}}{\frac{b}{k}} = \frac{c}{d}$.

134. *Si l'on multiplie ou si l'on divise les deux antécédents* a *et* c, *ou les deux conséquents* b *et* d, *par un même nombre, les nombres obtenus sont encore en équiquotient.*

135. *Si l'on intervertit l'ordre des extrêmes d'un équiquotient ou celui des moyens, ou si l'on met les moyens à la place des extrêmes, l'équiquotient subsiste.*

Car de $\frac{a}{b} = \frac{c}{d}$, on conclut $\frac{a}{c} = \frac{b}{d}$ ou $\frac{b}{a} = \frac{d}{c}$.

136. *Lorsque quatre nombres sont en équiquotient, la somme ou la différence des deux premiers termes,* a + b *ou* a — b, *le second terme* b, *la somme ou la différence des deux derniers,* c + d *ou* c — d, *et le quatrième terme sont aussi en équiquotient, c'est-à-dire que si*

$$\frac{a}{b} = \frac{c}{d}, \quad (1)$$

on a

$$\frac{a \pm b}{b} = \frac{c \pm d}{d}.$$

14

En effet, de (1), on conclut

$$\frac{a}{b} \pm 1 = \frac{c}{d} \pm 1 \text{ ou } \frac{a \pm b}{b} = \frac{c \pm d}{d}.$$

137. *Lorsque quatre nombres sont en équiquotient, la somme ou la différence des deux premiers termes,* a + b *ou* a — b, *le premier terme* a, *la somme ou la différence des deux derniers,* c + d *ou* c — d, *et le troisième terme* c *sont en équiquotient, c'est-à-dire que si*

$$\frac{a}{b} = \frac{c}{d},$$

on a

$$\frac{a \pm b}{a} = \frac{c \pm d}{c}.$$

En effet, de $\frac{a}{b} = \frac{c}{d}$, on déduit

$$\frac{b}{a} = \frac{d}{c}, \quad \frac{b}{a} \pm 1 = \frac{d}{c} \pm 1, \quad \frac{a \pm b}{a} = \frac{c \pm d}{c}.$$

138. *Lorsque quatre nombres sont en équiquotient, la somme ou la différence des antécédents, la somme ou la différence des conséquents, un antécédent et son conséquent sont en équiquotient, c'est-à-dire que si*

$$\frac{a}{b} = \frac{c}{d},$$

on a

$$\frac{a + c}{b + d} = \frac{a}{b} = \frac{c}{d} \text{ et } \frac{a - c}{b - d} = \frac{a}{b} = \frac{c}{d}.$$

En effet, de $\frac{a}{b} = \frac{c}{d}$, on déduit

$$\frac{a}{c} = \frac{b}{d}, \quad \frac{a}{c} + 1 = \frac{b}{d} + 1, \quad \frac{a + c}{c} = \frac{b + d}{d} \text{ et } \frac{a + c}{b + d} = \frac{c}{d} = \frac{a}{b}.$$

Idem pour la différence :

$$\frac{a - c}{b - d} = \frac{a}{b} = \frac{c}{d}.$$

139. *Lorsque quatre nombres sont en équiquotient, la somme des antécédents, leur différence, la somme des conséquents et leur différence sont en équiquotient, c'est-à-dire que si*

$$\frac{a}{b} = \frac{c}{d},$$

on a

$$\frac{a+c}{a-c} = \frac{b+d}{b-d}.$$

Car de la propriété précédente, on déduit

$$\frac{a+c}{b+d} = \frac{a-c}{b-d},$$

d'où

$$\frac{a+c}{a-c} = \frac{b+d}{b-d}.$$

140. *Lorsqu'une suite de nombres*

$$a, b, c, d, f, g, h, i, j, \dots$$

sont en équiquotient quatre à quatre, c'est-à-dire tels que

$$\frac{a}{b} = \frac{c}{d} = \frac{f}{g} = \frac{h}{i} = \dots,$$

la somme de tous les antécédents, la somme de tous les conséquents, un antécédent et son conséquent sont en équiquotient, c'est-à-dire qu'on a

$$\frac{a+c+f+h+\dots}{b+d+g+i+\dots} = \frac{a}{b} = \frac{c}{d} = \frac{f}{g} = \dots$$

En effet, puisque

$$\frac{a}{b} = \frac{c}{d},$$

on a (n° 138)

$$\frac{a+c}{b+d} = \frac{a}{b} = \frac{c}{d} = \frac{f}{g} = \dots$$

De même, puisque

$$\frac{a+c}{b+d}=\frac{f}{g},$$

on a

$$\frac{a+c+f}{b+d+g}=\frac{f}{g}=\frac{a}{b}=\frac{c}{d}=\ldots.$$

etc.

EXEMPLE. — De $\frac{8}{12}=\frac{2}{3}$, on déduit $\frac{8+2}{12+3}=\frac{8}{12}=\frac{2}{3}$.

REMARQUE. — Si

$$\frac{a}{b}=\frac{c}{d}=\frac{f}{g}=\ldots,$$

on conclut facilement

$$\frac{\lambda a+\lambda'c+\lambda''f+\ldots}{\lambda b+\lambda'd+\lambda''g+\ldots}=\frac{a\lambda}{b\lambda}=\frac{a}{b}=\frac{c}{d}=\ldots.$$

141. *Lorsqu'on a une suite d'équiquotients*

$$\frac{a}{b}=\frac{c}{d}$$

$$\frac{a'}{b'}=\frac{c'}{d'}$$

$$\frac{a''}{b''}=\frac{c''}{d''},$$

. . . . . .

et qu'on multiplie les quotients des premiers membres entre eux, ainsi que ceux du second membre, on forme un nouvel équiquotient

$$\frac{aa'a''\ldots}{bb'b''\ldots}=\frac{cc'c''\ldots}{dd'd''\ldots}.$$

SECONDE PARTIE.

Des quantités ou des nombres d'unités considérés dans leurs relations avec les substances et les formes matérielles qui les supportent.

INTRODUCTION.

142. Nous avons élucidé complètement les opérations qui déterminent les rapports qui existent entre des nombres donnés d'unités entières ou fractionnaires, quelle que soit l'espèce de ces dernières. Il nous faut maintenant considérer les nombres d'unités dans les questions qui concernent la quantité des substances et des formes matérielles. Ces questions se diversifient d'une infinité de manières : elles se rapportent aux objets matériels les plus usuels, que la vie de chaque jour nous oblige à soumettre au calcul, de même qu'aux formes de la matière, à l'espace, au temps, au mouvement, à la force.

On peut, par exemple, se demander : *A combien s'élève la dépense d'une personne qui achète 12 mètres de drap à 6 francs le mètre, 15 kilogrammes de sucre*

à 2 fr. 50 c. le kilogramme et 18 bouteilles de vin à
4 fr. 35 c. la bouteille? L'entendement nous fait comprendre que, pour trouver le nombre *x d'unités*
francs de la dépense totale, il faut multiplier le nombre 12 *d'unités mètres de drap* par le nombre 6
d'unités francs, le nombre 15 *d'unités kilogrammes*
de sucre par le nombre 2,5 *d'unités francs*, le nombre 18 *d'unités bouteilles de vin* par le nombre 4,35
d'unités francs, et chercher la somme des trois produits obtenus, le tout abstraction faite de l'espèce des
unités. On trouve ainsi pour le nombre *x d'unités*
francs de la dépense totale

$$x = 12.6 + 15.2,5 + 18.4,35 = 187,8.$$

Prenons un deuxième exemple : *Un ouvrier désire*
savoir combien il a gagné par jour quand, après
vingt-quatre jours de travail, pendant lesquels sa
dépense journalière était de 2 fr. 38 c., il lui reste
62 fr. 88 c.? En réfléchissant quelque peu, il reconnaît qu'il a dépensé pendant 24 *unités de temps jours*
2,38 *unités francs* par jour, soit $24 \times 2,28 = 57,22$
unités francs; et, puisqu'il lui reste 62,88 *unités*
francs, il a gagné pendant les 24 *unités jours*

$$57,12 + 62,88 = 120$$

unités francs. Il a donc gagné par jour

$$\frac{120}{24} = 5$$

unités francs.

En désignant par *x* le nombre *d'unités francs* du

gain journalier, on peut traduire plus brièvement ces raisonnements par la formule

$$x = \frac{24 \times 2,38 + 62,88}{24} = 5.$$

Dans les deux exemples qui précèdent, les nombres d'unités cherchés se déduisent d'opérations sur des nombres connus, opérations qui apparaissent *immédiatement* à l'esprit. Mais il n'en est pas toujours ainsi : il peut se faire que les opérations ne soient pas *immédiatement* apparentes. Tel est le cas de la question suivante : *Un marchand a du vin à 4 francs le litre et du vin à 7 francs le litre. Combien doit-il prendre de l'un et de l'autre pour faire 75 litres de mélange à 5 francs ?* Désignant par x le nombre d'*unités litres* du premier vin et, par conséquent, par $75 - x$ le nombre d'*unités litres* du second, qui doivent entrer dans le mélange, il reconnaît, puisque 1 *litre* du premier vin coûte 4 *unités francs*, que x *litres* coûtent $4 \times x$ *unités francs*. De même $75 - x$ *litres* du second coûteront $7 (75 - x)$ *francs*. Mais 1 *litre* du mélange devant coûter 5 *francs*, le nombre 75 de *litres* du mélange se paient 75×5 *francs*. Par conséquent, le nombre x d'*unités litres* du premier mélange qu'il faut prendre est celui qui réalise l'égalité,

$$4x + 7 (75 - x) = 75 \times 5 \quad (1)$$

ou l'égalité équivalente,

$$4x + 525 - 7x = 375 \quad (2).$$

Les opérations à exécuter sur les nombres d'uni-

tés donnés, abstraction faite des espèces différentes
de ces unités, ne sont pas *immédiatement* apparentes;
mais, il est clair, d'après les notions d'addition et
de soustraction, que l'égalité (2) est équivalente à
celles-ci,

$$4x + 525 = 375 + 7x,$$
$$525 = 375 + 7x - 4x,$$
$$525 = 375 + 3x,$$
$$525 - 375 = 3x,$$
$$150 = 3x,$$

et que, par suite, le nombre cherché x est

$$x = \frac{150}{3} = 50.$$

Le marchand doit donc prendre 50 *litres* du premier mélange et 75 — 50 ou 25 *litres* du second
mélange, pour obtenir le résultat désiré.

Traitons encore le problème suivant : *Un homme
achète un cheval qu'il revend au bout de quelque
temps au prix de 480 francs. A ce marché, il perd
autant pour 100 du prix de son achat que le cheval
lui a coûté. On demande le prix du cheval.* Désignant
par x le nombre d'*unités francs* qu'a coûté le
cheval, $\frac{x}{100}$ est le nombre d'*unités francs* de la perte
pour 100 *francs*, et le nombre d'*unités francs* de la
perte totale est $\frac{x}{100} \times x$. D'autre part, le nombre
d'*unités francs* de cette perte est aussi x — 480.

Par conséquent, le nombre x d'*unités francs* du
prix d'achat est celui qui réalise l'égalité,

$$\frac{x}{100} \times x = x - 480,$$

qui revient successivement à celles-ci,

$$\frac{x^2}{100} = x - 480,$$
$$x^2 = 100\,(x - 480),$$
$$x^2 = 100\,x - 48000$$
$$x^2 - 100\,x + 48000 = 0 \text{ (est nul)},$$

c'est-à-dire que le carré du nombre d'unités x, diminué de 100 fois ce nombre et augmenté de 48000 unités, est nul. La relation qui lie le nombre cherché aux nombres connus contient le carré de ce nombre, et il n'est plus aussi facile de déterminer les opérations à exécuter sur les nombres connus pour obtenir x.

On conçoit que, dans certains problèmes, les relations quantitatives qui lient les nombres connus et les nombres inconnus, pourront contenir la *troisième*, la *quatrième*, … et, en général, une puissance quelconque des nombres inconnus. Par suite, la découverte des opérations à exécuter pour obtenir ceux-ci doit devenir extrêmement pénible, sinon impossible pour l'esprit de l'homme. Mais il est à remarquer que nous possédons d'autres moyens de déterminer le nombre qui satisfait à une relation quantitative donnée, en envisageant les nombres dans les *phénomènes du changement* auxquels ils sont soumis : on trouvera ces moyens dans le livre II.

143. Les exemples qui précèdent suffisent à faire comprendre que dans les problèmes quantitatifs qui concernent les objets matériels (soit la substance matérielle elle-même, soit ses formes de l'espace, du

temps ou du mouvement), l'entendement nous conduit toujours à des relations établies entre des nombres d'unités connus et des nombres d'unités inconnus, que l'on doit combiner entre eux, en faisant
abstraction de l'espèce des unités, d'après les principes développés dans la première partie de ce
livre. Les relations qui lient les nombres inconnus
aux nombres connus consistent dans l'égalité de
deux rapports quelconques entre ces nombres ou
de deux combinaisons quelconques de rapports.
Nous désignons ces relations par le nom d'*équations*.
Les équations sont *résolues* quand on a déterminé
les nombres qui les réalisent, et ces nombres déterminés en sont les *solutions*. Les nombres inconnus
sont déterminés quand on connaît la suite des opérations à effectuer sur les nombres connus, pour
obtenir les premiers ; la *résolution d'une équation*
consiste à déterminer ces opérations. Par exemple,
$x^2 - 100\,x + 48000 = 0$ est une équation dont le
nombre inconnu est x.

On connaît les rapports simples de grandeur que
les nombres d'unités peuvent avoir entre eux : ce
sont les rapports d'après l'addition ou d'après la
soustraction, d'après la multiplication ou d'après la
division, d'après l'élévation aux puissances ou
d'après l'extraction des racines. Les équations peuvent donc consister dans l'égalité de deux rapports
d'après l'addition, d'après la soustraction, d'après
la multiplication, d'après la division, d'après l'élévation aux puissances, ou d'après l'extraction des

racines; enfin elles peuvent consister dans l'égalité de deux combinaisons quelconques de ces rapports.

D'un autre point de vue, la solution quantitative d'un problème peut consister dans la détermination de plusieurs nombres inconnus liés soit par une équation, soit par plusieurs équations existant simultanément.

Le rapport le plus difficile à déterminer est celui d'après la racine et même sa détermination devient impossible si le degré de la racine est quelque peu considérable. Pour procéder par ordre logique, nous nous occuperons donc d'abord de la résolution des problèmes et des équations dans lesquels les nombres inconnus entrent à leur première puissance, puis des problèmes et des équations dans lesquels les nombres inconnus entrent à des puissances supérieures.

CHAPITRE PREMIER.

144. Nous entendons par équation *du premier degré* une équation où l'*inconnu* entre à la première puissance. Occupons-nous, d'une manière générale, de la résolution des équations du premier degré, et, d'abord, d'une équation à *un* inconnu.

§ Iᵉʳ. — RÉSOLUTION D'UNE ÉQUATION DU PREMIER DEGRÉ A UN INCONNU.

145. PREMIER CAS. — L'équation consiste dans l'égalité de deux rapports d'après l'addition ou la soustraction.

Soit un nombre inconnu x, lié à des nombres connus par une équation de la forme

$$ax + b = cx + d. \quad (1)$$

Pour connaître x, il faut le dégager des autres nombres et déterminer les opérations à exécuter sur ceux-ci pour l'obtenir. Or, d'après les notions de somme et d'excès, ou d'addition et de soustraction, il est évident que l'équation (1) est équivalente aux suivantes :

$$ax - cx + b = d,$$
$$ax - cx = d - b,$$
$$x(a - c) = d - b,$$

d'où

$$x = \frac{d - b}{a - c}.$$

Au point de vue graphique, on peut énoncer cette règle : *Lorsqu'on fait passer un terme d'un membre d'une équation dans l'autre, il faut changer le signe de son expression graphique.*

Deuxième cas. — L'équation consiste dans l'égalité de deux rapports d'après la multiplication ou d'après la division.

Soit un nombre inconnu x, lié à des nombres connus par une équation de la forme

$$\frac{x}{a} = \frac{b}{c}. \quad (2)$$

D'après les notions de produit et de quotient, ou de multiplication et de division, il est évident que l'équation (2) est équivalente à

$$x = \frac{b}{c} . a.$$

Elle est aussi équivalente aux suivantes :

$$c . x = b . a$$

$$\frac{x . c}{a} = b, \quad \frac{x}{b} = \frac{a}{c}, \quad \frac{a}{x} = \frac{c}{b}.$$

Troisième cas. — L'équation consiste dans l'égalité de deux combinaisons de rapports d'après l'addition, d'après la soustraction, d'après la multiplication et d'après la division.

Soit un nombre inconnu x, lié à des nombres connus par une équation de la forme

$$\frac{ax}{b} - \frac{c}{d} = \frac{mx}{n} - \frac{p}{q}.$$

D'après les n°s 31 et 34, cette égalité revient à

$$\frac{dax - cb}{bd} = \frac{qmx - np}{nq},$$

et, d'après le n° 109, à

$$\frac{nq\,(dax - cb)}{bdnq} = \frac{bd\,(qmx - np)}{bdnq};$$

ou, d'après la notion de quotient, à

$$nq\,(dax - cb) = bd\,(qmx - np).$$

D'après les notions d'addition et de soustraction et le n° 64, la dernière égalité revient à

$$nqdax - bdqmx = nqcb - bdp\,;$$

d'où l'on conclut (n° 64)

$$x\,(nqda - bdqm) = nqcb - bdp$$

et

$$x = \frac{nqcb - bdp}{nqda - bdqm}.$$

Synthèse. — Pour trouver la solution d'une équation du premier degré à un inconnu, dans laquelle entrent des termes entiers et des termes fractionnaires, commencez par rendre tous les termes entiers en réduisant les deux membres au même dénominateur et en multipliant chacun par ce dénominateur, faites passer toutes les parties qui renferment, le nombre inconnu dans l'un des membres, toutes celles qui ne le renferment pas dans l'autre, et vous déduirez facilement les opérations à exécuter sur les nombres connus pour obtenir l'inconnu.

146. Exemples. — *1° Résoudre l'équation*

$$\frac{x}{2} - \frac{x}{15} - \frac{1}{20} = \frac{1}{3} - \frac{3x}{4} - \frac{4x}{5}.$$

On se débarrasse des dénominateurs en multipliant les deux membres par 60, qui est leur plus petit multiple commun. L'équation

$$\frac{30x - 4x - 3}{60} = \frac{20 - 45x + 48x}{60}$$

ou

$$30x - 4x - 3 = 20 - 45x + 48x,$$

que l'on obtient, est équivalente à la première.

On fait ensuite passer dans le premier membre les termes qui contiennent l'inconnu, et dans le second ceux qui ne contiennent que des nombres connus. On trouve ainsi que x doit réaliser

$$30x - 4x + 45x - 48x = 20 + 3$$

ou

$$23x = 23;$$

d'où

$$x = 1;$$

2° Résoudre l'équation

$$3x - \frac{4}{3} - \frac{x}{4} = \frac{5x}{21} + 2x + 13.$$

On se débarrasse des dénominateurs en multipliant les deux membres par 84, qui est leur plus petit multiple commun. L'équation

$$252x - 112 - 21x = 20x + 168x + 1092,$$

que l'on obtient, est équivalente à la première.

On fait ensuite passer dans un membre les termes

qui contiennent l'inconnu, et dans l'autre ceux qui ne le contiennent pas. On obtient ainsi

$$252x - 21x - 20x - 168x = 1092 + 112$$

ou

$$43x = 1204.$$

D'où l'on conclut

$$x = \frac{1204}{43} = 28.$$

On peut vérifier que 28 réalise l'équation ; elle devient, en effet, sous $x = 28$,

$$75\frac{2}{3} = 75\frac{2}{3};$$

3º *Résoudre l'équation*

$$\frac{(2a+b)b^2}{a(a+b)^2}\, x + \frac{a^2b^2}{(a+b)^3} = 3cx + \frac{b}{a}\, x - \frac{3abc}{a+b},$$

dans laquelle a, b, c désignent des nombres connus, x le nombre inconnu.

On se débarrasse des dénominateurs en multipliant les deux membres ou chacun de leurs termes par le plus petit multiple commun des dénominateurs, $a(a+b)^3$. L'équation obtenue,

$$(2a+b)b^2(a+b)\, x + a^3b^2 = 3ac(a+b)^3\, x + b(a+b)^3\, x - 3a^2bc(a+b)^2,$$

est équivalente à la première.

On fait passer les termes qui renferment l'inconnu dans un membre et les termes connus dans l'autre : il vient

$$a^3b^2 + 3a^2bc(a+b)^2 = 3ac(a+b)^3\, x + b(a+b)^3\, x - (2a+b)b^2(a+b)x,$$

ou (n° 64)

$$a^3b^2 + 3a^2bc(a+b)^2 = x\,[3ac(a+b)^3 + b(a+b)^3 - (2a+b)b^2(a+b)],$$

ou

$$x = \frac{a^3b^2 + 3a^2bc\,(a+b)^2}{3ac\,(a+b)^3 + b(a+b)^3 - (2a+b)\,b^2(a+b)},$$

ou (n° 64)

$$x = \frac{a^2b\,[ab + 3c\,(a+b)^2]}{a\,(a+b)\,[ab + 3c\,(a+b)^2]},$$

ou (n° 109)

$$x = \frac{ab}{a+b}.$$

On vérifie aisément que ce nombre x trouvé réalise l'équation proposée.

§ II. — Résolution de quelques problèmes dont l'inconnu est lié aux nombres connus par une équation du premier degré.

147. Problème I. — *Trouver* l'escompte en dedans *d'un billet de* 1500 *francs payable dans cinq mois, le taux de l'intérêt étant* 6 *pour* 100 *par an.*

L'escompte en dedans d'un billet est l'intérêt de sa valeur (¹) actuelle. Désignons le nombre *d'unités francs* de cet escompte par x; le nombre *d'unités francs* de la valeur actuelle du billet est 1500 — x. Il faut que cette somme, placée à 6 francs pour 100 francs pendant cinq mois, rapporte un nombre *d'unités francs* d'intérêt égal à x. Voyons, d'après les conditions du problème, quel est cet intérêt de (1500 — x) *unités francs* placées à 6 pour 100 pendant cinq mois : 100 francs rapportent 6 francs en

(¹) Nous entendons par *valeur* d'une quantité le nombre d'unités et de fractions d'unité qu'elle contient.

15

un an ; ils rapportent donc en un mois ou $\frac{1}{12}$ *d'unité*

an, $\frac{6}{12} = \frac{1}{2}$ ou 0,50 *d'unité franc,* et en cinq mois

$\frac{6}{12} \times 5$ *d'unités francs.* 1 franc rapporte donc, dans

le même temps, $\frac{6}{12} \times 5 \times \frac{1}{100}$ *d'unités francs,* et

(1500 — x) francs rapportent $\frac{6}{12} \times 5 \times \frac{1}{100} (1500 - x)$.
Le nombre *d'unités francs* inconnu de l'escompte est
donc celui qui réalise l'équation du premier degré,

$$\frac{6}{12} \times 5 \times \frac{1}{100} (1500 - x) = x$$

ou les équations équivalentes

$$0,025 (1500 - x) = x,$$
$$1500 \times 0,025 - 0,025x = x,$$
$$1500 \times 0,025 = x(1 + 0,025),$$
$$1500 \times 0,025 = 1,025x ;$$

d'où

$$x = \frac{1500 \times 0,025}{1,025} = 36,585....$$

L'escompte demandée est donc de 36 fr. 585, et la
valeur actuelle du billet, 1500—36, 585=1463^{fr}·44.

PROBLÈME II. — *Un orfèvre a deux lingots d'argent,
dont les titres sont 0,775 et 0,940 ; quel poids doit-il
prendre de chacun d'eux pour former 25 grammes
d'alliage, au titre de 0,900?*

Désignons par x le nombre *d'unités de poids
grammes* que l'on doit prendre dans le premier
lingot, et, par conséquent, par (25 — x) le nombre
d'unités grammes que l'on doit prendre dans le
second. — Le nombre *d'unités grammes d'argent*

contenues dans x *unités grammes* du premier lingot est $x \times 0,775$; le nombre d'*unités grammes d'argent* contenues dans $(25 - x)$ *unités grammes* du second lingot est $(25 - x). 0,940$. Le nombre d'*unités grammes d'argent* contenues dans l'alliage est donc

$$x \times 0,775 + (25 - x) \times 0,940.$$

D'autre part, puisque le titre de l'alliage est 0,900, le nombre d'*unités grammes d'argent* que les 25 grammes d'alliage contiennent doit aussi être égal à $25 \times 0,900$.

Le nombre x cherché est donc celui qui réalise l'équation du premier degré,

$$x \times 0,775 + (25 - x) \times 0,940 = 25 \times 0,900;$$

d'où l'on déduit

$$x = 6,06:6.$$

On doit donc prendre : $6^{gr}\cdot0606$ du premier lingot, et $25 - 6,0606 = 18^{gr} 9394$, du deuxième lingot.

PROBLÈME III. — *Paris et Rouen sont distants de 137 kilomètres. Le charbon coûte à Paris 4 fr. 25 c. les 100 kilogrammes, et à Rouen 4 fr. 75 c.; les frais de transport, par tonne et par kilomètre, sont de 0 fr. 09 c. Quel est le point du chemin pour lequel il est aussi dispendieux de faire venir le charbon de l'une ou de l'autre ville?*

Désignons par x le nombre d'*unités kilomètres* de la distance cherchée du point en question à Paris, et, par conséquent, par $(137 - x)$ le nombre d'*unités kilomètres* de sa distance à Rouen.

Une tonne de charbon achetée à Paris coûte

42,50 *unités francs*. Le nombre d'*unités francs* des frais de transport à la distance de x kilomètres est $x \times 0,09$. Le nombre d'*unités francs* du prix de revient, au point cherché, d'une tonne achetée à Paris et transportée en ce point, est donc

$$42,50 + x.0,09.$$

Le nombre d'*unités francs* du prix de revient d'une tonne achetée à Rouen est

$$47,50 + (137 - x) \times 0,09.$$

On demande de déterminer le nombre d'*unités kilomètres* x qui soit tel que

$$42,50 + x \times 0,09 = 47,50 + (137 - x) \times 0,09.$$

Le nombre x qui réalise cette équation du premier degré est

$$x = 96,2777....$$

Ainsi, le point cherché est distant de Paris de $96^{\text{kilom.}}2777$ et de Rouen de $137 - 96,2777$ ou $40^{\text{kilom.}}722$. Le prix de la tonne, en ce point, est de $42,50 + 96,2777 \times 0,009$, ou de $47,50 + 40,722 \times 0,09$, ou de $51^{\text{fr}}165$.

148. *Remarque sur la résolution des problèmes.* — La résolution des problèmes précédents confirme ce que nous avons dit au n° 143 concernant les questions quantitatives. La découverte des relations qui lient les nombres inconnus aux nombres connus et qui consistent toujours dans l'égalité de deux rapports quelconques de ces nombres ou de deux combinaisons quelconques de rapports n'est soumise à aucune règle de logique particulière que l'on puisse énoncer : elle dépend uniquement du plus ou moins d'exercice de l'entendement.

Nous pensons que la résolution des équations et des problèmes du premier degré que nous avons traités donne une idée suffisante des raisonnements à développer dans chaque cas particulier. Ce n'est pas ici le lieu d'exposer les règles de la *Logique*.

§ III. — RÉSOLUTION D'ÉQUATIONS SIMULTANÉES DU PREMIER DEGRÉ A PLUSIEURS INCONNUS.

149. DÉFINITIONS. — Deux nombres inconnus x et y peuvent être liés à des nombres connus par une seule relation. Pour fixer les idées, supposons qu'il s'agisse de déterminer les nombres x et y qui réalisent l'équation

$$5x - 2y = 4. \quad (1)$$

Pour chaque nombre y (additif ou soustractif) que l'on choisira à volonté, il existera un nombre x correspondant (additif ou soustractif), qui, avec le nombre y choisi, réalisera l'égalité (1); nous pourrons ainsi obtenir une infinité de couples de nombres qui réaliseront l'équation (1). Par exemple, si nous supposons $y = 1$, nous trouverons, par

$$5x - 2 = 4,$$

$x = \frac{6}{5}$; pour $y = 2$, nous aurons $x = \frac{8}{5}$, etc.

La solution de l'équation est donc *indéterminée*, si x et y ne doivent pas satisfaire à d'autres conditions.

Mais, si les nombres x et y doivent, en outre, réaliser une autre équation, par exemple

$$4x + 3y = 17, \quad (2)$$

il est clair que tous les couples de nombres qui satisfont à la condition (1) ne satisferont pas à la condition (2) qui existe simultanément avec (1). La *solution*, ou le système de nombres qui transforment les équations *simultanées* (1) et (2) en identités, n'est plus indéterminée.

On reconnaîtra bientôt que, si l'on considère un nombre quelconque d'inconnus, ceux-ci ne seront *déterminés* que si le nombre des équations distinctes auxquelles ils doivent satisfaire est égal au nombre des inconnus.

Résolution d'un système de deux équations à deux inconnus.

150. Considérons les deux équations simultanées

$$(1) \begin{cases} ax + by = c, & (1) \\ a'x + b'y = c'. & (2) \end{cases}$$

PREMIÈRE MÉTHODE. — *Méthode d'élimination par addition ou par soustraction.* — Si, dans ces deux équations, l'un des inconnus était précédé du même coefficient, on pourrait, par une simple soustraction, former une nouvelle équation qui ne contiendrait plus que l'autre inconnu, et de laquelle on le déduirait aisément.

Or, si l'on multiplie les deux membres de (1) par b', coefficient de y dans (2), et les deux membres de (2) par b, coefficient de y dans (1), on obtient les deux équations

$$(\text{II}) \begin{cases} ab'x + bb'y = cb', & (3) \\ a'bx + bb'y = bc', & (4) \end{cases}$$

équations équivalentes aux premières, c'est-à-dire satisfaites par les mêmes nombres x et y; car, si x et y sont tels que $ax + by = c$, $a'x + b'y = c'$, ils seront tels, et eux seuls satisferont à cette condition, que b' fois $(ax + by)$ soient égales à b' fois c, que b fois $(a'x + b'y)$ soient égales à b fois c'.

Maintenant, x et y devront aussi satisfaire à la condition

$$(ab'x + bb'y) - (a'bx + bb'y) = cb' - bc',$$

ou

$$ab'x - ba'x = cb' - bc', \quad (5)$$

obtenue en retranchant (4) de (3) membre à membre. On conclut de là que

$$x = \frac{cb' - bc'}{ab' - ba'}. \quad (6)$$

Pareillement, si l'on multiplie les deux membres de (1) par a', coefficient de x dans (2), et les deux membres de (2) par a, coefficient de x dans (1), on forme deux nouvelles équations,

$$(\text{III}) \begin{cases} aa'x + ba'y = ca', & (7) \\ aa'x + ab'y = ac', & (8) \end{cases}$$

qui peuvent être substituées aux proposées, et dans lesquelles le coefficient de x est le même.

x et y doivent satisfaire à l'équation

$$(aa'x + ba'y) - (aa'x + ab'y) = ca' - ac', \quad (9)$$

ou

$$ba'y - ab'y = ca' - ac'. \quad (10)$$

On conclut de là que

$$y = \frac{ca' - ac'}{ba' - ab'} \text{ ou } \frac{ac' - ca'}{ab' - ba'} \text{ (n}^o \text{ 66). \quad (11)}$$

Ainsi

$$(IV) \begin{cases} x = \dfrac{cb' - bc'}{ab' - ba'}, \\[2mm] y = \dfrac{ac' - ca'}{ab' - ba'}, \end{cases}$$

sont les nombres x et y propres à réaliser les équations (I), lorsqu'on combine ces nombres avec les nombres connus d'après les règles du n° 66.

La méthode que nous venons d'employer pour trouver x et y est dite ordinairement *méthode d'élimination par addition ou par soustraction*, parce qu'elle consiste à *éliminer* successivement chacun des inconnus par des additions ou des soustractions permises et exécutées sur les équations proposées.

Deuxième méthode. — *Méthode d'élimination par substitution.* — De l'équation (1), on conclut (n° 145) que, lorsque x sera déterminé, on aura

$$y = \frac{c - ax}{b},$$

et de l'équation (2), que x doit être tel que

$$a'x + b' . \frac{c - ax}{b} = c',$$

ou que

$$ba'x + cb' - ab'x = bc',$$

ou que

$$(ba' - ab')x = bc' - cb'.$$

On conclut de là que

$$x = \frac{bc' - cb'}{ba' - ab'} \text{ ou } \frac{cb' - bc'}{ab' - ba'} \text{ (n}^o \text{ 66).}$$

De l'équation (1), on conclut aussi (n° 145) que, lorsque y sera déterminé, on aura

$$x = \frac{c - by}{a},$$

et de l'équation (2), que y doit être tel que

$$a' . \frac{c - by}{a} + b'y = c' ;$$

d'où l'on conclut

$$y = \frac{ac' - ca'}{ab' - ba'}.$$

On appelle cette méthode d'élimination *méthode d'élimination par substitution*, parce qu'elle consiste à déduire la valeur d'un inconnu *en fonction* du second d'une des équations et à substituer cette valeur dans l'autre équation.

REMARQUE. — Le système (IV) des valeurs de x et de y montre que l'on peut obtenir immédiatement les valeurs de x et de y au moyen des considérations suivantes :

Pour obtenir leur dénominateur commun, on forme les deux produits ab' et ba' des coefficients de x et de y dans chacune des équations, et on retranche le second du premier.

Pour obtenir le numérateur de x, on remplace dans le dénominateur les coefficients a et a' de x respectivement par les nombres connus c et c'; pour obtenir le numérateur de y, on remplace dans le dénominateur les coefficients b et b' de y respectivement par les nombres connus c et c'.

151. Exemples. — 1° Résoudre

$$5x + 7y = 43 \atop 11x + 9y = 69 \rbrace$$

On trouve (en employant l'une ou l'autre des méthodes)

$$x = \frac{43.9 - 7.69}{5.9 - 7.11} = 3, \quad y = \frac{5.69 - 43.11}{5.9 - 7.11} = 4;$$

2° Résoudre

$$5x - 7y = 34 \atop 3x - 13y = -6 \rbrace$$

On trouve, d'après les considérations du n° 150, remarque, et du n° 66,

$$x = \frac{34 \times (-3) - (-7)(-6)}{5(-13) - (-7)3} = \frac{-484}{-44} = 11; \quad y = \frac{5(-6) - 34.3}{5(-13) - (-7).3} = 3.$$

§ IV. — Résolution de quelques problèmes dont les deux inconnus sont liés aux nombres connus par deux équations du premier degré.

152. Problème I. — *Un héritage, montant à 120000 francs, se partage de la manière suivante : 12000 francs à chaque neveu et 9000 francs à chacune des nièces du défunt. On demande le nombre des héritiers : sachant que, si chaque nièce prenait la part attribuée à un neveu et réciproquement, il y aurait un excédant de 9000 francs.*

Désignons par x et y les nombres de neveux et de nièces; nous aurons évidemment, d'après l'énoncé du problème, pour les équations liant les nombres inconnus et les nombres connus,

$$12000x + 9000y = 120000,$$
$$9000x + 12000y = 120000 - 9000,$$
$$\text{ou}\quad 4x + 3y = 40,$$
$$3x + 4y = 37.$$

On déduit de ces équations

$$x = \frac{40.4 - 3.37}{4.4 - 3.3} = 7 ; \; y = \frac{4.37 - 40.3}{4.4 - 3.3} = 4.$$

Il y a donc 7 neveux et 4 nièces.

Problème II. — *Une somme d'argent a été partagée également entre un certain nombre de personnes; s'il y avait eu 3 personnes de plus, chacune aurait reçu 1 franc de moins; si, au contraire, il y avait eu 2 personnes de moins, chacune aurait reçu 1 franc de plus. Quel est le nombre de ces personnes et quelle est la somme que chacune a reçue?*

Désignons par x le nombre des personnes et par y le nombre de francs que chacune a reçue : le nombre de francs de la somme partagée est xy et, d'après les données de la question, on a pour les deux équations qui lient x et y aux nombres connus

$$(x + 3)(y - 1) = xy,$$
$$(x - 2)(y + 1) = xy.$$

On déduit de la première

$$xy + 3y - x - 3 = xy,$$

ou

$$3y - x = 3.$$

La seconde donne

$$xy - 2y + x - 2 = xy.$$

ou

$$x - 2y = 2.$$

x et y doivent donc réaliser les deux équations

$$\begin{cases} 3y - x = 3, \\ x - 2y = 2. \end{cases}$$

En les ajoutant, on trouve

$$y = 5;$$

puis l'on a

$$x = 2y + 2 = 2 \times 5 + 2 = 12$$

Problème III. — *Quelle est la fraction qui devient égale à* $\frac{3}{4}$ *quand son numérateur est augmenté de* 6 *unités, et qui devient égale à* $\frac{1}{2}$ *quand son dénominateur est diminué de* 2 *unités?*

Désignons par x le nombre d'unités du numérateur, par y celui du dénominateur. D'après l'énoncé de la question, les nombres x et y sont tels que

$$\begin{cases} \dfrac{x + 6}{y} = \dfrac{3}{4}, \\ \dfrac{x}{y - 2} = \dfrac{1}{2}, \end{cases}$$

ou que

$$\begin{cases} 3y - 4x = 6, \\ y - 2x = 2. \end{cases}$$

On trouve

$$y = \frac{2(-4) - (-2)\,24}{1(-4) - (-2)\,3} = 20; \quad x = \frac{1 \times 24 - 2 \times 3}{1(-4) - (-2)\,3} = 9.$$

La fraction cherchée est donc $\frac{9}{20}$.

§ V. — Résolution d'un système de trois équations a trois inconnus.

153. Considérons les trois équations

$$(1) \begin{cases} ax + by + cz = d \ . \quad (1) \\ a'x + b'y + c'z = d' \ . \quad (2) \\ a''x + b''y + c''z = d''. \quad (3) \end{cases}$$

On peut employer la méthode d'élimination par addition ou par substitution. Employons la première.

Pour éliminer z, multiplions les deux membres de la première équation par c', les deux membres de la deuxième par c, et retranchons le second résultat du premier ; il vient

$$(ac' - ca') x + (bc' - cb') y = dc' - cd'. \quad (4)$$

Combinant de même (2) avec (3), on trouve

$$(a'c'' - c'a'') x + (b'c'' - c'b'') y = d'c'' - c'd''. \quad (5)$$

Remarquons que les équations (1), (2) et (3) peuvent être remplacées par (1), (4) et (5).

Actuellement, pour éliminer y, il faut multiplier (4) par $b'c'' - c'b''$, (5) par $bc' - cb'$, puis retrancher le second résultat du premier, ce qui donne

$$x \left[(ac' - ca')(b'c'' - c'b'') - (a'c'' - c'a'')(bc' - cb')\right]$$
$$= (dc' - cd')(b'c'' - c'b'') - (d'c'' - c'd'')(bc' - cb'),$$

ou

$$x (ab'c'' - ac'b'' + ca'b'' - ba'c'' + bc'a'' - cb'a'')$$
$$= db'c'' - dc'b'' + cd'b'' - bd'c'' + bc'd'' - cb'd''.$$

D'où l'on conclut

$$x = \frac{db'c'' - dc'b'' + cd'b'' - bd'c'' + bc'd'' - cb'd''}{ab'c'' - ac'b'' + ca'b'' - ba'c'' + bc'a'' - cb'a''}.$$

On trouverait de même

$$y = \frac{ad'c'' - ac'd'' + ca'd'' - da'c'' + dc'a'' - cd'a''}{ab'c'' - ac'b'' + ca'b'' - ba'c'' + bc'a'' - cb'a''},$$

$$z = \frac{ab'd'' - ad'b'' + da'b'' - ba'd'' + bd'a'' - db'a''}{ab'c'' - ac'b'' + ca'b'' - ba'c'' + bc'a'' - cb'a''}.$$

154. Exemples. — 1° Résoudre

$$(I) \begin{cases} 5x - 6y + 4z = 15. & (1) \\ 7x + 4y - 3z = 19. & (2) \\ 2x + y + 6z = 46. & (3) \end{cases}$$

Pour éliminer z entre (1) et (2), multiplions (1) par 3, et (2) par 4, puis ajoutons les résultats, ce qui donne la nouvelle équation

$$43x - 2y = 121. \quad (4)$$

Pour éliminer z entre (2) et (3), multiplions (2) par 2, et (3) par 1; ajoutons les résultats; il vient

$$16x + 9y = 84. \quad (5)$$

(4) et (5) donnent

$$x = \frac{121.9 - (- 2) 84}{43.9 - (- 2) 16} = 3; \quad y = \frac{43.84 - 121.16}{43.9 - (- 2) 16} = 4.$$

(1) devient, lorsqu'on y remplace x et y par leurs valeurs,

$$15 - 24 + 4z = 15; \text{ d'où } z = \frac{24}{4} = 6;$$

2° Résoudre

$$(I) \begin{cases} 5x - 4y + 3z = 3. & (1) \\ 2x + 3y + 6z = 13. & (2) \\ 3x - 2y - 7z = 11. & (3) \end{cases}$$

Employons la méthode d'élimination par substitution.

De (1), on déduit

$$z = \frac{3 - 5x + 4y}{3}; \quad (4)$$

par la substitution de cette valeur dans (2) et (3), ces
équations deviennent

$$2x + 3y + \frac{6(3 - 5x + 4y)}{3} = 13,$$

$$3x - 2y + \frac{7(3 - 5x + 4y)}{3} = 11;$$

ou

$$12x - 5y = 19,$$
$$44x - 34y = 54,$$

qui donnent

$$x = 2, \; y = 1.$$

De (4), on conclut

$$z = -1.$$

§ VI. — RÉSOLUTION D'UN SYSTÈME DE n ÉQUATIONS A n INCONNUS.

155. On voit assez la marche qu'il faudrait suivre
pour résoudre quatre équations à quatre inconnus,
..., et, en général, n équations à n inconnus.

Résolvons le système suivant de quatre équations
à quatre inconnus,

$$\left.\begin{array}{l} 3x - 4y + 5z - 2u = 12, \\ 2x + 7y + 3z + 4u = 3, \\ 6x + 5y + 2z + 3u = 19, \\ 5x - 2y - z - 7u = 5. \end{array}\right\} \text{(I)}$$

Éliminant u entre ces quatre équations prises
deux à deux, on trouve

$$\left.\begin{array}{l} 8x - y + 7z = 27, \\ 21x - 2y + 19z = 74, \\ 11x - 24y + 37z = 74. \end{array}\right\} \text{(II)}$$

Éliminant y entre les équations (II) prises deux à deux, il vient

$$\left.\begin{array}{l} x + z = 4, \\ 181x + 131z = 574, \end{array}\right\} \text{(III)}$$

qui donnent

$$x = 1, z = 3.$$

Substituant ces valeurs dans la première équation du système (II), on trouve $y = 2$. Enfin, substituant x, y, z dans la première équation du système (I), il vient $u = -1$ [1]. La solution est donc

$$x = 1, y = 2, z = 3, u = -1 \text{ [1]}.$$

156. *Méthode de résolution par coefficients indéterminés.* — Cette méthode est généralement plus commode quand on a un assez grand nombre d'équations.

Soient n équations du premier degré à n inconnus,

$$\left.\begin{array}{l} ax + by + cz + \ldots = k, \\ a_1x + b_1y + c_1z + \ldots = k_1, \\ \cdot \quad \cdot \quad \cdot \quad \cdot \quad \cdot \quad \cdot \\ a_{n-1}x + b_{n-3}y + c_{n-1}z + \ldots = k_{n-1}. \end{array}\right\} \text{(I)}$$

Ajoutons ces équations, membre à membre, après les avoir multipliées respectivement, à l'exception de la première, par des nombres indéterminés λ_1, λ_2, ..., λ_{n-1}; il vient

$$x'(a + a\lambda_1 + \ldots + a_{n-1}\lambda_{n-1}) + y(b + b_1\lambda_1 + \ldots + b_{n-1}\lambda_{n-1})$$
$$+ z(c + c_1\lambda_1 + \ldots + c_{n-1}\lambda_{n-1}) + \ldots = k + k_1\lambda_1 + k_2\lambda_2$$
$$+ \ldots + k_{n-1}\lambda_{n-1}; \quad (2)$$

et cette nouvelle équation peut évidemment rem-

[1] Le nombre soustractif 1.

placer l'une des proposées, quels que soient les nombres λ_1, λ_2, ..., λ_{n-1}.

Or, nous pouvons déterminer ces nombres, de manière que les coefficients des inconnus y, z, ... soient nuls, c'est-à-dire que les équations

$$\left. \begin{array}{l} b + b_1\lambda_1 + \ldots + b_{n-1}\lambda_{n-1} = 0, \\ c + c_1\lambda_1 + \ldots + c_{n-1}\lambda_{n-1} = 0, \\ \cdots \cdots \cdots \cdots \cdots \end{array} \right\} \text{(III)}$$

soient réalisées; car il suffira, pour cela, de résoudre $(n-1)$ équations à $(n-1)$ inconnus.

On résoudra donc le système (III).

Si l'on substitue alors dans l'équation (2) les valeurs trouvées pour λ_1, λ_2, ..., λ_{n-1}, cette équation ne contiendra plus que le seul inconnu x, car elle se réduira à

$$x(a + a_1\lambda_1 + \ldots + a_{n-1}\lambda_{n-1}) = k + k_1\lambda_1 + \ldots + k_{n-1}\lambda_{n-1};$$

elle donnera donc x, qui sera

$$x = \frac{k + k_1\lambda_1 + k_2\lambda_2 + \ldots + k_{n-1}\lambda_{n-1}}{a + a_1\lambda_1 + a_2\lambda_2 + \ldots + a_{n-1}\lambda_{n-1}};$$

x étant connu, le système ne contiendra plus que $(n-1)$ inconnus.

La méthode que nous venons d'indiquer permet, comme on le voit, de résoudre n équations à n inconnus, pourvu que l'on sache résoudre un système contenant un inconnu de moins.

Comme nous savons résoudre un système de deux équations à deux inconnus, nous pouvons, d'après cela, résoudre un système de trois équations à trois

16

inconnus; partant un système de quatre équations à quatre inconnus, et ainsi de suite.

La méthode des coefficients indéterminés permet, d'ailleurs, d'obtenir chaque inconnu sans calculer aucun des autres. Il suffit, pour cela, de procéder pour chacun comme nous l'avons fait pour x.

EXEMPLE. — Appliquons cette méthode à la résolution du système,

$$(I) \begin{cases} 3x - 4y + 5z = 0, & (1) \\ 7x + 2y - 10z = 18, & (2) \\ 5x - 6y - 15z = 6. & (3) \end{cases}$$

On multiplie (2) par λ_1, (3) par λ_2, et l'on ajoute les produits à la première; il vient

$$(3 + 7\lambda_1 + 5\lambda_2) x + (- 4 + 2\lambda_1 - 6\lambda_2) y + (5 - 10\lambda_1 - 15\lambda_2) z$$
$$= 9 + 18\lambda_1 + 6\lambda_2. \quad (4)$$

Pour obtenir x, on égale à zéro les coefficients de y et de z; ce qui donne, pour déterminer λ_1 et λ_2,

$$\left. \begin{array}{l} - 4 + 2\lambda_1 - 6\lambda_2 = 0, \\ 5 - 10\lambda_1 - 15\lambda_2 = 0, \end{array} \right\} \text{ ou } \left\{ \begin{array}{l} \lambda_1 - 3\lambda_2 = 2, \\ 2\lambda_1 + 3\lambda_2 = 1; \end{array} \right.$$

d'où : $\lambda_1 = 1$, $\lambda_2 = -\dfrac{1}{3}$.

Substituons ces valeurs dans (4); il vient

$$\left(3 + 7 - \frac{5}{3}\right) x = 9 + 18 - 2; \text{ d'où } x = 3.$$

Pour obtenir y, on détermine λ_1 et λ_2 de manière que les coefficients de x et de z soient nuls, c'est-à-dire par

$$\left. \begin{array}{l} 3 + 7\lambda_1 + 5\lambda_2 = 0, \\ 5 - 10\lambda_1 - 15\lambda_2 = 0; \end{array} \right\}$$

qui donnent : $\lambda_1 = -\dfrac{14}{11}$, $\lambda_2 = \dfrac{13}{11}$.

Substituons dans (4); il vient

$$\left(-4-\frac{28}{11}-\frac{78}{11}\right)y = 9 - \frac{252}{11} + \frac{78}{11}; \text{ d'où } y = \frac{1}{2}.$$

Pour obtenir z, on détermine λ_1 et λ_2 de manière que les coefficients de x et de y soient nuls, c'est-à-dire par

$$\begin{aligned} 3 + 7\lambda_1 + 5\lambda_2 &= 0, \\ -4 + 2\lambda_1 - 6\lambda_2 &= 0; \end{aligned}$$

qui donnent : $\lambda_1 = \frac{1}{26}$, $\lambda_2 = -\frac{17}{26}$.

Substituons dans (4); il vient

$$\left(5 - \frac{10}{26} + \frac{255}{26}\right)z = 9 + \frac{18}{26} - \frac{102}{26}; \text{ d'où } z = \frac{2}{5}.$$

§ VII. — Remarques sur les systèmes d'équations dans lesquels le nombre des inconnus n'est pas égal au nombre des équations.

157. *Cas où le nombre des équations surpasse celui des inconnus.* — Pour fixer les idées, supposons que l'on ait à résoudre un système de trois équations,

$$(\text{I}) \begin{cases} 3x + 7y = 17, & (1) \\ 5x - 2y = 1, & (2) \\ 8x + y = 12, & (3) \end{cases}$$

entre deux inconnus x et y. En résolvant (1) et (2), par exemple, on aura des nombres $x = 1$ et $y = 2$ qui, seuls, pourront satisfaire aux équations (1) et (2) et, par conséquent, au système (I) dont ces deux équations sont des conditions intégrantes. Donc, pour que le système (I) puisse être réalisé par ces nombres 1 et 2, il faudra qu'ils réalisent la troisième équation. Si cette condition n'est pas remplie, il n'existe pas de nombres x et y qui satisfassent à la fois aux conditions (1), (2) et (3). Le système (I) est alors *impossible* (à réaliser). C'est ce qui arrive précisément, car les nombres $x = 1$ et $y = 2$ ne peuvent réaliser l'impossibilité

$$8 + 2 = 12 \text{ ou } 10 = 12.$$

En général, si l'on donne $(m + p)$ équations entre m inconnus, ceux-ci devront d'abord réaliser m quelconques de ces équations, et les nombres déterminés par ces m équations seront les seuls possibles; mais, pour qu'ils le soient réellement, il faut qu'ils vérifient les p équations conditionnelles restantes. Sinon le système proposé est *impossible*, c'est-à-dire qu'il n'existe pas de nombres qui y satisfassent.

158. *Cas où le nombre des inconnus surpasse celui des équations.* — Soit, par exemple, à résoudre le système de deux équations à quatre inconnus x, y, z, t,

$$\left. \begin{array}{l} 2x + 3y - 4z - 3t = 6, \\ x - 2y + 3z - 2t = 2. \end{array} \right\} \text{ (I)}$$

On peut évidemment donner à deux des inconnus, z et t par exemple, des valeurs arbitraires, et le système fournira des valeurs correspondantes pour x et y. Ainsi, si l'on prend arbitrairement $z = 2$, $t = 1$, on trouve $x = 4$ et $y = 3$; si l'on prend z et $t = 0$, on trouve $x = \frac{18}{7}$, $y = \frac{2}{7}$; …. Le système (I) admettra donc un nombre infini de solutions, et il est *indéterminé*.

En général, si l'on donne m équations entre $(m + p)$ inconnus, on pourra donner des valeurs arbitraires à p de ces inconnus et l'on obtiendra les m valeurs correspondantes des autres par le système proposé. Le système est donc *indéterminé*.

159. On conçoit que ces remarques sur les systèmes d'équations impossibles et indéterminés s'appliquent à un système d'équations de *degré* quelconque.

Les solutions des systèmes d'équations indéterminés peuvent toutefois devoir satisfaire à d'autres conditions, par exemple à la condition d'être des nombres entiers, ou d'être des nombres entiers et additifs, et, dans ces cas, l'indétermination peut disparaître.

Le cas le plus simple est celui dans lequel il s'agirait de résoudre une équation du premier degré à deux inconnus x et y,

$$ax + by = c,$$

les solutions devant être entières et additives.

On pourrait s'occuper ensuite de la résolution d'une équation à trois inconnus x, y, z,

$$ax + by + cz = d,$$

ou à un nombre quelconque d'inconnus; puis de la résolution de deux équations à trois inconnus ou à un nombre quelconque d'inconnus, etc. On considérera ensuite des équations indéterminées de degré supérieur.

LEGENDRE s'est surtout occupé de ces questions.

dans sa *Théorie des nombres,* sous le nom d'*analyse indéterminée.* Si l'on croit avantageux de développer ces questions, au point de vue de l'étude de la quantité, il sera utile, avant d'aborder l'ouvrage de Legendre, de lire les chapitres qui traitent de ces questions dans les ouvrages d'*Algèbre élémentaire,* par exemple dans ceux de MM. Falisse ou Lecointe.

Comme nous nous proposons surtout d'acquérir la connaissance de la quantité pour l'appliquer aux objets matériels, nous n'avons pas cru nécessaire de nous étendre sur ces problèmes dont les résultats, au moins dans l'état actuel de nos connaissances, ne nous paraissent pas extrêmement féconds.

§ VIII. — Remarques sur les cas d'impossibilité et d'indétermination des systèmes d'équations du premier degré, dans lesquels le nombre des inconnus est égal au nombre des équations.

160. *Cas d'impossibilité.* — Lorsque l'on se propose un problème concernant les quantités d'objets matériels et que les inconnus que l'on combine dans les conditions qui en résultent n'ont pas une existence réelle ou objective, il est évident que l'on doit aboutir à des absurdités et que les équations conditionnelles liant les inconnus aux nombres connus doivent être impossibles à réaliser ou être incompatibles et contradictoires.

L'impossibilité d'une seule équation se manifestera toujours par l'impossibilité de trouver un nombre qui rende le premier membre égal au second. Par exemple, l'équation du premier degré à un inconnu x,

$$\frac{3\,(2x+1)}{4} - 5 - \frac{3x+2}{10} = \frac{2\,(3x-1)}{5},$$

est impossible, car elle devient successivement

$$15\,(2x+1) - 100 - 2\,(3x+2) = 8\,(3x-1),$$
$$30x - 6x - 24x = 100 + 4 - 15 - 8,$$
$$0 = 81 \; ;$$

ce qui ne sera jamais possible, quel que soit x.

L'impossibilité d'un système de deux ou plusieurs équations consiste dans l'incompatibilité ou la contradiction des conditions qu'elles expriment. Par exemple, le système

$$(\text{I}) \begin{cases} 9x - 12y = 6, & (1) \\ 21x - 28y = 15, & (2) \end{cases}$$

donne, en appliquant les formules générales,

$$x = \frac{6\,(-28) - (-12)\,15}{9\,(-28) - (-12)\,21} = \frac{12}{0},$$

$$y = \frac{9.15 - 6.21}{9\,(-28) - (-12)\,21} = \frac{9}{0};$$

c'est-à-dire que l'on ne trouve pas de nombres qui réalisent le système. Il est, du reste, facile de montrer que les équations (1) et (2) expriment des conditions incompatibles : en effet, en multipliant (1) par 7 et (2) par 3, on obtient les deux équations équivalentes à (1) et (2),

$$\begin{cases} 63x - 84y = 42, \\ 63x - 84y = 45, \end{cases}$$

auxquelles ne peuvent satisfaire aucun nombre x, ni aucun nombre y. On voit par quelles notations illusoires $\frac{12}{0}$, $\frac{9}{0}$ de x et de y le résultat se manifeste.

L'impossibilité d'un système quelconque d'équations sera toujours manifestée par des formes de notation illusoires pour les valeurs des inconnus. Ces formes seront généralement $\frac{A}{0}$, $\frac{B}{0}$, ... dans les équations du premier degré.

161. *Cas d'indétermination.* — La solution d'un problème peut aussi être indéterminée, et alors ses équations le seront également, c'est-à-dire qu'elles seront satisfaites par une infinité de nombres.

Tel est le système

$$(\text{I}) \begin{cases} 91x + 63y = 217, & (1) \\ 65x + 45y = 155. & (2) \end{cases}$$

On trouve pour les valeurs de x et de y,

$$x = \frac{217.45 - 63.155}{91.45 - 63.65} = \frac{0}{0}, \quad y = \frac{91.155 - 217.65}{91.45 - 63.65} = \frac{0}{0}.$$

On peut, du reste, faire voir que les équations (1) et (2) expriment une seule et même condition : en effet, en multipliant (1) par 5 et (2) par 7, on trouve les équations équivalentes aux premières et identiques entre elles

$$\begin{matrix} 455x + 315y = 1085, \\ 455x + 315y = 1085, \end{matrix} \Big\}$$

qui sont satisfaites par une infinité de nombres x et y. L'indétermination se manifeste généralement par la forme $\frac{0}{0}$ des notations des résultats, car elle résulte d'une équation de la forme

$$0 . x = 0,$$

qui est satisfaite quel que soit le nombre x.

CHAPITRE II.

§ Ier. — RÉSOLUTION D'UNE ÉQUATION DU SECOND DEGRÉ
A UN INCONNU.

162. Certains problèmes conduisent à des équations qui renferment l'inconnu à sa deuxième puissance, sans renfermer une puissance de degré supérieur. Les formes générales de ces équations sont

$$ax^2 = b, \ ax^2 + bx = 0, \ \text{et} \ ax^2 + bx + c = 0,$$

a, b, c, x désignant des nombres additifs ou soustractifs combinés d'après les principes du n° 66.

163. *Résolution de* $ax^2 = b$. — On en conclut évidemment

$$x^2 = \frac{b}{a}, \quad (1)$$

d'où

$$x = \left(\frac{b}{a}\right)^{\frac{1}{2}}.$$

La question est donc résolue, puisqu'on sait extraire la racine carrée de nombres entiers, fractionnaires et polynomaux. (Voir le chapitre II, § Ier, § II, et le chapitre IV, § V.)

REMARQUE I. — Si le nombre x, qui satisfait à l'équation (1), doit entrer ultérieurement en relation de quantité avec d'autres nombres, il faudra nécessairement admettre également pour solution de (1) le nombre soustractif

$$x = - \left(\frac{b}{a}\right)^{\frac{1}{2}},$$

car le produit de deux nombres soustractifs entre dans un polynôme produit comme terme additif (n° 66).

Ainsi, d'une façon générale, les nombres x qui réalisent (1) sont

$$x = \pm \left(\frac{b}{a}\right)^{\frac{1}{2}},$$

le nombre soustractif n'ayant de signification que dans le cas que nous venons d'énoncer, ou dans le cas où il peut être une réponse au problème posé.

REMARQUE II. — Si $\frac{b}{a}$ était soustractif, l'équation (1) serait impossible, car elle ne pourrait être satisfaite par aucun nombre.

164. EXEMPLES. — 1° Résoudre l'équation

$$4x^2 - 7 = 3x^2 + 9.$$

On trouve, d'après les notions de l'addition et de la soustraction,

$$4x^2 - 3x^2 = 9 + 7,$$

ou

$$x^2 = 16.$$

D'où l'on conclut

$$x = \pm (16)^{\frac{1}{2}} = \pm 4;$$

2° Résoudre

$$\frac{1}{3} x^2 - 3 + \frac{5}{12} x^2 = \frac{7}{24} - x^2 + \frac{299}{24}.$$

On trouve

$$42x^2 = 378;$$

d'où

$$x^2 = \frac{378}{42} = 9, \; x = \pm 9^{\frac{1}{2}} = \pm 3.$$

165. *Résolution de l'équation :* $ax^2 + bx + c = o$. — La forme de cette équation est évidemment la forme la plus générale de l'équation du second degré.

Nous avons dit (n° 142) que la considération des phénomènes du changement auxquels sont soumis les nombres d'unités nous permettra de trouver d'une façon générale les solutions d'équations de degré quelconque. Cependant les mathématiciens sont parvenus à découvrir la suite des opérations que l'on doit exécuter sur les nombres connus, pour obtenir les inconnus des équations du second degré, du troisième degré et du quatrième degré. Il est utile de développer ces calculs pour l'équation du second degré.

L'équation

$$ax^2 + bx + c = 0, \quad (1)$$

dans laquelle a, b, c sont additifs ou soustractifs ([1]),

([1]) On convient, en parlant ce langage, que, si $\dfrac{c}{a}$ est soustractif et égal à q, par exemple, $+\dfrac{c}{a}$ signifie $-q$, et que $-\dfrac{c}{a}$ signifie $+q$; en d'autres termes : qu'*additionner un nombre soustractif* a la même signification que *retrancher sa valeur absolue*; que *retrancher un nombre soustractif* a la même signification qu'*ajouter sa valeur absolue*. On interprète alors aisément toutes les formules qui suivent, où p et q désignent des nombres *soustractifs* ou des nombres *additifs*, et l'on conçoit que cette interprétation est conforme à la réalité.

Lorsqu'un polynôme se compose de parties additives et de parties revient à la suivante,

$$x^2 + \frac{b}{a}x + \frac{c}{a} = 0, \quad (2)$$

ou à celle-ci,

$$x^2 + px + q = 0, \quad (3)$$

si nous désignons $\frac{b}{a}$ par p, $\frac{c}{a}$ par q.

L'équation (3) peut s'écrire

$$x^2 + px = -q.$$

Or, x^2 et px sont (nos 73 et 74) les deux premiers termes du carré de $x + \frac{p}{2}$, car x^2 est le carré de x et px est le double produit de x par $\frac{p}{2}$. Le premier membre de l'équation deviendra donc le carré de $x + \frac{p}{2}$, si l'on y ajoute $\frac{p^2}{4}$. Or, on peut ajouter $\frac{p^2}{4}$ au premier membre, pourvu qu'on l'ajoute aussi au second; par cette opération, on obtient l'équation

$$x^2 + px + \frac{p^2}{4} = \frac{p^2}{4} - q,$$

équivalente à (3), ou

$$\left(x + \frac{p}{2}\right)^2 = \frac{p^2}{4} - q. \quad (4)$$

On conclut de cette dernière que

$$x + \frac{p}{2} = \pm \left(\frac{p^2}{4} - q\right)^{\frac{1}{2}},$$

et, par conséquent, que

$$x = -\frac{p}{2} \pm \left(\frac{p^2}{4} - q\right)^{\frac{1}{2}} \quad (5)$$

soustractives, nous pourrons, en adoptant ces conventions de langage, l'appeler la *somme conventionnelle* de toutes ses parties. C'est un terme dont nous nous servirons dorénavant.

On a ainsi pour x deux valeurs propres à réaliser l'équation (3); et il n'y en a pas d'autre, car nous n'en avons omis aucune dans nos raisonnements.

On peut énoncer la synthèse suivante :

Dans toute équation du second degré ramenée à la forme

$$x^2 + px + q = 0,$$

l'inconnu est égal à la moitié du coefficient de x pris avec un signe contraire au sien, plus ou moins la racine carrée du carré de cette moitié, augmenté ou diminué de la valeur absolue du terme indépendant de x, suivant que celui-ci est soustractif ou additif.

REMARQUE I. — En remplaçant dans la formule (5) p par $\frac{b}{a}$ et q par $\frac{c}{a}$, on a la solution

$$x = -\frac{b}{2a} \pm \left(\frac{b^2}{4a^2} - \frac{c}{a}\right)^{\frac{1}{2}} = -\frac{b}{2a} \pm \left(\frac{b^2 - 4ac}{4a^2}\right)^{\frac{1}{2}}$$

$$= -\frac{b}{2a} \pm \frac{(b^2 - 4ac)^{\frac{1}{2}}}{(4a^2)^{\frac{1}{2}}} = \frac{-b \pm (b^2 - 4ac)^{\frac{1}{2}}}{2a} \quad (6)$$

de l'équation

$$x^2 + \frac{b}{a}x + \frac{c}{a} = 0 \text{ ou } ax^2 + bx + c = 0.$$

Lorsque l'équation du second degré est ramenée à la forme

$$ax^2 + bx + c = 0,$$

l'inconnu est égal au coefficient de x pris avec un signe contraire au sien, plus ou moins la racine carrée du carré de ce coefficient, diminué du quadruple produit du coefficient du terme en x² multiplié par le

terme indépendant de x, *le tout divisé par le double
du coefficient de* x².

Remarque II. — On appelle ordinairement *racines*
d'une équation de degré supérieur les nombres qui
satisfont à cette équation.

Nous venons de voir que toute équation *possible*
du second degré admet généralement deux racines.
Cependant, l'équation étant de la forme $ax^2 + bx$
$+ c = o$, il n'y en aura qu'une

$$x = - \frac{b}{2a},$$

si a, b, c sont tels que $b^2 - 4ac = o$.

Il n'y aura pas de racine satisfaisant à cette équation, et celle-ci est *impossible*, si $b^2 - 4ac$ est soustractif, car la racine carrée d'un nombre soustractif
n'a aucun sens.

Il y aura deux racines si $b^2 - 4ac$ est additif.
C'est ce que montre clairement la formule (6).

L'équation

$$x^2 + px + q = 0$$

admet *deux* racines si $\frac{p^2}{4} - q$ est additif; *une* racine
si $\frac{p^2}{4} - q$ est égal à zéro, et *pas de racine* si $\frac{p^2}{4} - q$
est soustractif. Dans ce dernier cas, l'équation est
impossible. C'est ce que montre la formule (5).

166. *Résolution d'une équation du second degré
dans laquelle il ne se trouve pas de terme indépendant
de* x. — Soit cette équation

$$ax^2 + bx = 0.$$

Elle est équivalente à

$$x(ax+b) = 0,$$

et satisfaite par

$$x = 0;\ ax + b = 0,\ \text{d'où } x = -\frac{b}{a}.$$

167. Exemples. — 1° Résoudre

$$x^2 - 4x - 12 = 0.$$

On a (n° 165)

$$x = \frac{4}{2} \pm \left(\frac{16}{4} + 12\right)^{\frac{1}{2}},$$

ou

$$x = \frac{4}{2} \pm \left(\frac{16 + 48}{4}\right)^{\frac{1}{2}}$$

ou

$$x = 2 \pm (16)^{\frac{1}{2}} = 2 \pm 4.$$

Les deux racines sont donc : $x' = 6$, $x'' = -2$. En effet, 6 et — 2, combinés avec les nombres connus d'après les règles du n° 66, réalisent l'équation;

2° Résoudre l'équation

$$\frac{x}{2} + \frac{3}{x} = \frac{x+13}{3x},$$

qui devient, si l'on se débarrasse des dénominateurs,

$$3x^2 + 18 = 2x + 26,$$

ou

$$3x^2 - 2x - 8 = 0.$$

On trouve (n° 165)

$$x = \frac{2 \pm [2^2 - 4.3.(-8)]^{\frac{1}{2}}}{2.3}$$

ou

$$x = \frac{2 \pm (4 + 96)^{\frac{1}{2}}}{6} = \frac{2 \pm 10}{6}.$$

Donc, les deux racines sont

$$x' = \frac{2 + 10}{6} = 2 \; ; \; x'' = \frac{2 - 10}{6} = -1\tfrac{1}{3} \; ;$$

3° Résoudre l'équation

$$x - 2 = \frac{4x - 9}{x},$$

qui devient successivement

$$x^2 - 2x = 4x - 9,$$
$$x^2 - 6x + 9 = 0.$$

On trouve (n° 165)

$$x = \frac{6}{2} \pm \left[\left(\frac{6}{2} \right)^2 - 9 \right]^{\frac{1}{2}}$$

ou

$$x = 3 \pm (9 - 9)^{\frac{1}{2}}.$$

Donc, l'équation n'a qu'une racine

$$x = 3 \; ;$$

4° Résoudre l'équation

$$100x^2 - 100x + 41 = 0.$$

On trouve (n° 165)

$$x = \frac{100 \pm (100^2 - 4.100.41)^{\frac{1}{2}}}{2.100}$$

ou

$$x = \frac{100 \pm (10000 - 16400)^{\frac{1}{2}}}{200}.$$

Or, la racine carrée d'un nombre soustractif, 10000 — 16400, n'a aucun sens et n'existe pas; donc, il n'y a pas de nombre qui soit racine de la proposée; celle-ci est impossible.

5° Résoudre l'équation

$$4a^2 - 2x^2 + 2ax = 18ab - 18b^2,$$

qui devient successivement

$$2x^2 - 2ax + 18ab - 4a^2 - 18b^2 = 0,$$
$$x^2 - ax + 9ab - 2a^2 - 9b^2 = 0.$$

On trouve (n° 165)

$$x = \frac{a}{2} \pm \left(\frac{a^2}{4} + 2a^2 - 9ab + 9b^2\right)^{\frac{1}{2}},$$

ou

$$x = \frac{a}{2} \pm \left(\frac{9a^2}{4} - 9ab + 9b^2\right)^{\frac{1}{2}},$$

ou

$$x = \frac{a}{2} \pm \left(\frac{3a}{2} - 3b\right).$$

On a donc les deux racines,

$$x' = \frac{a}{2} + \frac{3a}{2} - 3b = 2a - 3b,$$

$$x'' = \frac{a}{2} - \frac{3a}{2} + 3b = 3b - a.$$

§ II. — De la composition d'une équation du second degré a un inconnu.

168. 1° *Dans toute équation* possible *du second degré, ramenée à la forme*

$$x^2 + px + q = 0,$$

le coefficient de x, *pris avec un signe contraire, est la somme réelle ou conventionnelle* [1] *des racines.*

[1] Voir la note du n° 165.

En effet, désignant par x' et x'' les racines de l'équation

$$x^2 + px + q = 0,$$

p, q, x', x'' étant additifs ou soustractifs, on sait que x' et x'' sont telles que

$$x'^2 + px' + q = 0,$$
$$x''^2 + px'' + q = 0,$$

ou aussi que

$$(x'^2 + px' + q) - (x''^2 + px'' + q) = 0,$$

ou que

$$x'^2 - x''^2 + p(x' - x'') = 0,$$

ou que

$$(x' - x'')(x' + x'') + p(x' - x'') = 0,$$

ou que

$$(x' - x'')(x' + x'' + p) = 0,$$

ou que, si $x' \gtrless x''$,

$$x' + x'' + p = 0.$$

On en conclut

$$x' + x'' = -p.$$

REMARQUE. — S'il n'y a qu'une racine, on sait qu'elle est égale à la moitié du coefficient de x pris avec un signe contraire;

2° *Dans toute équation possible du second degré, ramenée à la forme*

$$x^2 + px + q = 0,$$

le terme indépendant de x *est égal au produit des racines.*

En effet, si dans l'égalité réalisée

$$x'^2 + px' + q = 0,$$

on remplace p par sa valeur $-(x' + x'')$, il vient l'égalité, qui doit aussi être réalisée,

$$x'^2 - (x' + x'') x' + q = 0$$

ou

$$x'x'' = q.$$

§ III. — Résolution de problèmes qui donnent lieu
a des équations du second degré a un inconnu.

169. On trouvera, dans tous les ouvrages d'algèbre, des problèmes de cette espèce, problèmes qu'on résoudra facilement en appliquant les théories que nous avons exposées. La possibilité ou l'impossibilité d'un problème se manifeste par la possibilité ou l'impossibilité de son équation : on sait comment elles se manifestent dans les équations du second degré (n° 165, remarque II).

§ IV. — Résolution d'un système d'équations
simultanées du second degré.

170. Cette résolution présente, en général, d'assez grandes difficultés : nous nous en occuperons lors de la résolution d'un système d'équations de degré supérieur.

Il est cependant des systèmes particuliers qui se résolvent assez aisément, par des considérations spéciales. On en trouvera un grand nombre dans tous les ouvrages d'algèbre.

§ V. — D'une propriété du trinôme $ax^2 + bx + c$.

171. Le trinôme

$$ax^2 + bx + c$$

est égal à

$$a\left(x^2 + \frac{b}{a}x + c\right).$$

Le trinôme $x^2 + \frac{b}{a}x + c$ *ou* $x^2 + px + q$ *est toujours égal à*

$$(x - x')(x - x''),$$

quel que soit le nombre x, *si* x' *et* x'' *sont les racines de l'équation du second degré* $x^2 + px + q = 0$.

En effet, si, dans le trinôme $x^2 + px + q$, on remplace p et q par leurs valeurs (n° 168) $-(x' + x'')$ et $x'x''$, il vient

$$x^2 + px + q = x^2 - (x' + x'')x + x'x'' = x^2 - xx' - x''x + x'x''$$
$$= x(x - x') - x''(x - x') = (x - x')(x - x'').$$

Ainsi, quel que soit x, on a

$$ax^2 + bx + c = a(x - x')(x - x'),$$

x' et x'' étant les racines de l'équation

$$x^2 + \frac{b}{a}x + \frac{c}{a} = 0.$$

172. Remarque I. — Du n° 168 on conclut que *deux nombres dont on connaît la somme* s *et le produit* p, *sont les racines d'une équation du second degré, qui a pour coefficient du premier terme l'unité, pour coefficient du second terme la somme donnée prise avec un signe contraire, et pour terme indépendant le produit donné, savoir l'équation*

$$x^2 - sx + p = 0.$$

REMARQUE II. — *L'équation du second degré dont les racines sont des nombres α et β est évidemment* (n° 171)

$$(x - α)(x - β) = 0$$

ou

$$x^2 - (α + β)\, x + αβ = 0.$$

CHAPITRE III.

173. Les *algébristes* sont parvenus à résoudre les
équations du troisième et du quatrième degré, c'est-
à-dire à découvrir certaines opérations qu'il faut
exécuter sur les nombres connus pour trouver les
inconnus, par des procédés tout spéciaux, qui se
basent sur la considération de *quantités imaginaires*.
Malgré tous leurs efforts, ils n'ont pu résoudre des
équations d'un degré supérieur au quatrième. Ce
résultat n'offre, du reste, rien d'étonnant : des doctrines aussi subjectives ne peuvent être fécondes
dans leurs développements.

Comme ces calculs algébriques ne sont pas plus
simples que ceux par lesquels nous trouverons,
livre II, deuxième partie, chapitre V, les nombres
d'unités qui réalisent des équations de degré quelconque, en considérant ces nombres dans les phénomènes du changement auxquels ils sont soumis,
nous ne nous y arrêterons pas.

LA SCIENCE DE LA QUANTITÉ.

LIVRE II.

PREMIÈRE PARTIE. — Des quantités ou des nombres d'unités considérés dans les phénomènes du changement auxquels ils sont soumis.

SECONDE PARTIE. — Des quantités ou des nombres d'unités, fonctions d'autres quantités ou nombres d'unités, considérés dans les phénomènes du changement.

PREMIÈRE PARTIE.

Des quantités ou des nombres d'unités considérés dans les phénomènes du changement auxquels ils sont soumis.

CHAPITRE UNIQUE.

DES PROGRESSIONS ET DES LOGARITHMES.

174. Les chapitres du livre précédent ont eu pour objet l'étude des rapports de grandeur que peuvent avoir entre eux les quantités ou les nombres d'unités des objets posés dans la nature et considérés indépendamment des phénomènes qui constituent le devenir. Cependant tous les objets du monde physique manifestent leur activité par des phénomènes toujours distincts ou par le changement, et ce changement s'opère, d'une façon continue, sous la forme du *temps*. Envisagés spécialement en tant que quantités ou nombres d'unités, les objets et les formes matériels limités *croissent ou décroissent dans le temps*, et cette variation est également soumise à la loi de continuité, c'est-à-dire que ces objets et ces formes passent d'un état de grandeur à un autre en affectant successivement tous les états intermédiaires.

Il nous faut maintenant examiner les nombres d'unités dans leurs variations, en faisant toujours abstraction de l'espèce de ces unités, puisque nos conceptions s'appliquent à toutes les unités physiques.

Le passage d'une quantité d'un état de grandeur à un autre peut s'effectuer de différentes manières : la variation peut être *uniforme* ou *ne pas l'être*. La variation est uniforme si la quantité considérée croît ou décroît de quantités égales dans les unités de temps successives. Dans le cas contraire, elle n'est pas uniforme ou elle est *variable*.

Si la variation est uniforme, les nombres d'unités de la grandeur *progressent*, dans leur série, *par addition ou par soustraction* d'un même nombre.

Si la variation n'est pas uniforme, il peut se présenter deux cas : elle est *régulièrement variable* ou *irrégulièrement variable*.

Si la variation est *régulièrement variable*, la série des nombres d'unités de la grandeur considérée progresse d'après une loi constante. Parmi toutes les progressions soumises à une loi constante, une des plus remarquables est la *progression par multiplication ou par division* par un même nombre.

Si la variation est *irrégulièrement variable*, la série des nombres d'unités progresse d'après une loi qui se modifie dans tout son cours.

Examinons successivement les divers cas que nous venons de reconnaître, et les propriétés qui en résultent pour les nombres d'unités.

175. Définitions. — 1° *De la progression par addition ou par soustraction.* — Des nombres sont *en progression par addition*, lorsque chacun d'eux surpasse celui qui le précède d'un nombre constant, que nous appellerons la *raison* de la progression. Considérés en sens inverse, ces nombres sont *en progression par soustraction.*

Par exemple, les nombres

$$3, 7, 11, 15, 19, 23, \ldots,$$

les nombres

$$2, 2\tfrac{3}{4}, 3\tfrac{1}{2}, 4\tfrac{1}{4}, 5, \ldots$$

sont en progression par addition. Pour l'indiquer, nous les écrirons de la manière suivante,

$$(+) \; 3, 7, 11, 15, 19, 23, \ldots \quad (1)$$

$$(+) \; 2, 2\tfrac{3}{4}, 3\tfrac{1}{2}, 4\tfrac{1}{4}, 5, \ldots \quad (2)$$

Les nombres

$$(-) \; 48, 45, 42, 39, 36, 33, \ldots \quad (3)$$

sont en *progression par soustraction.*

On peut dire aussi que, dans la progression par addition, *la raison est additive,* et que, dans la progression par soustraction, *la raison est soustractive.* Si l'on s'exprime de cette façon, on considérera les *progressions à raison additive* et les *progressions à raison soustractive.*

Les raisons additives des deux progressions (1) et (2) sont respectivement 2 et $\frac{3}{4}$. La raison soustractive de la progression (3) est (— 3).

Les formules exprimant les propriétés que nous démontrerons pour les progressions par addition s'appliqueront aussi aux progressions par soustraction : il suffira d'y supposer la raison soustractive;

2° *De la progression par multiplication ou par division.* — Des nombres sont *en progression par multiplication* lorsque chacun d'eux est égal à celui qui le précède multiplié par un nombre constant, qui est la *raison* de la progression. Considérés en sens inverse, ces nombres sont *en progression par division.*

Par exemple, les nombres

$$4, 12, 36, 108, 324, 972, \dots.$$

sont en progression par multiplication. Pour l'indiquer, nous les écrirons de la manière suivante,

$$(\times)\ 4, 12, 36, 108, \dots. \quad (4)$$

Les nombres

$$(\div)\ 528, 264, 132, 66, 33, 16\frac{1}{2}, \dots. \ (5)$$

sont en progression par division.

On peut supprimer la distinction entre les progressions par multiplication et les progressions par division, en admettant que, dans les premières, la raison soit plus grande que l'unité et que, dans les dernières, elle soit plus petite que l'unité. La raison de la progression (4) est 3; celle de la progression (5) est $\frac{1}{2}$.

§ Ier. — De quelques propriétés des progressions par addition.

176. *Détermination d'un terme de rang* n *quelconque d'une progression par addition*

$$(+) \; T_1, \; T_2, \; T_3, \; ...., \; T_n, \; ....$$

dont on connaît le premier terme T_1, *et la raison* **R**, *additive ou soustractive*. — Chaque terme de la progression se déduit du précédent en lui ajoutant la raison. Le second terme T_2 est donc

$$T_2 = T_1 + R, \qquad (T_2)$$

le troisième,

$$T_3 = T_2 + R = T_1 + 2R, \quad (T_3)$$

le quatrième,

$$T_4 = T_3 + R = T_1 + 3R, \quad (T_4)$$

le $n^{ième}$,

$$T_n = T_{n-1} + R = T_1 + (n-1)R. \quad (T_n)$$

Ainsi, *un terme de rang quelconque d'une progression par addition est égal au premier terme, augmenté d'autant de fois la raison qu'il est marqué par le rang du terme, diminué d'une unité.*

Corollaire. — La formule T_n exprimant une relation entre les quatre nombres T_1, T_n, n et R, permet de déterminer l'un d'eux quand on connaît les trois autres. On trouve facilement

$$T_1 = T_n - (n-1)R, \; R = \frac{T_n - T_1}{n-1}, \; n = 1 + \frac{T_n - T_1}{R}.$$

EXEMPLES. — 1° Déterminer le vingtième terme de la progression par addition, dont le premier terme est 2 et dont la raison est 3.

On trouve

$$T_{20} = 2 + (20 - 1) 3 = 59 ;$$

2° Déterminer le douzième terme de la progression à raison soustractive dont la raison est (— 6) et dont le premier terme est 80.

On trouve

$$T_{12} = 80 - (12 - 1) 6 = 14.$$

177. *Des termes d'une progression par addition étant connus, trouver un certain nombre de termes intermédiaires entre ces termes pris deux à deux, et qui soient en progression par addition avec les premiers.*

Pour fixer les idées, considérons la progression

$$(+)\ 3,\ 57,\ 111,\ 165,\ 219,\ \ldots$$

dont la raison est 54. Il s'agit, par exemple, de trouver huit nombres compris entre 3 et 57, puis huit nombres compris entre 57 et 111, ..., tels que tous ces nombres soient en progression par addition.

Résolvons le problème, d'une façon générale, pour la progression

$$(+)\ T_1,\ T_2,\ T_3,\ \ldots,\ T_n,\ \ldots,$$

et scindons la question.

Proposons-nous d'abord de trouver m nombres, compris entre T_1 et T_2, qui soient avec ces nombres

en progression par addition. Puisque la progression
à rechercher doit, y compris les nombres T_1 et T_2,
être composée de $m + 2$ termes, il s'ensuit (n° 176)
que le dernier terme T_2 est égal au premier T_1, plus
$m + 1$ fois la raison inconnue R, c'est-à-dire que

$$T_2 = T_1 + (m + 1) R;$$

donc

$$(m + 1) R = T_2 - T_1,$$

$$R = \frac{T_2 - T_1}{m + 1}.$$

Connaissant la raison, on détermine facilement
les nombres cherchés,

$$T_2 = T_1 + \frac{T_2 - T_1}{m + 1} . 1, \; T_1 + \frac{T_2 - T_1}{m + 1} . 2, \; ...., \; T_1 + \frac{T_2 - T_1}{m + 1} . m;$$

et l'on a la progression

$$(+) T_1, T_1 + \frac{T_2 - T_1}{m + 1}, \; ...., \; T_1 + \frac{T_2 - T_1}{m + 1} . m, \; T_1 + \frac{T_2 - T_1}{m + 1} . (m + 1) \text{ ou } T_2.$$

SYNTHÈSE. — Pour trouver m nombres qui soient
avec des nombres donnés T_1 et T_2 en progression
par addition et qui soient compris entre ces derniers, il suffit de déterminer la raison de cette progression. Celle-ci, additive ou soustractive, est égale
à la différence entre le plus grand et le plus petit
des nombres donnés, divisée par le nombre des
termes de la progression diminué de l'unité.

Remarquons maintenant que, si entre les termes
d'une progression par addition

$$(+) \; T_1, T_2, T_3, \; ...., \; T_n, T_{n+1}, \; ....$$

pris deux à deux, on détermine m nombres qui
soient avec eux en progression par addition, l'ensemble de tous les nombres considérés sera également en progression par addition. En effet, les
raisons des progressions partielles

$$\frac{T_2 - T_1}{m + 1}, \frac{T_3 - T_2}{m + 1}, \ldots, \frac{T_{n+1} - T_n}{m + 1}, \ldots$$

sont toutes égales, puisque

$$T_2 - T_1 = T_3 - T_2 = \ldots = T_{n+1} - T_n;$$

et le dernier terme de chacune est, en même temps,
le premier terme de la suivante.

EXEMPLES. — 1° Les termes

$$(+ 3, 57, 111, 165, 219, \ldots$$

d'une progression par addition étant donnés, déterminer, entre les termes consécutifs pris deux à
deux, huit nombres qui soient avec eux en progression par addition.

La raison des progressions partielles est ici

$$\frac{57 - 3}{9} = \frac{111 - 57}{9} = \ldots = 6$$

On a donc la progression

$(+ 3, 9, 15, 21, 27, 33, 39, 45, 51, 57, 63, 69, 75, 81, 87, 93, 99,$
$105, 111, 117. \ldots;$

2° Les termes

$$(—) 11, 9, 7, 5, \ldots$$

d'une progression par addition à raison soustractive
étant donnés, déterminer, entre les termes consécutifs pris deux à deux, dix nombres qui soient avec
eux en progression.

La raison soustractive des progressions partielles est ici

$$\frac{11-9}{11} = \frac{9-7}{11} = \frac{7-5}{11} = \ldots = \frac{2}{11}.$$

On a donc la progression

$$(-)\,11,\ 10\,\frac{9}{11},\ 10\,\frac{7}{11},\ 10\,\frac{5}{11},\ 10\,\frac{3}{11},\ 10\,\frac{1}{11},\ 9\,\frac{10}{11},\ 9\,\frac{8}{11},\ 9\,\frac{6}{11},\ 9\,\frac{4}{11},$$

$$9\,\frac{2}{11},\ 9,\ 8\,\frac{9}{11},\ 8\,\frac{7}{11},\ 8\,\frac{5}{11},\ \ldots,\ 7,\ \ldots$$

178. On pourrait, *étant donnés trois nombres quel-conques, se demander s'ils sont en progression par addition.* L'essence des nombres fait comprendre *à priori* qu'il doit en être ainsi. Voici, du reste, une suite de raisonnements qui déterminent complète-ment la question :

Considérons trois nombres a, b, c. Si a, b, c sont en progression par addition, et si m est le nombre des termes qui se trouvent entre a et b, n celui des termes qui se trouvent entre b et c, la raison de la progression est (n° 176)

$$\frac{b-a}{m+1} \text{ ou } \frac{c-b}{n+1};$$

et l'on a

$$\frac{b-a}{m+1} = \frac{c-b}{n+1}.$$

Donc, si a, b, c font partie d'une pareille progression, il doit exister entre eux la relation

$$\frac{b-a}{c-b} = \frac{m+1}{n+1},$$

c'est-à-dire qu'il doit exister deux nombres entiers

18

$m + 1$ et $n + 1$ dont le quotient soit égal à celui de $b - a$ par $c - b$.

Or, il est évident qu'il existe une infinité de nombres pareils, et, par conséquent, *trois nombres quelconques* a, b, c *entrent dans une infinité de progressions par addition.*

179. THÉORÈME. — *Dans toute progression par addition, la somme de deux termes pris à égale distance des deux extrêmes est égale à la somme des deux extrêmes.*

Considérons, dans la progression

$$(+)\ T_1,\ T_2,\ T_3,\ T_4,\ ....,T_p,\ ....,\ T_{n-(p-1)},\ ....,\ T_n,$$

les deux termes T_p et $T_{n-(p-1)}$, c'est-à-dire le terme qui en a $p - 1$ avant lui et celui qui en a $p - 1$ après lui. Je dis que

$$T_p + T_{n-(p-1)} = T_1 + T_n.$$

En effet (n° 176), R étant la raison,

$$T_p = T_1 + (p - 1)\,R;$$
$$T_n = T_{n-(p-1)} + (p - 1)\,R;$$

d'où l'on conclut

$$T_p - T_n = [T_1 + (p - 1)\,R] - [T_{n-(p-1)} + (p - 1)\,R],$$
$$T_p - T_n = T_1 - T_{n-(p-1)},$$

et $$T_p + T_{n-(p-1)} = T_1 + T_n.$$

EXEMPLE. — Dans la progression

$$(+)\ 1,\ 4,\ 7,\ 10,\ 13,\ 16,\ 19,\ 22,\ 25,\ 28,\ 31,\ 34,\ 37,$$

on a

$$1 + 37 = 4 + 34 = 7 + 31 = 10 + 28 = ...$$

REMARQUE. — Lorsque la progression renferme un

nombre impair n de termes, celui du milieu est égal à la demi-somme des deux extrêmes, c'est-à-dire que

$$T_{\frac{n+1}{2}} = \frac{T_1 + T_n}{2}.$$

En effet (n° 176),

$$T_{\frac{n+1}{2}} = T_1 + \frac{n-1}{2} \cdot R,$$

et l'on a aussi

$$T_{\frac{n+1}{2}} = T_n - \frac{n-1}{2} \cdot R.$$

On conclut de ces deux égalités que

$$2 T_{\frac{n+1}{2}} = T_1 + T_n,$$

et

$$T_{\frac{n+1}{2}} = \frac{T_1 + T_n}{2}.$$

Exemple. — Dans la progression

$$(\div)\ 1,\ 4,\ 7,\ 10,\ 13,\ 16,\ 19$$

renfermant sept termes, le terme du milieu ou le quatrième

$$10 = \frac{1 + 19}{2}.$$

180. *Somme des termes d'une progression par addition.* — La propriété précédente fournit un moyen très simple d'obtenir la somme des termes d'une progression par addition.

Cherchons la somme des termes de la progression

$$(+)\ T_1,\ T_2,\ T_3,\ ....,\ T_p,\ ....,\ T_{n-(p-1)},\ ....,\ T_{n-2},\ T_{n-1},\ T_n$$

d'un nombre pair de termes, savoir

$$S = T_1 + T_2 + T_3 + \ldots + T_p + \ldots + T_{n-(p-1)} + \ldots + T_{n-2} + T_{n-1} + T_n.$$

On a

$$S = (T_1 + T_n) + (T_2 + T_{n-1}) + \ldots + (T_p + T_{n-(p-1)}) + \ldots,$$

ou (n° 179)

$$S = (T_1 + T_n)\frac{n}{2}.$$

Si le nombre n des termes est impair, on a

$$S = (T_1 + T_n) + (T_2 + T_{n-1}) + \ldots + (T_p + T_{n-(p-1)}) + \ldots + T_{\frac{n+1}{2}}$$

ou (n° 179)

$$S = (T_1 + T_n)\frac{n-1}{2} + T_{\frac{n+1}{2}},$$

ou (n° 179, remarque)

$$S = (T_1 + T_n)\frac{n-1}{2} + \frac{T_1 + T_n}{2},$$

ou encore

$$S = \frac{(T_1 + T_n)\,n}{2}. \quad \text{(S)}.$$

Ainsi, *la somme des termes d'une progression par addition est égale à la moitié du produit de la somme des extrêmes multipliée par le nombre des termes.*

EXEMPLES. — 1° La somme des vingt-cinq premiers termes de la progression

$$(+)\ 2,\ 7,\ 12,\ 17,\ \ldots,$$

dont le vingt-cinquième terme est $2 + (25 - 1)\,5$ ou 122, est

$$S = \frac{(2 + 122)\,25}{2} = 1550;$$

2° La somme des cent premiers termes de la progression

$$(-)\ 199,\ 197,\ 195,\ 193,\ \ldots,$$

dont le centième terme est $199 - (100 - 1)\,2$ ou 1, est

$$S = \frac{(199 + 1)\,100}{2} = 10000 \text{ ou } 100^2;$$

3° La somme des n premiers termes de la progression

$$(+)\ 1,\ 3,\ 5,\ 7,\ 9,\ \ldots,$$

dont le $n^{ième}$ terme est $1 + (n - 1)\,2$ ou $2\,n - 1$, est

$$S = \frac{(1 + 2n - 1)\,n}{2} = n^2 \text{ ou le carré de } n.$$

Ainsi, la somme des quinze premiers nombres impairs est 15^2 ou 225.

181. Les formules (T_n) du n° 176 et (S) du n° 180,

$$T_n = T_1 + (n - 1)\,R,\ S = \frac{(T_1 + T_n)\,n}{2}$$

expriment deux relations entre les cinq quantités T_1, T_n, n, R et S; par conséquent, elles permettent de déterminer deux de ces quantités quand les trois autres sont connues. De là, dix problèmes à résoudre :

1°	Étant donnés T_1, T_n, R.	déterminer	n	et S.
2°	—	T_1, T_n, S,	—	R et n.
3°	—	T_1, R, n,	—	T_n et S.
4°	—	T_1, T_n, n,	—	R et S.
5°	—	T_1, R, S,	—	T_n et n.
6°	—	T_1, n, S,	—	T_n et R.
7°	—	T_n, R, n,	—	T_1 et S.
8°	—	T_n, R, S,	—	T_1 et n.
9°	—	T_n, n, S,	—	T_1 et R.
10°	—	R, n, S,	—	T_1 et T_n.

§ II. — De quelques propriétés des progressions par multiplication.

182. *Détermination d'un terme de rang* n *quelconque d'une progression par multiplication*

$$(\times)\ t_1,\ t_2,\ t_3,\ t_4,\ ....,\ t_n,\ ....,$$

dont on connaît le premier terme t_1 *et la raison* r. — Chaque terme de la progression par multiplication se déduit du précédent en le multipliant par la raison.

Le deuxième terme est donc

$$t_2 = t_1 . r;$$

le troisième,

$$t_3 = t_2 . r = t_1 . r^2;$$

le quatrième,

$$t_4 = t_3 . r = t_1 . r^3;$$
$$. . . . . ;$$

le $n^{i\text{ème}}$,

$$t_n = t_{n-1} . r = t_1 . r^{n-1}. \quad (t_n)$$

Ainsi, *un terme de rang quelconque est égal au premier terme multiplié par la puissance de la raison, dont l'exposant est marqué par le rang du terme considéré, diminué d'une unité.*

Corollaire. — La formule t_n, exprimant une relation entre les quatre nombres t_n, t_1, r et n, permet de déterminer l'un d'eux, quand on connaît les trois autres. On trouve

$$t_1 = \frac{t_n}{r^{n-1}},\ r = \left(\frac{t_n}{t_1}\right)^{\frac{1}{n-1}},\ r^{n-1} = \frac{t_n}{t_1}.$$

Nous apprendrons plus tard à déterminer l'exposant $n - 1$ qui satisfait à la relation

$$r^{n-1} = \frac{t_n}{t_1}.$$

EXEMPLES. — 1° *Déterminer le douzième terme de la progression par multiplication*

$$(\times)\ 2,\ 6,\ 18,\ ....,$$

dont la raison est 3.

On trouve

$$t_{12} = 2 \cdot 3^{11} = 354294;$$

2° *Déterminer le dixième terme de la progression*

$$(\times)\ 12,\ 6,\ 3,\ \frac{3}{2},\ ....,$$

dont la raison est $\frac{1}{2}$.

On trouve

$$t_{10} = 12 \left(\frac{1}{2}\right)^9 = \frac{3}{128}.$$

183. *Des termes d'une progression par multiplication étant connus, trouver un certain nombre de termes intermédiaires entre ces termes pris deux à deux, qui soient en progression avec les premiers.*

Pour fixer les idées, considérons la progression

$$(\times)\ 7,\ 112,\ 1792,\ 28672,\ ....,$$

dont la raison est 16. Il s'agit, par exemple, de trouver trois nombres compris entre 7 et 112, puis trois nombres compris entre 112 et 1792, ..., tels que tous ces nombres soient en progression par multiplication.

Résolvons le problème, d'une manière générale, pour la progression

$$(\times)\ t_1,\ t_2,\ t_3,\ t_4,\ \ldots,\ t_n,\ \ldots.$$

et proposons-nous d'abord de déterminer m nombres compris entre t_1 et t_2, qui soient avec ces nombres en progression par multiplication. Puisque la progression qu'il s'agit de déterminer doit, y compris les nombres t_1 et t_2, être composée de $m + 2$ termes, il s'ensuit (n° 182) que le dernier terme t_2 sera égal au premier terme t_1 multiplié par une puissance de la raison r, dont l'exposant soit égal au rang du terme t_2, diminué d'une unité, c'est-à-dire que

$$t_2 = t_1 \cdot r^{m+1};$$

donc

$$r^{m+1} = \frac{t_2}{t_1},$$

et

$$r = \left(\frac{t_2}{t_1}\right)^{\frac{1}{m+1}}.$$

Connaissant la raison, on détermine facilement les nombres cherchés

$$t_1\,r,\ t_1\,r^2,\ t_1\,r^3,\ \ldots,\ t_1\,r^{m-1},\ t_1\,r^m,$$

et l'on a la progression

$$(\times)\ t_1,\ t_1\,r,\ t_1\,r^2,\ t_1\,r^3,\ \ldots,\ t_1\,r^m,\ t_1\,r^{m+1}\ \text{ou}\ t_2.$$

Synthèse. — Pour trouver m nombres, compris entre des nombres donnés t_1 et t_2, qui soient avec ceux-ci en progression par multiplication, il suffit de déterminer la raison de cette progression. Cette raison est égale à la racine, de degré marqué par le nombre des termes de la progression, diminué d'une unité, du quotient du dernier nombre divisé par le premier.

Remarquons maintenant que, si entre les termes d'une progression par multiplication

$$(\times)\, l_1,\, l_2,\, l_3,\, ...,\, l_n,\, ...,$$

pris deux à deux, on détermine m nombres qui soient avec eux en progression par multiplication, l'ensemble de tous les nombres considérés sera également en progression par multiplication. En effet, les raisons des progressions partielles,

$$\left(\frac{l_2}{l_1}\right)^{\frac{1}{m+1}},\, \left(\frac{l_3}{l_2}\right)^{\frac{1}{m+1}},\, \left(\frac{l_4}{l_3}\right)^{\frac{1}{m+1}},\, ...,\, \left(\frac{l_n}{l_{n-1}}\right)^{\frac{1}{m+1}},\, ...,$$

sont toutes égales, puisque

$$\frac{l_2}{l_1} = \frac{l_3}{l_2} = \frac{l_4}{l_3} = ...;$$

et le dernier terme de chacune est, en même temps, le premier terme de la suivante.

EXEMPLE. — *Les termes*

$$(\times)\, 7,\, 112,\, 1792,\, 28672,\, ...$$

d'une progression par multiplication étant donnés, déterminer, entre les termes consécutifs pris deux à deux, trois nombres qui soient avec eux en progression par multiplication.

La raison des progressions partielles est ici

$$\left(\frac{112}{7}\right)^{\frac{1}{5-1}} = \left(\frac{1792}{112}\right)^{\frac{1}{5-1}} = ... = (16)^{\frac{1}{4}} = 2.$$

On a donc la progression

$(\times)$ 7, 14, 28, 56, 112, 224, 448, 896, 1792, ...

184. On pourrait, *étant donnés trois nombres quel-conques* a, b, c, *se demander s'ils sont en progres-sion par multiplication*. Pour résoudre la question, cherchons la relation qui doit exister entre trois nombres en progression par multiplication.

Soient ces nombres a, b, c, et désignons par m le nombre des termes qui se trouvent entre a et b, par n le nombre des termes qui se trouvent entre a et c. La raison de la progression est (n° 182)

$$\left(\frac{b}{a}\right)^{\frac{1}{m+1}} \text{ ou } \left(\frac{c}{a}\right)^{\frac{1}{n+1}}.$$

Puisque a, b, c sont en progression par multipli-cation, on a

$$\left(\frac{b}{a}\right)^{\frac{1}{m+1}} = \left(\frac{c}{a}\right)^{\frac{1}{n+1}}, \quad (1)$$

ou

$$\left(\frac{b}{a}\right)^{n+1} = \left(\frac{c}{a}\right)^{m+1}. \quad (2)$$

Donc, si a, b, c font partie d'une progression par multiplication dans laquelle il se trouve m termes entre a et b et n termes entre a et c, ils doivent satisfaire à la relation (2).

En d'autres termes, pour que a, b, c puissent faire partie d'une progression par multiplication, il faut qu'on puisse déterminer deux nombres m et n, tels que la puissance de degré m du nombre $\frac{b}{a}$ soit égale à la puissance de degré n du nombre $\frac{c}{a}$. Or, il est évident qu'il existe une infinité de nombres m et n satisfaisant à cette condition, et, par conséquent, *trois nombres quelconques* a, b, c *entrent dans une infinité de progressions par multiplication.*

185. THÉORÈME. — *Dans toute progression par multiplication, le produit de deux termes pris à égale distance des deux extrêmes, est égal au produit des deux extrêmes.*

Considérons dans la progression

$$(\times)\ t_1,\ t_2,\ t_3,\ \ldots,\ t_p,\ \ldots\ t_{n-(p-1)},\ \ldots,\ t_n,$$

les deux termes t_p et $t_{n-(p-1)}$, c'est-à-dire le terme qui en a $p-1$ avant lui et celui qui en a $p-1$ après lui. Je dis que

$$t_p\ .\ t_{n-(p-1)} = t_1\ .\ t_2.$$

En effet (n° 182), r étant la raison,

$$t_p = t_1\ .\ r^{p-1},$$
$$t_n = t_{n-(p-1)}\ .\ r^{p-1}\ ;$$

d'où l'on conclut

$$\frac{t_p}{t_n} = \frac{t_1}{t_{n-(p-1)}},$$

et

$$t_p\ .\ t_{n-(p-1)} = t_1\ .\ t_n.$$

EXEMPLE. — Dans la progression

$$(\times)\ 2,\ 6,\ 18,\ 54,\ 162,\ 486,\ 1458,$$

on a

$$2\ .\ 1458 = 6\ .\ 486 = \ldots.$$

Remarque. — Lorsque la progression renferme un nombre impair n de termes, le terme du milieu est égal à la racine carrée du produit des deux extrêmes, c'est-à-dire que

$$t_{\frac{n+1}{2}} = (t_1 . t_2)^{\frac{1}{2}}.$$

En effet (n° 182),

$$t_{\frac{n+1}{2}} = t_1 . r^{\frac{n-1}{2}},$$

$$t_{\frac{n+1}{2}} = \frac{t_n}{r^{\frac{n-1}{2}}} ;$$

D'où l'on conclut

$$\left(t_{\frac{n+1}{2}}\right)^2 = t_1 . t_n,$$

et

$$t_{\frac{n+1}{2}} = (t_1 \cdot t^n)^{\frac{1}{2}}$$

Exemple. — Dans la progression

$$(\times)\ 2, 6, 18, 54, 162, 486, 1458,$$

renfermant sept termes, le terme du milieu ou le quatrième

$$54 = (2.1458)^{\frac{1}{2}} = (2916)^{\frac{1}{2}}.$$

186. *Produit des termes d'une progression par multiplication.* — La propriété précédente fournit un moyen très simple d'obtenir le produit des termes d'une progression par multiplication.

Cherchons le produit des termes de la progression

$$(\times)\ t_1, t_2, t_3, ..., t_p, ..., t_{n-(p-1)}, ..., t_{n-2}, t_{n-1}, t_n,$$

dont la raison est r, savoir

$$P = t_1.t_2.t_3. \ldots. t_p. \ldots. t_{n-(p-1)}. \ldots. t_{n-2}.t_{n-1}.t_n.$$

On a aussi

$$P = (t_1.t_n).(t_2.t_{n-1}) \ldots (t_p.t_{n-(p-1)}) \ldots,$$

ou (n° 185)

$$P = (t_1.t_n)^{\frac{n}{2}},$$

si le nombre des termes est pair.

Si le nombre des termes est impair, on a

$$P = (t_1.t_n).(t_2.t_{n-1}) \ldots (t_p.t_{n-(p-1)}) \ldots t_{\frac{n+1}{2}},$$

ou (n° 185)

$$P = (t_1.t_n)^{\frac{n-1}{2}}.t_{\frac{n-1}{2}},$$

ou (n° 185, remarque)

$$P = (t_1.t_n)^{\frac{n-1}{2}}.(t_1.t_n)^{\frac{1}{2}},$$

ou

$$P = (t_1.t_n)^{\frac{n}{2}}.$$

Ainsi, *le produit des termes d'une progression par multiplication est égal à la racine carrée du produit des deux extrêmes élevé à une puissance dont l'exposant est égal au nombre des termes de la progression.*

EXEMPLE. — Le produit des termes de la progression par multiplication

$$(\times) \; 12, 6, 3, \frac{3}{2}, \frac{3}{4}$$

est

$$P = \left[\left(12 . \frac{3}{4} \right)^5 \right]^{\frac{1}{2}} = 243.$$

187. Somme des termes d'une progression par multiplication. — Cherchons la somme des termes de la progression

$$(\times)\ t_1, t_2, t_3, \ldots, t_n,$$

dont la raison est r.

On a

$$s = t_1 + t_1 r + t_1 r^2 + \ldots + t_1 r^{n-1},$$

ou

$$s = t_1 (1 + r + r^2 + \ldots + r^{n-1}) = t_1 \cdot \frac{r^n - 1}{r - 1}, \quad (s)$$

ou encore, puisque $t_1 r^{n-1} = t_n$,

$$s = \frac{t_n \cdot r - t_1}{r - 1}. \quad (s)$$

Ainsi, *la somme des termes d'une progression par multiplication est égale au produit du dernier terme par la raison, diminué du premier terme, et divisé par l'excès de la raison sur l'unité.*

Exemple. — La somme des termes de la progression

$$(\times)\ 2, 6, 18, 54, 162, 486, 1458,$$

est

$$s = \frac{1458 \cdot 3 - 2}{3 - 1} = 2186.$$

§ III. — Résultats de la comparaison de certains nombres en progression par addition avec d'autres nombres en progression par multiplication. — Théorie des logarithmes.

183. Parmi les nombres d'unités en progression par addition qui sont en relation avec d'autres nombres en progression par multiplication, il y a lieu de distinguer les exposants des puissances d'un

nombre et ces puissances elles-mêmes. On remarque que, si les exposants des puissances d'un nombre constant a sont en progression par addition, les puissances elles-mêmes sont en progression par multiplication. Par exemple, si dans l'égalité $a^x = y$, a désignant un nombre constant plus grand que 1, on suppose successivement les exposants x égaux à

$$1, 2, 3, 4, 5, 6, \ldots,$$

nombres en progression par addition dont la raison est 1, on trouve pour les puissances

$$y = a, a^2, a^3, a^4, a^5, a^6, \ldots,$$

nombres en progression par multiplication dont la raison est a.

On conçoit maintenant que, si l'on inscrit dans une table les exposants 1, 2, 3, 4, ..., et, en regard, les nombres a, a^2, a^3, a^4, ..., il suffit, pour connaître le produit du nombre a^2 par le nombre a^4, de chercher la somme 6 des exposants 2 et 4; le nombre a^6, correspondant dans la table, sera le produit demandé.

Inversement, on peut supposer que y désigne successivement tous les nombres entiers ou fractionnaires, calculer, exactement ou approximativement, les exposants de a qui leur correspondent et les inscrire dans une table en regard de ces nombres. C'est le système que l'on a adopté et que nous allons développer.

189. Démontrons d'abord que : *Les nombres désignés par* a^x, x *exprimant un nombre entier ou frac-*

tionnaire (¹), *sont tous les nombres entiers ou fraction-naires plus grands que l'unité, lorsque le nombre* a *est plus grand que* 1.

Le théorème sera établi si je prouve que le nombre désigné par a^x varie d'une manière continue, lorsque x varie d'une manière continue; qu'il s'approche indéfiniment de l'unité, lorsque x décroît indéfiniment; et qu'il acquiert toutes les valeurs plus grandes que a, lorsque x croît indéfiniment à partir de l'unité.

Faisons voir que, si l'exposant x croît ou décroît d'une manière continue depuis une valeur b jusqu'à une valeur b', le nombre désigné par a^x croît ou décroît d'une manière continue depuis la valeur a^b jusqu'à la valeur $a^{b'}$; en d'autres termes, que, si l'exposant x reçoit des accroissements ou des décroissements aussi petits qu'on le veut, le nombre désigné par a^x reçoit également des accroissements ou des décroissements aussi petits qu'on le veut. Supposons $x = b$; je dis que l'on peut augmenter ou diminuer b d'une quantité $\frac{1}{n}$ assez petite pour que la différence

$$a^{b+\frac{1}{n}} - a^b = a^b \left(a^{\frac{1}{n}} - 1 \right)$$

soit aussi petite qu'on le voudra. Puisque a^b est un nombre constant indépendant de $\frac{1}{n}$, il nous suffira de prouver que, sous une valeur suffisamment grande de n, $a^{\frac{1}{n}} - 1$ peut être rendu plus petit que

(¹) On sait que $a^{\frac{m}{n}}$ désigne la racine $n^{ième}$ de la $m^{ième}$ puissance de a (n° 23).

tout nombre donné, ou que l'on peut déterminer un nombre n suffisamment grand pour que

$$a^{\frac{1}{n}} \text{ soit} < 1 + \varepsilon, \quad (1)$$

quel que petit que soit ε, ou encore pour que

$$a \text{ soit} < (1 + \varepsilon)^n. \quad (2)$$

(Il est à remarquer que, quel que soit $\frac{1}{n}$, le nombre $a^{\frac{1}{n}}$ est toujours > 1, si $a > 1$: cela résulte de la notion même de racine.) Or, les puissances successives de $1 + \varepsilon$, toutes plus grandes que 1, peuvent surpasser toute limite. On peut donc toujours assigner un nombre n tel que l'inégalité (2) et, par suite, son équivalente (1) se réalisent. Donc le nombre désigné par a^x varie d'une manière continue avec x.

Il s'approche indéfiniment de l'unité lorsque x décroît indéfiniment; en d'autres termes, la racine d'un nombre a plus grand que 1 s'approche de l'unité autant qu'on le veut, lorsque le degré de cette racine est suffisamment grand. Cela résulte encore de ce que l'on peut assigner un nombre n tel que

$$a^{\frac{1}{n}} \text{ soit} < 1 + \varepsilon \text{ ou que } a \text{ soit} < (1 + \varepsilon)^n,$$

quelque petit que soit ε.

Enfin, le nombre désigné par a^x acquiert évidemment toutes les valeurs plus grandes que a, lorsque x croît indéfiniment à partir de l'unité.

Donc le théorème est démontré.

190. On conclut du théorème précédent que :

19

Les nombres désignés par $\left(\frac{1}{a}\right)^x$ *ou* $\frac{1}{a^x}$, x *exprimant tous les nombres entiers ou fractionnaires, sont tous les nombres plus petits que* 1, *lorsque* $\frac{1}{a}$ *est plus petit que* 1.

Les remarques du n° 188 attestent l'utilité de la connaissance de l'exposant x, qui doit affecter un nombre a, différent de l'unité, pour que le nombre désigné par a^x soit égal à un nombre quelconque b. Occupons-nous de la détermination de cet exposant.

DÉTERMINATION DE L'EXPOSANT x DONT IL FAUT AFFECTER UN NOMBRE CONSTANT a, DIFFÉRENT DE 1, POUR QUE LE NOMBRE DÉSIGNÉ PAR a^x (PUISSANCE, RACINE, OU RACINE DE PUISSANCE) SOIT UN NOMBRE DONNÉ N.

191. Pour fixer les idées, considérons quelques cas particuliers dans lesquels a, entier ou fractionnaire, est plus grand que l'unité :

1° Soit à trouver l'exposant x du nombre 2, qui soit tel que

$$2^x = 64.$$

On reconnaît que

$$2^2 = 4,\ 2^3 = 8,\ 2^4 = 16,\ 2^5 = 32,\ 2^6 = 64 ;$$

donc l'exposant, ou, dans ce cas, le degré de la puissance demandé est 6 ;

2° Soit à trouver l'exposant x du nombre 2, qui soit tel que

$$2^x = 6. \quad (1)$$

On trouve $2^2 = 4$, $2^3 = 8$; donc l'exposant demandé est compris entre 2 et 3 (n° 189), ou égal à $2 + \frac{1}{x'}$, x' étant > 1 et tel que

$$2^{2+\frac{1}{x'}} = 6, \text{ ou } 2^2 \cdot 2^{\frac{1}{x'}} = 6, \text{ ou } 2^{\frac{1}{x'}} = \frac{3}{2}, \text{ ou } \left(\frac{3}{2}\right)^{x'} = 2. \quad (2)$$

On trouve

$$\left(\frac{3}{2}\right)^1 = \frac{3}{2} < 2, \left(\frac{3}{2}\right)^2 = \frac{9}{4} > 2;$$

donc (n° 189),

$$x' \text{ est compris entre 1 et 2, ou } x' = 1 + \frac{1}{x''}, \quad (x')$$

x'' étant > 1 et tel que

$$\left(\frac{3}{2}\right)^{1+\frac{1}{x''}} = 2, \text{ ou } \frac{3}{2} \cdot \left(\frac{3}{2}\right)^{\frac{1}{x''}} = 2, \text{ ou } \left(\frac{3}{2}\right)^{\frac{1}{x''}} = \frac{4}{3}, \text{ ou } \left(\frac{4}{3}\right)^{x''} = \frac{3}{2}. \quad (3)$$

On trouve

$$\left(\frac{4}{3}\right)^1 = \frac{4}{3} < \frac{3}{2}, \left(\frac{4}{3}\right)^2 = \frac{16}{9} > \frac{3}{2};$$

donc (n° 189),

$$x'' \text{ est compris entre 1 et 2, ou } x'' = 1 + \frac{1}{x'''}, \quad (x'')$$

x''' étant > 1 et tel que

$$\left(\frac{4}{3}\right)^{1+\frac{1}{x'''}} = \frac{3}{2}, \text{ ou } \frac{4}{3} \cdot \left(\frac{4}{3}\right)^{\frac{1}{x'''}} = \frac{3}{2}, \text{ ou } \left(\frac{4}{3}\right)^{\frac{1}{x'''}} = \frac{9}{8}, \text{ ou } \left(\frac{9}{8}\right)^{x'''} = \frac{4}{3}. \quad (4)$$

On trouve

$$\left(\frac{9}{8}\right)^1 = \frac{9}{8} < \frac{4}{3}, \left(\frac{9}{8}\right)^2 = \frac{81}{64} < \frac{4}{3}, \left(\frac{9}{8}\right)^3 = \frac{729}{512} > \frac{4}{3};$$

donc

$$x''' \text{ est compris entre 2 et 3, ou } x''' = 2 + \frac{1}{x^{IV}}, \quad (x''')$$

x^{IV} étant > 1 et tel que

$$\left(\frac{9}{8}\right)^{2+\frac{1}{x^{IV}}} = \frac{4}{3}, \text{ ou } \left(\frac{9}{8}\right)^2 \cdot \left(\frac{9}{8}\right)^{\frac{1}{x^{IV}}} = \frac{4}{3}, \text{ ou } \left(\frac{9}{8}\right)^{\frac{1}{x^{IV}}} = \frac{256}{243}, \text{ ou } \left(\frac{256}{243}\right)^{x^{IV}} = \frac{9}{8}. \quad (5)$$

On trouvera que x^{iv} est compris entre deux nombres entiers qu'on déterminera comme précédemment, et ainsi de suite.

Combinant actuellement les résultats (x), (x'), (x''), (x'''), ..., savoir

$$x = 2 + \frac{1}{x'},\ x' = 1 + \frac{1}{x''},\ x'' = 1 + \frac{1}{x'''},\ x''' = 2 + \frac{1}{x^{iv}},\ ....,$$

on trouve, pour la valeur de x,

$$x = 2 + \cfrac{1}{1 + \cfrac{1}{1 + \cfrac{1}{2 + \cfrac{1}{x^{iv}}}}}.$$

Ainsi, l'exposant x est égal au nombre 2 augmenté d'une fraction

$$\cfrac{1}{1 + \cfrac{1}{1 + \cfrac{1}{2 + \cfrac{1}{\ldots\ldots}}}},$$

dont le numérateur est l'unité et dont le dénominateur semble se continuer indéfiniment d'après une règle déterminée; en d'autres termes, x semble se présenter sous la forme d'une fraction (ou, dans ce cas, d'un nombre fractionnaire) que nous appellerons *continue*. Le nombre x serait alors incommensurable avec l'unité choisie. Toutefois, en poursuivant le calcul, on peut approcher autant qu'on le veut de la vraie valeur de x:

Dans le premier exemple, $2^x = 64$, on a trouvé x

commensurable et égal à 6; dans le deuxième exemple, on trouve x égal à une fraction continue. Il y a lieu de se demander si réellement le dénominateur de la fraction qui exprime x ne se termine pas, auquel cas x serait incommensurable avec l'unité choisie et ses subdivisions, ou si ce dénominateur ne contient qu'un nombre limité de fractions *intégrantes*, auquel cas x, fractionnaire, serait commensurable avec l'unité. Nous examinerons cette question d'une façon générale, après avoir traité quelques autres cas;

3° Soit à trouver l'exposant x du nombre $\frac{3}{2}$, tel que $\left(\frac{3}{2}\right)^x = 2$. Il est clair que la solution s'obtient de la même manière que la précédente;

4° Soit à trouver l'exposant x du nombre $\frac{3}{2}$, tel que $\left(\frac{3}{2}\right)^x = 1$. Quelque petit que soit x, $\left(\frac{3}{2}\right)^x$ sera toujours plus grand que 1 (n° 189); donc il n'existe pas d'exposant x tel que $\left(\frac{3}{2}\right)^x = 1$.

Ces exemples suffisent pour faire comprendre la nécessité de discuter les solutions du problème de la détermination de x dans l'égalité : $a^x = b$.

192. *Résolution de l'équation* $a^x = b$. — Il faut examiner successivement le cas où a est > 1, et le cas où a est < 1.

a étant plus grand que 1, b pourra être > 1 ou < 1, et, si b est > 1, il sera ou $> a$ ou $< a$.

a étant plus petit que 1, b pourra être > 1 ou < 1, et, si b est < 1, il sera ou $< a$ ou $> a$.

Nous aurons donc, en tout, six cas à discuter; ils sont compris dans le tableau suivant :

$$a > 1 \begin{cases} b > 1 \begin{cases} b > a. \\ b < a. \end{cases} \\ b < 1. \end{cases} \; ; \; a < 1 \begin{cases} b < 1 \begin{cases} b < a \\ b > a. \end{cases} \\ b > 1. \end{cases}$$

PREMIER CAS. — $a > 1$, $b > 1$ et $> a$. — [Exemple : $2^x = 3$.] — Lorsque x décroît indéfiniment à partir d'une certaine limite, le nombre a^x s'approche indéfiniment de 1, d'une manière continue (n° 189); lorsque x croît indéfiniment à partir de la même limite, le nombre a^x croît d'une manière continue au delà de toute limite (n° 189). Puisque b est > 1 et limité, on trouvera un exposant x, commensurable ou incommensurable avec l'unité choisie, satisfaisant à la condition $a^x = b$, par la méthode du n° 191.

DEUXIÈME CAS. — $a > 1$, $b > 1$ et $< a$. — $\left[\text{Exemple} : \left(\frac{3}{2}\right)^x = \frac{4}{3}.\right]$ — Même raisonnement et même conclusion.

TROISIÈME CAS. — $a > 1$, $b < 1$. — $\left[\text{Exemple} : 3^x = \frac{1}{2}.\right]$ — Lorsque x décroît indéfiniment, le nombre a^x s'approche indéfiniment de 1 et n'est jamais plus petit que 1; lorsque x croît indéfiniment, le nombre a^x croît au delà de toute limite. Puisque $b < 1$, il n'existe pas d'exposant satisfaisant à la condition $a^x = b$.

QUATRIÈME CAS. — $a < 1$, $b < 1$ et $> a$. — [Exemple : $\left(\frac{4}{5}\right)^x = \frac{1}{3}.$] — Lorsque x croît indéfiniment à partir d'une certaine limite, le nombre a^x diminue indéfiniment ou tend indéfiniment à être nul (n° 190); lorsque x décroît indéfiniment à partir de la même limite, le nombre a^x, toujours < 1, croît et s'approche indéfiniment de 1. Puisque b est < 1, on trouvera un exposant x, commensurable ou incommensurable avec l'unité choisie, satisfaisant à la condition $a^x = b$, par la méthode du n° 191.

Cinquième cas. — $a < 1$, $b < 1$ et $b > a$. — $\left[\text{Exemple} : \left(\frac{2}{3}\right)^x = \frac{5}{7}\right]$. — Même raisonnement et même conclusion.

Sixième cas. — $a < 1$, $b > 1$. — $\left[\text{Exemple} : \left(\frac{2}{3}\right)^x = 5.\right]$ — Lorsque x croît indéfiniment à partir d'une certaine limite, le nombre a^x diminue indéfiniment ou tend à être nul (n° 190); lorsque x décroît indéfiniment à partir de la même limite, le nombre a^x, toujours < 1, croît et s'approche indéfiniment de 1, sans jamais être > 1. Puisque b est > 1, il n'existe pas d'exposant x satisfaisant à la condition $a^x = b$.

Synthèse. — De cette discussion, il résulte qu'il n'existe d'exposant satisfaisant à la condition $a^x = b$ que si a et b sont tous deux plus grands ou tous deux plus petits que l'unité, et que, dans ces cas, il y en aura toujours un et un seul, commensurable ou incommensurable, qu'on pourra déterminer sous forme de fraction continue par la méthode du n° 191.

193. Conditions auxquelles doivent satisfaire les

nombres a *et* b, *pour que* x *ait une valeur commensurable ou incommensurable dans l'équation* $a^x = b$. — Il nous faut examiner ces conditions : elles nous permettront de décider si la fraction continue obtenue par la méthode du n° 191 se termine ou ne se termine pas.

Recherchons les conditions auxquelles doivent satisfaire les nombres a et b de l'équation

$$a^x = b,$$

pour que x admette une valeur commensurable, entière ou fractionnaire, $\frac{m}{n}$. Nous savons déjà que x n'admet de valeur que si a et b sont tous deux plus grands ou tous deux plus petits que 1.

La condition de commensurabilité de x,

$$a^{\frac{m}{n}} = b, \quad (1)$$

revient à celle-ci

$$a^m = b^n \quad (2).$$

Or, cette dernière ne pourra subsister que si a et b sont tous deux entiers ou tous deux fractionnaires, car un nombre entier ne saurait être égal à un nombre fractionnaire.

Supposons d'abord que a et b soient entiers. La condition $a^m = b^n$ exige que les nombres a^m et b^n soient formés des mêmes facteurs premiers, élevés respectivement à la même puissance dans chacun d'eux (n° 95, remarque 4°), c'est-à-dire que, si je désigne par α, β, γ, δ les facteurs premiers des nombres a et b, et, par p, q, r, s, p', q', r', s' les exposants avec lesquels ils entrent respectivement dans ces nombres, l'égalité

(3) $a^m = b^n$ ou $\alpha^{mp} \beta^{mq} \gamma^{mr} \delta^{ms} = \alpha^{np'} \beta^{nq'} \gamma^{nr'} \delta^{ns'}$,

et, par suite, l'égalité $a^{\frac{m}{n}} = b$ qui la vaut, ne sont possibles que si

$$mp = np', \ mq = nq', \ mr = nr', \ ms = ns',$$

ou si

$$\frac{m}{n} = \frac{p}{p'} = \frac{q}{q'} = \frac{r}{r'} = \frac{s}{s'}.$$

Donc, lorsque a *et* b *sont des nombres entiers, l'exposant* x *dans l'égalité*

$$a^x = b$$

n'est commensurable que si a *et* b *sont composés des mêmes facteurs premiers, et si les exposants de ces facteurs dans* b, *divisés par les exposants correspondants dans* a, *donnent un même quotient, qui sera précisément l'exposant* x *cherché.*

Supposons maintenant que a et b soient fractionnaires et désignons-les par $\frac{a}{a'}$ et $\frac{b}{b'}$, que nous supposerons être leurs plus simples expressions. La condition de commensurabilité de x,

$$\left(\frac{a}{a'}\right)^{\frac{m}{n}} = \frac{b}{b'},$$

revient à celle-ci

$$\left(\frac{a}{a'}\right)^m = \left(\frac{b}{b'}\right)^n \ \text{ou} \ \frac{a^m}{a'^m} = \frac{b^n}{b'^n},$$

ou (n° 112) aux suivantes

$$a^m = b^n, \ a'^m = b'^n.$$

On formulera facilement, d'après ce qui précède, les conditions de commensurabilité de l'exposant x.

Si les conditions de commensurabilité que l'on vient de trouver ne sont pas satisfaites, l'exposant x sera incommensurable avec l'unité choisie et s'obtiendra sous la forme d'une fraction continue, dont le dénominateur se prolonge indéfiniment, et qui s'approche incessamment de la véritable valeur de x, de manière à en différer aussi peu qu'on le voudra.

APPLICATIONS. — 1° Puisque

$$27 = 3^3 \text{ et } 6561 = 3^8,$$

l'exposant x dans l'équation

$$27^x = 6561$$

ou

$$3^{3x} = 3^8$$

est commensurable et égal à $\frac{8}{3}$.

En appliquant la méthode du n° 191, on obtiendra x sous forme de fraction continue terminée,

$$x = 2 + \cfrac{1}{1 + \cfrac{1}{2}} = \frac{8}{3};$$

2° Puisque

$$8 = 2^3 \text{ et } 1024 = 2^{10},$$

l'exposant x dans l'équation

$$8^x = 1024$$

est commensurable et égal à $\frac{10}{3}$;

3° Soit à déterminer x dans l'équation

$$10^x = 2. \quad (1)$$

Puisque $10 = 2.5$ et $2 = 2$ ne se composent pas des mêmes facteurs premiers, l'exposant x est incommensurable et se présentera sous la forme d'une fraction continue non terminée. Recherchons-la par la méthode du n° 191.

On reconnaît que $10^1 = 10 > 1$, et, puisque, x décroissant indéfiniment à partir de 1, le nombre 10^x s'approche indéfiniment de sa limite l'unité, l'exposant cherché est plus petit que 1, ou, comme on s'exprime ordinairement, compris entre 0 et 1, ou égal à $\frac{1}{x'}$, x' étant > 1 et tel que

$$10^{\frac{1}{x'}} = 2, \text{ ou } 2^{x'} = 10. \quad (2).$$

On trouve

$$2^1 = 2 < 10, 2^2 = 4 < 10, 2^3 = 8 < 10, 2^4 = 16 > 10;$$

donc (n° 189)

$$x' \text{ est compris entre 3 et 4, ou } x' = 3 + \frac{1}{x''}, \quad (x')$$

x'' étant > 1 et tel que

$$2^{3+\frac{1}{x''}} = 10, \text{ ou } 2^3.2^{\frac{1}{x''}} = 10, \text{ ou } 2^{\frac{1}{x''}} = \frac{10}{8} = \frac{5}{4}, \text{ ou } \left(\frac{5}{4}\right)^{x''} = 2. \quad (3)$$

On trouve

$$\left(\frac{5}{4}\right)^1 = \frac{5}{4} < 2, \left(\frac{5}{4}\right)^2 = \frac{25}{16} < 2, \left(\frac{5}{4}\right)^3 = \frac{125}{64} < 2, \left(\frac{5}{4}\right)^4 = \frac{625}{256} > 2;$$

donc

$$x'' \text{ est comprise entre 3 et 4, ou } x'' = 3 + \frac{1}{x'''}, \quad (x'')$$

x''' étant > 1 et tel que

$$\left(\frac{5}{4}\right)^{3+\frac{1}{x'''}} = 2, \text{ ou } \left(\frac{5}{4}\right)^3.\left(\frac{5}{4}\right)^{\frac{1}{x'''}} = 2, \text{ ou } \left(\frac{5}{4}\right)^{\frac{1}{x'''}} = \frac{128}{125}, \text{ ou } \left(\frac{128}{125}\right)^{x'''} = \frac{5}{4}. \quad (4$$

On trouve

$$\left(\frac{128}{125}\right)^1, \left(\frac{128}{125}\right)^2, \left(\frac{128}{125}\right)^3, \left(\frac{128}{125}\right)^4, \left(\frac{128}{125}\right)^5, \left(\frac{128}{125}\right)^6, \left(\frac{128}{125}\right)^7, \left(\frac{128}{125}\right)^8,$$

$$\left(\frac{128}{125}\right)^9 < \frac{5}{4} \text{ et } \left(\frac{128}{125}\right)^{10} > \frac{5}{4};$$

donc

$$x''' \text{ est compris entre 9 et 10, ou } x''' = 9 + \frac{1}{x^{\text{IV}}}, \quad (x''')$$

etc.

Combinant actuellement les résultats (x), (x'), (x''), ..., savoir

$$x = \frac{1}{x'}, x' = 3 + \frac{1}{x''}, x'' = 3 + \frac{1}{x'''}, x''' = 9 + \frac{1}{x^{\text{IV}}}, ...,$$

on trouve pour x la fraction continue non terminée,

$$x = \cfrac{1}{3 + \cfrac{1}{3 + \cfrac{1}{9 + \cdots}}}.$$

qui s'approche incessamment de la véritable valeur de x.

194. Nous venons de trouver l'exposant x dans l'égalité $a^x = b$, sous forme de fraction continue terminée ou non terminée, suivant les cas proposés. En laissant le nombre x sous cette forme, on se fait difficilement une idée de sa grandeur; aussi faut-il effectuer les calculs indiqués, pour obtenir l'expression de x sous forme de fraction ordinaire.

Soit, par exemple, la fraction continue

$$3 + \cfrac{1}{5 + \cfrac{1}{1 + \cfrac{1}{4}}}.$$

On a successivement

$$3 + \cfrac{1}{5 + \cfrac{1}{1 + \frac{1}{4}}} = 3 + \cfrac{1}{5 + \cfrac{1}{\frac{5}{4}}} = 3 + \cfrac{1}{5 + \cfrac{4}{5}} = 3 + \cfrac{1}{\frac{29}{5}} = 3 + \frac{5}{29}.$$

Si la fraction continue ne se termine pas, pour se faire une idée de sa valeur approchée, on l'arrête à une fraction intégrante quelconque du dénominateur, et on la calcule comme il est dit ci-dessus. Il est naturellement indispensable de connaître l'*erreur* commise en remplaçant la fraction totale par sa valeur approchée : aussi allons-nous traiter complètement la question.

DE LA TRANSFORMATION DES FRACTIONS CONTINUES EN FRACTIONS ORDINAIRES.

195. Considérons, en général, la fraction continue

$$x = a + \cfrac{1}{b + \cfrac{1}{c + \cfrac{1}{d + \cfrac{1}{\ddots + \cfrac{1}{m + \cfrac{1}{n + \cfrac{1}{p + \cfrac{1}{q + \cfrac{1}{r + \cfrac{1}{s + \dots}}}}}}}}}}$$

(Nous appellerons *dénominateurs partiels* les divers dénominateurs b, c, d, ..., m, n, p, q, r, s, ... des fractions intégrantes du dénominateur *complet*.)

Les diverses fractions (ou nombres fractionnaires) partielles

$$a,\ a + \frac{1}{b},\ a + \cfrac{1}{b + \cfrac{1}{c}},\ ....,$$

s'approchent incessamment de la véritable valeur de la fraction continue totale, de manière à en différer aussi peu que l'on veut. Transformons successivement chacune de ces fractions continues partielles en fraction ordinaire, il vient

$$F_1 = \frac{a}{1},\ F_2 = a + \frac{1}{b} = \frac{ab+1}{b},\ F_3 = a + \cfrac{1}{b + \cfrac{1}{c}} = a + \cfrac{1}{\cfrac{bc+1}{c}}$$

$$= a + \frac{c}{bc+1} = \frac{abc+a+c}{bc+1} = \frac{(ab+1)c+a}{bc+1},\ ....$$

En examinant les trois premières fractions partielles, on reconnaît que le numérateur de la troisième est égal au produit du numérateur $ab+1$ de la seconde multiplié par le dénominateur partiel c de la fraction intégrante à laquelle on s'arrête, plus le numérateur a de la première fraction partielle, et que le dénominateur de cette troisième est égal au produit du dénominateur b de la seconde multiplié par le dénominateur partiel c, plus le dénominateur 1 de la première fraction partielle. On est donc porté à croire que le numérateur d'une fraction partielle quelconque se compose de la somme du produit du numérateur de la fraction partielle qui la précède multiplié par le dénominateur partiel d'arrêt, et du numérateur de la fraction partielle qui la précède de deux rangs, et que le dénominateur de la fraction partielle considérée se forme avec les dénominateurs partiels d'après la même loi. Démontrons qu'en effet cette loi s'applique à toutes les fractions partielles, que, pour abréger, nous appellerons dorénavant *réduites* de la fraction continue proposée.

Cela revient à faire voir que, si la loi s'applique à trois réduites consécutives de rang quelconque, elle subsiste encore pour la réduite suivante. Supposons la loi vérifiée par les trois réduites consécutives

$$\frac{P}{P'} = a + \cfrac{1}{b + \cfrac{1}{c + \cdots \cfrac{}{\cdots + \cfrac{1}{p}}}},$$

$$\frac{Q}{Q'} = a + \cfrac{1}{b + \cfrac{1}{c + \cdots \cfrac{}{\cdots + \cfrac{1}{p + \cfrac{1}{q}}}}},$$

$$\frac{R}{R'} = a + \cfrac{1}{b + \cfrac{1}{c + \cdots \cfrac{}{\cdots + \cfrac{1}{p + \cfrac{1}{q + \cfrac{1}{r}}}}}},$$

c'est-à-dire supposons que l'on ait

$$R = Qr + P, \quad R' = Q'r + P',$$

d'où

$$\frac{R}{R'} = \frac{Qr + P}{Q'r + P'}.$$

Je dis que la loi subsiste également pour la réduite suivante

$$\frac{S}{S'} = a + \cfrac{1}{b + \cfrac{1}{c + \cdots \cfrac{1}{\ + \cfrac{1}{p + \cfrac{1}{q + \cfrac{1}{r + \cfrac{1}{s}}}}}}},$$

et que l'on a

$$S = Rs + Q, \ S' = R's + Q', \ \frac{S}{S'} = \frac{Rs + Q}{R's + Q'}.$$

En effet, il est clair que la réduite $\frac{S}{S'}$ doit se déduire de $\frac{R}{R'}$ en y remplaçant r par $r + \frac{1}{s}$; il vient donc

$$\frac{S}{S'} = \frac{Q\left(r + \frac{1}{s}\right) + P}{Q'\left(r + \frac{1}{s}\right) + P'} = \frac{s\,(Qr + P) + Q}{s\,(Qr' + P') + Q'} = \frac{Rs + Q}{R's + Q'}$$

réduite formée d'après la loi énoncée.

Puisque la loi subsiste pour les trois premières réduites, il résulte de cette démonstration qu'elle se vérifie encore pour la quatrième réduite, la cinquième réduite, etc., et que, d'une façon générale :

Le numérateur d'une réduite de rang quelconque d'une fraction continue, à partir de la troisième, se compose de la somme du produit du numérateur de la réduite précédente multiplié par le dénominateur partiel d'arrêt et du numérateur de la réduite qui précède de deux rangs; le dénominateur de la réduite considérée se forme d'après la même loi.

EXEMPLES. — 1° Les réduites consécutives de la fraction continue terminée

$$x = 1 + \cfrac{1}{1 + \cfrac{1}{2 + \cfrac{1}{1 + \cfrac{1}{4 + \cfrac{1}{5}}}}}$$

sont

$$R_1 = \frac{1}{1}, \; R_2 = 1 + \frac{1}{1} = \frac{2}{1}, \; R_3 = \frac{2.2 + 1}{1.2 + 1} = \frac{5}{3}, \; R_4 = \frac{5.1 + 2}{3.1 + 1} = \frac{7}{4},$$

$$R_5 = \frac{7.4 + 5}{4.4 + 3} = \frac{33}{19}, \; R_6 \text{ ou } x = \frac{33.5 + 7}{19.5 + 4} = \frac{172}{99};$$

2° Les réduites consécutives de la fraction continue

$$x = \cfrac{1}{3 + \cfrac{1}{2 + \cfrac{1}{1 + \cfrac{1}{4 + \cfrac{1}{5}}}}}$$

sont

$$R_1 = \frac{1}{3}, \; R_2 = \cfrac{1}{3 + \cfrac{1}{2}} = \frac{2}{7}, \; R_3 = \frac{2.1 + 1}{7.1 + 3} = \frac{3}{10},$$

$$R_4 = \frac{3.4 + 2}{10.4 + 7} = \frac{14}{47}, \; R_5 \text{ ou } x = \frac{14.5 + 3}{47.5 + 10} = \frac{73}{245}.$$

REMARQUE. — Les termes des réduites successives vont en croissant.

196. Il faut pouvoir *décider de combien une réduite de rang quelconque diffère de la fraction continue totale.* A cet effet, comparons les réduites avec la fraction totale et cherchons la différence entre

celle-ci et deux réduites consécutives quelconques $\frac{P}{P'}$ et $\frac{Q}{Q'}$.

D'abord, il est clair que, si la fraction continue est plus petite que l'unité et égale à

$$x = \cfrac{1}{b + \cfrac{1}{c + \cfrac{1}{d + \ddots}}}.$$

les réduites

$$\frac{1}{b}, \; \cfrac{1}{b + \cfrac{1}{c}}, \; \cfrac{1}{b + \cfrac{1}{c + \cfrac{1}{d}}} \; , \; \dots$$

sont alternativement plus grandes et plus petites que la valeur de x, suivant que les réduites considérées sont de rang impair ou de rang pair; au contraire, si l'on a un nombre fractionnaire continu

$$x = a + \cfrac{1}{b + \cfrac{1}{c + \ddots}} \; ,$$

les réduites consécutives

$$a, \; a + \frac{1}{b}, \; a + \cfrac{1}{b + \cfrac{1}{c}}, \; \dots,$$

sont alternativement plus petites et plus grandes que la valeur de x, suivant que les réduites considérées sont de rang impair ou de rang pair.

Cherchons d'ailleurs la différence entre une fraction continue et ses deux réduites consécutives

$$\frac{P}{P'} = \frac{Np + M}{N'p + M'}, \; \frac{Q}{Q'} = \frac{Pq + N}{P'q + N'}.$$

La valeur de la fraction continue totale se déduit de la réduite $\frac{Q}{Q'}$, en y remplaçant q par

$$y = q + \cfrac{1}{r + \cfrac{1}{s + \ddots}};$$

on a ainsi

$$x = \frac{Qy + P}{Q'y + P'}.$$

D'où l'on conclut

$$x - \frac{P}{P'} = \frac{Qy + P}{Q'y + P'} - \frac{P}{P'} = \frac{(Qy + P)P' - (Q'y + P')P}{(Q'y + P')P'} = \frac{(QP' - PQ')y}{(Q'y + P')P'},$$

$$x - \frac{Q}{Q'} = \frac{Qy + P}{Q'y + P'} - \frac{Q}{Q'} = \frac{(Qy + P)Q' - (Q'y + P')Q}{(Q'y + P')Q'} = \frac{PQ' - QP'}{(Q'y + P')Q'}.$$

Or, les dénominateurs de ces différences sont additifs; l'un des numérateurs est nécessairement additif, l'autre soustractif; donc, l'une des différences est additive, l'autre soustractive; en d'autres termes, l'une des réduites $\frac{Q}{Q'}$, $\frac{P}{P'}$ est plus grande que x, l'autre est plus petite que x.

Ainsi, il est établi que :

THÉORÈME. — *La valeur d'une fraction continue donnée est toujours comprise entre celles de deux réduites consécutives. Si la fraction continue x est une fraction proprement dite ou plus petite que l'unité, toute réduite de rang impair est plus grande que* x, *toute réduite de rang pair est plus petite que* x. *Si la fraction continue donnée est un nombre fractionnaire plus grand que l'unité, toute réduite de rang impair est plus petite que* x, *toute réduite de rang pair est plus grande que* x.

Limites supérieures de la différence (additive ou soustractive) qui existe entre une réduite quelconque et la fraction continue totale. — Du théorème précédent, il résulte que la différence entre la valeur de x et la réduite $\frac{Q}{Q'}$, par exemple, est plus petite que la différence entre la réduite $\frac{Q}{Q'}$ et la réduite $\frac{P}{P'}$, qui comprennent entre elles la valeur de x, ou que la différence entre la réduite $\frac{Q}{Q'}$ et $\frac{R}{R'}$ qui la comprennent également.

Or

$$\frac{Q}{Q'} - \frac{P}{P'} = \frac{QP' - QP'}{P'Q'},$$

$$\frac{R}{R'} - \frac{Q}{Q'} = \frac{RQ' - QR'}{R'Q'} = \frac{(Qr + P)Q' - Q(Q'r - P')}{R'Q'} = \frac{PQ' - QP'}{R'Q'}.$$

Le numérateur de l'une des différences est additif, le numérateur de l'autre lui est égal en valeur absolue, mais il est soustractif; et $\frac{P}{P'}$, $\frac{Q}{Q'}$, $\frac{R}{R'}$ sont trois réduites consécutives quelconques. On conclut de là que, si l'on retranche d'une réduite quelconque celle qui la précède, et puis celle qui la suit immédiatement, les valeurs absolues des numérateurs des différences sont égales; or, les différences entre la deuxième réduite $\frac{ab + 1}{b}$ et la première a, entre la deuxième réduite et la troisième $\frac{(ab + 1)c + a}{bc + 1}$, sont $\frac{1}{b}$ et $\frac{1}{(bc + 1)b}$; donc, *la valeur absolue du numérateur*

*de la différence entre une réduite quelconque et celle
qui la précède ou celle qui la suit immédiatement est* 1;
*le dénominateur de cette différence est le produit des
dénominateurs des deux réduites considérées.*

Ainsi,

$$\frac{Q}{Q'} - \frac{P}{P'} = \frac{1}{P'Q'}, \quad \frac{Q}{Q'} - \frac{R}{R'} = \frac{1}{R'Q'};$$

et, en vertu du théorème énoncé ci-dessus,

$$x - \frac{Q}{Q'} < \frac{1}{P'Q'} \text{ et } < \frac{1}{R'Q'}. \quad (d)$$

Donc, *la valeur absolue de la différence entre une
réduite quelconque et la fraction continue totale est
plus petite que l'unité divisée par le produit des dénominateurs de la réduite considérée et de celle qui la
précède ou qui la suit immédiatement.* On sait dans
quel cas cette différence est additive et dans quel
cas elle est soustractive.

*Autre expression d'une limite supérieure de cette
différence.* — Si l'on observe que R' est égal à
$Q'r + P'$ et, par conséquent, plus grand ou au moins
égal à $Q' + P'$, on conclut que $\frac{1}{R'Q'}$ est $< \frac{1}{Q'(Q'+P')}$;
de sorte que, par suite de (d),

$$x - \frac{Q}{Q'} < \frac{1}{Q'(Q'+P')}.$$

Donc, *la valeur absolue de la différence entre une
réduite quelconque et la fraction continue totale est
plus petite que l'unité divisée par le produit du dénominateur de cette réduite multiplié par la somme de
ce dénominateur et de celui de la réduite précédente.*

Autre expression plus simple. — Si dans l'inégalité

$$x - \frac{Q}{Q'} < \frac{1}{R'\,Q'} < \frac{1}{Q'\,(Q' + P')},$$

on néglige P', on aura, à plus forte raison,

$$x - \frac{Q}{Q'} < \frac{1}{Q'^2}.$$

Ainsi, *la valeur absolue de la différence entre une réduite quelconque et la fraction continue totale est moindre que l'unité divisée par le carré du dénominateur de cette réduite.*

Exemple. — La fraction continue ([1])

$$x = 3 + \cfrac{1}{7 + \cfrac{1}{15 + \cfrac{1}{1 + \cfrac{1}{52 + \cfrac{1}{1 + \cfrac{1}{7 + \cfrac{1}{4 + \cdots}}}}}}}$$

a pour réduites consécutives

$$\frac{3}{1},\ \frac{22}{7},\ \frac{333}{106},\ \frac{355}{113},\ \frac{9208}{2931},\ \frac{9563}{3044},\ \frac{76149}{24239},\ \frac{314159}{100000}.\ \ldots$$

La différence entre $\frac{22}{7}$ et la valeur de la fraction continue totale est $< \frac{1}{7\,(7 + 1)}$ ou $< \frac{1}{56}$, ou même $< \frac{1}{7.106}$ ou $\frac{1}{742}$.

La différence entre la réduite $\frac{355}{113}$ et la valeur de

([1]) Valeur de π, le quotient de la mesure de la circonférence divisée par la mesure du diamètre.

la fraction continue totale est $< \dfrac{1}{113\,(113 + 106)}$, ou même $< \dfrac{1}{113.2931}$, fraction plus petite que 0,00001.

REMARQUE. — La troisième expression $\dfrac{1}{Q'^2}$ de la limite supérieure de la différence entre une réduite quelconque et la fraction continue totale est peu approchée, mais elle donne le moyen de déterminer rapidement à quelle réduite on doit s'arrêter pour que la différence entre cette réduite et la fraction continue donnée soit moindre qu'une fraction connue $\dfrac{1}{\delta}$. En effet, la différence entre une réduite $\dfrac{Q}{Q'}$ et la fraction continue sera $\gtreqless \dfrac{1}{\delta}$, si $\dfrac{1}{Q'^2} \lesseqgtr \delta$, puisque $x - \dfrac{Q}{Q'} \lesseqgtr \dfrac{1}{Q'^2}$, ou si $Q'^2 \geqq \delta$ ou si $Q' \geqq (\delta)^{\frac{1}{2}}$.

Ainsi, *pour avoir approximativement la valeur d'une fraction continue à moins d'une unité fractionnaire près, il suffira de s'arrêter à une réduite dont le dénominateur soit au moins égal à la racine carrée du dénominateur de cette unité fractionnaire.*

Par exemple, si l'on demande la valeur de la fraction continue

$$x = 2 + \cfrac{1}{2 + \cfrac{1}{3 + \cfrac{1}{3 + \cfrac{1}{3 + \cfrac{1}{1 + \cfrac{1}{7}}}}}}$$

à moins de $\dfrac{1}{7500}$ près, comme la racine carrée de 7500 est 87 à moins de 1 unité près par excès, dans le calcul des réduites, on s'arrêtera à celle dont le dénominateur sera inférieur à 87 d'un petit nombre d'unités.

Les cinq premières réduites sont

$$\frac{2}{1}, \frac{3}{2}, \frac{17}{7}, \frac{56}{23}, \frac{185}{76}.$$

La différence entre la réduite $\frac{185}{76}$ et la valeur de la fraction continue totale est $< \dfrac{1}{76\,(76+23)}$ ou $\dfrac{1}{7524}$, et cette réduite satisfait à la question.

THÉORIE DES LOGARITHMES.

197. Définition. — Nous savons maintenant déterminer, au moins théoriquement, l'exposant x, dont il faut affecter le nombre constant a, différent de l'unité, pour que le nombre désigné par a^x soit égal à un nombre quelconque b, que cet exposant soit commensurable ou incommensurable avec l'unité choisie. Dans le dernier cas, on l'exprime avec telle approximation qu'on le veut.

Nous désignerons, en général, par *logarithme d'un nombre* b *dans le système de logarithmes à base* a, l'exposant x dont il faut affecter ce nombre a ($>$ ou < 1) pour que le nombre a^x soit égal à b. Par exemple, si

$$a^x = b,\ a \text{ étant} > \text{ou} < 1,$$

x est le logarithme de b dans le système à base a; (ce logarithme est commensurable ou incommensurable avec l'unité). On exprime cette proposition de la manière suivante :

$$x = \log_a b.$$

On a vu que, si a est > 1, le nombre a^x acquiert toutes les valeurs plus grandes que l'unité, lorsque x acquiert toutes les valeurs possibles, entières ou fractionnaires; donc, *tous les nombres plus 'grands que l'unité ont des logarithmes dans un système dont la base est plus grande que l'unité, et chacun d'eux n'a qu'un seul logarithme* (nos 189 et 192).

Si a est < 1, le nombre a^x acquiert toutes les valeurs plus petites que l'unité, lorsque x acquiert toutes les valeurs possibles, entières ou fractionnaires; donc, *tous les nombres plus petits que l'unité ont des logarithmes dans un système dont la base est plus petite que l'unité, et chacun d'eux n'a qu'un seul logarithme* (nos 190 et 192).

Les nombres plus petits que l'unité n'ont pas de logarithmes dans un système à base plus grande que 1; les nombres plus grands que l'unité n'ont pas de logarithmes dans un système à base plus petite que 1 (no 192).

Les remarques du no 188 font comprendre l'importance des logarithmes au point de vue de l'exécution des opérations de la multiplication, et, par suite, de la division, de l'élévation aux puissances et de l'extraction des racines. Développons, d'une manière plus explicite, les propriétés des logarithmes.

Propriétés des logarithmes.

198. Théorème I. — *Dans un système de logarithmes à base quelconque* a ($>$ *ou* $<$ 1), *le logarithme de la base est l'unité,* puisque $a^1 = a$; *le logarithme d'un nombre aussi peu différent de l'unité qu'on le voudra est aussi petit qu'on le voudra, ou* aussi peu différent de 0 *qu'on le voudra* (n°s 189 et 190).

C'est dans ce sens que nous dirons que le logarithme de 1 est 0, et que nous écrirons parfois $a^\circ = 1$.

Théorème II. — *Dans un système de logarithmes à base quelconque* a ($>$ *ou* $<$ 1), *le logarithme d'un produit de plusieurs facteurs* ($<$ 1, *si la base est* $>$ 1, $<$ 1 *si la base est* $<$ 1) *est égal à la somme des logarithmes de ces facteurs.*

En effet, soit $b'\ b''\ b'''\ b^{iv}$ ... un produit de plusieurs nombres $b',\ b'',\ b''',\ b^{iv},\ ...,$ et soient

$$x' = \log_a b',\ x'' = \log_a b'',\ x''' = \log_a b''',\ ....,$$

tels que

$$a^{x'} = b',\ a^{x''} = b'',\ a^{x'''} = b''',\ ....\quad (1)$$

Nous concluons des égalités (1) que

$$a^{x'} . a^{x''} . a^{x'''} . .... = b'\ b''\ b'''\ ....,$$

ou que

$$a^{x' + x'' + x''' + \cdots} = b'\ b''\ b'''. ....$$

ou que

$$x' + x'' + x''' + ... = \log_a b' + \log_a b'' + \log_a b''' + ... = \log_a b'.b''.b'''. ....$$

Corollaire. — Supposons que nous ayons à notre disposition une table de logarithmes à base *a* plus grande que 1, renfermant, d'une part, tous les nombres entiers 1, 2, 3, 4, ..., et, en regard de ces nombres, les exposants x dont il faut affecter la base invariable a plus grande que 1, pour que $a^x = 1, 2, 3, ...$, c'est-à-dire les logarithmes de ces nombres dans le système à base a.

Si nous avons à effectuer une multiplication sur des nombres entiers ou des nombres fractionnaires plus grands que 1, nous prendrons dans la table les logarithmes des facteurs du produit à obtenir, et, en faisant la somme de ces logarithmes, nous aurons le logarithme du produit. Cherchant alors, dans la table, ce nouveau logarithme et le nombre qui lui correspond, nous obtiendrons le produit demandé. Si le produit est considérable, cette opération est évidemment plus simple que la recherche du produit par les moyens employés précédemment.

THÉORÈME III. — *Le logarithme d'un quotient* (> 1, *si la base est* > 1; < 1, *si la base est* < 1) *est égal au logarithme du dividende moins le logarithme du diviseur.*

En effet, soit $\frac{b'}{b''}$ un quotient de deux nombres plus grand que 1, si la base du système de logarithmes considéré est plus grande que 1; plus petit que 1, si la base du système de logarithmes considéré est plus petite que 1. (On sait que si $\frac{b'}{b''}$ est < 1, ce quotient n'a pas de logarithme dans un système à base > 1, et que si $\frac{b'}{b''}$ est > 1, ce quotient n'a pas de logarithme dans un système à base < 1).

Soient
$$x' = \log_a b', \; x'' = \log_a b'',$$
tels que
$$a^{x'} = b', \; a^{x''} = b''. \quad (2)$$

Nous concluons des égalités (2) que

$$\frac{a^{x'}}{a^{x''}} = \frac{b'}{b''} \text{ ou } a^{x' - x''} = \frac{b'}{b''}$$

ou que

$$x' - x'' = \log_a b' - \log_a b'' = \log_a \frac{b'}{b''},$$

Corollaire. — Si nous avons à notre disposition la même table de logarithmes que ci-dessus et si nous avons à diviser un nombre par un autre plus petit, nous retrancherons le logarithme du diviseur du logarithme du dividende; le reste sera le logarithme du quotient. En cherchant ce logarithme dans la table et en prenant le nombre qui lui correspond, nous obtiendrons le quotient cherché.

Théorème IV. — *Le logarithme d'une puissance d'un nombre (> 1, si la base est > 1 ; < 1, si la base est < 1) est égal au logarithme de ce nombre, multiplié par le degré de la puissance.*

En effet, soit b' un nombre > 1, si la base a est > 1, < 1, si la base a est < 1, et soit

$$x' = \log_a b',$$
tel que
$$a^{x'} = b'. \quad (3)$$

Nous concluons de l'égalité (3) que

$$a^{mx'} = b'^m,$$
ou que
$$mx' = m . \log_a b' = \log b'^m,$$

Corollaire. — Si nous avons à notre disposition la même table de logarithmes que ci-dessus, pour former une puissance quelconque d'un nombre > 1, il suffit de prendre dans la table le logarithme de ce nombre, de le multiplier par le degré de la puissance, puis de chercher le nombre correspondant à ce produit : nous obtiendrons ainsi la puissance demandée.

Théorème V. — *Le logarithme de la racine d'un nombre* (> 1, *si la base est* > 1; < 1, *si la base est* < 1) *est égal au logarithme du nombre, divisé par le degré de la racine.*

En effet, soit b' un nombre > 1, si la base a est > 1, < 1, si la base a est < 1, et soit

$$x' = \log_a b',$$

tel que

$$a^{x'} = b'. \quad (4)$$

Nous concluons de l'égalité (4) que

$$a^{\frac{x'}{m}} = b'^{\frac{1}{n}}$$

ou que

$$\frac{x'}{m} = \frac{\log_a b'}{m} = \log_a b'^{\frac{1}{n}}.$$

Corollaire. — Si nous avons à notre disposition la même table de logarithmes que ci-dessus, pour extraire la racine $m^{ième}$ d'un nombre, il suffira de diviser le logarithme du nombre proposé par le degré de la racine, puis de chercher le nombre correspondant au quotient : ce nombre sera la racine cherchée.

THÉORÈME VI. — *Les logarithmes des nombres* b, b'', b''', ... *plus grands que* 1, *pris dans le système de logarithmes à base* $a > 1$, *sont égaux aux logarithmes des nombres* $\frac{1}{b'}, \frac{1}{b''}, \frac{1}{b'''}, ...$ *plus petits que* 1, *pris dans le système de logarithmes à base* $\frac{1}{a} < 1$.

En effet, les valeurs des logarithmes x, x', x'', x''', ... des nombres b', b'', b''', ..., pris dans le système à base $a > 1$, sont données par

$$a^{x'} = b', \; a^{x''} = b'', \; a^{x'''} = b''', \; ....; \quad (5)$$

et les logarithmes x', x'', x''', ..., des nombres $\frac{1}{b'}, \frac{1}{b''}, \frac{1}{b'''}, ...,$ pris dans le système à base $\frac{1}{a} < 1$, sont donnés par

$$\left(\frac{1}{a}\right)^{x'} = \frac{1}{b'}, \; \left(\frac{1}{a}\right)^{x''} = \frac{1}{b''}, \; ...., \quad (6)$$

équations identiques avec les équations (5)

APPLICATIONS. — Si l'on a à calculer un nombre

$$x = \left(\frac{b.b'.c^{\frac{1}{n}}.d^{p}}{k.l^{q}.r^{\frac{1}{t}}.u^{\frac{z}{v}}}\right)^{\frac{C}{D}},$$

racine $D^{\text{ième}}$ de la $C^{\text{ième}}$ puissance d'un quotient de deux produits composés chacun de plusieurs facteurs, on cherchera le logarithme de x, au moyen de la table que l'on possède, à base $a > 1$, par exemple. En vertu des théorèmes qui précèdent, on a

$$\log_a x = \frac{\log_a\left(\dfrac{b.b'.c^{\frac{1}{n}}d^{\frac{m}{p}}}{k.l^q.r^{\frac{1}{t}}.u^{\frac{z}{y}}}\right)^C}{D} \quad \text{(théorème V)},$$

$$= \frac{C\log_a\left(\dfrac{b.b'.c^{\frac{1}{n}}.d^{\frac{m}{p}}}{k.l^q.r^{\frac{1}{t}}.u^{\frac{z}{y}}}\right)}{D} \quad \text{(théorème IV)},$$

$$= \frac{C\left[\log_a\left(b.b'c^{\frac{1}{n}}.d^{\frac{m}{p}}\right) - \log_a\left(k.l^q\,r^{\frac{1}{t}}\,u^{\frac{z}{y}}\right)\right]}{D}, \quad \text{(théorème III)}$$

$$= \frac{C\left[\log_a b + \log_a b' + \frac{1}{n}\log_a c + \frac{m}{p}\log_a d - \left(\log_a k + q\log_a l + \frac{1}{t}\log_a r + \frac{z}{y}\log_a u\right)\right]}{D} \text{(théor. II)}.$$

Si le nombre $b.b'.c^{\frac{1}{n}}.d^{\frac{m}{p}}$, dividende du quotient,

$$\frac{b.b'\,c^{\frac{1}{n}}.\,d^{\frac{m}{p}}}{k.\,l^q.\,r^{\frac{1}{t}}.\,u^{\frac{z}{y}}},$$

est plus grand que le diviseur $k.\,l^q.\,r^{\frac{1}{t}}.\,u^{\frac{z}{y}}$ de ce quotient, et si, par suite, le logarithme du premier, ou la somme

$$\log_a b + \log_a b' + \frac{1}{n}\log_a c + \frac{m}{p}\log_a d,$$

est plus grand que le logarithme du second, ou la somme

$$\log_a k + q\log_a l + \frac{1}{t}\log_a r + \frac{z}{y}\log_a u,$$

on trouvera le logarithme de x par les calculs exprimés ci-dessus, et l'on n'aura plus qu'à chercher le nombre x correspondant dans la table, que l'on suppose construite d'après une base plus grande que 1.

Mais, si le nombre $b.\ b'.\ c^{\frac{1}{n}}.\ d^{\frac{m}{p}}$, dividende du quotient

$$\frac{b.\ b'.\ c^{\frac{1}{n}}.\ d^{\frac{m}{p}}}{k.\ l^q.\ r^{\frac{1}{t}}.\ u^{\frac{z}{y}}},$$

est plus petit que le diviseur $k.\ l^q.\ r^{\frac{1}{t}}.\ u^{\frac{z}{y}}$, et si, par suite, le logarithme du premier, ou la somme

$$\log_a b + \log_a b' + \frac{1}{n} \log_a c + \frac{m}{p} \log_a d,$$

est plus petit que le logarithme du second, ou la somme

$$\log_a k + q \log_a l + \frac{1}{t} \log_a r + \frac{z}{y} \log_a u,$$

la soustraction

$$\left(\log_a b + \log_a b' + \frac{1}{n} \log_a c + \frac{m}{p} \log_a d \right)$$

$$- \left(\log_a k + q \log_a l + \frac{1}{t} \log_a r + \frac{z}{y} \log_a n \right)$$

est impossible à effectuer. On savait, du reste, que l'on devait tomber sur une impossibilité, si l'on se sert, dans ce cas, d'une table construite d'après une base plus grande que 1, puisque le quotient

$$\frac{b.\ b'.\ c^{\frac{1}{n}}.\ d^{\frac{m}{p}}}{k.\ l^q.\ r^{\frac{1}{t}}.\ u^{\frac{z}{y}}},$$

plus petit que 1, n'a pas de logarithme dans un pareil système. Cependant, pour arriver au résultat au moyen de cette table, il suffira de calculer le nombre

$$\frac{1}{x} = \left(\frac{k \cdot l^q \cdot r^{\frac{1}{t}} \cdot u^{\frac{x}{y}}}{b \cdot b' \cdot c^{\frac{1}{n}} \cdot d^{\frac{m}{p}}}\right)^{\frac{C}{D}},$$

dont on trouvera le logarithme. Connaissant $\frac{1}{x}$, il est facile d'avoir x.

Le calcul se fait d'ailleurs plus aisément encore si la table de logarithmes est construite d'après la base du système de numération adopté, c'est-à-dire d'après la base dix. Au point de vue pratique, c'est la seule hypothèse à développer complètement, et c'est ce que nous allons entreprendre.

§ IV. — CONSTRUCTION ET USAGE D'UNE TABLE DE LOGARITHMES D'APRÈS LE SYSTÈME A BASE DIX.

199. JÉROME DE LA LANDE a construit une table de logarithmes d'après le système à base *dix;* il donne, dans cette table, les logarithmes de tous les nombres entiers depuis 1 jusqu'à 10000. La construction résulte de la résolution des équations

$$10^x = 1, \ 10^x = 2, \ 10^x = 3, \ 10^x = 4, \ \ldots, \ 10^x = 10000$$

Cependant, en vertu du théorème II du n° 198, il suffira de calculer les logarithmes des nombres premiers compris entre 1 et 10000, et, par conséquent,

la construction de la table nécessitera seulement la
résolution des équations

$$10^x = 1, \ 10^x = 2, \ 10^x = 3, \ 10^x = 5, \ 10^x = 7, \ 10^x = 11, \ \ldots$$

Le théorème III du n° 198 dispense de calculer
les logarithmes des nombres fractionnaires.

Il y a lieu de se demander si certains nombres
possèdent, dans ce système, des logarithmes commensurables. On sait (n° 193) que l'exposant x ou
le logarithme de y, dans l'équation

$$10^x = y,$$

n'est commensurable que si 10 et y sont composés
des mêmes facteurs premiers et si les exposants de
ces facteurs dans y, divisés par les exposants des
facteurs correspondants de 10, donnent un même
quotient, qui est précisément l'exposant commensurable cherché. Or, puisque $10 = 2.5$, les seuls
nombres entiers qui aient des logarithmes commensurables dans le système à base dix sont $2^1.5^1$, $2^2.5^2$,
$2^3.5^3$, $2^4.5^4$, ..., c'est-à-dire les puissances successives
de 10 : 10, 10^2 ou 100, 10^3 ou 1000, 10^4 ou 10000, ...
Les logarithmes de ces puissances, donnés par les
équations

$$10^x = 10, \ 10^x = 100, \ 10^x = 1000, \ 10^x = 10000, \ \ldots,$$

sont respectivement

$$\log_{10} 10 = 1, \ \log_{10} 100 = 2, \ \log_{10} 1000 = 3, \ \log_{10} 10000 = 4, \ \ldots \ (^1)$$

(^{1}) Dorénavant, nous supprimerons l'indice 10 du mot *log.* lorsqu'il
s'agira des logarithmes pris dans le système à base dix.

Tous les nombres, autres que les puissances de 10, auront, dans le système à base dix, des logarithmes incommensurables, que l'on sait calculer avec telle approximation qu'on le voudra. (La table de DE LA LANDE donne ces logarithmes à moins de 0,0000001 près.) Toutefois, puisqu'on ne calcule que les logarithmes des nombres premiers, il faut pouvoir déterminer avec quelle approximation on doit calculer les logarithmes des nombres premiers, pour que les logarithmes de leurs multiples soient obtenus avec une approximation donnée, par exemple à moins de 0,0000001 près. Supposons que l'on veuille calculer les logarithmes de tous les nombres entiers depuis 1 jusqu'à 10^4 ou 10000. Puisque

$$2^{13} < 10^4 < 2^{14},$$

tout nombre entier ne surpassant pas 10^4 renfermera au plus treize facteurs, et, par suite, son logarithme, somme des logarithmes de ses facteurs, sera déterminé à moins de 0,0000001 près, si celui de chacun de ses facteurs premiers est déterminé à moins de

$$\frac{1}{13} \cdot 0,0000001 < 0,00000002$$

près.

Donc, en résolvant les équations

$$10^x = 2, \ 10^x = 3, \ 10^x = 5, \ 10^x = 7, \ 10^x = 11, \ \ldots.$$

à moins de 0,0000000001 près, on sera certain d'obtenir, par addition, les logarithmes des nombres demandés à moins de 0,0000001 près, en négligeant

les subdivisions décimales du huitième, du neuvième et du dixième ordre.

200. *Disposition et usage des tables de logarithmes
de* DE LA LANDE *et de* CALLET. — Nous ferons connaître
la disposition et l'usage de la table de DE LA LANDE,
suffisante pour la plupart des applications usuelles.
On trouvera dans les traités d'algèbre la disposition
et l'usage des tables de CALLET.

Dans la table de DE LA LANDE, qui, comme nous
l'avons dit, contient les logarithmes des nombres
entiers, depuis 1 jusqu'à 10^4 ou 10000, chaque
colonne intitulée *nombres* (*Nomb.*) est suivie de deux
autres marquées *logarithmes* (*Logarit.*) et *différence*
(*Diff.*); ces colonnes contiennent les données indiquées par leurs titres. L'expression de la différence
entre les logarithmes de deux nombres consécutifs
inscrite dans la table désigne des *dix-millionièmes*
d'unité ; par exemple, la différence

$$\log 1369 - \log 1368 \text{ étant} = 0,0003173,$$

on trouve inscrite dans la colonne *Diff.*, en regard
de 1368 et de 1369, l'expression 3173 de ce nombre
de dix-millionièmes.

Les différences entre les logarithmes des nombres
entiers plus petits que 1000 ne sont pas données
dans la table, parce qu'on peut se dispenser d'en
faire usage.

Pour être en état d'opérer au moyen de cette
table, il suffit de pouvoir résoudre les deux problèmes suivants :

PREMIER PROBLÈME. — *Trouver le logarithme d'un nombre donné plus grand que 1.*

PREMIER CAS. — Lorsque le nombre donné est entier et plus petit que 10000, on cherche l'expression de ce nombre dans les colonnes intitulées *Nomb.* et l'expression de son logarithme est placée à droite dans la colonne intitulée *Logarit.*

DEUXIÈME CAS. — Lorsque le nombre donné est entier et plus grand que 10000, on ramène toujours la question à la détermination du logarithme d'un nombre fractionnaire décimal compris entre 1000 et 10000.

EXEMPLE. — Calculer le logarithme de 189367. Le nombre 189367 étant égal à 1893,67 $\times$ 100, il résulte du théorème II du n° 198 qu'on obtiendra le logarithme de 189367 en ajoutant au logarithme de 1893,67 le logarithme de 100 ou 2.

Il suffit donc de calculer le logarithme de 1893,67. A cet effet, on observe que 1893,67 tombant entre 1893 et 1894, le logarithme de 1893,67 est compris entre les logarithmes 3,2771506 et 3,2773800, de 1893 et 1894. Pour trouver le nombre x qu'il faut ajouter au logarithme 3,2771506 de 1893, pour obtenir le logarithme de 1893,67, on cherche, au moyen de la table, la différence entre log. 1893 et log. 1894, qui est 0,0002294, et l'on admet que : La différence 1 entre les deux nombres entiers consécutifs 1893 et 1894 qui comprennent le nombre donné 1893,67, contient autant de fois la différence 0,67 entre le nombre donné et le nombre entier immédiatement inférieur, que la différence 0,0002294 entre les deux logarithmes des nombres entiers qui comprennent le nombre donné, contient de fois la différence x entre le plus petit de ces deux logarithmes de la table et le logarithme cherché, c'est-à-dire que

$$\frac{1}{0,67} = \frac{0,0002294}{x}$$

ou que

$$x = \frac{0,0002294 \times 0,67}{1} = 0,0001537.$$

On ajoute cette valeur de x au logarithme 3,2771506 de 1893, et l'on obtient

$$\log 1893,67 = 3,2771506 + 0,0001537 = 3,2773043.$$

Donc (n° 198, théor. II),

$$\log (1893,67 \times 100) \text{ ou } \log 189367 = 3,2773043 + \log 100 \text{ ou } 2.$$
$$= 5,2773043.$$

On obtiendra, de cette manière, le logarithme d'un nombre entier quelconque, ou d'un nombre fractionnaire décimal quelconque.

REMARQUE I. — On conçoit que le logarithme d'un nombre renfermera autant d'unités *entières* qu'il y a de chiffres moins un dans l'expression graphique de la partie entière du nombre. La partie entière d'un logarithme est ordinairement appelée la *caractéristique* de ce logarithme, parce que, augmentée d'une unité, elle indique l'ordre des plus grandes

unités du nombre correspondant à ce logarithme ;
en effet, si un nombre est compris entre

$$10^{n-1} \text{ et } 10^n,$$

son logarithme est compris entre

$$n - 1 \text{ et } n.$$

Remarque II. — Les logarithmes des nombres
fractionnaires décimaux qui ne diffèrent les uns des
autres que par un facteur multiple uniquement de
la base 10 ou de ses puissances, contiennent les
mêmes subdivisions décimales.

Car,

$$\log (b \times 10^n) = \log b + \log 10^n = \log b + n.$$

Remarque III. — Pour trouver le logarithme d'un
nombre fractionnaire donné, nous avons admis que
la différence entre les deux nombres entiers consécutifs qui comprennent le nombre fractionnaire
donné, contient autant de fois la différence entre le
plus petit de ces nombres et le nombre fractionnaire donné, que la différence entre les logarithmes
de ces deux nombres entiers contient de fois la différence entre le logarithme du plus petit nombre
entier et le logarithme du nombre donné ; en
d'autres termes, nous avons admis que, entre des
limites peu éloignées l'une de l'autre, les accroissements des logarithmes de trois nombres et les
accroissements de ces nombres sont en équiquotient.
La résolution de l'équation $a^x = b$ fait comprendre
immédiatement qu'il n'en est pas ainsi.

Nous admettons, de plus, que les logarithmes x,

dont les expressions sont inscrites dans les tables, sont les véritables valeurs des exposants de la base, tels que les nombres 10^x soient égaux aux nombres correspondants à ces logarithmes. Cette hypothèse ne se réalisant pas non plus, on comprend que le calcul exécuté par logarithmes ne peut donner qu'une valeur approchée du nombre que l'on recherche.

Il est donc nécessaire, lorsqu'on opère au moyen d'une table de logarithmes, de déterminer le degré d'approximation qu'il est possible d'obtenir dans les résultats. Nous ne pouvons nous occuper ici de cette question longue et épineuse : nous comptons la développer dans un autre ouvrage.

DEUXIÈME PROBLÈME. — *Trouver le nombre qui correspond à un logarithme donné.*

La caractéristique du logarithme, augmentée d'une unité, indique l'ordre des plus grandes unités de la partie entière du nombre ou le nombre de chiffres qu'il y a dans l'expression graphique de cette partie entière.

PREMIER CAS. — Lorsque la caractéristique du logarithme donné est 3, le nombre cherché est compris entre 1000 et 10000. Pour trouver ce nombre, on cherche l'expression du logarithme donné dans les colonnes intitulées *Logarit.*

Lorsque l'expression de ce logarithme se trouve dans la table, l'expression du nombre cherché est placée à sa gauche, dans la colonne intitulée *Nomb.*

Deuxième cas. — Quand l'expression du logarithme donné, dont la caractéristique est 3, ne se trouve pas dans la table, celui-ci tombe nécessairement entre les logarithmes tabulaires de deux nombres entiers consécutifs compris entre 1000 et 10000; le plus petit de ces deux nombres est la partie entière du nombre décimal auquel appartient le logarithme donné.

Les subdivisions décimales du nombre cherché se déterminent par la convention suivante, très approchée de la réalité : La différence l entre les deux logarithmes tabulaires qui comprennent le logarithme donné, contient autant de fois la différence l' entre le logarithme donné et le plus petit de ces logarithmes tabulaires, que l'unité, différence entre les nombres tabulaires, contient de fois la partie décimale x du nombre auquel appartient le logarithme donné, c'est-à-dire que

$$\frac{l}{l'} = \frac{1}{x}, \text{ d'où } x = \frac{l'}{l}.$$

Exemple. — Déterminer à quel nombre appartient le logarithme 3,2773043.

On voit, par la table, que ce logarithme tombe entre les logarithmes 3,2771506 et 3,2773800 des nombres 1893 et 1894; la partie entière du nombre cherché est donc 1893.

Pour obtenir les subdivisions décimales de l'unité contenues dans le nombre à calculer, on cherche, d'après la colonne intitulée *Diff.*, la différence entre log. 1893 et log. 1894, qui est 0,0002294; on calcule

la différence 0,0001537 entre le logarithme donné
et le logarithme tabulaire immédiatement inférieur,
et, en vertu de la convention énoncée ci-dessus, le
nombre x de subdivisions décimales de l'unité contenues dans le nombre cherché est tel que

$$\frac{0,0002294}{0,0001357} = \frac{1}{x} \text{ ou que } \frac{2294}{1357} = \frac{1}{x};$$

d'où

$$x = \frac{1357}{2294}.$$

Le nombre correspondant au logarithme 3,2773043
est donc 1893 $\frac{1357}{2294}$, à moins de $\frac{1}{2294}$ près.

Si l'on veut exprimer en subdivisions décimales
de l'unité la partie x ou $\frac{1357}{2294}$ qu'il faut joindre au
nombre 1893, on ne pourra déterminer que les
dixièmes, les centièmes et les millièmes contenus
dans $\frac{1357}{2294}$, et non les dix-millièmes, ni les subdivisions décimales suivantes, puisque la table ne per-
met qu'une approximation de $\frac{1}{2294}$. On trouve que

$$\frac{1357}{2294} = 0,670 \text{ à moins de } \frac{1}{1000} \text{ près,}$$

et, par conséquent, le nombre correspondant au
logarithme donné est 1893, 670, à moins de 0,001
près.

De ce raisonnement généralisé résulte la règle
suivante, applicable à tous les cas dans lesquels,
cherchant un nombre au moyen de son logarithme,

on est obligé de déterminer la partie décimale du nombre : Les dernières subdivisions décimales de cette partie que l'on puisse connaître sont celles de l'ordre immédiatement inférieur au nombre des chiffres de l'expression graphique de la différence tabulaire.

TROISIÈME CAS. — Lorsque la caractéristique du logarithme donné n'est pas 3, on cherche le nombre correspondant au logarithme qui a pour caractéristique 3 et qui a la même partie décimale que le logarithme donné. On trouve facilement, ensuite, le nombre correspondant au logarithme donné, en vertu de la remarque I, énoncée ci-dessus.

PREMIER EXEMPLE. — Trouver le nombre qui correspond au logarithme 1,2773043.

On cherche le nombre correspondant au logarithme 3,2773043, d'après la règle connue; on trouve que ce dernier logarithme appartient au nombre 1893,67. Mais on sait que les nombres fractionnaires décimaux, qui ne diffèrent les uns des autres que par un facteur multiple uniquement de 10 ou de ses puissances, contiennent la même partie décimale (Remarque II), et que la caractéristique du logarithme, augmentée d'une unité, indique l'ordre des plus grandes unités du nombre correspondant à ce logarithme (Remarque I); donc, le logarithme 1,2773043 correspond au nombre 18,9367, à moins de 0,0001 près.

DEUXIÈME EXEMPLE. — On trouvera de même que

le nombre correspondant au logarithme 5,2773043 est 189367, à moins de 1 unité près.

TROISIÈME EXEMPLE. — On trouve que le nombre correspondant au logarithme 6,2773043 est 1893670, à moins de 1 unité du deuxième ordre près; que le nombre correspondant au logarithme 7,2773043 est 18936700, à moins de 1 unité du troisième ordre près ou de 100 unités du premier ordre près, etc.

201. *Applications de la table de* DE LA LANDE *à quelques calculs :*

1° Calculer par logarithmes la valeur approchée de

$$x = \frac{31}{75} \times \frac{13}{12} \times \frac{47}{48}$$

ou du quotient

$$x = \frac{31 \times 13 \times 47}{75 \times 12 \times 48}.$$

On a (n° 198)

$$\log x = \log (31 \times 13 \times 47) - \log (75 \times 12 \times 48)$$
$$= \log 31 + \log 13 + \log 47 - (\log 75 + \log 12 + \log 48).$$

Or

$$\log 31 = 1,49136169$$
$$\log 13 = 1,11394335$$
$$\log 47 = 1,67209786$$

$$\overline{\log 31 + \log 13 + \log 47 = 4,27740290\,;}$$

$$\log 75 = 1,87506126$$
$$\log 12 = 1,07918125$$
$$\log 48 = 1,68124124$$

$$\overline{\log 75 + \log 12 + \log 48 = 4,63548375.}$$

On voit que le logarithme du diviseur est plus grand que le logarithme du dividende et, par conséquent, ne peut en être retranché; donc, le logarithme de x, nombre plus petit que 1, n'existe pas dans notre système, mais nous savons qu'en retranchant du logarithme 4,63548375 du diviseur, le logarithme 4,27740290 du dividende, nous obtiendrons le logarithme de $\frac{1}{x}$, par suite $\frac{1}{x}$ et x.

· Plus simplement encore, la comparaison des logarithmes 4,27740290 et 4,63548375 du dividende et du diviseur montre que le quotient

$$10\,x = \frac{31 \times 13 \times 47 \times 10}{75 \times 12 \times 48}$$

est plus grand que 1, et, par conséquent, possède un logarithme dans notre système, logarithme qui est égal à

$$\log 10x = (\log 31 + \log 13 + \log 47 + \log 10) - (\log 75 + \log 12 + \log 48)$$
$$= 5{,}27740290 - 4{,}63548375 = 0{,}64191915.$$

Cherchons le nombre correspondant à ce logarithme. Pour cela, calculons d'abord le nombre correspondant au logarithme 3,6419192 (n° 200, IIe problème). On trouve que ce nombre est 4384,490, à moins de 0,001 près; par suite, le nombre correspondant au logarithme 0,6419192 est

$$10x = 4{,}384490 \text{ à moins de } 0{,}000001 \text{ près};$$

et

$$x = 0{,}4384490 \text{ à moins de } 0{,}0000001 \text{ près}.$$

Remarque. — D'une manière générale, si le quotient à calculer par logarithmes est plus petit que 1 et, par conséquent, n'a pas de logarithme dans un système à base plus grande que 1, on le multipliera par une puissance de 10 assez grande pour que le produit surpasse l'unité, puissance qui sera toujours indiquée par la comparaison des caractéristiques des logarithmes du dividende et du diviseur. On appliquera alors la méthode précédente et l'on divisera le résultat par cette puissance de 10;

2° Calculer

$$x = \left(\frac{0,5142}{375}\right)^{\frac{1}{5}} \text{ ou } \left(\frac{5142}{375.\,10000}\right)^{\frac{1}{5}}.$$

On a (n° 198)

$$\log x = \frac{1}{5}\left[\log 5142 - \log(375 \times 10000)\right]$$

$$= \frac{1}{5}\left[\log 5142 - (\log 375 + \log 10000)\right].$$

Or,

$$\frac{1}{5}\log 5142 = 3,7111321 \times \frac{1}{5} = 0,7422264$$

$$\overline{\log\ 375 = 2,5740313}$$

$$\log 10000 = 4.$$

$$\overline{\frac{1}{5}(\log 375 + \log 10000) = 6,5740313 \times \frac{1}{5} = 1,3148063.}$$

On voit que la caractéristique du logarithme du diviseur $(375 \times 10000)^{\frac{1}{5}}$ surpasse de 1 unité la caractéristique du logarithme du dividende $(5142)^{\frac{1}{5}}$. On calculera donc $10\ x$; il vient

$$\log 10x = 1,7422264 - 1,3148063 = 0,4274201.$$

On trouve pour le nombre correspondant,

$$10x = 2,675594;$$

d'où

$$x = 0,2675594, \text{ à moins de } 0,0000004 \text{ près;}$$

3° Calculer

$$x = \left(\frac{13572}{11}\right)^{\frac{2}{3}}.$$

On a (n° 198)

$$\log x = \frac{2}{3}(\log 13572 - \log 11).$$

Or,

$$\log 13572 = 4,1326439$$
$$\log 11 = 1,0413927$$

$$\log 13572 - \log 11 = 3,0912512$$
$$2(\log 13572 - \log 11) = 6,1825024$$
$$\log x = \frac{2}{3}(\log 13572 - \log 11) = 2,0608341.$$

Le nombre correspondant est

$$x = 115,03608 \text{ à moins de } 0,00001 \text{ près;}$$

4° Calculer

$$x = \left(\frac{13572}{0,5142}\right)^{\frac{2}{3}}.$$

Ce nombre revient à

$$x = \left(\frac{13572.\ 10000}{5142}\right)^{\frac{2}{3}}$$

qu'on calculera aisément;

5° Calculer

$$x = \frac{(36926,5)^{\frac{3}{7}}.\ (2629)^{\frac{1}{5}}}{(6258,96)^{\frac{2}{3}}}.$$

On a (n° 198)

$$\log x = \frac{3}{7}\log 36926,5 + \frac{1}{5}\log 2629 - \frac{2}{3}\log 6258,96.$$

On trouve

$$\log 36926,5 = 4,5673382; \quad \frac{3}{7} \log 36926,5 = 1,9574307$$

$$\log \ 2629 \ = 3,4197906; \quad \frac{1}{5} \log \ 2629 \ = 0,6839581$$

$$\log 6258,96 = 3,7965022; \quad \frac{2}{3} \log 6258,96 = 2,5310015.$$

D'où

$\log x = 0,1103873$, et $x = 1,289399$ à moins de $0,000001$ près.

202. *Des compléments dits arithmétiques.* — *Des caractéristiques soustractives.* — Lorsqu'on a à déterminer le résultat de l'addition et de la soustraction de plusieurs logarithmes, on peut ramener cette suite d'opérations à une seule addition, par le moyen des *compléments arithmétiques.*

On appelle *complément arithmétique* d'un logarithme la différence entre ce logarithme et 10 unités; ainsi

compl. $\log 3,4725843 = 10 - 3,4725843 = 6,5274157.$

On obtient le complément arithmétique d'un logarithme en retranchant de 10 les unités de l'ordre inférieur, et de 9 toutes les unités de chacun des autres ordres.

Expliquons l'usage des compléments arithmétiques :

Que l'on ait à trouver le résultat

$$\log a - \log a' + \log a'' - \log a''' - \log a^{\mathrm{iv}} + \log a^{\mathrm{v}} - \ldots;$$

on observera que ce résultat est égal à

$$\log a + \log a'' + \log a^{\mathrm{v}} + (10 - \log a') + (10 - \log a''') + (10 - \log a^{\mathrm{iv}}) - 30,$$

c'est-à-dire à

$$\log a + \log a'' + \log a^{\mathrm{v}} + \text{comp.} \log a' + \text{comp.} \log a'''$$
$$+ \text{comp.} \log a^{\mathrm{iv}} - 30.$$

Donc, pour avoir le résultat cherché, il faut faire la somme des logarithmes à additionner et des compléments des logarithmes à soustraire, puis retrancher de cette somme autant de fois 10 que l'on a pris de compléments.

Exemple. — Calculer, en employant les compléments,

$$x = \frac{(36926,5)^{\frac{3}{7}} . (2629)^{\frac{1}{5}}}{(6258,96)^{\frac{2}{3}}}.$$

On a

$$\frac{3}{7} \log 36926,5 = 1,9574307$$

$$\frac{1}{5} \log 2629 = 0,6839581$$

$$\text{comp.} \frac{2}{3} \log 6258,96 = 7,4689985$$

$$\log x = \frac{3}{7} \log 36926,5 + \frac{1}{5} \log 2629 + \text{comp.} \frac{2}{3} \log 6258,96 - 10$$
$$= 10,1103873 - 10 = 0,1103873.$$

D'où

$$x = 1,289399 \text{ à moins de } 0,000001 \text{ près.}$$

Des logarithmes à caractéristiques soustractives. — Dans le calcul des nombres proposés au 1°, au 2° et au 4°, il entrait des facteurs plus petits que 1, facteurs qui n'ont pas de logarithmes dans un système à base plus grande que 1; ou bien les nombres à calculer eux-mêmes étaient plus petits que 1 et n'avaient pas de logarithmes. On a vu comment on

22

pouvait cependant parvenir aux résultats dans ces divers cas.

Au lieu de procéder de cettemanière, on donne quelquefois une définition *conventionnelle* des logarithmes des nombres plus petits que l'unité, logarithmes qui sont alors des *logarithmes à caractéristique soustractive*, et l'on étend à ces logarithmes les procédés de calcul des logarithmes réels. Nous n'exposerons pas ici ces conventions, qui nous paraissent être d'assez mince avantage; on les trouvera dans l'algèbre de M. Bertrand, Ire partie, page 299.

203. *Étant connu le logarithme d'un nombre* N *dans un système à base* a, *trouver le logarithme de* N *dans le système à base* b. — Supposons que

$$\log_b N = x,$$

tel que

$$b^x = N.$$

On en conclut

$$\log_a b^x = \log_a N$$

ou (n° 198)

$$x \log_a b = \log_a N;$$

d'où

$$x = \log_b N = \frac{\log_a N}{\log_a b}.$$

Ainsi, *connaissant le logarithme d'un nombre* N *dans un premier système à base* a, *pour avoir le logarithme du même nombre dans le système à base* b, *il faut diviser le logarithme du nombre* N, *pris dans le premier système, par le logarithme de la nouvelle base, pris aussi dans l'ancien système.*

EXEMPLE :

$$\log_3 4 = \frac{\log_{10} 4}{\log_{10} 3}.$$

Soient N, N', N'', ... une suite de nombres, a la base d'un système de logarithmes déjà calculés, b celle d'un système à construire. On a la série d'égalités,

$$\log_b N = \frac{\log_a N}{\log_a b} = \log_a N . \frac{1}{\log_a b} ; \log_b N' = \log_a N' . \frac{1}{\log_a b}, ...;$$

d'où l'on voit qu'une première table de logarithmes étant déjà formée, si l'on veut en construire une nouvelle, il n'y a qu'à multiplier les logarithmes du premier système par le nombre constant $\frac{1}{\log_a b}$. Ce nombre constant, qui sert à passer d'un système de logarithmes à un autre, a été appelé le *module* du nouveau système par rapport à l'ancien.

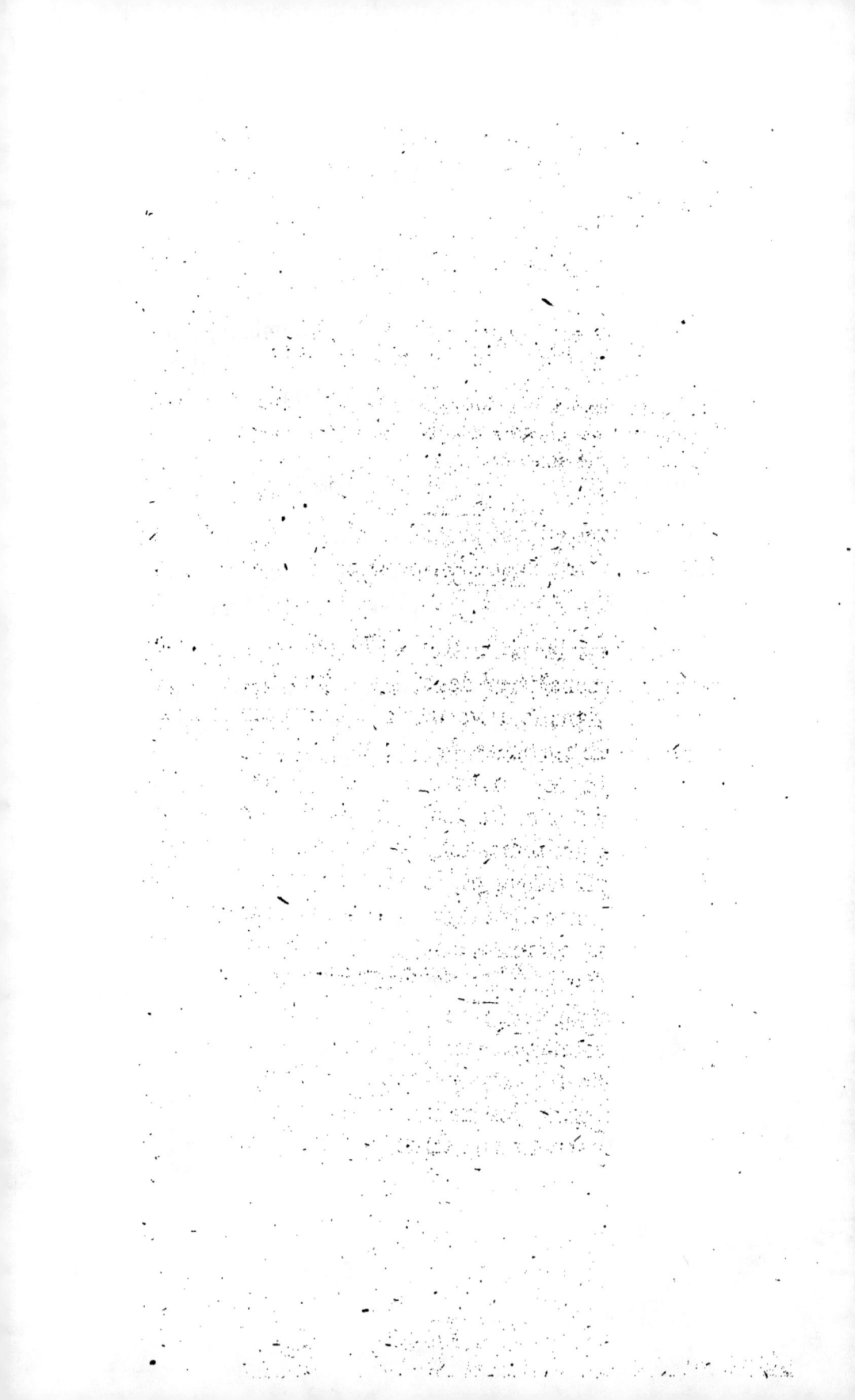

SECONDE PARTIE.

Des quantités ou des nombres d'unités, fonctions d'autres
quantités ou nombres d'unités, considérés dans les phénomènes du changement.

INTRODUCTION.

204. Dans la première partie du livre II, nous
venons de considérer des séries de nombres d'unités
envisagés dans leur variation. La comparaison de
certaines de ces séries, de laquelle découle la théorie
des logarithmes, nous a conduits à des moyens
prompts et faciles d'obtenir les résultats des opérations de la multiplication, de la division, de l'élévation aux puissances et de l'extraction des racines
exécutées sur de grands nombres, résultats qui, s'ils
ne sont pas complètement déterminés, le sont, du
moins, suffisamment pour les besoins de l'homme.

La seconde partie du livre Ier nous a fait comprendre comment les conditions des problèmes
quantitatifs qui concernent les objets matériels se
résument dans des relations entre des nombres
connus et inconnus, relations qui consistent dans

l'égalité de deux rapports quelconques entre ces nombres ou de deux combinaisons quelconques de ces rapports.

Il nous faut maintenant examiner, dans leur variation, les quantités ou nombres d'unités qui résultent de ces combinaisons de rapports de nombres et que nous appellerons, d'une façon générale, des *fonctions* de ces nombres. Par exemple, les nombres d'unités suivants, qui résultent de certaines combinaisons de rapports,

$$ax + b, \; ax^2 + bx + c, \; \frac{ax+b}{cx+d}, \; \frac{(ax+by)^n}{(ax^2+bx+c)^{\frac{1}{m}}}, \; \ldots,$$

sont des *fonctions* des nombres a, b, c, d, x, y, … Si l'un des nombres d'unités de la fonction varie, la fonction elle-même acquiert d'autres valeurs. C'est de la variation des fonctions résultant de la variation des nombres *variables* dont elle dépend que nous allons nous occuper. Nous en tirerons des résultats féconds, dont l'un des plus importants sera la connaissance des nombres qui rendent une fonction égale à une valeur donnée, résultat dont les solutions des équations ne sont que des cas particuliers.

CHAPITRE Ier.

DÉFINITION ET DIVISION DES FONCTIONS.

205. *Définition des fonctions.* — Les quantités de certaines substances ou formes matérielles ont ordinairement des relations avec les quantités d'autres substances ou formes matérielles, relations définies par des rapports entre les nombres d'unités, mesures des premières, et les nombres d'unités, mesures des dernières. Nous avons déjà vu de nombreux exemples de ce fait (nos 147 et 152). En voici d'autres : 1° Concernant la forme de l'*espace* : le nombre d'unités, mesure d'une surface, est en relation déterminée avec les nombres d'unités, mesures de sa hauteur et de sa largeur; le nombre d'unités, mesure d'un volume, est en relation avec les nombres d'unités, mesures de sa hauteur, de sa largeur et de sa profondeur ; 2° Concernant le *mouvement* et la *force* : le nombre d'unités, mesure d'une longueur parcourue par un corps soumis à une force est en relation avec le nombre d'unités, mesure de cette force; 3° Concernant la *substance matérielle* : le nombre d'unités, mesure de la matière d'un corps, est en relation avec le nombre d'unités, mesure de sa densité, etc.

Comme nous l'avons déjà dit ci-dessus, **nous**

entendrons par *fonction* de quantités ou de nombres d'unités toute quantité ou tout nombre d'unités qui est en relation déterminée avec ceux-ci. Lorsque deux nombres sont *fonctions* l'un de l'autre, à chaque valeur de l'un d'eux correspond une valeur déterminée de l'autre.

206. *Division des fonctions.* — D'après leur essence même, les nombres d'unités, fonctions d'autres nombres d'unités, se divisent en deux grandes classes : 1° les fonctions *commensurables* avec les nombres *variables* dont elles dépendent, et 2° les fonctions *incommensurables* avec ces nombres. Les nombres d'unités, fonctions de la première classe, sont liés avec les nombres d'unités variables par une combinaison terminée des rapports d'addition, de soustraction, de multiplication, de division et d'élévation aux puissances; telles sont les fonctions

$$y = ax^m + bx^{m-1} + cx^{m-2}, \quad y = \frac{x^2 - 7x + 6}{x - 10}, \quad z = axy + bx^2 + y^2, \ldots$$

Les nombres d'unités, fonctions de la deuxième classe, sont liés avec les nombres d'unités variables par une combinaison non terminée de ces mêmes rapports ou par des extractions de racines; telles sont les fonctions

$$y = x - \frac{x^3}{1.2} + \frac{x^5}{1.2.3.4.5} - \ldots, \quad y = (a + bx^n)^{\frac{1}{m}}, \ldots$$

Nous trouverons des fonctions de chaque classe dans toutes les branches de la science de la matière, et nous nous en occuperons au fur et à mesure

qu'elles se présenteront. Dans la *science de la quantité*, nous avons à nous occuper uniquement de la
variation des fonctions en général, et à examiner
en particulier celles qui résultent de la considération des nombres d'unités, abstraction faite des objets
qui les supportent.

207. *Des signes graphiques par lesquels* **nous**
représenterons les fonctions. — Nous indiquerons,
d'une façon générale, qu'un nombre y est une fonction d'un autre x par les signes

$$y = \varphi(x), \text{ ou } y = \mathrm{F}(x), \text{ ou } y = f(x), \ldots,$$

et qu'un nombre u est fonction de plusieurs **autres**
$x, y, z, \ldots$, par les signes

$$u = \varphi(x, y, z, \ldots), \ldots$$

Nous désignerons par les dernières lettres de
l'alphabet $x, y, z, u, t, v, \ldots$ les nombres variables,
et par les premières lettres $a, b, c, d, \ldots$ les nombres
constants d'une question.

208. *De l'image schématique d'une fonction.* — Il
est utile de représenter une fonction d'un nombre
variable par une image schématique, afin de saisir
la nature de la relation qui lie la fonction au
variable. On a imaginé, pour obtenir un schême
du rapport entre une fonction $y = \varphi(x)$ et son
variable x, de porter sur une droite OX, dans un
sens déterminé, à partir d'un point origine O, autant
d'unités de longueur qu'il y a d'unités dans le

nombre x, et de porter, sur des parallèles à une droite fixe OY qui coupe OX, de A en B, de A′ en B′, de A″ en B″, ..., autant d'unités de longueur que y

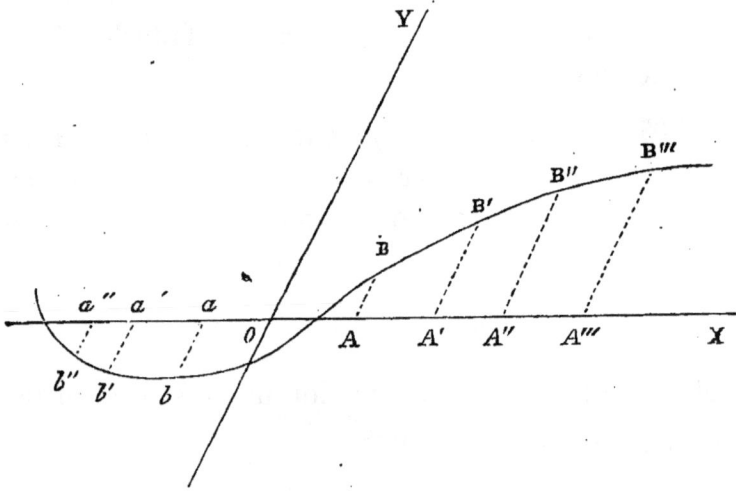

renferme d'unités sous les divers états de x. L'allure de la courbe, lieu des extrémités B, B′, B″, ... fournit une image sensible de la variation de la fonction. Pour que cette image soit complète, on admettra que les valeurs soustractives du variable x soient portées à gauche de O et les valeurs soustractives de y en dessous de la ligne OX.

On prend ordinairement des lignes fixes OX et OY qui se coupent à angle droit.

CHAPITRE II.

209. *De la continuité dans la variation des fonctions.* — Les objets matériels limités et leurs formes ne peuvent passer d'un état quelconque à un autre sans passer par tous les états intermédiaires; leur état de quantité est donc soumis à cette loi. En d'autres termes, tout nombre d'unités ou toute fonction de nombres, variables dans l'espace et dans le temps ou dans le temps seulement, et qui ont une existence *réelle* ou *objective,* ne peuvent se modifier que d'une manière continue; le caractère de la continuité d'une fonction de nombres variables consiste en ce que l'on peut toujours assigner aux variables des états de grandeur assez voisins, pour que les différences entre les états de grandeur correspondants de la fonction soient aussi petits qu'on le voudra. En particulier, la variation de toute fonction *réelle* ou *objective* ([1]) d'un variable

$$y = \varphi(x)$$

([1]) Les seules dont nous nous occuperons, puisque nous rejetons tout *subjectivisme* ou toute imaginarité.

est continue, c'est-à-dire que, pour toute valeur de x, la valeur absolue de la différence

$$\varphi\,(x+h) - \varphi\,(x)$$

décroît indéfiniment lorsque l'accroissement h du variable, suffisamment petit, décroît indéfiniment.

210. ***Des fonctions*** DÉRIVÉES ***de fonctions données.*** Chaque fonction particulière varie, d'une manière continue, d'une quantité qui lui est propre, lorsque l'on fait varier d'une certaine quantité un des variables dont elle dépend. L'essence d'une fonction sera parfaitement connue lorsqu'on connaîtra la quantité dont elle varie, additivement ou soustractivement, pour une variation additive ou soustractive de chacun de ses variables, c'est-à-dire lorsqu'on connaîtra le nombre de fois que la variation de la fonction contient la variation du variable, *quelle que soit celle-ci.* Par conséquent, il suffira même de connaître *le nombre* LIMITE, *vers lequel tend, sans jamais l'atteindre, mais de manière cependant à en différer aussi peu qu'on le voudra, le quotient de la variation de la fonction, divisée par la variation du variable, lorsque cette dernière variation, et, par suite, celle de la fonction, diminuent indéfiniment sans jamais être nulles.* On conçoit que cette limite sera une autre fonction dépendant de la valeur considérée du variable, mais qu'elle sera indépendante de la variation additive ou soustractive donnée à ce variable.

Pour nous faire mieux comprendre, donnons une

image schématique de ces notions. Soit la fonction

$$y = \varphi(x),$$

et représentons, comme nous l'avons expliqué au n° 208, la courbe schématique AB de cette fonction, les droites fixes se coupant à angle droit. Considérons le point M qui correspond à des valeurs de x

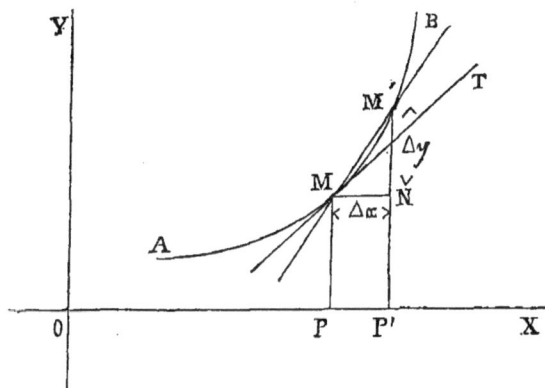

et de y représentées respectivement par OP et PM. Si l'on donne à la valeur de x représentée par OP un certain accroissement Δx représenté par PP′, il en résulte pour la valeur de y représentée par PM un accroissement Δy représenté par M′N, et le quotient

$$\frac{\Delta y}{\Delta x}$$

définira la variation de la fonction, quel que soit Δx. Le quotient $\frac{\Delta y}{\Delta x}$ est le nombre d'unités de la tangente de l'angle M′MN que fait avec l'axe OX la sécante passant par les points M et M′ de la courbe.

Lorsque Δx, et par suite Δy, diminuent indéfiniment sans cependant jamais être nuls, le point M'
s'approche indéfiniment du point M sans jamais se
confondre avec lui; la sécante MM' tend indéfiniment vers sa position limite sans jamais l'atteindre,
position limite qui est celle de la tangente MT à la
courbe au point M; et le quotient $\frac{\Delta y}{\Delta x}$ tend indéfiniment vers son nombre limite, que nous désignerons
par $\frac{dy}{dx}$, sans jamais lui être égal, nombre limite qui
est le nombre d'unités de la tangente de l'angle TMN
que la tangente MT fait avec l'axe des x, et qui
dépend évidemment de la valeur de x (OP), mais
qui est le même, que la variation Δx soit additive
ou soustractive.

Le nombre fonction de x, *lim.* $\frac{\Delta y}{\Delta x}$ *ou* $\frac{dy}{dx}$, *limite
vers laquelle tend, sans jamais l'atteindre, mais de
manière à en différer aussi peu qu'on le voudra, le
quotient de la variation d'une fonction de ce variable,
divisée par la variation du variable, lorsque ces variations diminuent indéfiniment, sans jamais être nulles,
sera appelé la fonction* DÉRIVÉE *de la fonction* PRIMITIVE
par rapport à x.

Si la fonction primitive

$$u = f (x, y, z, \ldots)$$

renferme plusieurs variables x, y, z. ..., il y aura
lieu de distinguer les fonctions dérivées de u par
rapport à chacun de ces variables, savoir

$$\text{lim.} \frac{\Delta u}{\Delta x} \text{ ou } \frac{du}{dx}, \text{ lim.} \frac{\Delta u}{\Delta y} \text{ ou } \frac{du}{dy}, \text{ lim.} \frac{\Delta u}{\Delta z} \text{ ou } \frac{du}{dz}, \ldots$$

Une fonction d'un ou de plusieurs variables sera-t-elle déterminée si ses dérivées par rapport à chacun des variables sont déterminées? Réciproquement, une fonction donnée de certains variables a-t-elle des dérivées par rapport à chacun de ces variables, qui lui soient spéciales et bien définies ? De sorte qu'alors la connaissance des dérivées entraînerait celle de la primitive, ou réciproquement, si l'on parvient à découvrir les procédés de calcul qui conduisent de l'une à l'autre.

Pour décider la question, faisons voir que:

1° *Deux fonctions, qui ne diffèrent que par un nombre constant, ont la même dérivée par rapport à l'un quelconque de leurs variables.* En effet, soient y et $y + c$ ces deux fonctions contenant le variable x, c étant constant, c'est-à-dire indépendant des variables du problème. Si l'on désigne par Δy l'accroissement de la fonction y correspondant à un accroissement Δx du variable x, la dérivée de y est

$$\lim. \frac{(y + \Delta y) - y}{\Delta x} \text{ ou } \lim. \frac{\Delta y}{\Delta x} \, ;$$

la dérivée de $y + c$ est

$$\lim. \frac{(y + c + \Delta y) - (y + c)}{\Delta x} \text{ ou } \lim. \frac{\Delta y}{\Delta x} \, ;$$

donc, les dérivées de y et de $y + c$ par rapport à chacun des variables qu'elles renferment, sont égales, ce qu'on écrit

$$\frac{d(y + c)}{dx} = \frac{dy}{dx} \, ;$$

2° *Toute fonction de certains variables, qui diffère d'une autre fonction de ces variables par sa composition même, n'a pas les mêmes dérivées que celle-ci.* Il est clair, en effet, que si y et z sont deux fonctions du variable x, formées de combinaisons différentes de rapports de grandeur, les variations Δy et Δz, correspondant à une variation Δx de x, sont différentes, et, par suite, que $\frac{\Delta y}{\Delta x}$ et $\frac{\Delta z}{\Delta x}$, et aussi lim. $\frac{\Delta y}{\Delta x}$ et lim. $\frac{\Delta z}{\Delta x}$ sont différentes; car, si deux nombres $\frac{\Delta y}{\Delta x}$ et $\frac{\Delta z}{\Delta x}$, qui varient simultanément, ne sont égaux dans aucun des états de grandeur par lesquels ils passent, il est certain que le nombre limite vers lequel tend le premier ne sera pas le même que celui vers lequel tend le second;

3° *Réciproquement, si les dérivées de deux fonctions sont égales entre elles pour toutes les valeurs du variable par rapport auquel elles sont prises, les fonctions primitives seront les mêmes ou ne peuvent avoir entre elles qu'une différence constante, pour les mêmes valeurs du variable.* Je dis que si y et z sont deux fonctions de x, telles que

$$\text{lim. } \frac{\Delta y}{\Delta x} \text{ ou } \frac{dy}{dx} = \text{lim. } \frac{\Delta z}{\Delta x} \text{ ou } \frac{dz}{dx},$$

on aura $y = z$ ou $y = z + c$. Cela résulte logiquement des deux propositions précédentes.

On peut donc affirmer que :

Toutes les fonctions d'un ou de plusieurs variables, qui ne diffèrent entre elles que par un nombre con-

stant, ont, par rapport à chacun de leurs variables,
les mêmes dérivées bien définies, et qu'une fonction
dérivée donnée appartient à des fonctions primitives
égales ou qui ne diffèrent entre elles que par un
nombre constant. De sorte que la connaissance de la
fonction primitive entraîne la connaissance de la
fonction dérivée par rapport à tout variable que la
première contient, et que la connaissance des fonctions dérivées entraîne la connaissance de la fonction primitive *à un nombre constant arbitraire près,*
si l'on parvient à découvrir les procédés qui conduisent des unes aux autres.

211. On conçoit que souvent les fonctions dérivées d'une fonction primitive qui lie les quantités
d'objets matériels sont plus faciles à obtenir que
cette fonction primitive elle-même, et alors la connaissance de cette dernière dépendra de la connaissance des procédés qui déterminent une fonction
primitive au moyen de ses dérivées. Pour se rendre
compte de ces procédés, il est nécessaire d'examiner
d'abord comment on obtient les dérivées d'une fonction donnée. C'est ce dont nous allons nous occuper.
Nous chercherons successivement les *dérivées* des
fonctions *commensurables* avec leurs variables, et
celles des fonctions *incommensurables* avec leurs
variables, et nous tirerons de ces recherches les
conséquences qui se présenteront.

CHAPITRE III.

212. Nous distinguerons successivement les fonctions d'un seul nombre variable considéré comme
indépendant des autres nombres du problème, et les
fonctions de plusieurs nombres variables indépendants. Par exemple, le nombre d'unités, mesure de
l'aire d'un cercle ou d'une sphère, est fonction du
nombre d'unités, mesure de la longueur de leur
rayon, lorsque celle-ci est indépendante ou arbitraire; le nombre d'unités, mesure du volume d'un
cylindre de révolution, est fonction des nombres
d'unités, mesures des longueurs de sa hauteur et
du rayon de la section droite, lorsque celles-ci sont
indépendantes.

§ Ier. — RECHERCHE DES DÉRIVÉES DE FONCTIONS EXPLICITES
D'UN SEUL VARIABLE INDÉPENDANT.

213. Les fonctions peuvent être exprimées immédiatement au moyen du variable ou des variables
dont elles dépendent. Elles sont alors *explicites*.

EXEMPLE

$$y = x^m, \; y = \frac{ax^2 + bx + c}{dx + f}, \; \dots$$

Les fonctions peuvent être liées avec les variables dont elles dépendent au moyen d'équations non résolues. Elles sont alors *implicites*. Telle est la fonction y liée à x par la relation :

$$ax^2 + bxy + cx^2 + dy + ex + f = 0.$$

Nous examinerons successivement les dérivées des fonctions de chaque espèce.

214. Commençons par rechercher les dérivées des fonctions commensurables explicites d'un seul variable les plus simples.

I. *Dérivée de* y $= a + $ x, a *étant constant.* — Il s'agit de trouver lim. $\frac{\Delta y}{\Delta x}$, Δy désignant l'accroissement de y correspondant à l'accroissement Δx de x. On a

$$\text{lim.} \frac{\Delta y}{\Delta x} = \text{lim.} \frac{(a + x + \Delta x) - (a + x)}{\Delta x} = \text{lim.} \frac{\Delta x}{\Delta x} = 1.$$

Ainsi,

$$\frac{d(a + x)}{dx} = 1.$$

D'une façon générale, la dérivée de la fonction

$$y = a + f(x),$$

a étant constant, est

$$\text{lim.} \frac{\Delta y}{\Delta x} = \text{lim.} \frac{[a + f(x + \Delta x)] - [a + f(x)]}{\Delta x} = \text{lim.} \frac{f(x + \Delta x) - f(x)}{\Delta x},$$

c'est-à-dire que

$$\frac{d[a + f(x)]}{dx} = \frac{df(x)}{dx}. \text{ (Voir le n° 210, 1°.)}$$

Lorsqu'on a à rechercher la dérivée d'une fonction

augmentée d'un nombre constant, il suffit de rechercher la dérivée de la fonction sans tenir compte du nombre constant. Cela résulte, du reste, de la proposition 1° du n° 210.

II. *Dérivée de* $y = ax$, a *étant constant.* — On a

$$\lim. \frac{\Delta y}{\Delta x} = \lim. \frac{a(x + \Delta x) - ax}{\Delta x} = \lim. a. \frac{\Delta x}{\Delta x} = a. \lim. \frac{\Delta x}{\Delta x} = a.$$

D'une façon générale, la dérivée de la fonction

$$y = a. f(x),$$

a étant constant, est

$$\lim \frac{\Delta y}{\Delta x} = \lim. \frac{a f(x + \Delta x) - a f(x)}{\Delta x} = a. \lim. \frac{f(x + \Delta x) - f(x)}{\Delta x},$$

c'est-à-dire que

$$\frac{d[a f(x)]}{dx} = a. \frac{d f(x)}{dx}.$$

La dérivée d'une fonction multipliée par un nombre constant est égale au nombre constant multiplié par la dérivée de la fonction.

III. *Dérivée de* $y = x^m$, m *étant constant et entier.* — On a

$$\lim. \frac{\Delta y}{\Delta x} = \lim. \frac{(x + \Delta x)^m - x^m}{\Delta x}$$

$$= \lim. \frac{x^m + m x^{m-1} \Delta x + \frac{m(m-1)}{1.2} x^{m-2} \Delta x^2 + \dots + \Delta x^m - x^m}{\Delta x}$$

$$= \lim. \frac{m x^{m-1} \Delta x + \frac{m(m-1)}{1.2} x^{m-2} \Delta x^2 + \dots + \Delta x^m}{\Delta x}$$

$$= \text{lim.} \left(mx^{m-1} + \frac{m(m-1)}{1.2} x^{m-2} \Delta x + \dots + \Delta x^{m-1} \right)$$

$$= mx^{m-1} + \text{lim.} \left[\frac{m(m-1)}{1.2} x^{m-2} \Delta x + \dots + \Delta x^{m-1} \right]$$

$$= mx^{m-1}.$$

Ainsi

$$\frac{dx^m}{dx} = mx^{m-1}.$$

IV. *Dérivée de* $y = \frac{1}{x^m}$, m *étant entier et constant.* — On a

$$\text{lim.} \frac{\Delta y}{\Delta x} = \text{lim.} \frac{\dfrac{1}{(x+\Delta x)^m} - \dfrac{1}{x^m}}{\Delta x}$$

$$\text{lim.} \frac{\dfrac{x^m - (x + \Delta x)}{x^m (x + \Delta x)^m}}{\Delta x}$$

$$= \text{lim.} \frac{x^m - \left[x^m + mx^{m-1} \Delta x + \dfrac{m(m-1)}{1.2} x^{m-2} \Delta x^2 + \dots + \Delta x^m \right]}{\Delta x . x^m (x + \Delta x)^m}$$

$$= \text{lim.} \frac{- mx^{m-1} \Delta x - \dfrac{m(m-1)}{1.2} x^{m-2} \Delta x^2 - \dots - \Delta x^m}{\Delta x . x^m (x^m + mx^{m-1} \Delta x + \dots)}$$

$$= \text{lim.} \frac{- mx^{m-1} - \dfrac{m(m-1)}{1.2} x^{m-2} \Delta x - \dots - \Delta x^{m-1}}{x^m (x^m + mx^{m-1} \Delta x + \dots)}$$

$$= - \frac{mx^{m-1}}{x^{2m}} = - \frac{m}{x^{m+1}}$$

Ainsi

$$\frac{d \left(\dfrac{1}{x^m} \right)}{dx} = - \frac{m}{x^{m+1}}.$$

§ II. — Recherche des dérivées des fonctions explicites d'un seul variable indépendant, composées des précédentes.

215. *Dérivée d'une fonction de fonctions.* — Une fonction peut dépendre d'une ou de plusieurs autres fonctions simples d'un variable indépendant.

I. Si l'on a, par exemple,

$$z = F(y),$$

y étant elle-même une fonction d'un variable indépendant x, $y = \varphi(x)$, z est *fonction d'une fonction* de x.

Voyons comment nous trouverons la dérivée de z par rapport au variable indépendant x, c'est-à-dire lim. $\frac{\Delta z}{\Delta x}$. Si l'on donne à x une variation Δx, il en résulte pour y une variation Δy et pour z une variation Δz. Or, on a évidemment

$$\frac{\Delta z}{\Delta x} = \frac{\Delta z}{\Delta y} \cdot \frac{\Delta y}{\Delta x}$$

et

$$\text{lim.} \frac{\Delta z}{\Delta x} = \text{lim.} \left[\frac{\Delta z}{\Delta y} \cdot \frac{\Delta y}{\Delta x} \right],$$

c'est-à-dire le nombre limite vers lequel tend le produit $\frac{\Delta z}{\Delta y} \cdot \frac{\Delta y}{\Delta x}$, lorsque Δx, et, par suite, Δy et Δz diminuent indéfiniment. Mais, *la limite d'un produit est égale au produit des limites de ses facteurs.* En effet, si U désigne la limite vers laquelle tend un variable u, et V celle vers laquelle tend un variable v, on a

$$U = u + \varepsilon, \quad V = v + \varepsilon',$$

$\varepsilon, \varepsilon'$ étant des nombres convergeant indéfiniment vers la nullité à mesure que u et v se rapprochent de leurs limites U et V, et l'on en conclut

$$UV = (u + \varepsilon)(v + \varepsilon') = uv + (\varepsilon v + \varepsilon'u + \varepsilon\varepsilon'),$$

$\varepsilon v + \varepsilon'u + \varepsilon\varepsilon'$ étant un nombre convergeant indéfiniment vers la nullité à mesure que u et v convergent vers les limites U et V ; donc

$$\lim. uv = UV = \lim. u \times \lim. v.$$

Donc,

$$\lim. \frac{\Delta z}{\Delta x} = \lim. \frac{\Delta z}{\Delta y} \times \lim. \frac{\Delta y}{\Delta x}$$

ou

$$\frac{dz}{dx} = \frac{dz}{dy} \cdot \frac{dy}{dx}.$$

Ainsi,

La dérivée d'une fonction z *d'une fonction* y *de* x *est égale au produit de la dérivée de* z *par rapport à* y *regardé comme indépendant, multipliée par la dérivée de* y *prise par rapport à* x.

EXEMPLE. — Chercher la dérivée de

$$z = (ax^m + b)^n,$$

a, b, m, n étant des nombres constants, m, n étant entiers.

z est une fonction $z = y^n$, de la fonction de x, $y = ax^m + b$.

D'après le théorème précédent, on a

$$\frac{dz}{dx} = \frac{dz}{dy} \cdot \frac{dy}{dx},$$

c'est-à-dire (n° 214, I, II, III)

$$\frac{dz}{dx} = ny^{n-1} . am_{x} m^{-1}$$

ou

$$\frac{dz}{dx} = n\,(ax^m + b)^{n-1} . am_{x} m^{-1}.$$

II. Plus généralement, cherchons la dérivée d'une fonction

$$v = \mathrm{F}\,(y,\,z,\,u,\,\ldots.)$$

composée de plusieurs fonctions y, z, u, ... d'un variable indépendant x.

Désignons par Δv, Δy, Δz, Δu, ... les accroissements de v, y, z, u, ..., correspondants à un accroissement Δx de x. La variation Δv se composera de plusieurs parties qui sont les variations résultant pour v de chacune des variations de y, z, u, ... par suite de la variation de x, c'est-à-dire que

$$\begin{aligned}
\Delta z = {}&f\,(y + \Delta y,\, z,\, u,\, \ldots.) - f\,(y,\, z,\, u,\, \ldots.)\\
&+ f\,(y,\, z + \Delta z,\, u,\, \ldots.) - f\,(y,\, z,\, u,\, \ldots.)\\
&+ f\,(y,\, z,\, u + \Delta u,\, \ldots.) - f\,(y,\, z,\, u,\, \ldots.)\\
&+ \cdots \cdots \cdots \cdots \cdots \cdots ,
\end{aligned}$$

puisque nous supposons qu'il n'existe aucune relation entre les fonctions y, z, u, ... et, par suite, entre les accroissements Δy, Δz, Δu, ... et entre les variations qui résultent pour v de chacun d'eux.

On a donc

$$\frac{\Delta v}{\Delta x} = \frac{f(y + \Delta y, z, u, ...) - f(y, z, u, ...)}{\Delta y} \cdot \frac{\Delta y}{\Delta x}$$

$$+ \frac{f(y, z + \Delta z, u, ...) - f(y, z, u, ...)}{\Delta z} \cdot \frac{\Delta z}{\Delta x}$$

$$+ \frac{f(y, z, u + \Delta u, ...) - f(y, z, u, ...)}{\Delta u} \cdot \frac{\Delta u}{\Delta x}$$

$$+ \quad . \quad . \quad . \quad . \quad . \quad . \quad . \quad . \quad . \quad .$$

et

$$\lim. \frac{\Delta v}{\Delta x} = \lim. \frac{f(y + \Delta y, z, u, ...) - f(u, v, z, ...)}{\Delta y} \cdot \frac{\Delta y}{\Delta x}$$

$$+ \lim. \frac{f(y, z + \Delta z, u, ...) - f(u, v, z, ...)}{\Delta z} \cdot \frac{\Delta z}{\Delta x}$$

$$+ \lim. \frac{f(y, z, u + \Delta u, ...) - f(u, v, z, ...)}{\Delta u} \cdot \frac{\Delta u}{\Delta x}$$

$$+ \quad . \quad . \quad . \quad . \quad . \quad . \quad . \quad . \quad . \quad . \quad ,$$

car *la limite d'une somme est égale à la somme des limites de ses parties.*

Il vient finalement

$$\frac{dv}{dx} = \frac{dv}{dy} \cdot \frac{dy}{dx} + \frac{dv}{dz} \cdot \frac{dz}{dx} + \frac{dv}{du} \cdot \frac{du}{dx} + ...$$

La dérivée d'une fonction v *de plusieurs fonctions* y, z, u, ... *d'un variable indépendant* x, *est égale à la somme des produits des dérivées de la fonction* v *prises par rapport à chacun des variables* DÉPENDANTS y, z, u, ..., *multipliées respectivement par la dérivée du variable dépendant considéré prise par rapport à l'indépendant* x.

APPLICATIONS. — *Dérivée d'une fonction somme de*

plusieurs fonctions d'un variable indépendant. — Soit la fonction

$$v = ay + bz + cu + \ldots,$$

y, z, u, ... étant des fonctions de *x; a, b, c,* ... des constants.

On vient de démontrer que

$$\frac{dv}{dx} = \frac{dv}{dy} \cdot \frac{dy}{dx} + \frac{dv}{dz} \cdot \frac{dz}{dx} + \frac{dv}{du} \cdot \frac{du}{dx} + \ldots,$$

ou, dans ce cas particulier, (n° 214, II)

$$\frac{dv}{dx} = a. \frac{dy}{dx} + b. \frac{dz}{dx} + c. \frac{du}{dx} + \ldots$$

La dérivée d'une somme (réelle ou convention-nelle) [1] *de plusieurs fonctions est égale à la somme des dérivées de ces fonctions.*

Dérivée d'une fonction produit de plusieurs fonctions d'un variable indépendant. — Soit la fonction

$$v = y\,z\,u\,\ldots,$$

y, z, u, ... étant des fonctions de *x.*

On sait que

$$\frac{dv}{dx} = \frac{dv}{dy} \cdot \frac{dy}{dx} + \frac{dv}{dz}\frac{dz}{dx} + \frac{dv}{du}\frac{du}{dx} + \ldots$$

ou, dans ce cas particulier, (n° 214, II)

$$\frac{dv}{dx} = zu\ldots \frac{dy}{dx} + yu\ldots \frac{dz}{dx} + yz\ldots \frac{du}{dx} + \ldots$$

La dérivée d'un produit de plusieurs fonctions est égale à la somme des produits que l'on obtient en mul-

[1] Voir la note du n° 165.

tipliant successivement la dérivée de chaque fonction prise par rapport au variable indépendant par les autres fonctions.

Dérivée d'une fonction quotient de deux fonctions d'un seul variable indépendant. — Soit la fonction

$$v = \frac{y}{z},$$

y, z étant des fonctions de x.

On a (n° 214, II)

$$\frac{dv}{dx} = \frac{1}{z} \cdot \frac{dy}{dx} + y \cdot \frac{d\left(\frac{1}{z}\right)}{dx},$$

ou (n° 215, I),

$$\frac{dv}{dx} = \frac{1}{z} \cdot \frac{dy}{dx} + y \cdot \frac{d\left(\frac{1}{z}\right)}{dz} \cdot \frac{dz}{dx},$$

ou (n° 214, IV),

$$\frac{dv}{dx} = \frac{1}{z} \cdot \frac{dy}{dx} + y \cdot \left(-\frac{1}{z^2}\right) \frac{dz}{dx},$$

ou

$$\frac{dv}{dx} = \frac{z \dfrac{dy}{dx} - y \dfrac{dz}{dx}}{z^2}.$$

La dérivée d'une fonction quotient de deux fonctions d'un variable indépendant x *est égale à la fonction diviseur multipliée par la dérivée du dividende prise par rapport à* x, *moins le dividende multiplié par la dérivée du diviseur prise par rapport à* x, *le tout divisé par le carré du diviseur.*

Dérivée d'une fonction puissance d'une fonction d'un variable indépendant. — Soit la fonction

$$v = y^m,$$

y étant une fonction de x.

On sait que

$$\frac{dv}{dx} = \frac{dv}{dy} \cdot \frac{dy}{dx},$$

ou, dans ce cas particulier, que (n° 214, III)

$$\frac{dv}{dx} = m \, y^{m-1} \cdot \frac{dy}{dx}.$$

La dérivée d'une fonction puissance d'une autre fonction de x *est égale au produit du degré* m *de la puissance multiplié par la puissance de degré* m — 1 *de cette dernière fonction et par la dérivée de celle-ci prise par rapport à* x.

.. EXEMPLES. — Nous sommes maintenant en mesure de rechercher les dérivées de fonctions quelconques commensurables avec l'indépendant. Voici quelques exemples :

Dérivée de $y = ax^m + bx^n + cx^p + d$. — On aura (n° 215, 2°; n° 214, I, II, III)

$$\frac{dy}{dx} = amx^{m-1} + bnx^{n-1} + cpx^{p-1}.$$

Dérivée de $y = (ax^m + bx^n)^p$. — On a (mêmes numéros)

$$\frac{dy}{dx} = p \, (ax^m + bx^n)^{p-1} (amx^{m-1} + bnx^{n-1}).$$

Dérivée de $y = x^2 (a^2 + x^2)$. — On a (II)

$$\frac{dy}{dx} = x^2 . 2x + (a^2 + x^2) \, 2x = 2a^2x + 4x^3$$

III. Si l'on a une fonction

$$u = \varphi (z),$$

z étant une fonction d'une fonction y d'un variable indépendant x, on prouvera facilement que

$$\frac{du}{dx} = \frac{du}{dz} \cdot \frac{dz}{dy} \cdot \frac{dy}{dx}.$$

§ III. — RECHERCHE DES DÉRIVÉES DE DIVERS ORDRES D'UNE FONCTION D'UN VARIABLE INDÉPENDANT.

216. DÉFINITION. — Soit $y = \varphi (x)$ une fonction quelconque de x et $\frac{dy}{dx}$ sa dérivée, que nous représentons quelquefois par $\varphi'(x)$. Cette dérivée étant une fonction de x (n° 210), nous avons à considérer sa fonction dérivée, que nous appellerons *dérivée seconde* ou du *second ordre* de $\varphi (x)$. De même, nous aurons à considérer la dérivée de la dérivée seconde, que nous appellerons *dérivée troisième* de $\varphi (x)$, et ainsi de suite.

Pour ne pas interrompre le discours plus tard, nous ferons connaître ici les signes graphiques par lesquels nous représenterons les dérivées des divers ordres d'une fonction $\varphi (x)$. La dérivée première de $\varphi (x)$ a été représentée indifféremment par $\frac{dy}{dx}$ ou $\varphi'(x)$; nous représenterons la dérivée seconde par

$\frac{d^2y}{dx^2}$ ou $\varphi''(x)$, la dérivée troisième par $\frac{d^3y}{dx^3}$ ou $\varphi'''(x)$, ...,

et, en général, la *dérivée* $n^{ième}$ par $\frac{d^ny}{dx^n}$ ou $\varphi^{(n)}(x)$.

On conçoit qu'il n'est pas nécessaire de donner de nouveaux procédés pour chercher une dérivée d'ordre quelconque.

217. Exemples. — Voici quelques exemples :

1° *Chercher la dérivée* $n^{ième}$ *de*

$$y = x^m,$$

m étant entier.

On obtient, par les règles précédemment démontrées,

$$\frac{dy}{dx} \text{ ou } \varphi'(x) = mx^{m-1},$$

$$\frac{d^2y}{dx^2} \text{ ou } \varphi''(x) = m(m-1)x^{m-2},$$

$$\frac{d^3y}{dx^3} \text{ ou } \varphi'''(x) = m(m-1)(m-2)x^{m-3},$$

$$\cdots \cdots \cdots \cdots \cdots \cdots \cdots \cdots \cdots \cdots$$

$$\frac{d^ny}{dx^n} \text{ ou } \varphi^{(n)}(x) = m(m-1)(m-2)..(m-n+1)x^{m-n}.$$

La dérivée $m^{ième}$ est

$$\frac{d^my}{dx^m} \text{ ou } \varphi^{(m)}x = m(m-1)(m-2)....3.2.1,$$

nombre constant, et les dérivées ultérieures n'existent plus ;

2° *Chercher la dérivée* $n^{ième}$ *du produit*

$$y = uv.$$

de deux fonctions u et v d'un variable indépendant x. On trouve (n° 215, III)

$$\frac{dy}{dx} \text{ ou } y' = u\frac{dv}{dx} + v\frac{du}{dx}$$

$$\frac{d^2y}{dx^2} \text{ ou } y'' = u\frac{d^2v}{dx^2} + 2\frac{dv}{dx}\frac{du}{dx} + v\frac{d^2u}{dx^2}$$

$$\frac{d^3y}{dx^3} \text{ ou } y''' = u\frac{d^3v}{dx^3} + 3\frac{d^2v}{dx^2}\frac{du}{dx} + 3\frac{dv}{dx}\frac{du}{dx} + v\frac{d^3u}{dx^3}$$

$$. \quad . \quad . \quad . \quad . \quad . \quad . \quad . \quad . \quad . \quad . \quad . \quad .$$

$$\frac{d^ny}{dx^n} \text{ ou } y^{(n)} = u\frac{d^nv}{dx^n} + n\frac{d^{n-1}v}{dx^{n-1}}\frac{du}{dx} + \frac{n(n-1)}{1.2}\frac{d^{n-2}v}{dx^{n-2}}\cdot\frac{d^2u}{dx^2} + \ldots.$$

$$+ \frac{n(n-1)\ldots(n-m+1)}{1.2.3\ldots m}\frac{d^{n-m}v}{dx^{n-m}}\frac{d^mu}{dx^m} + \ldots + v\frac{d^n u}{dx^n}.$$

§ IV. — Recherche des dérivées des fonctions commensurables implicitement liées au variable indépendant par une ou plusieurs équations.

218. Une fonction liée implicitement par une équation au variable indépendant n'est toujours commensurable avec celui-ci que si elle y entre seulement à la première puissance. Il sera alors facile d'exprimer explicitement la fonction au moyen du variable indépendant et, par suite, de trouver sa dérivée, mais cette résolution n'est pas même nécessaire, comme nous allons le faire voir.

Supposons que la fonction y soit liée au variable indépendant x par l'équation,

$$f(x, y) = 0.$$

On peut trouver la dérivée $\frac{dy}{dx}$ sans être obligé de résoudre l'équation par rapport à y. En effet, la fonction $f(x, y)$ n'est autre qu'une fonction de x et d'une fonction y de x convenablement déterminée, et, comme la fonction $f(x, y)$ est identiquement nulle pour toutes les valeurs de x que l'on considère, sa dérivée (n° 210) doit aussi être identiquement nulle; on aura donc, d'après la règle des fonctions composées d'autres fonctions (n° 215), pour cette dérivée,

$$\frac{d f(x, y)}{dx} + \frac{d f(x, y)}{dy} \cdot \frac{dy}{dx} = 0;$$

d'où l'on conclut

$$\frac{dy}{dx} = -\frac{\dfrac{d f(x, y)}{dx}}{\dfrac{d f(x, y)}{dy}}.$$

Mais le second membre contient encore la fonction y et si l'on veut exprimer la dérivée au moyen du variable indépendant seulement, il faudra remplacer y par sa valeur en x.

219. La recherche des dérivées de m fonctions liées au variable indépendant par m équations du premier degré n'offre pas plus de difficultés. Nous examinerons, lors de la détermination des dérivées des fonctions incommensurables avec le variable indépendant, le cas où les équations sont de degré supérieur.

§ V. — Recherche des dérivées des fonctions commensurables de plusieurs variables indépendants.

220. Dérivées partielles d'une fonction de plusieurs variables indépendants. — Si l'on a une fonction

$$u = f(x, y, z, ...)$$

de plusieurs variables indépendants, on trouvera par les méthodes connues les dérivées de la fonction par rapport à chacun des variables, en regardant tous les autres comme des nombres constants, savoir :

$$\lim. \frac{\Delta u}{\Delta x} \text{ ou } \frac{du}{dx}, \lim. \frac{\Delta u}{\Delta y} \text{ ou } \frac{du}{dy}, \lim. \frac{\Delta u}{\Delta z} \text{ ou } \frac{du}{dz}, ...$$

Nous avons prouvé (n° 210) que, pour une fonction donnée, toutes ces dérivées lui sont spéciales et bien définies, et que, lorsque ces dérivées sont connues, la fonction primitive est connue à un nombre constant arbitraire près.

Exemple. — Rechercher les dérivées *partielles* par rapport à x et à y de la fonction

$$u = x^m . y^n.$$

On a (n° 214, II)

$$\frac{du}{dx} = y^n . m x^{m-1}; \quad \frac{du}{dy} = x^m . n y^{n-1}.$$

221. Dérivées partielles d'une fonction composée de fonctions de plusieurs variables indépendants. — Soit, par exemple, une fonction

$$p = \varphi(u, v),$$

24

composée de deux fonctions u et v des variables indépendants x, y et z; on aura (n° 215, II) les dérivées partielles

$$\frac{dp}{dx} = \frac{dp}{du}\frac{du}{dx} + \frac{dp}{dv}\frac{dv}{dx}; \frac{dp}{dy} = \frac{dp}{du}\frac{du}{dy} + \frac{dp}{dv}\frac{dv}{dy}; \frac{dp}{dz} = \frac{dp}{du}\frac{du}{dz} + \frac{dp}{dv}\frac{dv}{dz}.$$

222. *Dérivées partielles des fonctions de plusieurs variables indépendants liés implicitement à celles-ci par des équations.* — Puisqu'il ne s'agit, jusqu'à présent, que des fonctions commensurables avec les variables, elles ne peuvent entrer dans ces équations que par leur première puissance, et il sera toujours facile de les obtenir explicitement.

223. *Dérivées partielles des divers ordres des fonctions de plusieurs variables indépendants.* — Soit

$$u = \varphi\,(x, y, z)$$

une fonction des variables indépendants x, y, z. Les règles relatives aux fonctions d'un seul variable donnent immédiatement les dérivées du premier ordre

$$\frac{du}{dx}, \frac{du}{dy}, \frac{du}{dz},$$

et celles d'ordres supérieurs,

$$\frac{d^2u}{dx^2}, \frac{d^3u}{dx^3}, \ldots, \frac{d^nu}{dx^n}, \ldots; \frac{d^2u}{dy^2}, \ldots; \frac{d^2u}{dz^2}, \ldots$$

Or, toutes ces dérivées sont des fonctions de x, y, z, qui ont elles-mêmes leurs dérivées par rapport à chacun des variables. Ainsi, l'on peut considérer la dérivée par rapport à y de la dérivée de u par rapport à x, c'est-à-dire

$$\frac{d\left(\frac{du}{dx}\right)}{dy},$$

que nous désignerons par la notation

$$\frac{d^2u}{dx\,dy}.$$

De même, on pourra considérer la dérivée de $\frac{du}{dy}$ par rapport à x, que nous désignerons par la notation

$$\frac{d^2u}{dy\,dx}.$$

Nous indiquerons par des notations analogues le résultat d'un nombre quelconque de *dérivations* successives exécutées dans un certain ordre sur la fonction u par rapport aux divers variables qu'elle renferme. Ainsi

$$\frac{d^4u}{dz\,dx\,dy\,dx}$$

représente la dérivée par rapport à x de la dérivée par rapport à y de la dérivée par rapport à x de la dérivée par rapport à z de u.

Par exemple, si nous nous proposons une fonction

$$u = \varphi\,(x,\,y)$$

de deux variables indépendants, nous avons à considérer les dérivées partielles du premier ordre

$$\frac{du}{dx},\quad \frac{du}{dy},$$

les dérivées partielles du deuxième ordre

$$\frac{d^2u}{dx^2}, \frac{d^2u}{dx\,dy}, \frac{d^2u}{dy\,dx}, \frac{d^2u}{dy^2},$$

les dérivées partielles du troisième ordre

$$\frac{d^3u}{dx^3}, \frac{d^3u}{dx^2\,dy}, \frac{d^3u}{dx\,dy\,dx}, \frac{d^3u}{dx\,dy^2}, \frac{d^3u}{dy\,dx^2}, \frac{d^3u}{dy\,dx\,dy}, \frac{d^3u}{dy^2\,dx}, \frac{d^3u}{dx^3},$$

etc.

224. Théorème sur l'ordre des dérivations. — Dans le numéro précédent, nous avons été amenés à considérer, parmi les dérivées partielles du second ordre d'une fonction u de deux variables indépendants x et y, les dérivées

$$\frac{d^2u}{dx\,dy} \text{ et } \frac{d^2u}{dy\,dx}, \quad (1)$$

parmi celles du troisième ordre, les dérivées

$$(2)\; \frac{d^3u}{dx^2\,dy}, \frac{d^3u}{dx\,dy\,dx} \text{ et } \frac{d^3u}{dy\,dx^2}; \; \frac{d^3u}{dx\,dy^2}, \frac{d^3u}{dy\,dx\,dy} \text{ et } \frac{d^3u}{dy^2\,dx} \; (3).$$

Nous allons démontrer que les deux dérivées (1) sont identiques entre elles, que, de même, les trois dérivées (2), puis les trois dérivées (3) sont identiques entre elles deux à deux, ou, d'une façon générale, que :

Le résultat final de plusieurs dérivations successives est toujours le même, quel que soit l'ordre dans lequel on opère par rapport aux divers variables.

Il est clair que le théorème sera démontré si nous l'établissons pour deux dérivations successives par rapport à deux variables, c'est-à-dire si nous prouvons que

$$\frac{d\,\frac{du}{dx}}{dy} = \frac{d\,\frac{du}{dy}}{dx}, \text{ ou } \frac{d^2u}{dx\,dy} = \frac{d^2u}{dy\,dx}.$$

Supposons que la fonction

$$u = \varphi\,(x,\,y,\,z,\,v,\,\ldots.)$$

renferme un nombre quelconque de variables indépendants x, y, z, v, ... Pour obtenir les dérivées $\frac{d^2u}{dx\,dy}$ et $\frac{d^2u}{dy\,dx}$, nous avons fait abstraction des variables autres que x, y ou plutôt nous les avons regardés comme constants. Les dérivées désignées par

$$\frac{d^2u}{dx\,dy} \text{ et } \frac{d^2u}{dy\,dx}$$

sont respectivement les limites

$$\lim. \frac{\Delta_y\,\frac{\Delta_x u}{\Delta x}}{\Delta y} \text{ et } \lim. \frac{\Delta_x\,\frac{\Delta_y u}{\Delta y}}{\Delta x} \;(^1),$$

vers lesquelles tendent les rapports

$$\frac{\Delta_y\,\frac{\Delta_x u}{\Delta x}}{\Delta y} \text{ et } \frac{\Delta_x\,\frac{\Delta_y u}{\Delta y}}{\Delta x},$$

lorsque Δx, Δy convergent indéfiniment vers la nullité. En effet, par définition de la limite,

$$\frac{\Delta_x u}{\Delta x} = \frac{du}{dx} + \varepsilon,$$

___

(^{1}) La notation $\Delta_x u$ représente la variation résultant pour la fonction u de x d'une variation Δx donnée à x.

ε étant un nombre qui n'est plus dans la limite vers laquelle tend $\frac{\Delta_x u}{\Delta x}$, lorsque Δx et, par suite, $\Delta_x u$ diminuent indéfiniment, limite que nous désignons par $\frac{du}{dx}$; on en conclut que

$$\frac{\Delta_y \frac{\Delta_x u}{\Delta x}}{\Delta y} = \frac{\Delta_y \left(\frac{du}{dx} + \varepsilon\right)}{\Delta y}.$$

Maintenant, ε étant un nombre qui n'existe plus dans la limite vers laquelle tend $\frac{\Delta_x u}{\Delta x}$ lorsque Δx tend indéfiniment vers zéro, on en conclut que la limite vers laquelle tend

$$\frac{\Delta_y \frac{\Delta_x u}{\Delta x}}{\Delta y},$$

lorsque Δx, Δy tendent vers zéro, est la même que celle vers laquelle tend

$$\frac{\Delta_y \frac{du}{dx}}{\Delta y},$$

lorsque la variation Δy de $\breve{y}$ tend indéfiniment vers zéro, c'est-à-dire

$$\frac{d \frac{du}{dx}}{dy} \quad \text{ou} \quad \frac{d^2 u}{dx\,dy}.$$

On prouverait par le même raisonnement que

$$\text{lim.} \frac{\Delta_x \frac{\Delta_y u}{\Delta y}}{\Delta x} = \frac{d \frac{du}{dy}}{dx} \quad \text{ou} \quad \frac{d^2 u}{dy\,dx}.$$

Cela posé, recherchons les valeurs de

$$\frac{\Delta_y \frac{\Delta_x u}{\Delta x}}{\Delta y} \text{ et } \frac{\Delta_x \frac{\Delta_y u}{\Delta y}}{\Delta x}.$$

Si l'on désigne par $\Delta_x u$ la variation de u correspondant à une variation Δx de x, et par $\Delta_y u$ la variation de u correspondant à une variation Δy de y, on a

$$\Delta_x u = \varphi\,(x + \Delta x, y, \ldots) - \varphi\,(x, y, \ldots)$$
$$\Delta_y u = \varphi\,(x, y + \Delta y, \ldots) - \varphi\,(x, y, \ldots);$$

et

$$\frac{\Delta_x u}{\Delta x} = \frac{\varphi\,(x + \Delta x, y, \ldots) - \varphi\,(x, y, \ldots)}{\Delta x}$$

$$\frac{\Delta_y u}{\Delta y} = \frac{\varphi\,(x, y + \Delta y, \ldots) - \varphi\,(x, y, \ldots)}{\Delta y};$$

Ensuite

$$\Delta_y \frac{\Delta_x u}{\Delta x} = \frac{\varphi\,(x + \Delta x, y + \Delta y, \ldots) - \varphi\,(x, y + \Delta y, \ldots)}{\Delta x} - \frac{\varphi\,(x + \Delta x, y, \ldots) - \varphi\,(x, y, \ldots)}{\Delta x},$$

$$\Delta_x \frac{\Delta_y u}{\Delta y} = \frac{\varphi\,(x + \Delta x, y + \Delta y, \ldots) - \varphi\,(x + \Delta x, y, \ldots)}{\Delta y} - \frac{\varphi\,(x, y + \Delta y, \ldots) - \varphi\,(x, y, \ldots)}{\Delta y},$$

D'où l'on conclut

$$\frac{\Delta_y \frac{\Delta_x u}{\Delta x}}{\Delta y} = \frac{\frac{\varphi\,(x + \Delta x, y + \Delta y, \ldots) - \varphi\,(x, y + \Delta y, \ldots)}{\Delta x} - \frac{\varphi\,(x + \Delta x, y, \ldots) - \varphi\,(x, y, \ldots)}{\Delta x}}{\Delta y},$$

$$\frac{\Delta_x \frac{\Delta_y u}{\Delta y}}{\Delta x} = \frac{\frac{\varphi\,(x + \Delta x, y + \Delta y, \ldots) - \varphi\,(x + \Delta x, y, \ldots)}{\Delta y} - \frac{\varphi\,(x, y + \Delta y, \ldots) - \varphi\,(x, y, \ldots)}{\Delta y}}{\Delta x},$$

Or, les deux nombres du second membre varient simultanément lorsque Δx et Δy tendent vers zéro, ils restent constamment égaux entre eux dans tous les états de grandeur par lesquels ils passent; donc, ils tendent tous deux vers la même limite, et l'on voit que

$$\lim. \frac{\Delta_y \frac{\Delta_x u}{\Delta x}}{\Delta y} = \lim. \frac{\Delta_x \frac{\Delta_y u}{\Delta y}}{\Delta x}$$

ou, d'après ce que nous avons démontré précédemment, que

$$\frac{d\frac{du}{dx}}{dy} = \frac{d\frac{du}{dy}}{dx} \text{ ou } \frac{d^2 u}{dx\, dy} = \frac{d^2 u}{dy\, dx}.$$

Il résulte de cette identité que le résultat de plusieurs dérivations successives est toujours le même quel que soit l'ordre dans lequel on opère par rapport aux divers variables. En effet, le résultat de dérivation désigné par

$$\frac{d^n u}{dx\, dy\, dz.\, \ldots\, dt\, dv}$$

est le même que celui désigné par

$$\frac{d^n u}{dx\, dy\, dz\, \ldots\, dv\, dt}, \text{ etc.}$$

CHAPITRE III.

225. Les seules fonctions incommensurables que
nous examinerons ici sont celles auxquelles nous
avons été conduits par la considération des nombres
d'unités, mesures de toutes les substances et des
formes matérielles, envisagés en eux-mêmes et indépendamment de celles-ci, que ces substances et ces
formes soient variables dans le temps et dans
l'espace ou dans le temps seulement. Nous trouverons d'autres fonctions incommensurables dans
toutes les branches des sciences des formes de la
Matière, entre autres dans la science de l'espace et
des quantités variables dans l'espace.

Les fonctions incommensurables dont il faut en
ce moment chercher les dérivées sont les fonctions
racines incommensurables et les fonctions *logarithmes
incommensurables.*

§ Ier.— RECHERCHE DES DÉRIVÉES DES FONCTIONS INCOMMEN-
SURABLES EXPLICITES D'UN SEUL VARIABLE INDÉPENDANT.

226. *Dérivée d'une fonction* y *racine du nombre
variable* x. — Soit la fonction

$$y = x^{\frac{m}{n}}, \quad (1)$$

la racine $n^{ième}$ de la puissance $m^{ième}$ de l'indépendant, $\frac{m}{n}$ étant $>$ ou < 1, c'est-à-dire $m >$ ou $< n$.

On a

$$\lim. \frac{\Delta y}{\Delta x} = \frac{(x + \Delta x)^{\frac{m}{n}} - x^{\frac{m}{n}}}{\Delta x},$$

forme sous laquelle il est impossible de reconnaître la limite.

Mais, de (1), on conclut que y est une fonction de x telle que

$$y^n = x^m,$$

ou que

$$y^n - x^m = 0.$$

La dérivée de y, $\frac{dy}{dx}$, est donc telle que (n° 218)

$$ny^{n-1} \frac{dy}{dx} - mx^{m-1} = 0;$$

d'où l'on tire

$$\frac{dy}{dx} = \frac{m}{n} \cdot \frac{x^{m-1}}{y^{n-1}} = \frac{m}{n} \cdot \frac{x^{m-1}}{x^{\frac{m(n-1)}{n}}}. \quad (2)$$

$$= \frac{m}{n} \cdot x^{m-1 - \frac{m(n-1)}{n}} = \frac{m}{n} x^{\frac{m}{n} - 1},$$

si $\frac{m}{n} > 1$.

Si $\frac{m}{n}$ est < 1, l'exposant de x, $\frac{m}{n} - 1$ ou $-\left(1 - \frac{m}{n}\right)$, est soustractif. Quelle signification faut-il donner à ce résultat? Pour la découvrir, remontons aux puissances renfermées dans le nombre (2) désigné par

$$\frac{x^{m-1}}{x^{m - \frac{m}{n}}}.$$

Ce nombre n'est autre que

$$\frac{\dfrac{x^m}{x}}{\dfrac{x^m}{x^{\frac{m}{n}}}} = \frac{x^{\frac{m}{n}}}{x} = \frac{1}{x^{1-\frac{m}{n}}}.$$

Ainsi, on doit admettre que $x^{-\left(1-\frac{m}{n}\right)}$, obtenu par suite de combinaisons d'exposants faites d'après des règles démontrées, désigne le nombre

$$\frac{1}{x^{1-\frac{m}{n}}}.$$

Ceci nous prouve que, *dans tout calcul dans lequel on a à combiner des puissances et des racines d'un nombre, si le résultat est affecté d'un exposant soustractif, on peut et l'on doit admettre que le nombre désigné par cette expression est l'unité divisée par le nombre considéré affecté de l'exposant pris additivement.*

Les dérivées que nous venons de trouver et celle du n° 214, III, montrent que :

La dérivée d'un nombre y, *fonction d'un variable* x *exprimée par* y = xᵐ, *l'exposant* m *étant quelconque, entier ou fractionnaire, est égale à* m *fois le variable affecté d'un exposant égal à* m — 1. (Si cet exposant est soustractif, on connaît la signification de l'expression.)

227. *Dérivée de la fonction*

$$y = \left(\frac{1}{x}\right)^{\frac{m}{n}} \text{ ou } \frac{1}{x^{\frac{m}{n}}}.$$

De la règle qui précède, combinée avec celle du n° 215, II, on conclut

$$\frac{dy}{dx} = \frac{-\frac{m}{n} a^{\frac{m}{n}-1}}{x^{\frac{2m}{n}}} = -\frac{m}{n} \cdot \frac{1}{x^{\frac{m}{n}+1}}.$$

228. Dérivée d'un nombre y, fonction logarithme d'un variable x d'après une base quelconque a. — Soit la fonction y de x telle que

$$x = a^y, \quad (1)$$

ou que

$$y = \log_a x.$$

On a

$$\lim. \frac{\Delta y}{\Delta x} = \lim. \frac{\log_a (x + \Delta x) - \log_a x}{\Delta x} = \lim. \frac{\log_a \frac{x + \Delta x}{x}}{\Delta x}$$

$$= \lim. \frac{\log_a \left(1 + \frac{\Delta x}{x}\right)}{\Delta x}. \quad (2)$$

Sous cette forme, il est impossible de découvrir la limite vers laquelle tend

$$\frac{\log_a \left(1 + \frac{\Delta x}{x}\right)}{\Delta x},$$

lorsque Δx converge indéfiniment vers zéro. Mais, remarquons que Δx étant une certaine fraction $\frac{x}{m}$

de x, la limite (2) revient à celle-ci

$$\lim. \frac{\log_a\left(1+\frac{1}{m}\right)}{\frac{x}{m}}[m\uparrow] = \lim. \frac{m}{x}\log_a\left(1+\frac{1}{m}\right)[m\uparrow] \quad (^1)$$

$$= \frac{1}{x}\lim. \log_a\left(1+\frac{1}{m}\right)^m [m\uparrow),$$

et la question se réduit à trouver la limite vers laquelle converge $\log_a\left(1+\frac{1}{m}\right)^m$, lorsque Δx diminue indéfiniment ou lorsque son dénominateur m augmente indéfiniment.

Déterminons d'abord vers quelle limite tend

$$\left(1+\frac{1}{m}\right)^m,$$

lorsque m augmente indéfiniment, c'est-à-dire le nombre limite vers lequel tendent les puissances et les racines de puissances, de degrés indéfiniment croissants, de l'unité augmentée d'un nombre indéfiniment décroissant.

Dans l'état présent de nos connaissances relatives à la quantité, il est impossible d'arriver au résultat : nous connaissons la composition de la puissance $m^{ième}$ d'un binôme $1+\frac{1}{m}$ (n°s 73 et 74), mais non celle de la racine $m^{ième}$ d'un binôme ou d'une puissance de ce binôme. Est-il possible de trouver la composition du nombre $\left(1+\frac{1}{m}\right)^m$ ou, au moins, de

---

(^{1}) [$m\uparrow$] représente l'idée *lorsque m augmente indéfiniment*.

l'exprimer approximativement par un développement, m étant quelconque?

Si m est entier, le nombre désigné par $\left(1 + \frac{1}{m}\right)^m$
est la puissance $m^{ième}$ de $1 + \frac{1}{m}$, et, dans ce cas
(n° 73),

$$\left(1 + \frac{1}{m}\right)^m = 1 + m \cdot \frac{1}{m} + \frac{m\,(m-1)}{1 \cdot 2} \cdot \frac{1}{m^2}$$
$$+ \frac{m\,(m-1)\,(m-2)}{1 \cdot 2 \cdot 3} \cdot \frac{1}{m^3} + \dots + \frac{1}{m^m};$$

il s'agit de décider si l'égalité subsiste pour les
nombres désignés par ces expressions, lorsque m est
fractionnaire. Ce problème n'est qu'un cas particulier de la théorie du développement d'une fonction
en une *série* de parties, théorie que nous sommes
conduits à exposer.

**229. Développement en série d'une fonction d'un
variable indépendant.** — Étant donné un nombre y,
fonction d'un variable indépendant x, $y = \varphi\,(x)$,
commensurable ou incommensurable avec l'indépendant, la développer en une série de parties
dont la somme soit égale à la fonction donnée ou
tende indéfiniment vers celle-ci, tel est le problème
à résoudre.

Remarquons que, si nous attribuons au variable
une valeur particulière quelconque désignée par x,
la fonction $y = \varphi\,(x)$ acquiert une valeur correspondante; si nous attribuons ensuite au variable la
valeur $x + h$, la fonction acquiert une autre valeur
qui doit nécessairement dépendre de la valeur pre-

mière $\varphi(x)$ et de la variation h. Cherchons à obtenir cette nouvelle valeur $\varphi(x+h)$ de la fonction : si nous y parvenons, il suffira, pour résoudre le problème énoncé ci-dessus, de supposer, dans le résultat que nous aurons obtenu, $x = 0$, pour avoir la série de parties dont la somme est égale à $\varphi(h)$ ou tend vers la limite $\varphi(h)$, h désignant une valeur particulière quelconque de l'indépendant.

I. La variation h se compose d'un nombre quelconque n de parties Δx. Désignons par Δy la variation de la fonction y correspondant à la variation Δx de l'indépendant, c'est-à-dire telle que

$$\varphi(x+\Delta x) = y + \Delta y.$$

Si, dans $\varphi(x+\Delta x)$, on donne une nouvelle variation Δx à $x + \Delta x$, il vient

$$\varphi(x+2\Delta x) = y + \Delta y + \Delta(y+\Delta y) = y + \Delta y + \Delta y + \Delta^2 y$$
$$= \Delta y^2 + 2\Delta y + \Delta^2 y,$$

car la variation de $y + \Delta y$ est la somme des variations de y et de Δy. (Nous représentons la variation de Δy par $\Delta . \Delta y$ ou $\Delta^2 y$.)

Si, dans $\varphi(x+2\Delta x)$, nous donnons une nouvelle variation Δx à $x + 2\Delta x$, il vient

$$\varphi(x+3\Delta x) = y^2 + 2\Delta y + \Delta^2 y + \Delta(y+2\Delta y + \Delta^2 y)$$
$$= y + 3\Delta y + 3\Delta^2 y + \Delta^3 y.$$

Si dans $\varphi(x+3\Delta x)$, nous donnons une nouvelle variation Δx à $x + 3\Delta x$, il vient

$$\varphi(x+4\Delta x) = y + 3\Delta y + 3\Delta^2 y + \Delta^3 y + \Delta(y + 3\Delta y + 3\Delta^2 y + \Delta^3 y)$$
$$= y + 4\Delta y + 6\Delta^2 y + 4\Delta^3 y + \Delta^4 y.$$

On voit aisément que les coefficients des variations des divers ordres suivent la même loi que les coefficients du développement de la puissance $m^{ième}$ d'un binôme $x + a$ (n°s 73, 74). Par induction, nous en concluons

$$\varphi(x + n\Delta x) = y + n \cdot \Delta y + \frac{n(n-1)}{1 \cdot 2} \cdot \Delta^2 y$$

$$+ \frac{n(n-1)(n-2)}{1 \cdot 2 \cdot 3} \cdot \Delta^3 y + \dots + \Delta^n y.$$

Pour être complètement rigoureux, établissons la généralité de la loi de formation. Supposons celle-ci vérifiée pour $\varphi(x + n\Delta x)$ et faisons voir qu'elle régit aussi le développement de $\varphi[x + (n+1)\Delta x]$. Il vient

$$\varphi[x + (n+1)\Delta x]$$

$$= y + n \cdot \Delta y + \frac{n(n-1)}{1 \cdot 2} \cdot \Delta^2 y + \frac{n(n-1)(n-2)}{1 \cdot 2 \cdot 3} \cdot \Delta^3 y + \dots + \Delta^n y$$

$$+ \Delta \left(y + n \cdot \Delta y + \frac{n(n-1)}{1 \cdot 2} \Delta^2 y + \frac{n(n-1)(n-2)}{1 \cdot 2 \cdot 3} \Delta^3 y + \dots + \Delta^n y \right)$$

$$= y + (n+1)\Delta y + \frac{(n+1)n}{1 \cdot 2} \cdot \Delta^2 y + \frac{(n+1)n(n-1)}{1 \cdot 2 \cdot 3} \cdot \Delta^3 y + \dots + \Delta^{n+1} y$$

développement formé d'après la loi : donc celle-ci est établie.

Nous avons donc, $n\Delta x$ étant égal à h ou n étant égal à $\frac{h}{\Delta x}$,

$$\varphi(x + n\Delta x) = \varphi(x + h) = \varphi(x) + \frac{h}{\Delta x} \cdot \Delta y + \frac{\frac{h}{\Delta x}\left(\frac{h}{\Delta x} - 1\right)}{1 \cdot 2} \Delta^2 y$$

$$+ \frac{\frac{h}{\Delta x}\left(\frac{h}{\Delta x} - 1\right)\left(\frac{h}{\Delta x} - 2\right)}{1 \cdot 2 \cdot 3} \Delta^3 y + \dots$$

$$+ \frac{\frac{h}{\Delta x}\left(\frac{h}{\Delta x} - 1\right)\left(\frac{h}{\Delta x} - 2\right) \dots \left[\frac{h}{\Delta x} - (n-1)\right]}{1 \cdot 2 \cdot 3 \dots n} \Delta^n y$$

ou

$$\varphi\,(x+n\Delta x) = \varphi\,(x+h) = \varphi\,(x) + h.\,\frac{\Delta y}{\Delta x} + \frac{h\,(h-\Delta x)}{1.2}\cdot\frac{\Delta^2 y}{\Delta x^2}$$

$$+ \frac{h\,(h-\Delta x)\,(h-2\Delta x)}{1.2.3}\cdot\frac{\Delta^3 y}{\Delta x^3} + \dots.$$

$$+ \frac{h\,(h-\Delta x)\,(h-2\Delta x)\dots[h-(n-1)\,\Delta x]}{1.2.3\dots n}\cdot\frac{\Delta n y}{\Delta x_n}.$$

Mais h est composé d'un nombre n aussi grand qu'on le voudra de parties Δx aussi petites qu'on le voudra, et l'égalité précédente subsistera, quelle que petite que soit Δx et, par conséquent, quel que grand que soit le nombre de ces parties dans lesquelles on a décomposé h. On aura donc aussi

$$\varphi\,(x+h) = \varphi\,(x) + \lim.\,h\,\frac{\Delta y}{\Delta x} + \lim.\,\frac{h\,(h-\Delta x)}{1.2}\cdot\frac{\Delta^2 y}{\Delta x^2}$$

$$+ \lim.\,\frac{h\,(h-\Delta x)\,(h-2\Delta x)}{1.2.3}\cdot\frac{\Delta^3 y}{\Delta x^3} + \dots.$$

$$+ \lim.\,\frac{h\,(h-\Delta x)\,(h-2\Delta x)\dots[h-(m-1)\,\Delta x]}{1.2.3\dots m}\cdot\frac{\Delta^m y}{\Delta x^m} + \dots,$$

les limites du second membre étant celles vers lesquelles tendent les nombres intégrants, lorsque Δx diminue indéfiniment, à condition que, sous la valeur particulière x considérée, ces limites existent. On sait que la limite d'un produit est égale au produit des limites des facteurs : il est facile de reconnaître les limites

$$h,\,\frac{h^2}{1.2},\,\frac{h^3}{1.2.3},\,\dots,\,\frac{h^m}{1.2.3\dots m},\,\dots$$

vers lesquelles tendent respectivement les premiers facteurs des produits

$$h \cdot \frac{\Delta y}{\Delta x}, \quad \frac{h\,(h - \Delta x)}{1.2} \cdot \frac{\Delta^2 y}{\Delta x^2}, \quad \frac{h\,(h - \Delta x)\,(h - 2\Delta x)}{1.2.3} \cdot \frac{\Delta^3 y}{\Delta x^3}, \ \dots$$

Reste à déterminer

$$\lim \cdot \frac{\Delta y}{\Delta x}, \ \lim \cdot \frac{\Delta^2 y}{\Delta x^2}, \dots, \ \lim \cdot \frac{\Delta^m y}{\Delta x^m}, \dots$$

La limite de $\frac{\Delta y}{\Delta x}$ est la fonction dérivée première de y.

La limite de

$$\frac{\Delta^2 y}{\Delta x^2} \quad \text{ou} \quad \frac{\frac{\Delta . \Delta y}{\Delta . x}}{\Delta x}$$

est la dérivée seconde de y, $\frac{d^2 y}{dx^2}$; en effet, $\frac{\Delta . \Delta y}{\Delta x} = \Delta . \frac{\Delta y}{\Delta x}$, et, par suite,

$$\frac{\Delta^2 y}{\Delta x^2} = \frac{\Delta \dfrac{\Delta y}{\Delta x}}{\Delta x},$$

$$\lim \cdot \frac{\Delta^2 y}{\Delta x^2} = \lim \cdot \frac{\Delta \dfrac{\Delta y}{\Delta x}}{\Delta x} = \frac{d^2 y}{dx^2}. \ (\text{n}^\text{o}\ 224).$$

De même,

$$\lim \cdot \frac{\Delta^3 y}{\Delta x^3} = \frac{d^3 y}{dx^3}, \ \dots, \ \lim \cdot \frac{\Delta^m y}{\Delta x^m} = \frac{d^m y}{dx^m}, \ \dots$$

On a donc finalement

$$\varphi(x + h) = \varphi(x) + h\,\frac{dy}{dx} + \frac{h^2}{1.2} \cdot \frac{d^2 y}{dx^2} + \dots + \frac{h^m}{1.2.3. \dots m}\,\frac{d^m y}{dx^m} + \dots, \ (1)$$

à condition que la fonction $\varphi(x)$ et ses dérivées restent limitées sous la valeur particulière x considérée.

Il est à remarquer cependant que, même si cette

condition est satisfaite, le développement (1) ne changerait pas pour deux fonctions différentes $\varphi(x+h)$ et $\psi(x+h)$ qui auraient, ainsi que leurs dérivées successives, les mêmes valeurs sous la valeur particulière x du variable, circonstance qui peut évidemment se présenter, et, par conséquent, tout en étant limité, il pourrait ne pas converger vers la valeur du premier membre. Il pourrait même augmenter au delà de toute limite, quoique ses termes soient limités.

Il s'agit donc de décider de la convergence ou de la non-convergence de la série (1) vers $\varphi(x+h)$. Désignons par R_m la limite vers laquelle tend la somme des termes de la série qui suivent le $(m+1)^{ième}$, de sorte que l'on ait

$$\varphi(x+h) = \varphi(x) + h\frac{d\varphi}{dx} + \frac{h^2}{1.2}\frac{d^2\varphi}{dx^2} + \dots + \frac{h^m}{1.2.3\dots m}\frac{d^m\varphi}{dx^m} + R_m.$$

Il est clair que si la limite vers laquelle converge R_m à mesure que le nombre m des parties considérées avant R_m augmente indéfiniment, est nulle, le second membre a pour limite $\varphi(x+h)$. La question se résume donc à examiner si R_m tend à devenir nul, lorsque m augmente indéfiniment.

A cet effet, il est indispensable de chercher la valeur de R_m. On a

$$R_m = \frac{h^{m+1}}{1.2..(m+1)} \cdot \frac{d^{m+1}\varphi}{dx^{m+1}} + \frac{h^{m+2}}{1.2..(m+2)} \cdot \frac{d^{m+2}\varphi}{dx^{m+2}} + \dots$$
$$= \frac{h^{m+1}}{1.2..(m+1)} \left[\frac{d^{m+1}\varphi}{dx^{m+1}} + \frac{h}{m+2} \cdot \frac{d^{m+2}\varphi}{dx^{m+2}} + \dots \right]$$
$$= \frac{h^{m+1}}{1.2\dots(m+1)} \psi(x, h),$$

ψ (x, h) désignant une fonction de x et de h à déterminer par la condition que

$$\varphi(x+h)$$
$$-\left[\varphi(x)+h\frac{d\varphi}{dx}+\frac{h^2}{1.2}\frac{d^2\varphi}{dx^2}+\cdots+\frac{h^m}{1.2\ldots m}\frac{d^m\varphi}{dx^m}+\frac{h^{m+1}}{1.2\ldots(m+1)}\psi(x,h)\right]=0.$$

La fonction ψ (x, h) sera comprise entre les deux
nombres V et v tels que

$$(3)\ \varphi(x+h)-\left[\varphi(x)+h\frac{d\varphi}{dx}+\cdots+\frac{h^m}{1.2\ldots m}\frac{d^m\varphi}{dx^m}+\frac{h^{m+1}}{1.2\ldots(m+1)}\mathrm{V}\right]$$

soit additif,

$$(4)\ \varphi(x+h)-\left[\varphi(x)+h\frac{d\varphi}{dx}+\cdots+\frac{h^m}{1.2\ldots m}\cdot\frac{d^m\varphi}{dx^m}+\frac{h^{m+1}}{1.2\ldots(m+1)}v\right]$$

soit soustractif.

Les fonctions (3) et (4) sont deux fonctions de h
qui s'annulent pour $h = o$. Or, *si, dans une fonction
de* h *qui devient nulle en même temps que* h, *on fait
croître* h *d'une manière continue depuis 0 jusqu'à
une valeur particulière* h, *et si la dérivée est toujours
additive ou toujours soustractive pour ces valeurs de
la variable, la fonction primitive sera additive ou
soustractive en même temps que sa dérivée.* En effet,
si la dérivée ou la limite du quotient de la variation
de la fonction divisée par la variation du variable
reste toujours additive, la fonction aura toujours
été en croissant depuis sa valeur initiale qui est
nulle jusqu'à sa valeur finale qui sera additive. Si
la dérivée est soustractive, la fonction, dans son
état final, sera soustractive.

Il résulte de là que les conditions (3) et (4) seront

satisfaites et que V et v seront les nombres cherchés si

$$\frac{d \left\{ \varphi(x+h) - \left[\varphi(x) + h\frac{d\varphi}{dx} + \dots + \frac{h^m}{1.2..m}\frac{d^m\varphi}{dx^m} + \frac{h^{m+1}}{1.2..(m+1)}V \right] \right\}}{dh}$$

est additif,

et si

$$\frac{d \left\{ \varphi(x+h) - \left[\varphi(x) + h\frac{d\varphi}{dx} + \dots + \frac{h^m}{1.2\dots m}\frac{d^m\varphi}{dx^m} + \frac{h^{m+1}}{1.2..(m+1)}v \right] \right\}}{dh}$$

est soustractif,

ou si

$$(5)\, \frac{d\,\varphi(x+h)}{dh} - \left[\frac{d\varphi}{dx} + h\frac{d^2\varphi}{dx^2} + \frac{h^2}{1.2}\frac{d^3\varphi}{dx^3} + \dots + \frac{h^{m-1}}{1.2..(m-1)}\frac{d^m\varphi}{dx^m} + \frac{h^m}{1.2..m}V \right]$$

est additif,

et

$$(6)\, \frac{d\,\varphi(x+h)}{dh} - \left[\frac{d\varphi}{dx} + h\frac{d^2\varphi}{dx^2} + \frac{h^2}{1.2}\frac{d^3\varphi}{dx^3} + \dots + \frac{h^{m-1}}{1.2..(m-1)}\frac{d^m\varphi}{dx^m} + \frac{h^m}{1.2..m}v \right]$$

est soustractif.

Mais (5) et (6) sont aussi des fonctions de h qui s'annulent pour $h = o$: donc les conditions (5) et (6) et, par suite, les conditions (3) et (4) que doivent réaliser les nombres V et v, seront satisfaites, si l'on a

$$\frac{d \left\{ \frac{d\,\varphi(x+h)}{dh} - \left[\frac{d\varphi}{dx} + h\frac{d^2\varphi}{dx^2} + \frac{h^3}{1.2}\frac{d^3\varphi}{dx^3} + \dots + \frac{h^{m-1}}{1.2\dots(m-1)}\frac{d^m\varphi}{dx^m} + \frac{h^m}{1.2..m}V \right] \right\}}{dh}$$

additif

et

$$\frac{d \left\{ \frac{d\varphi(x+h)}{dh} - \left[\frac{d\varphi}{dx} + h\frac{d^2\varphi}{dx^2} + \dots + \frac{h^{m-1}}{1.2..(m-1)}\frac{d^m\varphi}{dx^m} + \frac{h^m}{1.2..m}v \right] \right\}}{dh}$$

soustractif,

ou si

$$(7)\ \frac{d^2\varphi(x+h)}{dh} - \left[\frac{d^2\varphi}{dx^2} + h\frac{d\varphi}{dx^3} + \dots + \frac{h^{m-2}}{1.2..(m-2)}\frac{d^m\varphi}{dx^m} + \frac{h^{m-1}}{1.2..(m-1)}\ \mathrm{V}\right]$$

est additif,

et si

$$(8)\ \frac{d^2\varphi(x+h)}{dh^2} - \left[\frac{d^2\varphi}{dx^2} + h\frac{d^3\varphi}{dx^3} + \dots + \frac{h^{m-2}}{1.2..(m-2)}\frac{d^m\varphi}{dx^m} + \frac{h^{m-1}}{1.2..(m-1)}\ v\right]$$

est soustractif.

En continuant ce raisonnement, on finira par conclure, après $m + 1$ dérivations successives, que les nombres V et v qui comprennent $\psi\ (x,\ h)$ sont ceux qui satisfont aux conditions suivantes, savoir : que

$$(9)\ \frac{d^{m+1}\varphi\ (x+h)}{dh^{m+1}} - \mathrm{V}\ \text{soit additif}$$

et que

$$(10)\ \frac{d^{m+1}\varphi\ (x+h)}{dh^{m+1}} - v\ \text{soit soustractif.}$$

Or, ces conditions finales sont satisfaites si l'on choisit pour V et v respectivement la plus petite et la plus grande valeur qu'acquiert la dérivée

$$\frac{d^{m+1}\varphi\ (x+h)}{dh^{m+1}},$$

ou la dérivée

$$\frac{d^{m+1}\varphi\ (x+h)}{dx^{m+1}},$$

puisque la fonction $\varphi\ (x + h)$ est composée de la même manière en h qu'en x, pour les valeurs de h comprises entre 0 et h ou pour les valeurs de x comprises entre x et $x + h$. On trouvera donc la valeur

$\psi\,(x,\,h)$ dans une des valeurs qu'assume la dérivée

$$\frac{d^{m+1}\,\varphi\,(x)}{dx^{m+1}}$$

sous une valeur du variable comprise entre x et $x + h$, valeur que nous pouvons désigner par $x + \theta h$, θ étant une fraction.

On aura donc finalement

$$R_m^m = \frac{h^{m+1}}{1.2.3..\,(m+1)}\,\frac{d^{m+1}\,\varphi\,(x+\theta h)}{dx^{m+1}},\ (11)$$

et

$$\varphi\,(x+h) = \varphi\,(x) + h\frac{d\varphi\,(x)}{dx} + \frac{h^2}{1.2}\frac{d^2\varphi\,(x)}{dx^2} + \dots + \frac{h^m}{1.2\dots m}\frac{d^m\varphi\,(x)}{dx^m}$$

$$+ \frac{h^{m+1}}{1.2..\,(m+1)}\frac{d^{m+1}\,\varphi\,(x+\theta h)}{dx^{m+1}},\ (12)\ (^1)$$

Maintenant, si toutes les valeurs de

$$\frac{d^{m+1}\,\varphi\,(x)}{dx^{m+1}}$$

ne dépassent jamais un nombre fini k, pour toutes les valeurs du variable comprises entre x et $x + h$, et pour toutes les valeurs de l'indice de dérivation m, on aura

$$R_m < \frac{h^{m+1}}{1.2.3\dots\,(m+1)}.\,k\,;\ (13)$$

et alors, si, *quel que soit* h, *lorsque* m *augmente indéfiniment,* R_m *converge indéfiniment vers la nullité, la série* (2) *aura pour limite le premier membre* $\varphi\,(x+h)$.

II. L'égalité (12) subsiste quelle que soit la valeur

(^{1}) La série (12) est connue sous le nom de *série de Taylor.*

particulière x attribuée au variable, lorsque la fonction et ses dérivées restent finies sous cette valeur particulière du variable, et que le reste R_m tend indéfiniment à devenir nul à mesure que m augmente indéfiniment. Elle se réalisera aussi dans ce cas, lorsque le variable est nul, et l'on en conclut que

$$\varphi(h) = \varphi(o) + h\frac{d\varphi(o)}{dx} + \frac{h^2}{1.2}\frac{d^2\varphi(o)}{dx^2} + \dots + \frac{h^m}{1.2\dots m}\cdot\frac{d^m\varphi(o)}{dx^m}$$
$$+ \frac{h^{m+1}}{1.2\dots(m+1)}\frac{d^{m+1}\varphi(0h)}{dx^{m+1}},$$

ou, si l'on désigne, comme d'habitude, une valeur quelconque du variable par x,

$$\varphi(x) = \varphi(o) + x\cdot\frac{d\varphi(o)}{dx} + \frac{x^2}{1.2}\frac{d^2\varphi(o)}{dx^2} + \dots + \frac{x^m}{1.2\dots m}\frac{d^m\varphi(o)}{dx^m}$$
$$+ \frac{x^{m+1}}{1.2\dots(m+1)}\frac{d^{m+1}\varphi(0x)}{dx^{m+1}}\ (14)\ [1].$$

En sorte que nous avons résolu le problème que nous nous étions proposé et qui consistait à trouver une série d'un nombre limité ou illimité de parties, dont la somme fût égale à la valeur qu'acquiert un nombre fonction d'un variable indépendant sous une valeur particulière quelconque de celui-ci, ou qui eût cette valeur pour limite.

REMARQUE. — Le nombre des termes de la série (12) et de la série (14) est limité s'il s'agit d'un nombre fonction commensurable d'un variable indépendant; car, dans ce cas, les dérivées sont nulles à partir de

---

[1] La série (14) est connue sous le nom de *série de Mac-Laurin*.

celle d'un certain ordre (n° 217, 1°). La somme des parties est égale au premier membre.

Si la fonction $\varphi(x)$ est incommensurable avec le variable, les dérivées à partir d'un certain ordre ne peuvent être nulles, car le nombre des termes de chacune des séries doit être illimité dans ce cas. Si la condition de convergence de chaque série vers le premier membre est satisfaite, plus on calculera de termes, plus on s'approchera de la valeur de celui-ci.

APPLICATIONS. — 1° Développer en une série de parties la puissance $m^{ième}$ d'un binôme $x + h$. Appliquant la série (12), on trouve

$$(x + h)^m = x^m + m.x^{m-1} h + \frac{m(m-1)}{1.2} x^{m-2} h^2 + \ldots + h^m,$$

résultat que nous avons démontré directement au n° 25 ;

2° Développement de la racine $n^{ième}$ de la puissance $m^{ième}$ d'un binôme $(x + h)$, $(x + h)^{\frac{m}{n}}$. — Appliquons la formule (12) : nous avons ici

$$\varphi(x) = x^{\frac{m}{n}}$$

$$\frac{d\varphi(x)}{dx} = \frac{m}{n} . x^{\frac{m}{n} - 1}, \text{ (n° 226)}$$

$$\frac{d^2\varphi(x)}{dx^2} = \frac{m}{n}\left(\frac{m}{n} - 1\right) x^{\frac{m}{n} - 2},$$

. . . .

$$\frac{d^p\varphi(x)}{dx^p} = \frac{m}{n}\left(\frac{m}{n} - 1\right) \ldots \left(\frac{m}{n} - p + 1\right) x^{\frac{m}{n} - p}$$

$$\frac{d^{p+1}\varphi(x+\theta h)}{dx^{p+1}} = \frac{m}{n}\left(\frac{m}{n} - 1\right) \ldots \left(\frac{m}{n} - p\right)(x + \theta h)^{\frac{m}{n} - (p+1)},$$

et, en vertu de (12),

$$(x+h)^{\frac{m}{n}} = x^{\frac{m}{n}} + \frac{m}{n}x^{\frac{m}{n}-1}h + \frac{\frac{m}{n}\left(\frac{m}{n}-1\right)}{1.2}x^{\frac{m}{n}-2}h^2 + \dots$$

$$+ \frac{\frac{m}{n}\left(\frac{m}{n}-1\right)\dots\left(\frac{m}{n}-p+1\right)}{1.2.3\dots p}x^{\frac{m}{n}-p}$$

$$+ \frac{\frac{m}{n}\left(\frac{m}{n}-1\right)\dots\left(\frac{m}{n}-p\right)}{1.2.3\dots(p+1)}(x+\theta h)^{\frac{m}{n}-(p+1)} \quad (15)$$

Si x est $\geqq 1$, le reste

$$R_p = \frac{\frac{m}{n}\left(\frac{m}{n}-1\right)\dots\left(\frac{m}{n}-p\right)}{1.2.3.\dots(p+1)} \cdot \frac{1}{(x+\theta h)^{p+1-\frac{m}{n}}}.$$

tend à devenir nul lorsque p augmente indéfiniment, car chacun de ses facteurs converge vers la
nullité. La chose est évidente pour le second (n°190);
elle le devient pour le premier si on l'écrit sous la
forme

$$\frac{\frac{m}{n}\left(\frac{\frac{m}{n}}{1}-1\right)\dots\left(\frac{\frac{m}{n}}{p-1}-1\right)\left(\frac{\frac{m}{n}}{p}-1\right)}{p+1}.$$

La série (15) converge donc toujours vers le
premier membre $(x+h)^{\frac{m}{n}}$, lorsque x est $\geqq 1$.

On voit par là que les termes du développement
de $(x+h)^m$ se forment toujours d'après la même loi
(n° 25), quel que soit l'exposant m, entier ou fractionnaire.

230. *Recherche des dérivées des fonctions logarithmes incommensurables avec le variable dont elles dépendent.* — I. Nous pouvons maintenant reprendre la recherche de la dérivée d'un nombre y fonction logarithme d'un variable x d'après le système à base a, c'est-à-dire tel que

$$x = a^y$$

ou que

$$y = \log_a x.$$

Nous avons reconnu au n° **228** que

$$\frac{dy}{dx} = \frac{1}{x} \lim. \log_a \left(1 + \frac{1}{m}\right)^m \ (m \uparrow). \quad (1)$$

Or nous savons, d'après le n° **229**, application **2°**, que

$$\left(1 + \frac{1}{m}\right)^m = 1 + m \cdot \frac{1}{m} + \frac{m(m-1)}{1.2} \cdot \frac{1}{m^2} + \ldots$$

$$+ \frac{m(m-1)\ldots(m-n+1)}{1.2.3\ldots n} \frac{1}{m^n} + \ldots,$$

série convergente quel que soit $\frac{1}{m}$. On peut l'écrire

$$\left(1 + \frac{1}{m}\right)^m = 1 + 1 + \frac{1\left(1 - \frac{1}{m}\right)}{1.2} + \frac{1\left(1 - \frac{1}{m}\right)\left(1 - \frac{2}{m}\right)}{1.2.3} + \ldots$$

$$+ \frac{1\left(1 - \frac{1}{m}\right)\ldots\left(1 - \frac{n+1}{m}\right)}{1.2.3\ldots n} + \ldots \quad (2)$$

Quel que soit $\frac{1}{m} < 1$, elle converge vers le premier membre et reste toujours finie ; on en conclut que, lorsque m augmente indéfiniment, elle converge vers une certaine limite que nous désignerons par e, limite qui est incommensurable avec l'unité, mais qu'on calculera aussi approximativement qu'on le voudra par la série

$$e = 2 + \frac{1}{1 \cdot 2} + \frac{1}{1 \cdot 2 \cdot 3} + \frac{1}{1 \cdot 2 \cdot 3 \cdot 4} + \dots + \frac{1}{1 \cdot 2 \dots n} + \dots \quad (3)$$

En prenant la somme des quatorze premiers termes, on trouve

$$e = 2,71823\ 18284 \dots$$

à moins de 0,0000000001 près.

On trouve ainsi

$$\frac{d. \log_a x}{dx} = \frac{1}{x} \log_a e. \quad (3)$$

Remarque. — Si l'on adopte le nombre e pour base du système de logarithmes, on a

$$\frac{d. \log_e x}{dx} = \frac{1}{x} \log_e e = \frac{1}{x}. \quad (4)$$

Comme nous adopterons généralement cette base, pour éviter d'écrire l'indice e, nous désignerons un logarithme de ce système par $\mathscr{L}$og.

II. *Dérivée de la fonction* $y = a^x$. — 1° Le variable indépendant peut être le logarithme de la fonction y d'après un système à base quelconque a. On conclut alors de $y = a^x$,

$$\lim. \frac{\Delta y}{\Delta x} = \lim. \frac{a^{x + \Delta x} - a^x}{\Delta x} = a^x. \lim. \frac{a^{\Delta x} - 1}{\Delta x}.$$

L'unité est la limite vers laquelle converge le nombre désigné par $a^{\Delta x}$, lorsque Δx diminue indéfiniment (n°s 18;, 190). On aura donc, pour une valeur particulière de Δx,

$$a^{\Delta x} = 1 + \beta,$$

β désignant un nombre qui converge vers la nullité en même temps que Δx, et, par suite,

$$\frac{a^{\Delta x} - 1}{\Delta x} = \frac{\beta}{\Delta x}.$$

Il suffit de connaître la limite vers laquelle converge le quotient du nombre dont $a^{\Delta x}$ surpasse l'unité sous une valeur quelconque Δx, divisé par Δx, lorsque ces deux nombres convergent indéfiniment vers la nullité.

Or, de

$$a^{\Delta x} = 1 + \beta,$$

on tire

$$\Delta x \log_a a = \log_a (1 + \beta) \text{ ou } \Delta x = \log_a (1 + \beta). \quad (4)$$

D'autre part, β convergeant indéfiniment vers la nullité, on a, d'après la série (2),

$$\lim. (1 + \beta)^{\frac{1}{\beta}} (\beta \to o) = e,$$

et, par suite, sous une valeur particulière de β,

$$(1 + \beta)^{\frac{1}{\beta}} = e + \gamma,$$

γ désignant un nombre qui converge vers la nullité en même temps que β, ou bien encore,

$$\frac{1}{\beta} \log_a (1 + \beta) = \log_a (e + \gamma),$$

ou

$$\log_a (1 + \beta) = \beta . \log_a (e + \gamma).$$

Donc (4) devient

$$\Delta x = \beta . \log_a (e + \gamma),$$

d'où l'on conclut que

$$\frac{\beta}{\Delta x} = \frac{1}{\log_a (e + \gamma)},$$

et

$$\lim. \frac{\beta}{\Delta x} (\Delta x \to o, \beta \to o) = \frac{1}{\log_a e}.$$

Ainsi,

$$\frac{d.a^x}{dx} = a^x . \frac{1}{\log_a e}. \quad (5);$$

2° Si l'on veut exprimer la dérivée de $y = a^x$ au moyen de logarithmes du système à base e, on aura au lieu de (4),

$$\Delta x . \mathscr{L}og\, a = \mathscr{L}og\, (1 + \beta),$$

et l'on trouvera sans peine

$$\frac{d.a^x}{dx} = a^x . \mathscr{L}og\, a. \quad (6).$$

REMARQUE. — $y = a^x$ s'appelle ordinairement une *fonction exponentielle* de x.

§ II. — RECHERCHE DES DÉRIVÉES DES FONCTIONS INCOMMEN-
SURABLES D'UN SEUL VARIABLE INDÉPENDANT, COMPOSÉES
DES PRÉCÉDENTES.

231. Les règles qui concernent la dérivation des fonctions composées et que nous avons établies au n° 215, I, II subsistent naturellement pour les nouvelles fonctions que nous venons d'examiner.

Donnons quelques exemples :

1° Dérivée de $y = \mathscr{L}og\, [x + (a^2 + x^2)^{\frac{1}{2}}]$.

Désignant $x + (a^2 + x^2)^{\frac{1}{2}}$ par z, on a

$$y = \mathscr{L}\text{og } z,$$

et, d'après le n° 215, I,

$$\frac{dy}{dx} = \frac{d.\mathscr{L}\text{og } z}{dz} \cdot \frac{dz}{dx} = \frac{1}{z} \cdot \frac{dz}{dx}.$$

On voit que : *La dérivée d'une fonction logarithme d'une fonction d'un variable indépendant est égale à l'unité divisée par cette dernière fonction et multipliée par la dérivée de celle-ci par rapport à l'indépendant.*

Dans l'exemple proposé, il vient

$$\frac{dy}{dx} = \frac{1}{x + (a^2 + x^2)^{\frac{1}{2}}}\left[1 + \frac{1}{2}(a^2 + x^2)^{-\frac{1}{2}}.\, 2x\right] = \frac{1 + \dfrac{x}{(a^2 + x^2)^{\frac{1}{2}}}}{x + (a^2 + x^2)^{\frac{1}{2}}}$$

$$= \frac{(a^2 + x^2)^{\frac{1}{2}} + x}{(a^2 + x^2)^{\frac{1}{2}}\left[x + (a^2 + x^2)^{\frac{1}{2}}\right]} = \frac{1}{(a^2 + x^2)^{\frac{1}{2}}}. \quad \text{(n° 226, Remarque)};$$

2° Dérivée de $y = \mathscr{L}\text{og}. \dfrac{x}{(a^2 + x^2)^{\frac{1}{2}}}.$

On a

$$\frac{dy}{dx} = \frac{1}{\dfrac{x}{(a^2 + x^2)^{\frac{1}{2}}}} \cdot \frac{d.\dfrac{x}{(a^2 + x^2)^{\frac{1}{2}}}}{dx}$$

$$= \frac{(a^2 + x^2)^{\frac{1}{2}}}{x} \cdot \frac{(a^2 + x^2)^{\frac{1}{2}}.\, 1 - x.\dfrac{1}{2}(a^2 + x^2)^{-\frac{1}{2}}.\, 2x}{a^2 + x^2}$$

$$= \frac{(a^2 + x^2)^{\frac{1}{2}}}{x} \cdot \frac{(a^2 + x^2)^{\frac{1}{2}} - \dfrac{x^2}{(a^2 + x^2)^{\frac{1}{2}}}}{a^2 + x^2}$$

$$= \frac{(a^2 + x^2)^{\frac{1}{2}}}{x} \cdot \frac{a^2 + x^2 - x^2}{(a^2 + x^2)(a^2 + x^2)^{\frac{1}{2}}} = \frac{a^2}{x(a^2 + x^2)}.$$

3° Dérivée de $y = \mathscr{L}og. [(x - a)^m (x-b)^n (x-c)^p]$.
On a

$$\frac{dy}{dx} = \frac{1}{(x - a)^m (x - b)^n (x - c)^p} [(x - b)^n (x - c)^p. m (x - a)^{m-1}$$

$$+ (x - a)^m (x - c)^p. n (x - b)^{n-1} + (x - a)^m (x - b)^n. p(x - c)^{p-1}]$$

$$= \frac{m}{x - a} + \frac{n}{x - b} + \frac{p}{x - c};$$

4° Dérivée de $y = (1 + x)^{\frac{1}{2}}$.
Désignant $(1 + x)$ par z, on a

$$y = z^{\frac{1}{2}}$$

et, d'après le n° 215, I,

$$\frac{dy}{dx} = \frac{d. z^{\frac{1}{2}}}{dz} \cdot \frac{dz}{dx} = \frac{1}{2} z^{-\frac{1}{2}} . \frac{d (1 + x)}{dx} = \frac{1}{2} (1 + x)^{-\frac{1}{2}} = \frac{1}{2 (1 + x)^{\frac{1}{2}}};$$

5° Dérivée de $y = a^{b^x}$.
Désignant b^x par z, on a

$$y = a^z$$

et, d'après le n° 215, I,

$$\frac{dy}{dx} = \frac{d. a^z}{dz} \cdot \frac{dz}{dx} = a^z. \mathscr{L}og\, a. \frac{dz}{dx}.$$

On voit que : *La dérivée d'une fonction exponentielle d'une fonction d'un variable indépendant est égale à la fonction elle-même multipliée par le logarithme de la base constante et par la dérivée de la fonction exposant par rapport à l'indépendant.*

Dans l'exemple donné, il vient

$$\frac{dy}{dx} = a^{b^x} \mathscr{L}og\, a. b^x \mathscr{L}og\, b.$$

6° Dérivée de $y = \dfrac{a^{(1+x^2)^{\frac{1}{2}}}}{1 + a^{2\,(1+x^2)}}$.

$$\frac{dy}{dx} = \frac{\left[1 + a^{2\,(1+x^2)}\right].\dfrac{d\,a^{(1+x^2)^{\frac{1}{2}}}}{dx} - a^{(1+x^2)^{\frac{1}{2}}}.\dfrac{d\left[1 + a^{2\,(1+x^2)}\right]}{dx}}{\left[1 + a^{2\,(1+x^2)}\right]^2}$$

$$= \frac{\left[1 + a^{2(1+x^2)}\right].\,a^{(1+x^2)^{\frac{1}{2}}}.\mathscr{L}og\,a.\dfrac{1}{2}(1+x^2)^{-\frac{1}{2}}.\,2x - a^{(1+x^2)^{\frac{1}{2}}}.\,a^{2(1+x^2)}.\mathscr{L}og\,a.\,4x}{\left[1 + a^{2\,(1+x^2)}\right]^2}$$

$= $ etc.

§ III. — Recherche des dérivées des divers ordres d'une fonction incommensurable d'un variable indépendant.

232. On conçoit qu'il n'est pas nécessaire d'établir de nouveaux procédés pour chercher ces dérivées.

Exemple. — Rechercher les dérivées successives de

$$y = a^x.$$

$$\frac{dy}{dx} = a^x.\,\mathscr{L}og\,a;\; \frac{d^2y}{dx^2} = a^x\,\mathscr{L}og^2.a;\; ....;\; \frac{d^ny}{dx^n} = a^x\,\mathscr{L}og^n.a, ...$$

§ IV. — Recherche des dérivées des fonctions incommensurables implicitement liées au variable indépendant par une ou plusieurs équations.

233. L'expression de ces dérivées au moyen du variable indépendant n'est possible que si l'on parvient à tirer des équations la valeur des fonctions, et, dans ce cas, on les obtiendra facilement par les procédés connus.

§ V. — Recherche des dérivées des fonctions incommensurables de plusieurs variables indépendants.

234. On trouvera par les méthodes connues les dérivées partielles de ces fonctions par rapport à chacun des variables, en regardant tous les autres comme constants. (Voir le n° 220.)

Exemples. — 1° Rechercher les dérivées partielles par rapport à x, y, z de la fonction

$$u = z^{y^x}.$$

On a (n° 231)

$$\frac{du}{dx} = z^{y^x} . \mathscr{L}og\, z . y^x \mathscr{L}og\, y;$$

$$\frac{du}{dy} = z^{y^x} . \mathscr{L}og\, z . xy^{x-1};$$

$$\frac{du}{dz} = y^x . z^{y^x-1};$$

2° Rechercher les dérivées partielles par rapport à x, y, z de la fonction

$$u = (x^2 + y^2 + z^2)^{\frac{1}{2}} + \frac{x^2}{2}.$$

On a

$$\frac{du}{dx} = \frac{1}{2}(x^2 + y^2 + z^2)^{-\frac{1}{2}} . 2x = (x^2 + y^2 + z^2)^{-\frac{1}{2}} . x = \frac{x}{(x^2 + y^2 + z^2)^{\frac{1}{2}}},$$

$$\frac{du}{dy} = \frac{1}{2}(x^2 + y^2 + z^2)^{-\frac{1}{2}} . 2y = \frac{y}{(x^2 + y^2 + z^2)^{\frac{1}{2}}},$$

$$\frac{du}{dz} = \frac{1}{2}(x^2 + y^2 + z^2)^{-\frac{1}{2}} . 2z + z = \frac{z}{(x^2 + y^2 + z^2)^{\frac{1}{2}}} + z;$$

3° Rechercher les dérivées partielles par rapport à x, y, z de la fonction

$$u = z^{xy}$$

On a

$$\frac{du}{dz} = xy\, z^{xy-1}; \quad \frac{du}{dy} = z^{xy}.\, \mathscr{L}\mathrm{og}\, z.\, x; \quad \frac{du}{dx} = z^{xy}\ \mathscr{L}\mathrm{og}\, z.y.$$

CHAPITRE IV.

DU DÉVELOPPEMENT EN UNE SÉRIE DE PARTIES DÉTERMINÉES
DE LA VALEUR D'UN NOMBRE FONCTION QUELCONQUE DE
PLUSIEURS VARIABLES INDÉPENDANTS, SOUS DES VALEURS
PARTICULIÈRES DE CEUX-CI. — DU CALCUL DES FONCTIONS
RACINES ET LOGARITHMES INCOMMENSURABLES.

§ Ier. — DÉVELOPPEMENT D'UNE FONCTION EXPLICITE
DE PLUSIEURS VARIABLES INDÉPENDANTS.

235. La remarque faite au n° 188 sur les exposants d'un nombre a, à savoir : que les exposants x étant en progression par addition, les nombres désignés par a^x sont en progression par multiplication, nous a conduits à la théorie des logarithmes et à des procédés assez expéditifs pour calculer les résultats des combinaisons de multiplications, de divisions, d'élévations aux puissances et d'extractions de racines.

On pressent les avantages qui vont résulter, pour le calcul numérique des incommensurables, des nouvelles connaissances acquises dans le chapitre précédent, touchant le développement en séries de parties des nombres fonctions d'autres nombres. Mais, avant de nous occuper de ces calculs, généralisons les développements (12) et (14) du n° 229, en les appliquant à des fonctions d'un nombre quelconque de variables indépendants.

236. *Développement en série d'une fonction de plusieurs variables indépendants.* — *Étant donné un nombre*

$$u = \varphi (x, y, z, \ldots)$$

fonction de plusieurs variables indépendants x, y, z, ..., *commensurable ou incommensurable avec ceux-ci, le développer en une série de parties dont la somme soit égale à la fonction donnée ou tende indéfiniment vers celle-ci,* tel est le problème que nous devons résoudre.

Pour rechercher cette série, on pourrait considérer d'abord une fonction $u = \varphi (x, y)$ de deux variables, et en déduire la valeur de $\varphi (x + h, y + k)$ comme nous l'avons fait au n° 229 pour une fonction d'un variable. On étendrait ensuite le développement au cas où la fonction renferme trois variables, et, par une démonstration de proche en proche, on prouverait que la loi de formation de la série est générale, quel que soit le nombre des variables.

Mais, pour plus de simplicité, nous établirons directement la série pour un nombre quelconque de variables par la démonstration suivante :

I. Soit la fonction

$$u = \varphi (x, y, z, \ldots).$$

Si nous attribuons aux variables des valeurs particulières quelconques désignées par x, y, z, ..., la fonction u acquiert une valeur correspondante. Si nous attribuons ensuite aux variables les valeurs $x + h$, $y + k$, $z + l$, ... la fonction acquiert une autre valeur qui doit nécessairement dépendre de la valeur première $\varphi\,(x,\ y,\ z,\ ...)$ et des variations h, k, l, ... Pour obtenir cette nouvelle valeur de la fonction, cherchons sa valeur

$$\varphi\,(x + ht,\ y + kt,\ z + lt,\ ....) \quad (1)$$

pour des valeurs $x + ht$, $y + kt$, $z + lt$, ... des variables, t étant quelconque; il ne restera plus qu'à poser $t = 1$ pour avoir

$$\varphi\,(x + h,\ y + k,\ z + l,\ ....).$$

Les nombres x, y, z, ..., h, k, l, ... ayant des valeurs particulières, le nombre (1) est une certaine fonction $F(t)$ qui dépend du variable t, et, pour une valeur particulière de celui-ci, que nous désignerons par t, nous aurons, en vertu de la formule (14) du n° 229,

$$(2)\ \varphi(x + ht,\ y + kt,\ z + lt,\ ...) = F(t) = F(o) + t\,F'(o) + \frac{t^2}{1.2}\,F''(o) + ...$$
$$+ \frac{t^m}{1.2.3....m}\,F^m(o) + \frac{t^{m+1}}{1.2..(m+1)}\,\frac{d^{m+1}\,F\,(0t)}{dt^{m+1}}.$$

Cherchons les valeurs des divers coefficients

$$F\,(o),\ F'\,(o)\ \text{ou}\ \frac{dF\,(o)}{dt},\ F''\,(o)\ \text{ou}\ \frac{d^2F\,(o)}{dt^2},\ ....$$

On a

$$F\,(o) = [\varphi\,(x + ht,\ y + kt,\ z + lt,\ ....]_{t\,=\,0} = \varphi\,(x,\ y,\ z,\ ....).$$

Pour simplifier les notations dans la recherche des autres coefficients, désignons

$$x + ht\ \text{par}\ p,\ y + kt\ \text{par}\ q,\ z + lt\ \text{par}\ r,\ ....$$

Il viendra (n° 215)

$$\frac{dF(o)}{dt} = \left[\frac{d\varphi(p,q,r,\ldots)}{dp}\frac{dp}{dt} + \frac{d\varphi(p,q,r,\ldots)}{dq}\frac{dq}{dt} + \frac{d\varphi(p,q,r,\ldots)}{dr}\frac{dr}{dt} + \ldots\right]_{t=o}$$

$$= \left[\frac{d\varphi(p,q,r,\ldots)}{dp}h + \frac{d\varphi(p,q,r,\ldots)}{dq}k + \frac{d\varphi(p,q,r,\ldots)}{dr}l + \ldots\right]_{t=o}$$

$$= \frac{d\varphi(x,y,z,\ldots)}{dx}h + \frac{d\varphi(x,y,z,\ldots)}{dy}k + \frac{d\varphi(x,y,z,\ldots)}{dz}l + \ldots,$$

$$\frac{d^2F(o)}{dt^2} = \left[\frac{d^2\varphi(p,q,r,\ldots)}{dp^2}\cdot\frac{dp}{dt}h + \frac{d^2\varphi(p,q,r,\ldots)}{dp\,dq}\frac{dq}{dt}h\right.$$

$$+ \frac{d^2\varphi(p,q,r,\ldots)}{dp\,dr}\frac{dr}{dt}h + \ldots + \frac{d^2\varphi(p,q,r,\ldots)}{dq\,dp}\frac{dp}{dt}k$$

$$+ \frac{d^2\varphi(p,q,r,\ldots)}{dq^2}\frac{dq}{dt}k + \frac{d^2\varphi(p,q,r,\ldots)}{dq\,dr}\frac{dr}{dt}k + \ldots$$

$$+ \frac{d^2\varphi(p,q,r,\ldots)}{dr\,dp}\frac{dp}{dt}l + \frac{d^2\varphi(p,q,r,\ldots)}{dr\,dq}\frac{dq}{dt}l$$

$$\left.+ \frac{d^2\varphi(p,q,r,\ldots)}{dr^2}\frac{dr}{dt}l + \ldots + \ldots\ldots\ldots\right]_{t=o}$$

$$= \left[\frac{d^2\varphi(p,q,r,\ldots)}{dp^2}h^2 + 2\frac{d^2\varphi(p,q,r,\ldots)}{dp\,dq}hk + \frac{d^2\varphi(p,q,r,\ldots)}{dq^2}k^2\right.$$

$$+ 2\frac{d^2\varphi(p,q,r,\ldots)}{dp\,dr}hl + 2\frac{d^2\varphi(p,q,r,\ldots)}{dq\,dr}kl + \frac{d^2\varphi(p,q,r,\ldots)}{dr^2}l^2$$

$$\left.+ \ldots\ldots\ldots\ldots\ldots\ldots\ldots\ldots\ldots\ldots\ldots\ldots\right]_{t=o}$$

$$= \frac{d^2\varphi(x,y,z,\ldots)}{dx^2}h^2 + 2\frac{d^2\varphi(x,y,z,\ldots)}{dx\,dy}hk + \frac{d^2\varphi(x,y,z,\ldots)}{dx^2}k^2$$

$$+ 2\frac{d^2\varphi(x,y,z,\ldots)}{dx\,dz}hl + 2\frac{(d^2\varphi(x,y,z,\ldots)}{dy\,dz}kl + \frac{d^2\varphi(x,y,z,\ldots)}{dz^2}l^2 + \ldots.$$

On peut désigner ce dernier développement par la notation symbolique

$$\left(\frac{d\varphi(x,y,z,\ldots)}{dx}h + \frac{d\varphi(x,y,z,\ldots)}{dy}k + \frac{d\varphi(x,y,z,\ldots)}{dz}l + \ldots\right)\boxed{2},$$

en ayant soin d'observer qu'au lieu de $d\varphi\,(x,y,z,\ldots)^2$, il faut écrire $d^2\varphi\,(x,\,y,\,z,\,\ldots)$, etc.

Ainsi l'on a

$$\frac{d^2\mathrm{F}(o)}{dt^2}=\left(\frac{d\varphi(x,y,z,\ldots)}{dx}h+\frac{d\varphi(x,y,z,\ldots)}{dy}k+\frac{d\varphi(x,y,z,\ldots)}{dz}l+\ldots\right)\boxed{2}.$$

Par des dérivations successives, on obtiendra

$$\frac{d^3\mathrm{F}(o)}{dt^3}=\frac{d^3\varphi\,(x,\,y,\,z,\,\ldots)}{dx^3}h^3+3\frac{d^3\varphi\,(x,\,y,\,z,\,\ldots)}{dx^2\,dy}h^2k+\ldots$$

$$=\left(\frac{d\varphi(x,y,z,\ldots)}{dx}h+\frac{d\varphi(x,y,z,\ldots)}{dy}k+\frac{d\varphi(x,y,z,\ldots)}{dz}l+\ldots\right)\boxed{3};$$

$$\cdots\cdots\cdots\cdots\cdots\cdots\cdots;$$

$$\frac{d^m\mathrm{F}\,(o)}{dt^m}$$

$$=\left(\frac{d\varphi\,(x,\,y,\,z,\,\ldots)}{dx}h+\frac{d\varphi\,(x,\,y,\,z,\,\ldots)}{dy}k+\frac{d\varphi\,(x,\,y,\,z,\,\ldots)}{dz}l+\ldots\right)\boxed{m}$$

$$\frac{d^{m+1}\,\mathrm{F}\,(\theta t)}{dt^m}=\left(\frac{d\varphi\,(x+h\theta t,\,y+k\theta t,\,z+l\theta t,\,\ldots)}{d\,(x+\theta t)}h+\frac{d\varphi\,(x+h\theta t,\ldots)}{d\,(y+\theta t)}k\right.$$

$$\left.+\frac{d\varphi\,(x+h\theta t,\,\ldots)}{d\,(z+\theta t)}l+\ldots\right)\boxed{m+1}.$$

Et la formule (2) donne

$$\mathrm{F}\,(t)=\varphi\,(x+ht,\,y+kt,\,z+lt,\,\ldots)=\varphi\,(x,y)$$

$$+t\left[\frac{d\varphi(x,y,z,\ldots)}{dx}h+\frac{d\varphi(x,y,z,\ldots)}{dy}k+\frac{d\varphi(x,y,z,\ldots)}{dz}l+\ldots\right]$$

$$+\frac{t^2}{1.2}\left[\frac{d\varphi(x,y,z,,\ldots)}{dx}h+\frac{d\varphi(x,y,z,\ldots)}{dy}k+\frac{d\varphi(x,y,z,\ldots)}{dz}l+\ldots\right]\boxed{2}$$

$$+\cdots\cdots\cdots\cdots\cdots\cdots$$

$$+\frac{t^m}{1.2..m}\left[\frac{d\varphi(x,y,z.\ldots)}{dx}h+\frac{d\varphi(x,y,z,\ldots)}{dy}k+\frac{d\varphi(x,y,z,\ldots)}{dz}l+\ldots\right]\boxed{m}$$

$$+\frac{t^{m+1}}{1.2\ldots(m+1)}\left[\frac{d\varphi\,(x+h\theta t,\,y+k\theta t,\,z+l\theta t,\,\ldots)}{d\,(x+\theta t)}h\right.$$

$$\left.+\frac{d\varphi\,(x+h\theta t,\,\ldots)}{d\,(y+\theta t)}k+\frac{d\varphi\,(x+h\theta t,\,\ldots)}{d\,(z+\theta t)}l+\ldots\right]\boxed{m+1}.$$

Ce développement subsistant quel que soit t, on obtient pour $t = 1$,

$$\varphi(x + h, y + k, z + l, \ldots) = \varphi(x, y)$$
$$+ \frac{d\varphi(x, y, z, \ldots)}{dx} h + \frac{d\varphi(x, y, z, \ldots)}{dy} k + \frac{d\varphi(x, y, z, \ldots)}{dz} l + \ldots$$
$$+ \frac{1}{1.2}\left[\frac{d\varphi(x, y, z \ldots)}{dx} h + \frac{d\varphi(x, y, z, \ldots)}{dy} k + \frac{d\varphi(x, y, z, \ldots)}{dz} l + \ldots\right]\boxed{2}$$
$$+ \quad . \quad . \quad . \quad . \quad . \quad . \quad . \quad . \quad . \quad . \quad .$$
$$+ \frac{1}{1.2.3 \ldots m}\left[\frac{d\varphi(x, y, z \ldots)}{dx} h + \frac{d\varphi(x, y, z, \ldots)}{dy} k + \frac{d\varphi(x, y, z, \ldots)}{dz} l + \ldots\right]\boxed{m}$$
$$+ \frac{1}{1.2 \ldots (m+1)}\left[\frac{d\varphi(x + \theta h, y + \theta k, \ldots)}{dx \,(^1)} h + \frac{d\varphi(x + \theta h, \ldots)}{dy} k\right.$$
$$\left. + \frac{d\varphi(x + \theta h, \ldots)}{dz} l + \ldots\right]\boxed{m+1} \qquad (3)$$

La série (3) sera convergente et sera égale au premier membre $\varphi(x + h, y + k, z + l, \ldots)$, ou aura celui-ci pour limite, si la fonction et toutes ses dérivées partielles restent finies, et si le reste

$$R_m = \frac{1}{1.2 \ldots (m+1)}\left(\frac{d\varphi(x + \theta h, y + \theta k, \ldots)}{dx} h + \ldots\right)\boxed{m+1}$$

tend à devenir nul, lorsque m augmente indéfiniment, sous les valeurs considérées des variables.

II. L'égalité (3) subsiste quelles que soient les valeurs particulières x, y, z, …. attribuées aux variables, lorsque la fonction et ses dérivées restent finies sous ces valeurs des variables et que le reste R_m tend à devenir nul si m augmente indéfiniment. Elle se réalisera donc, dans ce cas, lorsque les

---

(^{1}) On remarque que $\Delta(x + \theta) = \Delta x$, $\Delta(y + \theta) = \Delta y$, ….

variables sont nuls, et l'on en conclut, comme au n° **229**, que

$$\varphi(x, y, z, \ldots) = \varphi(o, o, o, \ldots)$$

$$+ \frac{d\varphi(o, o, o, \ldots)}{dx} x + \frac{d\varphi(o, o, o, \ldots)}{dy} y + \frac{d\varphi(o, o, o, \ldots)}{dz} z + \ldots$$

$$+ \frac{1}{1.2}\left[\frac{d\varphi(o,o,o,\ldots)}{dx} x + \frac{d\varphi(o,o,o,\ldots)}{dy} y + \frac{d\varphi(o,o,o,\ldots)}{dz} z + \ldots\right]^{\boxed{2}}$$

$$+ \quad . \quad . \quad . \quad . \quad . \quad . \quad . \quad . \quad .$$

$$+ \frac{1}{1.2\ldots m}\left[\frac{d\varphi(o,o,o,\ldots)}{dx} x + \frac{d\varphi(o,o,o,\ldots)}{dy} y + \frac{d\varphi(o,o,o,\ldots)}{dz} z + \ldots\right]^{\boxed{m}}$$

$$+ \frac{1}{1.2\ldots(m+1)}\left[\frac{d\varphi(\theta x, \theta y, \theta z, \ldots)}{dx} x + \frac{d\varphi(\theta x, \theta y, \theta z, \ldots)}{dy} y \right.$$

$$\left. + \frac{d\varphi(\theta x, \theta y, \theta z, \ldots)}{dz} z + \ldots\right]^{\boxed{m+1}} (4).$$

§ II. — De l'application des formules précédentes au calcul des fonctions racines et logarithmes incommensurables.

237. *Calcul d'une fonction racine incommensurable.* —Nous avons trouvé, au n° **229**, application 2°, une série dont la somme avait pour limite une racine $n^{ième}$ quelconque d'un binôme, mais cette série était elle-même composée de parties incommensurables. Recherchons une série qui ait pour limite une racine quelconque d'un binôme $x + h$ et qui soit composée de parties commensurables avec le variable indépendant x, de manière à servir avantageusement au calcul de cette racine.

A cet effet, remarquons que

$$(x + h)^m = x^m\left(1 + \frac{h}{x}\right)^m = x^m(1 + y)^m$$

en désignant $\frac{h}{x}$ par y. La question revient donc à développer en une série dont les parties soient commensurables avec y, la fonction

$$f(y) = (1+y)^m,$$

m étant quelconque, entier ou fractionnaire. On a, en appliquant la formule (14) du n° **229**,

$$(1+y)^m = 1 + my + \frac{m(m-1)}{1.2} y^2 + \dots + \frac{m(m-1)\dots(m-n+1)}{1.2\dots n} y^n$$

$$+ \frac{m(m-1)\dots(m-n)}{1.2.3\dots(n+1)} y^{n+1} (1+oy)\, m - (n+1)$$

Il est facile de voir que si y est > 1, la série est *divergente*. Si, au contraire, y est < 1, la série converge vers le premier nombre $(1+y)^m$.

On aura donc, à condition de prendre $\frac{h}{x} < 1$,

$$(x+h)^m = x^m \left(1 + m.\frac{h}{x} + \frac{m(m-1)}{1.2} . \frac{h^2}{x^2} + \frac{m(m-1)(m-2)}{1.2.3} \frac{h^3}{x^3} + \dots \right) 1)$$

Si x^m est commensurable, la question est résolue.

EXEMPLE. — Calculer la racine cubique de 31.

Remarquons que

$$31 = 27 + 4,$$

27 étant le plus grand cube parfait contenu dans 31.

On a

$$(31)^{\frac{1}{3}} = (27+4)^{\frac{1}{3}} = 27^{\frac{1}{3}} \left(1+\frac{4}{27}\right)^{\frac{1}{3}},$$

et, appliquant la série (1),

$$31^{\frac{1}{3}} = \left[27^{\frac{1}{3}} \text{ ou } 3 \right] \left(1 + \frac{1}{3}.\frac{4}{27} - \frac{1}{3}.\frac{1}{3} \frac{16}{729} + \frac{1}{3}.\frac{1}{3}.\frac{5}{9}.\frac{64}{19683} - \dots \right)$$

$$= 3 + \frac{4}{27} - \frac{16}{2187} + \frac{320}{531441} - \frac{2560}{43046721} + \dots$$

Le calcul des cinq premiers termes donne

$$(31)^{\frac{1}{3}} = 3,14138\ldots,$$

à moins de 0,00001 près, comme on pourra le démontrer aisément.

238. *Calcul des fonctions logarithmes incommensurables.* — Les méthodes de calcul des logarithmes exposées dans la première partie du livre II suffisent pour construire des tables de logarithmes, mais ces méthodes sont très laborieuses et même impraticables lorsqu'on veut déterminer la valeur des logarithmes avec un grand degré d'approximation. Le développement en série des fonctions logarithmes donne une méthode bien plus expéditive.

Supposons qu'on veuille calculer le logarithme d'un nombre N plus grand que 1, d'après un système à base plus grande que 1, par exemple d'après le système à base e (voir le n° **230**). On aura

$$N = 1 + x,$$

et en appliquant la formule (14) du n° **229**, il vient

$$\mathscr{L}og\,(1 + x) = x - \frac{x^2}{2} + \frac{x^3}{2} - \cdots \pm \frac{x^{n-1}}{n-1} \pm \frac{x^n}{n\,(1 + \theta x)^n}.$$

La série n'est convergente, comme le fait voir l'examen du reste, que si x est plus petit que 1, et ne pourra pas servir au calcul des logarithmes des nombres plus grands que 2.

Voici une autre série qui permettra de calculer

des logarithmes quelconques. En appliquant la série (12) du n° **229**, on a

$$\mathscr{L}\mathrm{og}\,(x+h) = \mathscr{L}\mathrm{og}\,x - \frac{1}{2}\left(\frac{h}{x}\right)^2 + \frac{1}{3}\left(\frac{h}{y}\right)^3 - \dots$$

Si l'on suppose $h = 1$

$$\mathscr{L}\mathrm{og}\,(x+1) = \mathscr{L}\mathrm{og}\,x - \frac{1}{2x^2} + \frac{1}{3x^3} - \dots,$$

série qui donne $\mathscr{L}$og. $(x+1)$ au moyen de $\mathscr{L}$og. x et qui est très convergente, lorsque x est un grand nombre.

Cependant on peut encore obtenir une série plus commode. En appliquant la formule (**14**), on trouve

$$\log\left(\frac{1+x}{1-x}\right) = 2\left(x + \frac{x^3}{3} + \frac{x^5}{5} + \dots\right)$$

Posant $\frac{1+x}{1-x} = 1 + \frac{h}{y}$, on en tire $x = \frac{h}{2y+h}$,

et comme

$$\log\left(1 + \frac{h}{y}\right) = \log\,(y+h) - \log\,y,$$

on a

$$\log\,(y+h) - \log\,y = 2\left[\frac{h}{2y+h} + \frac{1}{3}\frac{h^3}{(2y+h)^3} + \dots\right].$$

On peut tirer de ces formules diverses conséquences que l'on trouvera dans les cours d'*analyse*. (Voir, par exemple, le cours d'analyse de M. Sturm, n°s 136, 137, 138.)

239. *Calcul des fonctions exponentielles.* — En

appliquant la formule (12) du n° 229, on trouve,
a étant > 1,

$$a^x = 1 + x \, \mathcal{L}\text{og}\, a + \frac{x^2}{2} \, \mathcal{L}\text{og}^2 \, a + \dots + \frac{x^n}{1.2\dots n} \, \mathcal{L}\text{og}^n \, a$$

$$+ \frac{x^{n+1}}{1.2\dots(n+1)} \, \mathcal{L}\text{og}^{n+1} \, a \, . \, a^{\theta x}$$

série convergente quel que soit x, entier ou fractionnaire.

On développerait de même $\frac{1}{a^x}$.

On a aussi

$$e^x = 1 + x + \frac{x^2}{1.2} + \dots + \frac{x^n}{1.2\dots n} + \dots$$

quel que soit x, entier ou fractionnaire.

CHAPITRE V.

I. — *Des équations de degré quelconque à un inconnu.*

§ Ier. — DU NOMBRE DE RACINES D'UNE ÉQUATION DE DEGRÉ QUELCONQUE A UN INCONNU ET DE SA COMPOSITION.

240. Occupons-nous d'abord des fonctions d'un seul variable indépendant, commensurables avec celui-ci.

Soit, en général, une fonction de degré m,

$$\varphi(x) = A_0 x^m + A_1 x^{m-1} + A_2 x^{m-2} + \ldots + A_{m-1} x + A_m,$$

A_0, A_1, A_2, ..., A_m désignant des nombres constants, et cherchons à déterminer les nombres x qui la rendent égale à un nombre donné, additif ou soustractif, k, ou qui la rendent telle que

$$A_0 x^m + A_1 x^{m-1} + A_2 x^{m-2} + \ldots + (A_m - k) = 0.$$

La question revient donc à déterminer les valeurs de x qui rendent une fonction

$$x^m + A_1 x^{m-1} + A_2 x^{m-2} + \ldots + A^m = 0,$$

ou à trouver les racines de cette équation.

241. *Du nombre des racines d'une équation de degré m quelconque.* — Il peut y avoir au plus m nombres x qui annulent la fonction de degré m,

$$\varphi(x) = x^m + A_1 x^{m-1} + A_2 x^{m-2} + \ldots + A_m.$$

En effet, de la manière la plus générale, ce polynôme du $m^{ième}$ degré sera le produit de m binômes

$$(x + a_1)(x + a_2) \ldots (x + a_m),$$

$a_1, a_2, \ldots, a_m$ désignant des nombres additifs ou soustractifs et, par conséquent, s'annulera pour

$$x = -a_2, -a_2, -a_3, \ldots, -a_m.$$

Un polynôme $\varphi(x)$ du $m^{ième}$ degré peut aussi provenir de

$$(x + a_1)^2 (x + a_3)(x + a_4) \ldots (x + a_m)$$

ou de

$$(x + a_1)^3 (x + a_4)(x + a_5) \ldots (x + a_m)$$

ou de

$$(x + a_1)^4 (x + a_5)(x + a_6) \ldots (x + a_m)$$

. . . .

ou de

$$(x + a_1)^{m-1}(x + a_m)$$

ou de

$$(x + a_1)^m,$$

et, dans ces cas, il y aura respectivement $m - 1$, $m - 2$, $m - 3$, ..., 3, 2, 1 nombres x qui annulent le polynôme.

Enfin le polynôme peut n'être divisible par aucun binôme $x + a$ et alors il n'y a pas de nombre x qui l'annule.

En résumé :

Toute équation du $m^{ième}$ *degré admet au plus* m *racines.*

Si un nombre a, *additif ou soustractif, est une racine de* $\varphi(x) = 0$, $\varphi(x)$ *est divisible par* x — a, *quel que soit* x.

Car, $\varphi(x)$ est de la forme

$$(x - a)(x^{m-1} + B_1 x^{m-2} + ...).$$

Réciproquement, si $\varphi(x)$ *est divisible par* x — a, a *est une racine de l'équation* $\varphi(x) = 0$.

Si a *n'est pas racine de l'équation* $\varphi(x) = 0$, $\varphi(x)$ *n'est pas divisible par* x — a, *et réciproquement.*

242. *De la composition d'une fonction de degré* m,

$$\varphi(x) = x^m + A_1 x^{m-1} + A_2 x^{m-2} + ... + A_m,$$

dont les racines sont $a_1, a_2, a_3, ..., a_m.$

Si dans l'égalité

$$x^m + A_1 x^{m-1} + ... + A_m = (x - a_1)(x - a_2) .... (x - a_m),$$

on effectue les calculs du second membre, il vient

$$x^m + A_1 x^{m-1} + ... + A_m = x^m - x^{m-1} \Sigma a_1 \,(^1)$$
$$+ x^{m-2}. \Sigma a_1 a_2 - x^{m-3} \Sigma a_1 a_2 a_3 + ... \pm a_1 a_2 .... a_m,$$

égalité dont les termes doivent être identiques quel que soit x, c'est-à-dire qu'il faut que

$$A_1 = -(a_1 + a_2 + a_3 + ... + a_m) = -\Sigma a_1,$$
$$A_2 = (a_1 a_2 + a_1 a_3 + ...) = +\Sigma a_1 a_2,$$
$$A_3 = -(a_1 a_2 a_3 + a_1 a_2 a_4 + ...) = -\Sigma a_1 a_2 a_3,$$
$$. \quad . \quad . \quad . \quad . \quad . \quad . \quad . \quad . \quad .$$
$$A_m = \pm a_1 a_2 a_3 .... a_m.$$

(^{1}) Σa_1 désigne la somme des nombres $a_1, a_2, a_3, ...$ analogues à a_1.

Donc :

Dans toute équation de degré m, dont le premier terme a pour coefficient l'unité,

$$x^m + A_1 x^{m-1} + \ldots + A_{m-1} x + A_m = 0,$$

le coefficient du second terme, A_1, est égal à la somme des racines, prise avec un signe contraire au sien.

Le coefficient du troisième terme, A_2, est égal à la somme des produits, deux à deux, des racines.

Le coefficient du quatrième terme, A_3, est la somme de leurs produits trois à trois, prise avec un signe contraire au sien, et ainsi de suite.

Enfin le dernier terme A_m est égal au produit de toutes les racines, pris avec son signe ou avec un signe contraire, suivant que le degré de l'équation est pair ou impair.

243. *D'une transformation utile que l'on peut faire subir à une équation.* — *Rendre les racines d'une équation* k *fois plus grandes ou* k *fois plus petites, et transformer une équation qui a des coefficients fractionnaires en une autre qui ait des coefficients entiers et dont le premier terme ait l'unité pour coefficient.*

Pour obtenir une équation dont les racines soient k fois plus grandes que celles d'une équation $\varphi(x) = o$, on adoptera pour nouvel inconnu

$$y = kx,$$

lié à x par

$$x = \frac{y}{k}.$$

L'équation demandée $\varphi\left(\frac{y}{k}\right) = o$ s'obtiendra en multipliant chacun des termes de la proposée

$$x^m + A_1\, x^{m-1} + A_2\, x^{m-2} + \ldots + A_m = o$$

respectivement par chacun des termes de la progression par multiplication

$$(\times)\, 1,\, k,\, k^2,\, \ldots,\, k^m.$$

En effet, le résultat

$$x^m + A_1\, ka^{m-1} + A_2\, k^2\, x^{m-2} + \ldots + A_m\, k^m = o \ (1)$$

est le même que celui qu'on obtient en remplaçant, dans la proposée, x par $\frac{x}{k}$ et en se débarrassant des dénominateurs. Seulement, lorsque la proposée ne renferme pas toutes les puissances de l'inconnu depuis la $m^{ième}$ jusqu'à la première, il faut avoir soin de négliger dans la progression les termes qui correspondent aux lacunes.

Si les racines doivent être rendues k fois plus petites, on adoptera pour nouvel inconnu

$$y = \frac{x}{k},$$

lié à x par

$$x = ky.$$

Pour répondre à la dernière partie de la question, supposons que quelques-uns des coefficients A_1, A_2, ... soient fractionnaires; adoptons encore $x = \frac{y}{k}$. Si nous choisissons k de manière que tous les dénominateurs qui se trouvent dans A_1, A_2, ... y entrent comme facteurs — et, pour cela, il suffit que k soit leur plus petit multiple commun — il est évident que, dans la transformée (1), il n'y aura plus que des coefficients entiers.

EXEMPLE. — L'équation

$$30x^3 - 45x^2 + 20x + 6 = 0$$

ou

$$x^3 - \frac{45}{30} x^2 + \frac{20}{30} x + \frac{6}{30} = 0$$

ou

$$x^3 - \frac{3}{2} x^2 + \frac{2}{3} x + \frac{1}{5} = 0$$

se transforme, en adoptant $x = \frac{y}{2.3.5}$, en la suivante

$$y^3 - 45y^2 + 600y + 5400 = 0,$$

dont les racines sont trente fois plus grandes que celles de la proposée.

244. THÉORÈME. — *La fonction*

$$\varphi (x) = x^m + A_1 x^{m-1} + \ldots + A_m$$

varie d'une manière continue avec x.

En d'autres termes, si x reçoit successivement deux valeurs a et $a + h$, on peut toujours assigner à h une valeur suffisamment petite pour que la différence des valeurs de la fonction soit moindre qu'un nombre donné Q, quelque petit qu'il soit.

En effet, on a (n° 229)

$$\varphi (a + h) = \varphi (a) + h\varphi' (a) + \frac{h^2}{1.2} \varphi'' (a) + \ldots + h^m,$$

d'où

$$\varphi (a + h) - \varphi (a) = h\varphi' (a) + \frac{h^2}{1.2} \varphi'' (a) + \ldots + h^m$$

$$= h\left[\varphi' (a) + \frac{h}{1.2} \varphi'' (a) + \ldots + h^{m-1}\right] \quad (1)$$

Je dis que l'on peut prendre h de manière que ce nombre soit plus petit que tout nombre assignable Q. Pour le démontrer, il suffit de faire voir qu'on peut toujours choisir h de manière que (1) soit plus petit que

$$h.P (1 + h + h^2 + \ldots + h^{m-1}), \ (2)$$

P désignant le plus grand des coefficients des puissances de h dans (1), et (2) étant un nombre qui diminue indéfiniment avec h (n° 187) : cela est évident, puisqu'il suffit de prendre h de manière que

$$\varphi (a + h) - \varphi (a) \text{ soit} < Q$$

ou

$$h < \frac{Q}{P + Q}.$$

245. Théorème. — *Si, pour des valeurs* p *et* q *de* x, *le polynôme* $\varphi (x) = x^m + A_1 x^{m-1} + \ldots + A_m$ *acquiert deux valeurs de signes contraires, l'équation* $\varphi (x) = o$ *admet au moins une racine comprise entre* p *et* q.

Supposons $p < q$. D'après le théorème précédent, si dans $\varphi (x)$ on fait croître x d'une manière continue de p à q, les valeurs correspondantes de ce polynôme varieront aussi d'une manière continue, c'est-à-dire que la fonction $\varphi (x)$ prendra successivement toutes les valeurs comprises entre $\varphi (p)$ et $\varphi (q)$. Or, puisque $\varphi (x)$ est un polynôme qui ne contient pas x en dénominateur et que p et q sont des nombres finis, il est évident que toutes ces valeurs intermédiaires seront aussi des nombres finis. De plus, comme les valeurs extrêmes $\varphi\,(p)$, $\varphi\,(q)$ sont de signes contraires, il y aura nécessairement des

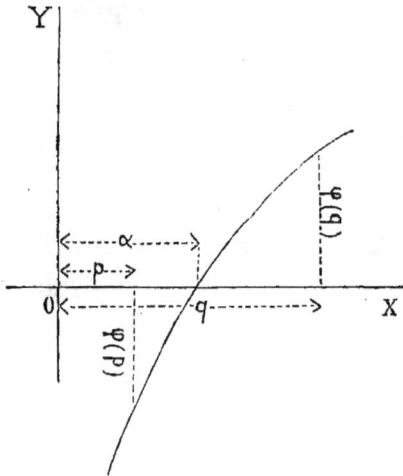

valeurs intermédiaires aussi rapprochées de zéro qu'on le voudra ; il faut donc que $\varphi\,(x)$ passe par zéro, et cela sous une certaine valeur α de x comprise entre p et q, valeur qui sera une racine de l'équation $\varphi\,(x) = o$.

246. THÉORÈME. — *Si, pour des valeurs* p *et* q *de* x, *le polynôme* $\varphi\,(x) = x^m + A_1\,x^{m-1} + \ldots + A_m$ *acquiert deux valeurs de signes contraires, l'équation* $\varphi\,(x) = o$ *admet un nombre impair de racines comprises entre* p *et* q. *Si, pour des valeurs* p *et* q *de* x, *le polynôme* $\varphi\,(x)$ *acquiert deux valeurs de même signe, l'équation* $\varphi\,(x) = o$ *n'admet pas de racine comprise entre* p *et* q *ou admet un nombre pair de racines comprises entre* p *et* q.

Soient α_1, α_2, ..., α_m les racines de

$$\varphi\,(x) = x^m + \ldots = 0.$$

On a

$$\varphi\,(x) = (x - a_1)\,(x - a_2)\,(x - a_3)\,\ldots\,(x - a_m).$$

et

$$\varphi(p) = (p - \alpha_1)(p - \alpha_2)\ldots(p - \alpha_m)$$
$$\varphi(q) = (q - \alpha_1)(q - \alpha_2)\ldots(q - \alpha_m);$$

d'où

$$\frac{\varphi(p)}{\varphi(q)} = \frac{p - \alpha_1}{q - \alpha_1} \cdot \frac{p - \alpha_2}{q - \alpha_2} \ldots \frac{p - \alpha_m}{q - \alpha_m}.$$

1° Si les deux résultats $\varphi(p)$, $\varphi(q)$ sont de signes

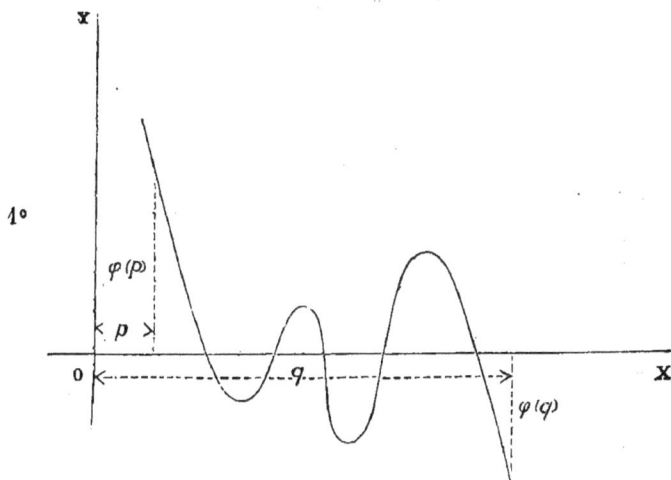

contraires, et que, par suite, le quotient $\frac{\varphi(p)}{\varphi(q)}$ est soustractif, le second membre se compose d'un nombre impair de facteurs soustractifs, et, par conséquent, il y a un nombre impair de racines comprises entre p et q. En effet, pour que le facteur $\frac{p - \alpha_1}{q - \alpha_1}$ soit soustractif, on doit avoir $p > \alpha_1 > q$ ou $p < \alpha_1 < q$ ou α_1 compris entre p et q; et il faut qu'un nombre impair de racines $\alpha_1, \alpha_2, \ldots$ soit compris entre p et q;

2° Si les deux résultats $\varphi(p)$ et $\varphi(q)$ sont de même signe, et que, par conséquent, le quotient $\frac{\varphi(p)}{\varphi(q)}$ est additif, il y a dans le second membre un nombre

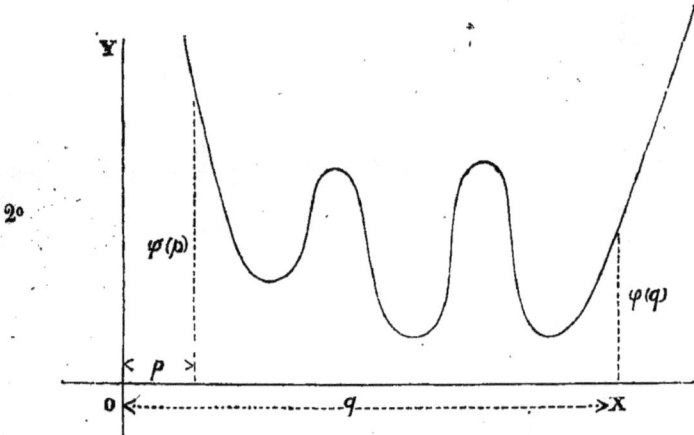

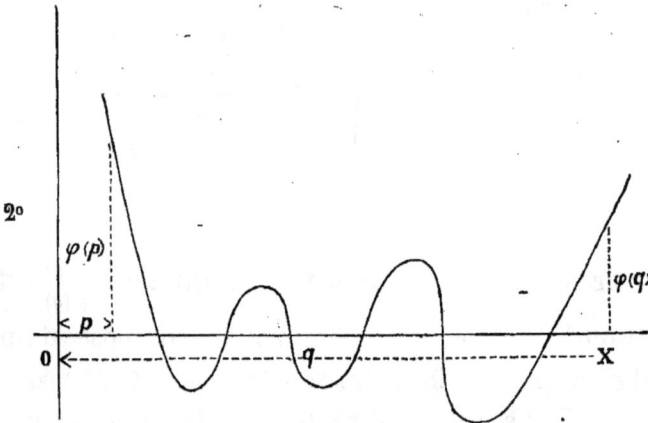

pair de facteurs soustractifs ou il n'y en a pas; il y aura donc un nombre pair de racines comprises entre p et q, à moins qu'entre ces limites il n'y en ait pas du tout.

247. Théorème. — *Une équation impossible, ou qui*

n'a pas de racines, n'acquiert jamais sous deux va-
leurs p *et* q *de* x *que des valeurs de même signe.*

Car, si le polynôme $\varphi(x)$ acquérait des valeurs de

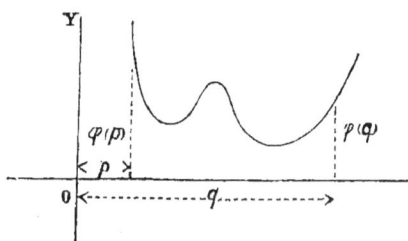

signes contraires sous
des valeurs p et q de x,
l'équation $\varphi(x) = o$
admettrait au moins
une racine comprise
entre p et q, ce qui
n'est pas.

248. Théorème. — *Toute équation*

$$\varphi(x) = x^m + A_1 x^{m-1} + \dots + A_m = 0$$

de degré impair admet une racine de signe contraire à
celui de son dernier terme A_m.

1° Soit $(-A_m)$ le dernier terme de l'équation et l
un nombre suffisamment grand.

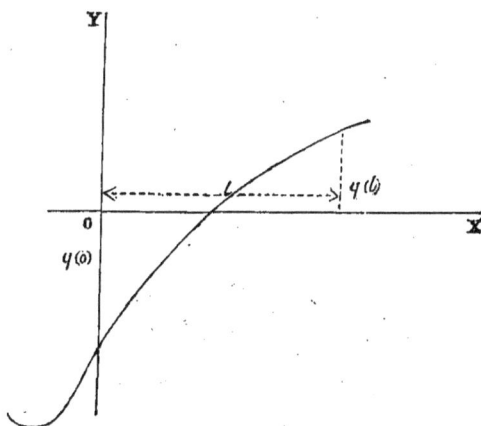

On a

$$\varphi(o) = -A_m \text{ et } \varphi(l) = +k,$$

deux valeurs de signes contraires, ce qui indique que la proposée a une racine comprise entre o et l;

2° Soit le dernier terme $+ A_m$ et $(- l)$ un nombre qui la rende soustractive; on aura

$$\varphi(o) = + A_m, \varphi(- l) = - k,$$

deux valeurs de signes contraires, donc il existe une racine comprise entre 0 et $(- l)$.

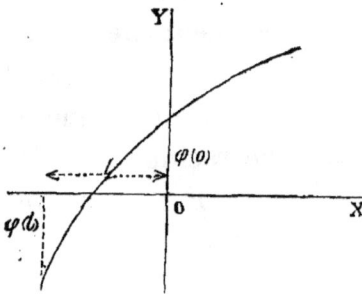

249. Théorème. — *Toute équation de degré pair dont le dernier terme est soustractif admet deux racines de signes contraires.*

En effet, si cette équation est

$$\varphi(x) = x^{2m} + A_1 x^{2m-1} + \ldots - A_{2m} = 0,$$

on a

$$\varphi(o) = - A_{2m},$$

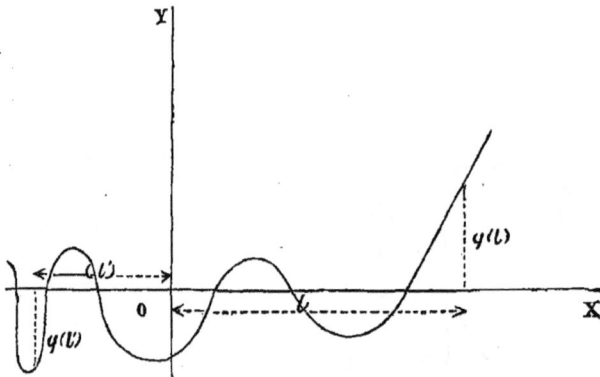

et il est toujours possible de déterminer un nombre l tel que

$$\varphi(l) \text{ soit additif.}$$

Par conséquent, la proposée admet une racine additive comprise entre o et l.

Il est aussi possible de déterminer un nombre soustractif l' tel que $\varphi\, (-\, l')$ soit additif; donc la proposée admet aussi une racine soustractive comprise entre o et $(-\, l')$.

250. SYNTHÈSE. — On comprend maintenant qu'*une équation qui n'admet pas de racine doit être de degré pair et avoir son dernier terme additif, c'est-à-dire ne pas admettre de valeur soustractive.*

251. THÉORÈME. — *Si le dernier terme d'une équation $\varphi\, (x) = o$ est additif, le nombre des racines additives est nul ou pair, et s'il est soustractif, le nombre des racines additives est impair.*

En effet, si le dernier terme de l'équation est $+\, A_m$, sous $x = o$, $x = l$, on obtient deux valeurs additives qui indiquent que le nombre des racines additives comprises entre o et l est nul ou pair.

Si, au contraire, le dernier terme est $-\, A_m$, $\varphi\, (o)$ et $\varphi\, (l)$ sont deux valeurs de signes contraires, et il y aura un nombre impair de racines comprises entre o et l.

252. DÉFINITIONS. — Lorsque deux termes consécutifs d'un polynôme sont de signes contraires, nous dirons qu'ils *présentent une variation de signe;* lorsqu'ils ont le même signe, nous dirons qu'ils *présentent une permanence.* Dans un polynôme *complet,* où entrent toutes les puissances de l'inconnu depuis la puissance la plus élevée jusqu'à la première et un terme indépendant de l'inconnu, la somme du nombre des variations de signe et du nombre des permanences est toujours égale au degré du polynôme.

253. Théorème. — *Dans toute équation complète ou incomplète, le nombre des racines additives ne peut surpasser le nombre des variations de signe* ([1]).

Si l'on multiplie l'équation donnée par $x - a$, a étant additif, la nouvelle équation admettra une racine additive de plus. Donc, si l'on fait voir que cette dernière équation présente une variation de signe de plus que la proposée, le théorème sera démontré, puisque l'existence d'une première racine additive entraîne l'existence d'un facteur $x - \beta$ et, par suite, d'une première variation.

Soit l'équation

$$(1)\ x^m + \ldots - A_n\, x^{m-n} - \ldots + A_{n+p}\, x^{m-n-p}$$
$$+ \ldots - A_{n+p+q}\, x^{m-n-p-q} - \ldots \pm A_t x^{m-t} \pm \ldots \pm A_m = 0,$$

les points indiquant des groupes de termes dont chacun est composé de termes de même signe que celui qui commence le groupe auquel ceux-ci appartiennent. De plus, $A_t x^{m-t}$ est le premier terme à partir duquel les signes restent les mêmes, c'est-à-dire que le dernier groupe est composé de termes tous additifs ou tous soustractifs : il faut examiner successivement les deux cas.

([1]) Ce théorème est connu sous le nom de théorème de *Descartes*.

Multiplions (1) par le facteur $x - a$; il vient

$x^m + A_1$	$x^m + \dots - A_n$	$x^{m-n+1} - A_{n+1}x^{m-n} - \dots$
$- a$	$- \dots - A_{n-1}a$	$+ \dots\dots\dots\dots$
$+$ inc.	inc. $-$	inc. … inc. …
$+A_{n+p}$ $x^{m-n-p-1} + \dots \pm A_t$		$x^{m-t+1} \pm \dots \pm A_m$ x
$+A_{n+p}-1$	$\pm A_{t-1}a$	$\mp A_{m-1}a$ $\mp A_m a$
$+$	… inc. … $\pm$	… inc. … $\mp$

;

nous désignons par *inc.* les signes incertains, c'est-
à-dire dont la qualité dépend de la relation entre
les grandeurs de a et des coefficients de l'équation.

Quels que soient les signes incertains, on voit
qu'à chaque terme commençant un nouveau groupe
dans le multiplicande correspond dans le produit
un terme dont le signe est certain et le même que
celui du nouveau groupe du multiplicande; or, les
$(n + 1)$ premiers termes du multiplicande ne présentent qu'une seule variation, tandis qu'il y en
aura *au moins* une dans les $(n + 1)$ premiers termes
du produit, quel que soit l'arrangement des signes
incertains, car il faudra toujours passer du signe $+$
au signe $-$. De même, dans le multiplicande, il n'y
a qu'une variation depuis $- A_n$ jusqu'à A_{n+p},
tandis que, dans les termes correspondants du produit, il y a *au moins* une variation. Ainsi, chaque
fois que l'on arrive à un signe certain, il est établi
que le produit total a fourni au moins autant de
variations que le multiplicande. Mais dans celui-ci
le dernier groupe $\pm A_t x^{m-t} \pm \dots$ ne donne plus
aucune variation, tandis que dans le produit il

en fournit au moins une, car le dernier terme est précédé de $\mp$; donc le produit ou la nouvelle équation admet au moins une variation de plus que le multiplicande ou l'ancienne équation.

Mais l'introduction de la nouvelle racine additive peut avoir amené 3, 5, 7, en général, $(2n+1)$ variations nouvelles. En effet, il est constaté que dans le produit il n'y a pas eu perte de variations sur les $(n + 1)$ premiers termes, mais l'on pourrait en amener 2, 4, 6, ... et, en général, un nombre pair de nouvelles, et cela suivant la qualité des signes incertains qui pourraient être, dans les termes du produit correspondant au premier groupe du multiplicande,

$$+ - - + + - \text{ ou bien } + - + - + -;$$

et, par suite, au lieu d'une variation, il y en aurait 3 ou 5, ..., un nombre impair, ce qui constituerait un gain de 2, 4, 6, ..., ou d'un nombre pair de variations. Les mêmes circonstances se présentent dans tous les autres groupes, sauf dans le dernier, dans lequel les variations supplémentaires doivent être en nombre impair, de sorte que le nombre total des variations introduites doit être impair.

COROLLAIRE I. — Si, dans l'équation $\varphi(x) = 0$, on change x en $(-x)$, les racines additives de la transformée seront les racines soustractives de la proposée, donc *le nombre des racines soustractives de la proposée ne peut surpasser le nombre des variations de la transformée.*

COROLLAIRE II. — Quand l'équation $\varphi(x) = o$ est complète, le changement de x en $(-x)$ s'effectue en changeant les signes des termes de rang pair. Par ce changement, les permanences deviennent des variations et réciproquement. Par conséquent, *dans une équation complète qui admet autant de racines qu'il est marqué par son degré, le nombre des racines additives est égal au nombre des variations et celui des racines soustractives est égal au nombre des permanences.*

Si l'on veut faire usage de ce dernier principe, quand il manque des termes dans l'équation, il faut d'abord la compléter en rétablissant tous les termes qui manquent, et qu'on doit considérer avec le double signe $\pm$. Soit, par exemple,

$$x^5 - 2x^2 + 1 = o.$$

Cette équation n'offre pas de permanence, et cependant elle a une racine soustractive, car elle est de degré impair et son dernier terme est additif (n° 248). Mais si l'on rétablit d'abord les termes qui manquent, l'équation peut s'écrire comme suit

$$x^5 (\pm o.x^4)(\pm o.x^3) - 2x^3 (\pm o.x) + 1 = o$$

et l'on voit qu'elle offre toujours une permanence quel que soit le signe de l'avant-dernier terme.

REMARQUE. — L'application du théorème de ce numéro fait souvent reconnaître si l'équation admet moins de racines qu'il n'est marqué par son degré. Si le nombre possible de racines soustractives joint au nombre possible de racines additives fournit

une somme inférieure au degré de l'équation, on
est certain qu'il manque au moins autant de racines
qu'il y a d'unités dans la différence.

Par exemple, l'équation

$$x^5 - 2x^2 + 1 = o$$

admet, au plus, deux racines additives et, au plus,
une racine soustractive; donc, elle a, au moins,
deux racines de moins qu'il n'est marqué par son
degré.

De même

$$x^8 + Ax^3 + Bx - c = o$$

admet, au plus, une racine additive, au plus une
racine soustractive. Il lui manque six racines.

§ II. — DE LA RECHERCHE DES RACINES D'UNE ÉQUATION A UN INCONNU.

**254. Recherche des racines de degré multiple d'une
équation.** — Nous avons vu (n° 241) qu'une équation
de degré m

$$\varphi(x) = x^m + A_1 x^{m-1} + A_2 x^{m-2} + \dots + A_m = o$$

peut admettre m, $m-1$, $m-2$, … 3, 2, 1 racines
suivant qu'elle affecte une des formes

$$\varphi(x) = (x - a_1)(x - a_2)(x - a_3) \dots (x - a_m),$$
$$\varphi(x) = (x - a_1)^2 (x - a_3) \dots (x - a_m),$$
$$\dots \dots \dots \dots \dots \dots \dots \dots \dots$$
$$\varphi(x) = (x - a_1)^{m-1} (x - a_m),$$
$$\varphi(x) = (x - a_m)^m.$$

On parvient à déterminer si une équation donnée
affecte l'une ou l'autre de ces formes et à calculer

en même temps les racines *a* telles que la fonction proposée soit divisible par une puissance du binôme $(x - a)$ [1].

A cet effet, remarquons que, *si un nombre* a *est racine de degré* n *tuple d'une équation*

$$\varphi(x) = x^m + A_1 x^{m-1} + \ldots + A_m = 0,$$

ou si $\varphi(x)$ *est divisible par* $(x - a)^n$, *le nombre* a *est aussi racine des* (n — 1) *premières dérivées de* $\varphi(x)$, *c'est-à-dire que celles-ci sont divisibles par* $(x - a)$. En effet, si $\varphi(x)$ est de la forme

$$\varphi(x) = (x - a)^n . \psi(x),$$

ses $(n - 1)$ premières dérivées affectent les formes

$$\varphi'(x) = (x - a)^{n-1} . \psi_1(x),$$
$$\varphi''(x) = (x - a)^{n-2} . \psi_2(x),$$
$$\varphi'''(x) = (x - a)^{n-3} . \psi_3(x),$$
$$\ldots \ldots \ldots \ldots \ldots$$
$$\varphi^{(n-1)}(x) = (x - a) . \psi_{n-1}(x).$$

Le nombre *a* est racine de degré $(n - 1)$ [tuple] de $\varphi'(x)$, de degré $(n - 2)$ [tuple] de $\varphi''(x)$, ..., de degré simple de $\varphi^{(n-1)}(x)$.

D'après cela, *dès qu'il existe une racine de degré multiple dans* $\varphi(x)$, *il y a un diviseur commun à* $\varphi(x)$ *et à* $\varphi'(x)$. Recherchons la composition de ce diviseur, en supposant que

$$\varphi(x) = (x - a)^p (x - b)^q \ldots (x - f)^2 (x - h);$$

---

[1] Pour nous exprimer plus facilement, nous appellerons *degré de multiplicité* d'une racine *a* le degré de la puissance du binôme $(x - a)$ par laquelle l'équation proposée est divisible. Si celle-ci est divisible par $(x - a)^n$, par exemple, *a* est une racine de degré *n* tuple.

on a

$$\varphi'(x) = p\,(x - a)^{p-1}\,(x - b)^q \ldots (x - f)^2\,(x - h)$$
$$+\, q\,(x - a)^p\,(x - b)^{q-1} \ldots (x - f)^2\,(x - h)$$
$$+\, \ldots \ldots \ldots \ldots \ldots \ldots$$
$$+\, 2\,(x - a)^p\,(x - b)^q \ldots (x - f)\,(x - h)$$
$$+\,(x - a)^p\,(x - b)^q \ldots (x - f)^2,$$

et le diviseur commun est

$$D = (x - a)^{p-1}\,(x - b)^{q-1} \ldots (x - f).$$

Ainsi donc, le diviseur total commun à une équation admettant des racines de degré multiple et à sa dérivée est le produit des facteurs simples qui se trouvent à une certaine puissance dans l'équation proposée, l'exposant de chacun de ces facteurs étant diminué d'une unité.

Dès lors, pour reconnaître si une équation admet des racines de degré multiple, on cherche le diviseur total D commun à $\varphi(x)$ et à $\varphi'(x)$. Les racines de $\varphi'(x)$ données par $D = 0$ sont au moins de degré double dans $\varphi(x)$.

Des opérations successives rendront aisément compte du degré de multiplicité de chacune des racines. Mais voici un théorème qui complète et simplifie la recherche des racines de degré multiple.

THÉORÈME. — *On peut toujours ramener la résolution d'une équation qui a des racines de degré multiple à celle de plusieurs autres équations dont la première n'admet que les racines de degré simple, la seconde les racines de degré double, la troisième les racines de degré triple, etc., de la proposée.*

Considérons, en effet, une équation

$$\varphi(x) = x^m + A_1 x^{m-1} + A_2 x^{m-2} + \ldots + A_m = o,$$

et désignons par X_1 le produit des facteurs binômes $x - a_1$, $x - a_2$, etc., qui n'entrent qu'à la première puissance dans le polynôme proposé, par X_2 le produit des facteurs binômes qui entrent à la seconde puissance dans $\varphi(x)$, par X_3 le produit des facteurs binômes qui entrent à la troisième puissance, etc. ; en sorte qu'on ait

$$\varphi(x) = X_1 \cdot X_2^2 \cdot X_3^3 \cdot X_4^4 \ldots X_n^n \cdot F(x).$$

Si l'on parvient à séparer X_1, X_2, X_3, ..., la question est résolue, pourvu qu'on puisse résoudre les équations

$$X_1 = o, \ X_2 = o, \ X_3 = o, \ldots,$$

qui n'admettent que des racines de degré simple, et dont la première donnera les racines de degré simple, la deuxième les racines de degré double, ... de la proposée.

Pour arriver à séparer X_1, X_2, ..., remarquons que le produit des facteurs communs au polynôme $\varphi(x)$ et à sa dérivée est

$$D_1 = X_2 \cdot X_3^2 \cdot X_4^3 \cdot \ldots X_n^{n-1};$$

que le produit des facteurs communs à D_1 et à sa dérivée est

$$D_2 = X_3 \cdot X_4^2 \cdot X_5^3 \ldots X_n^{n-2};$$

que le produit des facteurs communs à D_2 et à sa dérivée est

$$D_3 = X_4 \cdot X_5^2 \cdot X_6^3 \cdot \ldots X_n^{n-3};$$

. . . .

que le produit des facteurs communs à D_{n-2} et à sa dérivée est

$$D_{n-1} = X_n. \quad (5).$$

Maintenant, en divisant le polynôme $\varphi(x)$ par le produit D_1, des diviseurs communs à ce polynôme et à sa dérivée, on obtient pour le quotient

$$\frac{\varphi(x)}{D_1} = X_1. X_2. X_3. \ldots X_n. F(x); \quad (1)$$

en divisant D_1 par D_2, il vient

$$\frac{D_1}{D_2} = X_2. X_3. X_4 \ldots X_n; \quad (2)$$

en divisant D_2 par D_3, il vient

$$\frac{D_2}{D_3} = X_3. X_4. X_5 \ldots X_n; \quad (3)$$

. . . .

en divisant D_{n-2} par D_{n-1}, il vient

$$\frac{D_{n-2}}{D_{n-1}} = X_{n-1}. X_n. \quad (4)$$

Des égalités (1), (2), (3), (4), (5), ..., on conclut que

$$X_1 = \frac{D_2. \varphi(x)}{D_1{}^2. F(x)}; \; X_2 = \frac{D_1. D_3}{D_2{}^2}; \; X_3 = \frac{D_2. D_4}{D_3{}^2}; \; \ldots;$$

$$X_{n-2} = \frac{D_{n-3}. D_{n-1}}{D_{n-2}{}^2}; \; X_{n-1} = \frac{D_{n-2}}{D_{n-1}{}^2}; \; X_n = D_{n-1}.$$

Toutes les opérations indiquées pouvant s'effectuer sur le polynôme $\varphi(x)$, il y aura toujours moyen de ramener la résolution de l'équation $\varphi(x) = 0$ à celle des équations :

$$X_1 = \frac{D_2 \cdot \varphi(x)}{D_1^2 \cdot F_{(x)}} = 0, \quad (X_1)$$

$$X_2 = \frac{D_1 \cdot D_3}{D_2^2} = 0, \quad (X_2)$$

$$X_3 = \frac{D_2 \cdot D_4}{D_3^2} = 0, \quad (X_3)$$

$$\cdot \quad \cdot \quad \cdot \quad \cdot \quad \cdot \quad \cdot$$

$$X_{n-2} = \frac{D_{n-3} \cdot D_{n-1}}{D_{n-2}^2} = 0, \quad (X_{n-2})$$

$$X_{n-1} = \frac{D_{n-2}}{D_{n-1}^2} = 0, \quad (X_{n-1})$$

$$X_n = D_{n-1} = 0, \quad (X_n)$$

qui n'admettent que des racines de degré simple, et dont (X_1) donne les racines de degré simple, (X_2) les racines de degré double, ..., (X_n) les racines de de degré *n tuple* de la proposée.

Exemples. — 1° *Rechercher si l'équation*

$$\varphi(x) = x^6 - 7x^5 + 15x^4 - 40x^2 + 48x - 16 = 0$$

admet des racines de degré multiple et déterminer ces racines, s'il y a lieu.

La dérivée première du polynôme proposé est

$$\varphi'(x) = 6x^5 - 35x^4 + 60x^3 - 80x + 48.$$

Recherchons s'il existe un diviseur commun D_1 à $\varphi(x)$ et à sa dérivée $\varphi'(x)$: l'existence de ce diviseur est la condition de l'existence des racines de degré multiple. Pour trouver le diviseur total commun à $\varphi(x)$ et à $\varphi'(x)$, c'est-à-dire le produit des facteurs binômes de la forme $(x - a_1)$ communs à $\varphi(x)$ et à $\varphi'(x)$, on remarquera que ce diviseur commun ne saurait être d'un degré plus élevé que celui du polynôme $\varphi'(x)$, qui a le moindre degré, et comme $\varphi'(x)$ est divisible par lui-même, pourvu qu'il divise $\varphi(x)$, il sera le diviseur commun cherché.

Essayons la division de $\varphi(x)$ par $\varphi'(x)$. Le premier terme x^6 de $\varphi(x)$ a pour coefficient l'unité et le premier terme $6x^5$ de $\varphi'(x)$ a pour coefficient 6; le premier terme du quotient serait donc $\frac{1}{6}x$, mais comme le produit des facteurs binômes $(x - a_1)$ communs aux deux polynômes n'est pas modifié si l'on multiplie ou si l'on divise tous les coefficients de l'un ou de l'autre polynôme par un certain nombre constant, nous éviterons l'introduction des coefficients fractionnaires dans le quotient en multipliant le dividende $\varphi(x)$ par 6. On peut évidemment opérer de même sur les dividendes partiels successifs.

Cela posé, effectuons la division

$$\frac{\varphi(x)}{\varphi'(x)}$$

$$6x^6 - 42x^5 + 90x^4 - 240x^2 + 288x - 96 \,\big|\, 6x^5 - 35x^4 + 60x^3 - 80x + 48$$
$$6x^6 - 35x^5 + 60x^4 - 0x^2 + 48x \,\big|\, \overline{x - 7}$$

$$- 7x^5 + 30x^4 - 106x^2 + 240x - 96$$

$$(\times 6) \quad -42x^5 + 180x^4 - 760x^2 + 1440x - 576$$
$$-42x^5 + 245x^4 - 420x^2 + 560x - 336$$

Reste: $R = -65x^4 + 240x^3 - 960x^2 + 880x - 240$

Je dis maintenant que le produit des facteurs binômes $(x - a_1)$ communs à $\varphi(x)$ et à $\varphi'(x)$ est le même que le produit des facteurs binômes communs à $\varphi'(x)$ et au reste R. En effet, nous avons

$$\varphi(x) = \varphi'(x) . C . (x - 7) + R, \quad (6)$$

C désignant un nombre indépendant de x, et si $(x - a_1)^p$ est un facteur commun à $\varphi(x)$ et à $\varphi'(x)$, la somme $\varphi(x)$ et l'une des parties $\varphi'(x) . C . (x - 7)$ étant divisibles par ce facteur, l'autre partie R est aussi divisible par ce facteur. Ainsi tout facteur commun à $\varphi(x)$ et $\varphi'(x)$ est commun à $\varphi'(x)$ et à R. De même, l'égalité (6) montre que tout facteur commun à $\varphi(x)$ et à R est commun à $\varphi'(x)$ et à $\varphi(x)$. Donc, les facteurs communs à $\varphi(x)$ et à $\varphi'(x)$ sont les mêmes que les facteurs communs à $\varphi'(x)$ et à R.

La question est ramenée à chercher le produit des facteurs binômes communs à $\varphi'(x)$ et à R. Pour cela, raisonnons sur $\varphi'(x)$ et R comme nous avons raisonné sur les polynômes primitifs, c'est-à-dire essayons la division de $\varphi'(x)$ par R. Pour abréger, observons que tous les coefficients de R sont divisibles par le facteur constant 5, et qu'on peut le supprimer sans altérer le produit des facteurs binômes communs à $\varphi'(x)$ et à R. On a alors à exécuter la division suivante :

$$
\begin{array}{l|l}
6x^5 - 35x^4 + 60x^3 - 80x + 48 & -13x^4+84x^3-192x^2+176x-48 \\
(\times 13)\ 78x^5-455x^4+780x^3-1040x+624 & \\
-78x^5+504x^4-1152x^3+1056x^2-288x & -6x-59 \\
\hline
\ 49x^4-372x^3+1056x^2-1328x+624 & \\
(\times 13)\ 637x^4-4836x^3+13728x^2-17264x+8112 & \\
-637x^4+4116x^3-9408x^2+8624x-2352 & \\
\hline
\end{array}
$$

Reste : $R' = -720x^3 + 4320x^2 - 8640x + 5760$

Par un raisonnement analogue à celui qui a été fait ci-dessus, on prouvera que le produit des facteurs binômes communs à $\varphi'(x)$ et à R est le même que celui qui est commun au premier reste R et au second R'.

La question étant actuellement ramenée à chercher le diviseur commun à R et à R', il faut diviser R par R'. On supprime le facteur constant 720 commun à tous les coefficients de R'.

$$
\begin{array}{r|l}
-13x^4 + 84x^3 - 192x^2 + 176x - 48 & \,-x^3 + 6x^2 - 12x + 8 \\
+13x^4 - 78x^3 + 156x^2 - 104x & \,13x - 6 \\
\hline
\ 6x^3 - 36x^2 + 72x - 48 & \\
\,-6x^3 + 36x^2 - 72x - 48 & \\
\hline
0 &
\end{array}
$$

Il existe donc des facteurs binômes de la forme $(x - a_1)$ communs à $\varphi(x)$ et à $\varphi'(x)$, dont le produit est

$$D_1 = -x^3 + 6x^2 - 12x + 8.$$

Les racines de $\varphi'(x)$ données par

$$D_1 \text{ ou } x^3 - 6x^2 + 12x - 8 = o \quad (D_1)$$

sont au moins de degré double dans $\varphi(x)$.

Appliquons le théorème qui permet de découvrir les racines de degré multiple quelconque de $\varphi(x) = o$, c'est-à-dire formons les équations

$$X_1 = \frac{D_2 \cdot \varphi(x)}{D_1{}^2 \cdot F(x)} = o, \; X_2 = \frac{D_1 \cdot D_3}{D_2{}^2} = o, \; X_3 = \frac{D_2}{D_3{}^2} = o, \; X_4 = D_3;$$

où D_2 désigne le produit des facteurs binômes communs à D_1 et à sa dérivée

$$D_1' = 3x^2 - 12x + 12,$$

savoir

$$D_2 = x^2 - 4x + 4;$$

où D_3 désigne le produit des facteurs binômes communs à D_2 et à sa dérivée

$$D_2' = 2x - 4,$$

savoir

$$D_3 = x - 2.$$

Inutile d'aller plus loin puisque la dérivée de D_3 est un nombre constant.

L'équation (X_1) qui donne les racines de degré simple est donc

$$X_1 = \frac{D_2 \cdot \varphi(x)}{D_1^2 \cdot F(x)} = x^2 + x - 1 = o;$$

l'équation (X_2) qui donne les racines de degré double est

$$X_2 = \frac{D_1 \cdot D_3}{D_2^2} = 1,$$

nombre constant qui ne peut être nul; l'équation qui donne les racines de degré triple est

$$X_3 = \frac{D_2}{D_3^2} = 1,$$

nombre constant qui ne peut être nul; l'équation qui donne les racines de degré quadruple est

$$X_4 = D_3 = x - 2 = o.$$

L'équation proposée admet donc la racine de

degré quadruple 2, et les racines de degré simple

$$\frac{-1 \pm 5^{\frac{1}{2}}}{2},$$

données par X_1. Il n'y a pas de racines de degré double ou triple, puisque les équations X_2 et X_3 sont impossibles.

Remarque. — Un peu d'attention eût fait voir que le produit des facteurs communs à $\varphi(x)$ et à $\varphi'(x)$, savoir

$$x^3 - 6x^2 + 12x - 8$$

n'est autre que

$$(x - 2)^3.$$

On en eût conclu immédiatement que la proposée admet la racine de degré quadruple 2, et qu'elle peut s'écrire

$$\varphi(x) = (x - 2)^4 (x^2 + x - 1) = 0.,$$

$x^2 + x - 1 = o$ fournissant les autres racines;

2° *Rechercher si l'équation*

$$\varphi(x) = x^8 - 7x^7 - 2x^6 + 118x^5 - 259x^4 - 83x^3 + 612x^2 - 108x - 432 = o$$

admet des racines de degré multiple et déterminer ces racines, s'il y a lieu.

Le produit des facteurs binômes communs à $\varphi(x)$ et à $\varphi'(x)$ est

$$D_1 = x^4 - 7x^3 + 13x^2 + 3x - 18;$$

le produit des facteurs communs à D_1 et à sa dérivée est

$$D_2 = x - 3.$$

Comme D_2 est du premier degré, ce polynôme n'admet pas de facteur binôme commun à sa dérivée ; de sorte que la proposée ne contient pas de facteurs qui soient élevés à des puissances supérieures à la troisième. On a donc

$$\varphi(x) = X_1 . X_2{}^2 . X_3{}^3 . F(x) = x^8 - 7x^7 - 2x^6 + 118x^5 - 259x^4 - 83x^3$$
$$+ 612x^2 - 108x - 432,$$

$$D_1 \text{ ou } X_2 . X_3{}^2 = x^4 - 7x^3 + 13x^2 + 3x - 18,$$

$$D_2 \text{ ou } X_3 = x - 3 ;$$

et l'on obtient

$$\frac{\varphi(x)}{D_1 F(x)} \text{ ou } X_1 X_2 X_3 = x^4 - 15x^2 + 10x + 24, \quad (1)$$

$$\frac{D_1}{D_2} \text{ ou } X_2 . X_3 = x^3 - 4x^2 + x + 6, \quad (2)$$

$$D_2 \text{ ou } X_3 = x - 3. \quad (3)$$

Des égalités (1), (2) et (3), on conclut les équations

$$X_1 \text{ ou } \frac{D_2 . \varphi(x)}{D_1{}^2 . F(x)} = x, + 4, = o, \quad (X_1)$$

$$X_2 \text{ ou } \frac{D_1 . D_3}{D_2{}^2} = x^2 - x - 2 = o, \quad (X_2)$$

$$X_3 \text{ ou } D_2 = x - 3 = o, \quad (X_3)$$

dont la première, (X_1), fournit la racine de degré simple de la proposée, (— 4) ; dont la seconde (X_2), fournit les racines de degré double de la proposée, (— 1) et (+ 2) ; dont la troisième fournit la racine de degré triple de la proposée, 3.

L'équation proposée revient donc à

$$(x + 4)(x + 1)^2(x - 2)^2(x - 3)^3 = o,$$

et n'admet que les quatre racines

4, — 1, 2, et 3.

REMARQUE. — La dérivée première du polynôme s'annule pour $x = -1$, $x = 2$, et $x = 3$. La dérivée seconde du polynôme s'annule pour $x = 3$.

255. Recherche des racines d'une équation qui n'admet que des racines de degré simple. — Nous savons maintenant faire dépendre la résolution complète d'une équation dont les racines ont des degrés de multiplicité quelconques de la résolution d'équations qui n'admettent plus que des racines de degré simple. Nous allons nous occuper exclusivement de la recherche des racines quelconques de pareilles équations ; mais, auparavant, nous donnerons un moyen de rechercher les racines d'une équation commensurables avec l'unité, qu'elles soient de degré simple ou de degré multiple.

256. Recherche des racines d'une équation donnée commensurables avec l'unité choisie dans le problème.

THÉORÈME. — *Une équation dont le premier terme a pour coefficient l'unité et dont les autres coefficients sont des nombres entiers ne peut avoir pour racines commensurables que des nombres entiers.*

Soit l'équation

$$x^m + A_1 x^{m-1} + A_2 x^{m-2} + \ldots + A_{m-1} x + A_m = 0,$$

dans laquelle A_1, A_2, ..., A_{m-1}, A_m sont des nombres entiers. Si cette équation pouvait admettre une racine commensurable fractionnaire $\frac{a}{b}$, que nous supposerons réduite à ses moindres termes, on aurait

$$\frac{a^m}{b^m} + A_1 \frac{a^{m-1}}{b^{m-1}} + A_2 \frac{a^{m-2}}{b^{m-2}} + \ldots + A_{m-1} \frac{a}{b} + A_m = 0,$$

et l'on en déduirait que a et b doivent être tels que

$$\frac{a^m}{b} = - A_1 \, a^{m-1} - A_2 \, a^{m-2} \, b \ldots - A_{m-1} \, a \, b^{m-2} - A_m \, b^{m-1},$$

c'est-à-dire que le nombre fractionnaire $\frac{a^m}{b}$ soit égal à un nombre entier, ce qui est impossible. Donc l'équation ne peut admettre de racine commensurable fractionnaire.

Ce théorème pourrait nous engager à n'examiner que les équations dont le premier terme a pour coefficient l'unité. Nous avons, du reste, appris au n° **243** à changer l'équation

$$(1) \quad A_0 \, x^m + A_1 \, x^{m-1} + A_2 \, x^{m-2} + \ldots + A_{m-1} \, x + A_m = 0,$$

ou

$$(2) \quad x^m + \frac{A_1}{A_0} \, x^{m-1} + \frac{A_2}{A_0} \, x^{m-2} + \ldots + \frac{A_{m-1}}{A_0} \, x + \frac{A_m}{A_0} = 0,$$

qui renferme des coefficients fractionnaires, en une autre

$$(3) \quad y^m + A_1 A_0 \, y^{m-1} + A_2 A_0^2 \, y^{m-2} + \ldots + A_{m-1} A_0^{m-1} \, x + A_m A_0^m = 0,$$

dont les racines sont A_0 fois plus grandes que celles de (1), dont le premier terme a pour coefficient l'unité, et dont tous les autres coefficients sont entiers; la dernière équation (3) ne renferme plus que des racines commensurables entières qu'il suffira de connaître pour avoir celle de la proposée (1). Pour être assuré d'obtenir *toutes* les racines commensurables, entières ou fractionnaires, d'une équation de la forme (1), il est donc indispensable de la ramener préalablement à la forme (3), mais on peut cependant trouver ses racines commensurables *entières* sans cette transformation préalable.

Conditions nécessaires et suffisantes pour qu'un nombre entier soit racine d'une équation à coefficients entiers. — D'après ce qui précède, la recherche des racines commensurables fractionnaires peut se ramener à la recherche des racines commensurables entières. Il nous reste à montrer comment on peut obtenir les racines entières d'une équation à coefficients entiers

$$A_0\, x^m + A_1\, x^{m-1} + A_2\, x^{m-2} + \ldots + A_{m-1}\, x + A_m = o. \quad (4)$$

Désignons par a l'une de ces racines. Elle devra être telle que

$$(5) \quad A_0\, a^m + A_1\, a^{m-1} + \ldots + A_{m-1}\, a + A_m = o$$

ou que

$$(6) \quad \frac{A_m}{a} = -A_0\, a^{m-1} - A_1\, a^{m-2} - \ldots\ldots - A_{m-1} = \text{N. entier.}$$

On conclut de (6) que a devra être aussi telle que

$$(7) \quad \frac{A_m}{a} + A_{m-1}\ \text{ou}\ B_{m-1} = -A_0\, a^{m-1} - A_1 a^{m-2} - \ldots - A_{m-2} a = \text{N. entier}$$

et, par suite, que

$$(8) \quad \frac{B_{m-1}}{a} = -A_0\, a^{m-2} - A_1\, a^{m-3} - \ldots - A_{m-2} = \text{N. entier.}$$

On conclut de (8) que a devra aussi être telle que

$$(9) \frac{B_{m-1}}{a} + A_{m-2}\ \text{ou}\ B_{m-2} = -A_0 a^{m-2} - A_1 a^{m-3} - \ldots - A_{m-3} a = \text{N. entier,}$$

et, par suite, que

$$(10) \quad \frac{B_{m-2}}{a} = -A_0\, a^{m-3} - A_1\, a^{m-4} - \ldots - A_{m-3} = \text{N. entier.}$$

On conclut de (10) que a devra aussi être telle que

$$(11)\ \frac{B_{m-2}}{a}+A_{m-3}\ \text{ou}\ B_{m-3} = -A_0\,a^{m-3}-A_1\,a^{m-4}-\ldots-A_{m-4}\,a = \text{N. entier,}$$

et, par suite, que

$$(12)\ \frac{B_{m-3}}{a} = -A_0\,a^{m-4}-A_1\,a^{m-5}-\ldots-A_{m-4} = \text{N. entier.}$$

. . . .

Enfin que a doit être telle que

$$(13)\quad \frac{B_2}{a}+A_1\ \text{ou}\ B_1 = -A_0\,a-A_1 = \text{N. entier,}$$

et, par suite, que

$$(14)\quad \frac{B_1}{a} = -A_0.$$

Ainsi, pour qu'un nombre entier a soit racine de l'équation (4) dont les cofficients sont entiers, il faut :

1° Que ce nombre a soit un diviseur du dernier terme A_m ;

2° Que, si l'on ajoute au quotient $\frac{A_m}{a}$ du dernier terme divisé par a, le coefficient A_{m-1} du terme qui renferme x, la somme B_{m-1} divisée par a donne pour quotient un nombre entier ;

3° Que si l'on ajoute à ce nouveau quotient $\frac{B_{m-1}}{a}$ le coefficient A_{m-2} du terme qui renferme x^2, la somme B_{m-2} divisée par a donne pour quotient un nombre entier, et ainsi de suite.

. . . .

Enfin, que si l'on ajoute au $(m-1)^{ième}$ quotient, le coefficient du terme affecté de x^{m-1}, la somme divisée par a donne pour quotient le coefficient du premier terme pris en signe contraire $(-A_0)$.

Synthèse. — De ce qui précède, il résulte que l'on pourra procéder de la manière suivante à la recherche des racines commensurables entières d'une équation à coefficients entiers :

Après avoir déterminé tous les diviseurs du dernier terme de l'équation, on écrit leurs expressions sur une même ligne horizontale, en les considérant additivement et soustractivement; puis, au-dessous des expressions de ces diviseurs, on écrit les expressions des quotients du dernier terme divisé respectivement par chacun d'eux. On ajoute à ces quotients le coefficient de x, ce qui donne des sommes dont on place les expressions au-dessous de celles des quotients qui leur correspondent; puis, on divise ces sommes respectivement par chaque diviseur; on obtient ainsi de nouveaux quotients dont on écrit les expressions au-dessous de celles des sommes correspondantes; on rejette les quotients fractionnaires et les diviseurs qui les ont donnés. On ajoute à ces nouveaux quotients le coefficient du terme en x^2, et ensuite l'on divise ces sommes respectivement par chacun des diviseurs qui leur correspondent. On continue ces opérations jusqu'à ce que, après avoir employé tous les coefficients intermédiaires, l'on soit arrivé à ajouter aux quotients le coefficient du deuxième terme de l'équation; alors chaque somme qui, divisée par le diviseur corrélatif, fournit exactement le quotient —A_o, indique dans ce diviseur même une racine de l'équation. Quand l'équation n'est pas complète, il faut tenir compte des coefficients qui n'existent pas ou qui sont nuls.

En opérant de cette façon, on sait qu'on obtient seulement les racines entières; pour obtenir les racines commensurables fractionnaires, il faut établir la transformation qui ne laisse plus subsister que des racines commensurables entières; on soumettra la transformée aux épreuves indiquées, qui doivent amener — 1 pour le dernier quotient.

REMARQUE. — D'ordinaire, quelque soin que l'on mette à simplifier la transformation, le dernier terme sera très grand, et sa considération exigera un long travail. On conçoit que l'essai des diviseurs du dernier terme sera simplifié si l'on parvient à déterminer deux nombres entre lesquels soient comprises les racines additives et deux nombres entre lesquels soient comprises les valeurs absolues des racines soustractives, en d'autres termes, les *limites* des racines d'une équation, la limite supérieure des racines additives et la limite inférieure de ces racines, la limite supérieure des valeurs absolues des racines soustractives et la limite inférieure des valeurs absolues de ces racines.

Limite supérieure des racines additives. — Il est facile de démontrer que cette limite supérieure existe pour toute équation

$$\varphi(x) = x^m + A_1 x^{m-1} + A_2 x^{m-2} + \dots + A_{m-1} x + A_m = 0,$$

c'est-à-dire qu'il existe un nombre additif l tel que $\varphi(l)$ soit additif et qu'il en soit de même pour tous les nombres supérieurs à l.

Recherchons s'il existe un nombre l tel que

$l^m + A_1 l^{m-1} + A_2 l^{m-2} + \dots + A_{m-1} l + A_m$ soit additif,

et quel est ce nombre. Il est clair que, si je trouve un nombre l tel que l^m surpasse la somme des termes à soustraire, ce nombre l sera la limite cherchée ou sera plus grand que cette limite; et tous les nombres plus grands que l rendront additif *à fortiori* le polynôme $\varphi(x)$.

Je suppose que le premier terme soustractif qui se présente dans l'équation soit $A_n x^{m-n}$; après celui-là se présentera une série de termes

$$A_{n+1} x^{m-n-1}, A_{n+2} x^{m-n-2}, \dots$$

parmi lesquels les uns seront additifs et les autres soustractifs. On conçoit que l sera *au moins* égal à la limite supérieure des racines additives, s'il est tel que

l^m soit $> A_n l^{m-n} + A_{n+1} l^{m-n-1} + \dots + A_m,$

et, à plus forte raison, s'il est tel que

l^m soit $> N (l^{m-n} + l^{m-n-1} + \dots + l + 1),$

N désignant le plus grand coefficient soustractif de la série de termes $A_n l^{m-n}$, $A_{n+1} l^{m-n-1}$, ...,

ou s'il est tel que (n° 187)

$$l^m \text{ soit} > N. \frac{l^{m-n+1} - 1}{l - 1}$$

ou tel que

$l^m (l - 1) - N (l^{m-n+1} - 1)$ soit additif,

ou, *à fortiori,* tel que

$$l^m(l-1) - N\, l^{m-n+1} \text{ soit additif}$$

ou tel que

$$\frac{l^m(l-1)}{l^{m-n+1}} - N \text{ soit additif}$$

ou tel que

$$l^{n-1}(l-1) - N \text{ soit additif}$$

ou, *à fortiori,* tel que

$$(l-1)^{n-1}(l-1) - N \text{ soit additif}$$

ou tel que

$$(l-1)^n - N \text{ soit additif}$$

ou tel que

$$(l-1)^n \text{ soit} > N$$

ou tel que

$$l-1 \text{ soit} > N^{\frac{1}{n}}$$

ou tel que

$$l \text{ soit} > 1 + N^{\frac{1}{n}}.$$

Ainsi donc, *le nombre l égal à l'unité augmentée de la racine* $n^{ième}$ *de la valeur absolue du plus grand coefficient soustractif,* n *désignant le nombre des termes qui précèdent le plus grand coefficient soustractif, sera au moins égal à la plus grande racine additive de l'équation et tous les nombres plus grands que* l *rendront le polynôme* φ (x) *additif.*

Limite inférieure des racines additives d'une équation φ (x) = o. — On change x en $\frac{1}{y}$, et on cherche la limite supérieure l' des racines additives de la transformée $\varphi\left(\dfrac{1}{y}\right) = o$. Aux plus grandes valeurs de y correspondront les moindres valeurs de x; donc, si les valeurs additives de y n'atteignent pas l', celles de x ne pourront être plus petites que $\dfrac{1}{l'}$.

Limite supérieure des valeurs absolues des racines soustractives d'une équation $\varphi(\mathrm{x}) = o$. — On changera x en — y, et l'on cherchera la limite supérieure l'' des racines additives de la transformée $\varphi(-y) = o$. Aux plus grandes racines additives de la tranformée correspondent les plus grandes valeurs absolues des racines soustractives de la proposée.

Limite inférieure des valeurs absolues des racines soustractives d'une équation $\varphi(\mathrm{x}) = o$. — On changera x en — $\dfrac{1}{y}$ et l'on cherchera la limite supérieure l''' des racines additives de la transformée $\varphi\left(-\dfrac{1}{y}\right) = o$. Aux plus grandes racines additives de la transformée correspondent les plus petites valeurs absolues des racines soustractives de la proposée.

Exemples de la recherche des racines commensurables d'une équation. — 1° *Rechercher les racines commensurables de l'équation :*

$$\varphi(x) = x^4 - x^3 - 16x^2 + 55x - 75.$$

Diviseurs à essayer :

75	25	15	5	3	— 3	— 5
— 1	— 3	— 5	— 15	— 25	— 25	— 15
54	52	50	40	30	80	70
0	0	0	8	10	0	14
			— 8	— 6		— 30
			0	— 2		6
				— 3		5
				— 1		— 1

Donc 3 et — 5 sont les racines commensurables de l'équation. On s'assure que + 1 et — 1 ne sont pas racines;

2° *Rechercher les racines commensurables de l'équation*

$$\varphi(x) = x^3 - 7x^2 + 36 = o$$

Les limites sont 8 et — 5.

Diviseurs à essayer :

6	4	3	2	— 2	— 3	— 4
6	9	12	18	— 18	— 12	— 9
.	.	.	.	.	.	.
1	0	4	9	9	4	0
— 6		— 3	2	2	— 3	
— 1		— 1	1	— 1	1	

D'où l'on conclut que 6, 3 et — 2 sont les racines de l'équation. Comme elle est du troisième degré, elle ne peut en avoir d'autres.

Quand l'une des sommes à considérer est nulle, il ne faut point, pour cela, rejeter le diviseur qui l'a fournie, mais, au contraire, continuer à lui faire subir les épreuves subséquentes, car le quotient de zéro par un nombre est un quotient exact, mais nul.

Lorsqu'on aura découvert un certain nombre de racines d'une équation $\varphi(x)$, la division du polynôme $\varphi(x)$ par les facteurs binômes de la forme $x - a$, qui leur correspondent, permettra d'abaisser le degré de l'équation d'autant d'unités que l'on connaît de racines, et même davantage si les racines sont de degré multiple.

257. *Recherche des racines commensurables ou incommensurables avec l'unité d'une équation qui n'admet plus que des racines de degré simple.* — Soit l'équation

$$\varphi(x) = A_0\, x^m + A_1\, x^{m-1} + A_2\, x^{m-2} + \dots + A_{m-1}\, x + A_m = 0$$

qui ne renferme plus que des racines de degré simple. Si l'on divise le polynôme $\varphi(x)$ par sa dérivée

$$\varphi'(x) = \varphi_1(x) = m\, A_0\, x^{m-1} + (m-1)\, A_1\, x^{m-2} + \dots + A_{m-1},$$

on obtiendra un certain quotient q_1, et un reste $\psi_1(x)$ qui ne peut être nul puisque la fonction $\varphi(x)$ et sa dérivée $\varphi'(x)$ ne peuvent avoir de facteur commun; q_1 et $\psi_1(x)$ sont tels que

$$\varphi(x) = \varphi_1(x).\, q_1 + \psi_1(x).$$

Si l'on désigne par $\varphi_2(x)$ le reste $\psi_1(x)$ pris en signe contraire, on aura

$$\varphi(x) = \varphi_1(x).\, q_1 - \varphi_2(x). \quad (1)$$

Divisant ensuite $\varphi_1(x)$ par $\varphi_2(x)$, on obtient un quotient q_2 et un reste $\psi_2(x)$, tels que

$$\varphi_1(x) = \varphi_2(x).\, q_2 + \psi_2(x),$$

et l'on aura, en désignant par $\varphi_3(x)$ le reste $\psi_2(x)$ pris en signe contraire,

$$\varphi_1(x) = \varphi_2(x).\, q_2 - \varphi_3(x). \quad (2)$$

Divisant $\varphi_2(x)$ par $\varphi_3(x)$, on obtient

$$\varphi_2(x) = \varphi_3(x) . q_3 + \psi_3(x),$$

et l'on aura, en désignant par $\varphi_4(x)$ le reste $\psi_3(x)$ pris en signe contraire,

$$\varphi_2(x) = \varphi_3(x) . q_3 - \varphi_4(x). \quad (3)$$

En continuant cette opération autant de fois que possible, c'est-à-dire $(m - 1)$ fois, on obtiendra une suite de polynômes de degrés décroissants, $\varphi_5(x)$, $\varphi_6(x)$, ..., $\varphi_m(x)$ liés entre eux par les relations

$$\varphi_3(x) = \varphi_4(x) . q_4 - \varphi_5(x). \quad (4)$$
$$\varphi_4(x) = \varphi_5(x) . q_5 - \varphi_6(x). \quad (5)$$

$$\cdots \cdots \cdots \cdots$$

$$\varphi_{m-2}(x) = \varphi_{m-1}(x) . q_{m-1} - \varphi_m(x). \quad (m - 1).$$

Le dernier reste $\varphi_m(x)$ est indépendant de x, et n'est pas nul, puisque l'équation proposée n'a pas de racines de degré multiple et que, par conséquent, il n'existe pas de facteur binôme commun à $\varphi(x)$ et à sa dérivée $\varphi_1(x)$. Sous les diverses valeurs du variable x, les signes de la fonction $\varphi(x)$, de la dérivée $\varphi_1(x)$ et des polynômes $\varphi_2, \varphi_3, ..., \varphi_{m-1}, \varphi_m,$ ont nécessairement entre eux des relations que nous allons rechercher et qui, comme nous le verrons, permettront de découvrir des limites, aussi resserrées qu'on le voudra, entre lesquelles les racines de la proposée seront comprises.

Supposons que l'on fasse le variable x égal à un nombre p, qui ne rende nul aucun des polynômes

$\varphi\,(x)$, $\varphi_1\,(x)$, $\varphi_2\,(x)$, ..., $\varphi_m\,(x)$: ces polynômes présenteront une certaine succession de signes. Lorsque x
croît d'une manière continue au delà de p, il ne

peut arriver de changement dans cette suite de
signes qu'autant qu'un des polynômes $\varphi\,(x)$, $\varphi_1\,(x)$,
$\varphi_2\,(x)$, ..., $\varphi_{m-1}\,(x)$ change de signe après s'être
annulé.

Examinons successivement quelle altération
éprouve la suite des signes : 1° *après que la fonction
proposée* $\varphi\,(\mathrm{x})$ *vient de s'annuler sous une valeur de* x ;
2° *après qu'une ou plusieurs des fonctions* φ_1, φ_2, ...,
φ_{m-1}, *viennent de s'annuler sous certaine valeur de* x.

1° Voyons quelle altération éprouve la suite des
signes lorsque le variable x, croissant d'une manière
continue, vient de dépasser une valeur a qui a

annulé le polynôme proposé $\varphi(x)$. — Pour des valeurs de x comprises entre a, $a + h$ et $a - h$, h étant suffisamment petit, la fonction $\varphi(x)$ doit nécessairement acquérir des valeurs de signes contraires. — La dérivée $\varphi_1(x)$ ne peut pas être nulle pour $x = a$, puisque l'équation proposée n'admet pas de racines de degré multiple : et, par suite, pour des valeurs de x comprises entre a, $a + h$ et $a - h$, h étant suffisamment petit, les valeurs $\varphi_1(a + h)$ et $\varphi_1(a - h)$ de la dérivée doivent avoir le même signe, celui qu'elle avait pour $x = a$. — Les signes des autres fonctions φ_2, … ne peuvent éprouver d'altération pour des valeurs de x comprises entre a, $a + h$ et $a - h$, si toutefois aucune ne s'annule pour $x = a$. Nous aurons à examiner au 2° ce qui se produit si une ou plusieurs d'entre elles s'annulent. Mais raisonnons d'abord dans le cas de la première hypothèse.

Lorsque x vient de dépasser la valeur a qui annule $\varphi(x)$ et qui ne peut annuler en même temps $\varphi_1(x)$, et lorsque la suite des signes des polynômes n'éprouve aucune altération par annihilation d'un des polynômes φ_2, φ_3, … sous $x = a$ ou sous les valeurs de x comprises entre $a + h$ et $a - h$, je dis qu'il y aura nécessairement une variation de signe de plus dans la succession des polynômes

$$\varphi(a - h), \ \varphi_1(a - h), \ \varphi_2(a - h), \ \ldots, \ \varphi_m,$$

que dans la succession des polynômes

$$\varphi(a + h), \ \varphi_1(a + h), \ \varphi_2(a + h), \ \ldots, \ \varphi_m.$$

En effet, on a

$$\varphi (a - h) = \varphi (a) - h\, \varphi' (a) + \frac{h^2}{1.2}\, \varphi'' (a) - \ldots$$

ou, puisque $\varphi (a) = 0$,

$$\varphi (a - h) = - h\, \varphi' (a) + \frac{h^2}{1.2}\, \varphi'' (a) - \ldots$$

On voit, d'après cette égalité, que, pour des valeurs de x comprises entre $a - h$ et a, h étant suffisamment petit, la valeur $\varphi (a - h)$ a un signe contraire à celui de $\varphi' (a)$ ou de $\varphi_1 (a)$, et, par suite, de $\varphi_1 (a - h)$, en sorte que, sous $x = a - h$, il y aura une variation de signe entre $\varphi (a - h)$ et $\varphi_1 (a - h)$.

Au contraire, on a

$$\varphi (a + h) = \varphi (a) + h\, \varphi' (a) + \frac{h^2}{1.2}\, \varphi'' (a) + \ldots$$

ou, puisque $\varphi (a) = 0$,

$$\varphi (a + h) = h\, \varphi (a) + \frac{h^2}{1.2}\, \varphi'' (a) + \frac{h^3}{1.2.3}\, \varphi''' (a) + \ldots$$

On voit, d'après cette égalité, que, pour des valeurs de x comprises entre a et $a + h$, h étant suffisamment petit, la valeur $\varphi (a + h)$ a le même signe que celui de $\varphi' (a)$ ou de $\varphi_1 (a)$, et, par suite, de $\varphi_1 (a + h)$; il n'y a donc plus, sous $x = a + h$, de variation de signe entre $\varphi (a + h)$ et $\varphi_1 (a + h)$. — Les signes des fonctions φ et φ_1 présentent donc dans la suite une variation avant que x atteigne la valeur a, pour laquelle φ va s'annuler, et cette variation s'est changée en permanence dès que x a dépassé cette valeur.

Si, comme nous l'avons dit, on suppose qu'aucune des fonctions φ_2, φ_3, ..., φ_{m-1} ne s'annule et que, par conséquent, la suite de leurs signes n'éprouve aucun changement pour les valeurs de x comprises entre $a - h$ et $a + h$, nous constatons que : *la suite des signes des fonctions* φ_1, φ_2, ..., φ_m *perd une variation lorsque* x *vient de dépasser une valeur* a *qui annule le polynôme proposé* φ (x) *sans annuler aucune des fonctions* φ_2, φ_3, ..., φ_{m-1};

2° Il faut maintenant examiner ce que devient la suite des signes lorsque x vient de dépasser une valeur a qui annule le polynôme proposé φ (x) et lorsqu'une ou plusieurs des fonctions φ_1, φ_2, φ_3, ..., φ_{m-1} s'annulent soit pour cette même valeur de x, soit pour toute autre valeur de x. — En premier lieu, remarquons que : *deux polynômes consécutifs de la série* φ, φ_1, φ_2, ..., φ_{m-1} *ne peuvent s'annuler sous une même valeur de* x. Faisons voir que les deux polynômes consécutifs φ_{n-1} (x) et φ_n (x) ne peuvent s'annuler sous une même valeur a de x. En effet, ces polynômes étant liés par les relations

$$\varphi\,(x) = \varphi_1\,(x).\ q_1 - \varphi_2\,(x),$$
$$\varphi_1\,(x) = \varphi_2\,(x).\ q_2 - \varphi_3\,(x).$$
$$\varphi_2\,(x) = \varphi_3\,(x).\ q_3 - \varphi_4\,(x).$$
$$\cdots\cdots\cdots\cdots,$$
$$\varphi_{n-1}\,(x) = \varphi_n\,(x).\ q_n - \varphi_{n+1}\,(x),$$
$$\cdots\cdots\cdots\cdots,$$
$$\varphi_{m-2}\,(x) = \varphi_{m-1}\,(x).\ q_{m-1} - \varphi_m\,(x),$$

qui doivent subsister quelle que soit la valeur de x,

supposons que $x = a$ annule à la fois $\varphi_{n-1}(x)$ et $\varphi_n(x)$. La relation

$$\varphi_{n-1}(a) = \varphi_n(a) \cdot q_n - \varphi_{n+1}(a)$$

se réduirait à $\varphi_{n+1}(a) = 0$ et montre que cette valeur de x annulerait encore $\varphi_{n+1}(x)$; la suivante

$$\varphi_n(a) = \varphi_{n+1}(a) \cdot q_{n+1} - \varphi_{n+2}(a)$$

se réduirait aussi à $\varphi_{n+2}(a) = 0$ et montre que cette valeur de x annulerait encore $\varphi_{n+2}(x)$; les relations suivantes montreraient finalement que le polynôme $\varphi_m(x)$ devrait s'annuler également dans cette hypothèse. Mais ceci est impossible, puisque l'équation $\varphi(x) = 0$ n'a pas de racines de degré multiple. Donc, il est aussi inadmissible que deux polynômes consécutifs de la série s'annulent en même temps, sous une même valeur de x. — En second lieu, remarquons que : *Si une valeur* a *de* x *annule un des polynômes* φ_1, φ_2, φ_3, ..., φ_{m-1}, *le polynôme qui précède celui qui s'annule et le polynôme qui le suit dans la série ont des valeurs de signes contraires sous cette même valeur de* x. — En effet, si $\varphi_n(x)$, par exemple, s'annule sous $x = a$, la relation

$$\varphi_{n-1}(x) = \varphi_n(x) \cdot q_n - \varphi_{n+1}(x),$$

qui existe quelle que soit x, montre que

$$\varphi_{n-1}(a) = -\varphi_{n+1}(a),$$

Ces deux remarques établies, je vais démontrer que, *si une valeur* a *de* x *annule un ou plusieurs des polynômes* φ_1, φ_2, φ_3, ... φ_{m-1}, *le nombre des variations des signes de la suite ne sera pas altéré*, c'est-à-dire qu'il n'y aura ni perte, ni gain de variations sous la valeur $a + h$ de x. Soit a un nombre qui annule $\varphi_n(x)$; les polynômes $\varphi_{n-1}(x)$ et $\varphi_{n+1}(x)$ doivent être de signes contraires, et on aura les successions de signes, pour

$$\varphi_{n-1}(a), \; \varphi_n(a), \; \varphi_{n+1}(a),$$
$$+ \; , \quad o \; , \quad -$$

ou bien

$$- \; , \quad o \; , \quad +.$$

Pour fixer les idées, supposons que ce soient les premières successions qui se présentent. Sous les valeurs de x comprises entre a, $a - h$ et $a + h$, h étant suffisamment petit pour qu'il n'y ait aucune racine de $\varphi_{n-1}(x)$ ni de $\varphi_{n+1}(x)$ entre $a - h$ et $a + h$, les polynômes $\varphi_{n-1}(x)$ et $\varphi_{n+1}(x)$ auront gardé leurs signes, tandis que pour $a - h$ et $a + h$ ceux de $\varphi_n(x)$ seront différents. On aura donc pour les signes de

$$\varphi_{n-1}(x), \; \varphi_n(x) \quad , \varphi_{n+1}(x),$$

sous $x = a - h$

$$+ \; , + \text{ ou } -, \quad -$$

sous $x = a$

$$+ \; , \quad o \; , \quad -$$

sous $x = a + h$

$$+ \; , - \text{ ou } +, \quad -,$$

et, quelque signe que l'on suppose à $\varphi_n(x)$ sous $x = a - h$, on trouvera toujours une permanence et une variation pour les successions offertes par les trois fonctions sous les trois valeurs consécutives de x, $a - h$, a et $a + h$. Ainsi, l'un des polynômes

φ_1, φ_2, ... φ_{m-1} a pu passer par zéro sans que le nombre des variations soit changé ; il y a seulement un déplacement de variation. La démonstration se ferait de la même manière si plusieurs des polynômes φ_1, φ_2, ... φ_{m-1} s'annulaient simultanément. Si la seconde succession de signes —, o, + se présentait pour $\varphi_{n-1}(a)$, $\varphi_n(a)$, $\varphi_{n+1}(a)$, on se convaincrait aisément que le résultat serait le même.

Il est donc établi que : *lorsque le polynôme proposé* $\varphi(x)$ *vient de s'annuler pour une valeur* $x = a$, *la variation de signe qui existait entre* $\varphi(a - h)$ *et* $\varphi_1(a - h)$, h *étant suffisamment petit, s'est changée en permanence ; que, par suite, la succession des signes des polynômes présente une variation de moins, et qu'il est inutile de s'inquiéter du passage par zéro des polynômes* φ_1, φ_2, ..., φ_{m-1}, *soit sous cette valeur a, soit sous toute autre valeur de x.*

Si maintenant x continue à croître au delà de $a + h$, et qu'il existe une nouvelle valeur a' de x qui annule le polynôme $\varphi(x)$, il est clair qu'entre a et a' se trouve une valeur b pour laquelle la dérivée $\varphi_1(a)$ a dû s'annuler et changer de signe lorsque x vient de dépasser b. Avant que x atteigne cette valeur b, la fonction et la dérivée présentent une permanence de signe ; après que x vient de dépasser b, la fonction et la dérivée présentent de nouveau une variation. Mais, d'après ce qui a été démontré ci-dessus, le passage par zéro de $\varphi_1(x)$ ne peut augmenter le nombre des variations ; cette variation entre φ et φ_1 ne saurait résulter que du déplacement d'une variation qui existait entre deux polynômes de la suite. Pour fixer les idées, supposons que la succession primitive des signes sous $x = p$ soit la suivante

$$+ - + - + - + \quad (6);$$

la succession des signes sous $x = a + h$, a étant une valeur qui annule $\varphi(x)$ et h étant suffisamment petit, sera, par exemple,

$$- - + - + - + \quad (7)$$

et présentera une variation de moins que (6); sous $x = b - h$ la succession des signes sera encore

$$- - + - + - + \quad (8),$$

mais sous $x = b + h$, elle deviendra, par exemple,

$$- + + - + - + \quad (9)$$

Si maintenant x atteint et dépasse la valeur a' qui annule $\varphi(x)$, la fonction $\varphi(a' + h)$, h étant suffisamment petit, change de signe et la variation qui existait entre φ et φ_1 se change en permanence, de sorte que la succession des signes sera alors la suivante

$$+ + + - + - + \quad (10),$$

et présentera une variation de moins que (7).

La suite des signes a donc perdu deux variations, lorsque x a passé par deux valeurs qui annulent $\varphi(x)$.

Et ainsi de suite.

Synthèse. — De cette analyse, il résulte que :

Chaque fois que le variable x, en croissant d'une

manière continue, atteint et dépasse une valeur qui annule $\varphi(x)$, la suite des signes des fonctions

$$\varphi(x),\ \varphi_1(x),\ \varphi_2(x),\ \ldots,\ \varphi_{m-1}(x),\ \varphi_m,$$

perd une variation. En conséquence, si l'on considère un nombre quelconque p additif ou soustractif et un autre nombre quelconque q plus grand que p, et si l'on fait croître x de p à q, autant il y a de valeurs de x comprises entre p et q, qui annulent $\varphi(x)$, autant la suite des polynômes $\varphi(q)$, $\varphi_1(q)$, $\varphi_2(q)$, $\ldots$, $\varphi_{m-1}(q)$, φ_m, sous $x = q$, présentera de variations de signe de moins que la suite $\varphi(p)$, $\varphi_1(p)$, $\varphi_2(p)$, $\ldots$, $\varphi_{m-1}(p)$, φ_m, sous $x = p$.

Pour savoir combien une équation donnée $\varphi(x) = o$ admet de racines comprises entre deux nombres p et q, q étant plus grand que p, s'ils sont tous deux additifs ou en valeur absolue, plus petit que p s'ils sont soustractifs, ou bien encore p et q étant l'un soustractif, l'autre additif, on écrira par ordre, sur une même ligne, les signes des résultats sous $x = p$, et l'on comptera le nombre de variations qui se trouvent dans cette suite de signes. On écrira, de même, les signes que prennent ces mêmes fonctions sous $x = q$, et l'on comptera le nombre des variations de la seconde suite. Autant elle aura de variations de moins que la première, autant l'équation $\varphi(x) = o$ aura de racines comprises entre p et q. Si la seconde suite a autant de variations que la première, l'équation $\varphi(x) = o$ n'admet aucune racine comprise entre p et q. La seconde suite ne pourra, dans aucun cas, admettre plus de variations que la première.

Remarque I. — Dans les divisions successives qui servent à former les fonctions φ_2, φ_3, φ_4, ..., φ_m, on peut, avant de prendre un polynôme pour dividende ou pour diviseur, le multiplier ou le diviser par tel nombre additif qu'on voudra. Les fonctions φ_2, φ_3, ..., φ_m qu'on obtiendra en opérant ainsi ne différeront que par des facteurs constants additifs de celles que nous avons considérées, de sorte qu'elles auront respectivement les mêmes signes que celles-ci pour chaque valeur de x. Cette remarque permet de faire en sorte que les coefficients des divers polynômes soient entiers, pourvu que ceux de l'équation $\varphi(x) = o$ le soient eux-mêmes.

Remarque II. — Si l'une des fonctions $\varphi_1(x)$, φ_2, ..., φ_{m-1} s'annule pour les limites $x = p$, $x = q$, il suffit de compter les variations en omettant la fonction qui est nulle. Cela résulte de la démonstration qui a été donnée dans le cas où l'une des fonctions intermédiaires φ_1, φ_2, ..., φ_{m-1} s'annule : lorsque la fonction $\varphi_n(x)$ s'annule pour $x = p$, on a vu que, pour $x = p - h$, φ_{n-1}, φ_n et φ_{n+1} présentent une variation et une seule; or, cette variation subsistera lorsqu'en omettant la fonction φ_n, on considérera les signes de φ_{n-1} et de φ_{n+1}, qui sont de signes contraires, comme étant ceux de deux fonctions consécutives.

Si $\varphi(x)$ s'annule pour $x = p$, on en conclut que p est racine de la proposée, et la règle s'appliquera à la recherche du nombre de racines comprises entre

30

$p + h$ et q. $p + h$ fournira entre φ et φ_1 une permanence et donnera aux autres fonctions le même signe que la valeur p.

REMARQUE III. — Lorsque l'on pourra reconnaître que l'une des fonctions $\varphi_n(x)$, intermédiaire entre $\varphi(x)$ et φ_m, conserve constamment le même signe pour les valeurs de x comprises entre p et q, il ne sera pas nécessaire de considérer les fonctions qui suivent $\varphi_n(x)$. La démonstration pourra se faire sans aucun changement en réduisant la suite à $\varphi(x)$, $\varphi_1(x)$, ..., $\varphi_n(x)$.

REMARQUE IV. — Si l'on prend l'un des nombres p et q suffisamment grand en valeur absolue et soustractif, l'autre suffisamment grand et additif, pour qu'il n'y ait aucune racine plus grande qu'eux, ou bien qu'on les prenne aussi grands qu'on le voudra au delà des limites des racines, nombres que nous désignerons par $- \uparrow$ et $+ \uparrow$, le théorème qui précède fera connaître le nombre total des racines de la proposée.

Pour que l'équation ait autant de racines qu'il est marqué par son degré, il faut que la substitution de $- \uparrow$ [1] à la place de x ne donne que des variations, et que celle de $+ \uparrow$ ne donne que des permanences. En effet, le nombre des fonctions φ, φ_1, φ_2, ..., φ_m est égal à $m + 1$, et, par conséquent, le nombre des variations au plus égal à m. Les degrés des fonctions

[1] Le signe $- \uparrow$ représente donc la notion *un nombre soustractif aussi grand qu'on le voudra*; le signe $+ \uparrow$ représente la notion *un nombre additif aussi grand qu'on le voudra*.

étant alternativement pairs et impairs, on voit aisément qu'il faut, pour que l'équation admette un
nombre de racines égal à son degré, que les coefficients des premiers termes soient tous de même
signe.

REMARQUE V. — Le théorème que nous venons
d'établir et qui est dû à M. STURM peut s'étendre au
cas où l'équation renferme des racines de degré
multiple. Nous n'entrerons dans aucun détail à ce
sujet, puisque l'application du théorème manifestera
toujours l'existence de pareilles racines en conduisant à quelque reste égal à zéro, et qu'alors il sera
préférable de simplifier l'équation d'après la méthode
du n° 254.

REMARQUE VI. — Pour reconnaître entre quels
nombres limites est comprise chacune des racines
d'une équation proposée, on substituera successive-
ment à x, dans la succession des polynômes φ, φ_1, φ_2,
..., φ_{m-1}, des nombres $p, q, r, s, \ldots$ dont on rétrécira
l'intervalle jusqu'à ce que l'on arrive à ne plus
perdre dans les signes de la suite des polynômes
qu'une seule variation pour deux substitutions consécutives. Quoique ces nombres $p, q, r, s, \ldots$ ne
soient soumis à aucune loi, il sera bon de commencer par les nombres

$$0, 10, 100, \ldots.$$
$$0, -10, -100, \ldots;$$

les calculs se feront avec plus de facilité. S'il y a des
racines entre 1 et 10, on déterminera les unités
entières de chacune d'elles en substituant les

nombres 1, 2, ... jusqu'à 10 ; s'il y a des racines entre 10 et 100, on déterminera d'abord le nombre des dizaines de chacune par la substitution de 10, 20, ..., puis on cherchera le nombre des unités. De même pour les racines moindres que 1, on déterminera le nombre des dixièmes en substituant les nombres 0, 1 ; 0, 2, .., jusqu'à 1 ; ou bien 0, 01 ; 0, 02, ... si la racine est comprise entre 0,1 et 0,01. — On procédera de la même manière pour les nombres soustractifs.

On conçoit que l'on pourra, de cette manière, déterminer les racines incommensurables d'une équation avec telle approximation que l'on voudra. Nous verrons cependant plus tard une méthode, due à Newton, qui rétrécit plus rapidement les limites d'approximation que celle de Sturm.

258. *Exemples de la recherche des racines commensurables ou incommensurables d'une équation qui n'admet plus que des racines de degré simple.*

1° *Rechercher les racines de l'équation*

$$x^3 - 2x - 5 = 0.$$

On trouve aisément

$$\varphi\ (x) = x^3 - 2x - 5$$
$$\varphi_1\ (x) = 3x^2 - 2$$
$$\varphi_2\ (x) = 4x + 15$$
$$\varphi_3\ (x) = -\ 643.$$

La substitution de — ↑ et de + ↑ dans ces fonctions donne les deux suites de signes,
pour

$$\varphi(x),\ \varphi_1(x),\ \varphi_2(x),\ \varphi_3(x),$$

sous $x = -\ ↑$

$$-\ ,\ +\ ,\ -\ ,\ -\ ,\ 2\ \text{variations}$$

sous $x = +\ ↑$

$$+\ ,\ +\ ,\ +\ ,\ -\ ,\ 1\ \text{variation.}$$

La première suite a deux variations et la seconde n'en a qu'une; par conséquent, l'équation n'admet qu'une racine. On reconnaît que cette racine est additive, puisque sous $x = o$, on a la succession de signes

$$-\ ,\ -\ ,\ +\ ,\ -\ ,\ 2\ \text{variations.}$$

Cette racine est comprise entre 2 et 3;

2° *Rechercher les racines de l'équation*

$$x^3 - 7x + 7 = o.$$

On a

$$\varphi(x) = x^3 - 7x + 7$$
$$\varphi_1(x) = 3x^2 - 7$$
$$\varphi_2(x) = 2x - 3$$
$$\varphi_3(x) = +1,$$

et, par suite, sous $x = -\ ↑$ et $x = +\ ↑$, on trouve pour

$$\varphi(x),\ \varphi_1(x),\ \varphi_2(x),\ \varphi_3$$
$$-\ ,\ +\ ,\ -\ ,\ +,\ 3\ \text{variations}$$

et

$$+\ ,\ +\ ,\ +\ ,\ +,\ \text{pas de variation.}$$

La première suite a trois variations, la seconde

n'en a aucune; on conclut de là que l'équation a trois racines. Si l'on veut se dispenser de calculer les limites des racines, on supposera successivement

$$x = -10, -1, o, +1, +10, \text{etc.,}$$

c'est-à-dire x soustractif et égal à 10, x soustractif et égal à 1, etc. Les signes des fonctions φ, φ_1, ... sous ces valeurs de x sont indiqués dans le tableau suivant :

pour

$$\varphi(x),\ \varphi_1(x),\ \varphi_2(x),\ \varphi_3(x).$$

sous

$$x = -10\ ;\ -\ ,\ +\ ,\ -\ ,\ +\ ;\ \text{3 variations}$$
$$x = -1\ ;\ +\ ,\ -\ ,\ -\ ,\ +\ ;\ \text{2 variations}$$
$$x = o\ ;\ +\ ,\ -\ ,\ -\ ,\ +\ :\ \text{2 variations}$$
$$x = 1\ ;\ +\ ,\ -\ ,\ -\ ,\ +\ ;\ \text{2 variations}$$
$$x = 10\ ;\ +\ ,\ +\ ,\ +\ ,\ +\ ;\ \text{pas de variation.}$$

Ce tableau fait voir que l'équation a une racine comprise entre -1 et -10 et deux autres racines comprises entre 1 et 10. Si l'on suppose $x = 2$, on a cette nouvelle suite

$$+, +, +, +, \text{pas de variation.}$$

La comparaison de cette suite avec celle qu'on trouve pour $x = 1$, montre que les deux racines additives sont comprises entre 1 et 2. Si l'on fait $x = 1, 5$, la suite des signes est

$$-, +, +, +;\ \text{1 variation.}$$

Par conséquent, l'une des racines additives est comprise entre 1 et 1, 5 et l'autre entre 1, 5 et 2.

Quant à la racine soustractive, on trouve qu'elle est comprise entre — 3 et — 4 ;

3° *Rechercher les racines de l'équation*

$$x^4 - 2x^3 - 7x^2 + 10x + 10 = o.$$

On trouve

$$\varphi\ (x) = x^4 - 2x^3 - 7x^2 + 10x + 10$$
$$\varphi_1\ (x) = 4x^3 - 6x^2 - 14x + 10$$
$$\varphi_2\ (x) = 17x^2 - 23x - 45$$
$$\varphi_3\ (x) = 152x - 305$$
$$\varphi_4\ \ = 524535.$$

On obtient
pour
$$\varphi\ (x),\ \varphi_1\ (x),\ \varphi_2\ (x),\ \varphi_3\ (x),\ \varphi_4,$$
sous
$$x = - \uparrow;\ \ +,\ \ -,\ \ +,\ -\ \ +\ ;\ \text{4 variations}$$
sous
$$x = + \uparrow;\ \ +,\ \ +,\ \ +,\ +\ \ +\ ;\ \text{pas de variation.}$$

Donc l'équation proposée admet quatre racines.
On a,
pour
$$\varphi\ (x),\ \varphi_1\ (x),\ \varphi_2\ (x),\ \varphi_3\ (x),\ \varphi_4,$$
sous

$$x = - 3;\ +,\ \ -,\ \ +,\ \ -,+;\ \text{4 variations}$$
$$x = - 2;\ -,\ \ +,\ \ +,\ \ -,+;\ \text{3 variations}$$
$$x = -1;\ --,\ \ +,\ \ +,\ \ -,+;\ \text{3 variations}$$
$$x = o;\ +,\ \ +,\ \ -,\ \ -,+;\ \text{2 variations}$$
$$x = 1;\ +,\ \ --,\ \ -,\ \ -,+;\ \text{2 variations}$$
$$x = 2;\ +,\ \ -,\ \ -,\ \ -,+;\ \text{2 variations}$$
$$x = 3;\ +,\ \ +,\ \ +,\ \ +,+;\ \text{pas de variation.}$$

D'où l'on voit que l'équation admet deux racines additives comprises entre 2 et 3 ; une racine soustractive comprise entre 0 et — 1 ; une racine soustractive comprise entre — 2 et — 3. On peut facilement calculer à 0, 1 près les racines comprises entre 2 et 3;

4° *Rechercher les racines de l'équation*

$$x^4 - 4x^3 - 3x + 23 = 0.$$

On trouve

$$\varphi(x) = x^4 - 4x^3 - 3x + 23$$
$$\varphi_1(x) = 4x^3 - 12x^2 - 3$$
$$\varphi_2(x) = 12x^2 + 9x - 89$$
$$\varphi_3(x) = -491x + 1371$$
$$\varphi_4 = -7157932.$$

On obtient

pour

$$\varphi(x),\ \varphi_1(x),\ \varphi_2(x),\ \varphi_3(x),\ \varphi_4(x),$$

sous

$$x = -\uparrow;\ \ +\ ,\ \ -\ ,\ \ +\ ,\ \ +\ ,\ \ -\ ;\ \ 3 \text{ variations}$$

sous

$$x = +\uparrow;\ \ +\ ,\ \ +\ ,\ \ +\ .\ \ -\ ,\ \ -\ ;\ \ 1 \text{ variation}.$$

Ainsi l'équation n'admet que deux racines. Comme sous $x = 0$, on a la suite de signes

$$+, -, +, +, -\ ;\ 3 \text{ variations},$$

il n'y a pas de racines soustractives; l'une des racines additives est comprise entre 2 et 3, l'autre est plus grande que 3.

259. *Calcul plus expéditif des racines incommensurables déterminées avec une certaine approximation par la méthode précédente.* — Quand on a trouvé, par le théorème qui précède, une valeur qui diffère de la racine cherchée d'un nombre moindre que 0, 1 par exemple, on peut, par les règles qui suivent,

calculer plus rapidement les autres fractions de l'unité que contient la racine :

1° RÈGLE DE NEWTON. — Soit a la valeur de la racine d'une équation $\varphi\ (x = o)$, calculée à 0, 1 près par le théorème de STURM, et désignons par y la fraction qu'il faut ajouter à a pour que $a + y$ soit racine de l'équation proposée. La fraction y est telle que

$$\varphi(a+y)=o, \text{ ou } \varphi(a)+y.\ \varphi'(a)+\frac{\varphi''(a).}{2}y^2+\ldots+\frac{\varphi^m(a)}{1.2.3\ldots m}y^m=o,$$

donc, telle que

$$y=-\frac{\varphi\ (a)}{\varphi'(a)}-\frac{\varphi''(a)}{2\ \varphi'(a)}y^2-\frac{\varphi'''(a)}{2.3.\ \varphi'(a)}y^3-\ldots$$

Puisque y est moindre que $0, 1$, y^2, y^3, … sont respectivement moindres que $0,01$, $0,001$, ….; la méthode de Newton admet que l'ensemble des termes

$$\frac{\varphi''(a)}{2\ \varphi'(a)}y^2+\frac{\varphi'''(a)}{2.3.\varphi'(a)}y^3+\ldots$$

est moindre que $0,01$, et qu'il suffit de considérer simplement pour y,

$$y=-\frac{\varphi\ (a)}{\varphi'(a)}.$$

On effectue la division à 0,01 près et on ajoute le résultat b à la première valeur approximative a ; on a ainsi $x = a + b$ à moins de 0,01 près. En effet, désignant par ε le groupe des termes négligés, on aura

$$y=-\frac{\varphi\ (a)}{\varphi'(a)}-\frac{\varepsilon}{\varphi'(a)}$$

et la dernière fraction est plus petite que 0, 1, si, par uue transformation préalable, établie au besoin sur l'équation, on a pu rendre $a > 1$.

On raisonne maintenant sur la nouvelle valeur approximative $a + b$ comme on l'a fait sur a. Appelons y_1 la fraction qui manque à la racine, et nous aurons, en négligeant les dix-millièmes dans $\varphi (a + b + y_1) = 0$,

$$y_1 = - \frac{\varphi (a + b)}{\varphi' (a + b)}.$$

Si c est le quotient à moins de 0,0001 près, on aura

$$x = a + b + c,$$

à moins de 0,0001 près.

En appelant y_2 les dix-millièmes qui manquent à la valeur $a + b + c$, on aurait encore

$$y_2 = - \frac{\varphi (a + b + c)}{\varphi' (a + b + c)}.$$

On prendrait le quotient à moins de 0,00000001 près, et ainsi de suite.

Cette méthode est avantageuse par suite de sa régularité. Malheureusement, elle est sujette à un grave inconvénient, car les approximations qu'elle fournit, reposant sur des hypothèses qui ne se vérifient pas toujours, sont loin d'être certaines. Ainsi, il peut arriver dans le calcul de y que l'ensemble des termes négligés soit $> 0,01$; que, dans le calcul de y_1, il soit $> 0,0001$, et ainsi de suite. Pour être certaiu du résultat, il faudra vérifier, après chaque approximation calculée, si toutes les fractions décimales obtenues dans la racine sont exactes, et pour cela on augmentera chacune des valeurs obtenues d'une fraction égale à sa dernière subdivision décimale, ou on la diminuera d'une pareille fraction ; les résultats obtenus seront exacts si, en introduisant dans $\varphi(x)$ le nombre trouvé et l'un ou l'autre des nombres altérés, on obtient des résultats de signes contraires (n° 245).

Dans le cas où l'épreuve ne réussira pas, il faudra, pour se servir du procédé de Newton, partir d'une valeur plus approchée qu'on déterminera par des substitutions à intervalles plus resserrés.

Comme ces vérifications entraînent de longs calculs, on pousse d'ordinaire la racine jusqu'au degré d'approximation qu'on veut y mettre, et l'on se borne à vérifier le dernier résultat obtenu, sauf à revenir sur le calcul lorsque cette dernière vérification ne réussit pas.

EXEMPLE. — *Soit l'équation*

$$x^3 - 2x - 5 = 0$$

qui (n° 258) admet une racine comprise entre 2 et 3. Proposons-nous de calculer cette racine à 0,00000001 près par le procédé de Newton.

En faisant $x = 2,5$, on trouve dans la suite des polynômes φ, φ_1, φ_2, φ_3 une variation de signe de moins que dans la suite des signes obtenus sous $x = 2$; la racine est donc comprise entre 2 et 2,5. On trouvera aisément, par la méthode de Sturm, qu'elle est comprise entre 2,1 et 2,2. La racine cherchée est donc 2,1 à moins de 0,1 près.

Pour obtenir une valeur plus approchée, il faut ajouter à la précédente,

$$y = -\frac{\varphi(x)}{\varphi'(x)} = -\frac{x^3 - 2x - 5}{3x^2 - 2}$$

calculée à 0,01 près sous $x = 2,1$, c'est-à-dire

$$y = -\frac{\varphi(2,1)}{\varphi'(2,1)} = -\frac{0,061}{11,23}$$

dont la valeur est moindre que 0,01. Ainsi $x = 2,10$ est la racine cherchée à moins de 0,01 près.

Pour obtenir une nouvelle valeur plus approchée de la racine, il faut ajouter à la précédente

$$y = -\frac{\varphi(2,10)}{\varphi'(2,10)},$$

calculée à moins de 0,0001 près, c'est-à-dire

$$y_1 = -0,0054;$$

et l'on en conclut que

$$x = 2,0946$$

à moins de 0,0001 près.

Pour obtenir une nouvelle valeur plus approchée encore de la racine, il faut ajouter à la précédente,

$$y_2 = -\frac{\varphi(2,0946)}{\varphi'(2,0946)},$$

calculée à moins de 0,0000001 près, c'est-à-dire

$$y_2 = -0,00004851.$$

Par suite,

$$x = 2,09455149,$$

à moins de 0,0000001 près; en effet, cette valeur
de x fournit pour $\varphi(x)$ un résultat additif, tandis que
$x = 2,09455148$ fournit un résultat soustractif;

2° Règle due a Lagrange. — La longueur des vérifications nécessitées par la méthode de Newton
engagea Lagrange à donner un procédé qui n'est
pas aussi expéditif que le précédent, mais conduit
du moins à une approximation certaine, qui se res-
serre de plus en plus dans le cours du calcul, sans
jamais s'écarter.

La méthode de Lagrange s'applique seulement à
la recherche des racines additives, mais cela suffit,
car on peut déterminer les racines soustractives
d'une équation $\varphi(x) = 0$, en cherchant les racines
additives de la transformée $\varphi(-x) = 0$.

Supposons qu'après avoir séparé toutes les racines
d'une équation $\varphi(x) = 0$ par le théorème de Sturm,
on sache qu'une racine additive est comprise entre
a et $a + 1$. Cette racine sera

$$x = a + \frac{1}{y},$$

y étant additif, plus grand que 1 et tel que

$$\varphi\left(a + \frac{1}{y}\right) \text{ ou } \varphi(a) + \frac{1}{y} \cdot \varphi'(a) + \frac{1}{y^2} \cdot \frac{\varphi''(a)}{1.2} + \frac{1}{y^3} \frac{\varphi'''(a)}{1.2.3} + \cdots$$
$$+ \frac{1}{y^m} \cdot \frac{\varphi^m(a)}{1.2..m} = 0$$

ou que

$$\psi_1(y) \text{ ou } \varphi(a). y^m + \varphi'(a). y^{m-1} + \frac{\varphi''(a)}{1.2} y^{m-2} + \frac{\varphi'''(a)}{1.2.3.} y^{m-3} + \cdots$$
$$+ \frac{\varphi^m(a)}{1.2...m} = 0. \quad (1)$$

Comme cette équation (^{1}) n'admet qu'une seule racine, on séparera celle-ci par le théorème de Sturm. Supposons que nous ayons trouvé deux nombres b et $b + 1$ qui comprennent la racine y cherchée. Cette racine sera

$$y = b + \frac{1}{z},$$

z étant additif, plus grand que 1 et tel que

$$\psi_1\left(b + \frac{1}{z}\right) \text{ ou } \psi_1(b) + \frac{1}{z}\,\psi'_1(b) + \ldots + \frac{1}{z^m} \cdot \frac{\psi_1^m(b)}{1.2\ldots m} = 0$$

ou que

$$\psi_2\,z_j \text{ ou } \psi_1(b).\,z^m + \psi'_1(b).\,z^{m-1} + \ldots + \frac{\psi_1^m(b)}{1.2\ldots m} = 0. \quad (2)$$

La racine x cherchée devient

$$x = a + \cfrac{1}{b + \cfrac{1}{z}},$$

z n'ayant qu'une seule valeur additive et plus grande que 1, déterminée par l'équation (2).

Supposons que nous ayons trouvé par le théorème de Sturm deux nombres c et $c + 1$ qui comprennent la racine z de (2). Celle-ci sera

$$z = c + \frac{1}{u},$$

u étant additif, plus grand que 1 et tel que

$$\psi_3(u) \text{ ou } \psi_2(c).\,u^m + \psi'_2(c)\,u^{m-1} + \frac{\psi_2''(c)}{1.2}\,u^{m-2} + \ldots = 0. \quad (3)$$

La racine cherchée x devient

$$x = a + \cfrac{1}{b + \cfrac{1}{c + \cfrac{1}{u}}}.$$

On trouvera encore par (3) deux nombres qui comprennent u. Lorsqu'on introduira les valeurs des inconnus y, z, u, ... successivement employés dans la valeur de x, celle-ci se présentera sous forme de fraction continue ; chaque nouvelle résolution conduira à une nouvelle fraction intégrante et, par suite, à une réduite ultérieure. On connaît (n° 196) la limite de la différence qui existe entre une réduite quelconque d'une fraction continue et la fraction elle-même. Ainsi la méthode de Lagrange donne la valeur de x avec telle exactitude que l'on voudra.

REMARQUE. — Rien n'empêche de commencer le calcul d'une racine par le procédé des fractions continues, puis de le continuer d'une manière plus expéditive par la méthode de Newton.

EXEMPLE. — *Calculer par la méthode des fractions continues la racine de l'équation (déjà traitée par la méthode de Newton)*

$$\varphi(x) = x^3 - 2x - 5 = 0,$$

à moins de 0,00001 près.

Cette équation a une seule racine comprise entre 2 et 3 (n° 258). Cette racine est

$$x = 2 + \frac{1}{y}, \; (x$$

484 LA SCIENCE DE LA QUANTITÉ.

y étant déterminé par

$$\psi_1(y) \text{ ou } \varphi(2). \, y^3 + \varphi'(2). \, y^2 + \frac{\varphi''(2)}{1.2}y + \frac{\varphi'''(2)}{1.2.3} = 0. \quad (1)$$

Comme

$$\varphi(x) = x^3 - 2x - 5, \text{ et } \quad \varphi(2) = -1$$
$$\varphi'(x) = 3x^2 - 2 \qquad \varphi'(2) = 10$$
$$\frac{\varphi''(x)}{1.2} = 3x \qquad \frac{\varphi''(2)}{2} = 6$$
$$\frac{\varphi'''(x)}{1.2.3} = 1 \qquad \frac{\varphi'''(2)}{1.2.3} = 1,$$

l'équation (1) devient

$$y^3 - 10y^2 - 6y - 1 = 0. \quad (1)$$

On constate que y est compris entre 10 et 100, puis entre 10 et 20, et finalement entre 10 et 11. Donc

$$y = 10 + \frac{1}{z}, \quad (y)$$

z étant déterminé par

$$\psi_2(z) \text{ ou } \psi_1(10) z^3 + \psi_1'(10). \, z^2 + \frac{\psi_1''(10)}{1.2}z + \frac{\psi_1'''(10)}{1.2.3} = 0 \quad (2)$$

ou

$$61z^2 - 94z^2 - 20z - 1 = 0. \quad (2)$$

On constate que z est compris entre 1 et 2; donc

$$z = 1 + \frac{1}{u}, \quad (z)$$

u étant déterminé par

$$\psi_3(u) \text{ ou } \psi_2(1) u^3 + \psi_2'(1) u^2 + \frac{\psi_2''(1)}{1.2}. \, u + \frac{\psi_2'''(1)}{1.2.3} = 0 \quad (3)$$

ou

$$54u^3 + 25u^2 - 89u - 61 = 0. \quad (3)$$

On constate que u est compris entre 1 et 2. Donc

$$u = 1 + \frac{1}{v}, \quad (u)$$

v étant déterminé par

$$\varphi_4(v) \text{ ou } \varphi_3(1). v^3 + \varphi_3'(1). v^2 + \frac{\varphi_3''(1)}{1.2} v + \frac{\varphi_3'''(1)}{1.2.3} = 0 \quad (4)$$

ou

$$71v^3 - 123v^2 - 187v - 54 = 0. \quad (4)$$

On constate que v est compris entre 2 et 3. Donc

$$v = 2 + \frac{1}{w}, \quad (v)$$

w étant déterminé par

$$\varphi_5(w) \text{ ou } \varphi_4(2) w^3 + \varphi_4'(2). w^2 + \frac{\varphi_4''(2)}{1.2} w + \frac{\varphi_4'''(2)}{1.2.3} = 0 \quad (5)$$

ou

$$353 w^3 - 173 w^3 - 303 w - 71 = 0. \quad (5)$$

On constate que w est compris entre 1 et 2. Donc

$$w = 1 + \frac{1}{r}, \quad (w)$$

. . . .

Nous aurons donc pour la valeur de la racine x cherchée

$$x = 2 + \cfrac{1}{10 + \cfrac{1}{1 + \cfrac{1}{2 + \cfrac{1}{1 + \dots}}}}$$

. et des valeurs approximati v es de la racine cherchée

sont les réduites de la fraction continue (nᵒˢ 195 et suivants) :

$$2, \ \frac{21}{10}, \ \frac{23}{11}, \ \frac{44}{21}, \ \frac{111}{53}, \ \frac{155}{74}, \ \frac{576}{275}, \ \ldots$$

qui sont alternativement plus petites et plus grandes que la racine, tout en s'en rapprochant sans cesse.

La dernière réduite convertie en fraction décimale donne

$$x = 2{,}09455,$$

à moins de 0,00001 près.

REMARQUE. — Il y a lieu de se demander si la méthode des fractions continues conduit encore au résultat lorsqu'il existe deux ou plusieurs racines de l'équation proposée comprises entre deux nombres entiers consécutifs a et $a + 1$.

Supposons qu'il existe entre a et $a + 1$ deux racines de la proposée

$$\varphi(x) = A_0 \, x^m + A_1 \, x^{m-1} + A_2 \, x^{m-2} + \ldots + A_m = 0.$$

Ces racines seront

$$x = a + \frac{1}{y},$$

y admettant deux valeurs données par

$$\varphi_1(y) \text{ ou } \varphi(a). \, y^m + \varphi'(a) \, y^{m-1} + \ldots + \frac{\varphi^{(m)}(a)}{1.2.3..m} = 0. \quad (1)$$

Si l'on trouve qu'une valeur de y est comprise

entre b et $b + 1$, l'autre entre b' et $b' + 1$, on aura pour les deux valeurs de x :

$$x = a + \cfrac{1}{b + \cfrac{1}{z}}, \; x_1 = a + \cfrac{1}{b' + \cfrac{1}{z'}},$$

z étant déterminé par

$$\varphi_2(z) \text{ ou } \varphi_1(b) z^m + \varphi_1'(b) z^{m-1} + \dots + \frac{\varphi_1^m(b)}{1.2.3..m} = 0,$$

et z' par

$$\varphi_2(z') \text{ ou } \varphi_1(b') . z'^m + \varphi_1(b') z'^{m-1} + \dots + \frac{\varphi_1^m(b')}{1.2.3..m} = 0.$$

Et l'on continuerait séparément le calcul de chaque racine x et x_1.

On conçoit aisément que le procédé des fractions continues s'appliquera au cas où il y aurait un nombre quelconque de racines de la proposée comprises entre deux nombres entiers consécutifs a et $a + 1$.

260. REMARQUE. — Le procédé de résolution des équations par fractions continues donne le moyen d'exprimer sous forme de fraction continue une racine incommensurable quelconque : $A^{\frac{1}{n}}$. Car elle est l'inconnu de l'équation

$$a^n = A,$$

que l'on peut résoudre par les fractions continues.

261. SYNTHÈSE DU § II. — Nous sommes en mesure de résoudre une équation de degré quelconque à un inconnu. Pour trouver toutes ses racines, commen-

surables et incommensurables, on procédera de la manière suivante :

On commencera par rechercher les racines de degré multiple de cette équation (n° 254); ce qui permettra d'abaisser son degré. Puis on recherchera, s'il y a lieu, ses racines commensurables avec l'unité choisie dans le problème (n° 256); ce qui abaissera de nouveau son degré. Enfin, on calculera avec telle approximation qu'on le voudra les racines incommensurables de degré simple (n°ˢ 257, 258 et 259).

§ III. — RÉSOLUTION DES SYSTÈMES D'ÉQUATIONS A DEUX ET A PLUSIEURS INCONNUS.

(Voir les n°ˢ 149 et suivants.)

262. DÉFINITIONS. — Lorsqu'une équation ne contient que des termes entiers et commensurables par rapport aux inconnus, le degré de cette équation est marqué par la somme des exposants des inconnus dans le terme où cette somme est la plus grande. Nous ne nous occuperons que de la résolution d'un système de deux équations à deux inconnus, parce que les procédés relatifs à la résolution des équations qui en renferment un plus grand nombre sont à peu près inexécutables dans la pratique et que, d'ailleurs, dans la science de la Matière, il ne se présentera guère de questions, solubles pour nous, qui exigent un pareil travail.

L'équation *complète* de degré m à deux inconnus x, y doit renfermer tous les termes où la somme des exposants de x et de y ne surpasse pas m. Sa forme sera donc

$$A_0 x^m + (B_0 + B_1 y) x^{m-1} + (C_0 + C_1 y + C_2 y^2) x^{m-2} + \dots +$$
$$+)K_0 + K_1 y + K_2 y^2 + \dots + K_{m-1} y^{m-1}) x + L_0 + L_1 y + \dots + L_m y^m = 0.$$

263. *Résolution d'un système de deux équations simultanées du* $m^{ième}$ *degré à deux inconnus :*

$$\begin{cases} A_0 x^m + (B_0 + B_1 y) x^{m-1} + (C_0 + C_1 y + C_2 y^2) x^{m-2} + \dots + \\ \quad + (K_0 + K_1 y + K_2 y^2 + \dots + K_m y^m) x + L_0 + L_1 y + L_2 y^2 \\ \quad + \dots + L_m y^m = 0 \quad (1) \\ \\ A'_0 x^m + (B'_0 + B'_1 y) x^{m-1} + (C'_0 + C'_1 y + C'_2 y^2) x^{m-2} + \dots + \\ \quad + (K'_0 + K'_1 y + K'_2 y^2 + \dots + K'_m y^m) x + L'_0 + L'_1 y + L'_2 y^2 \\ \quad + \dots + L'_m y^m = 0. \quad (2) \end{cases}$$

Il faut éliminer l'un des inconnus entre ces équations, c'est-à-dire former une nouvelle équation qui ne contienne plus que l'autre inconnu, équation à laquelle les valeurs convenables de celui-ci doivent satisfaire et de laquelle on les déduira par les procédés du § II. On trouvera alors, par l'une des équations (1) ou (2), les valeurs du premier inconnu correspondantes à chacune de celles du second. Et les systèmes convenables des inconnus seront déterminés.

L'élimination entre deux équations à deux inconnus de degré supérieur est fondée sur ce principe :

Pour qu'une valeur attribuée à l'un des inconnus convienne à un système de deux équations à deux inconnus, il faut et il suffit que les deux résultats obtenus par la substitution de cette valeur aient un commun diviseur fonction de l'autre inconnu.

Soit b une valeur donnée pour y. Si l'on substitue. b à y dans les équations proposées, les résultats seront, en général, des fonctions de x,

$$\varphi(x, b) = 0, \psi(x, b) = 0. \quad (3)$$

Or, la valeur b de y ne convient aux équations proposées qu'autant qu'il existe au moins une valeur de x propre à annuler en même temps ces deux fonctions (3) : elles doivent donc avoir un produit de facteurs binômes de la forme $x - a$ commun à toutes deux, produit que nous désignerons par $D(x)$.

D'ailleurs, cette condition suffit, car si $D(x)$ est facteur de $\varphi(x, b)$ et de $\psi(x, b)$, les valeurs de x qui annuleront $D(x)$ annuleront aussi $\varphi(x, b)$ et $\psi(x, b)$. Ainsi, si l'on désigne par a la racine de

$$D(x) = 0,$$

en faisant $x = a, y = b$ dans les équations proposées, elles seront réalisées.

Puisque les valeurs convenables d'un inconnu, de y par exemple, sont celles qui font acquérir un diviseur commun aux résultats fournis par la substitution, il est logique de chercher ces valeurs parmi les racines du reste que l'on obtient par la recherche du produit des facteurs binômes communs, égalé à zéro. Ce dernier reste constitue l'équation *finale*. Soit b une de ses racines; sous $y = b$, les équations proposées auront acquis un diviseur commun qui sera l'avant-dernier reste où l'on aura fait $y = b$. Si cet avant-dernier reste s'annulait sous $y = b$ et sans qu'il fût nécessaire de prendre une valeur particulière de x, le commun diviseur de $\varphi\,(x,\,b)$ et $\psi\,(x,\,b)$ serait l'antépénultième reste dans lequel on aurait fait $y = b$. Et comme cet antépénultième reste est du deuxième degré en x, à chaque valeur de y correspondront deux valeurs de x. Il est facile d'étendre ces raisonnements au cas où l'antépénultième reste serait encore nul de lui-même.

De tout ceci résulte la règle suivante :

Pour obtenir le système des valeurs convenables de x *et de* y *dans deux équations simultanées*

$$\varphi\,(x,\,y) = 0, \quad \psi\,(x,\,y) = 0,$$

on cherche le commun diviseur entre φ *et* ψ, *ordonnées par rapport à l'un des inconnus, par rapport à* x *par exemple; on pousse l'opération jusqu'à ce qu'on trouve un reste indépendant de* x; *on cherche les racines de l'équation provenant de ce reste égalé à zéro; ce seront les valeurs convenables de* y. *On substitue successivement chacune d'elles dans l'avant-dernier reste, et l'on aura les valeurs correspondantes de* x; *si cet avant-dernier reste devient nul de lui-même sous quelque valeur de* y *et indépendamment de toute valeur de* x, *on remonte à l'antépénultième reste qui, égalé à zéro, fournira deux valeurs de* x *correspondant à la valeur de* y *employée. Si cet antépénultième reste est encore nul de lui-même, on remonte au reste précédent, et ainsi de suite.*

Example. — Résoudre le système d'équations

$$\begin{cases} x^3 + x^2 - xy^2 - y^2 = 0. & (1) \\ 2x^2 - x(4y - 1) - 2y^2 + y = 0. & (2) \end{cases}$$

TABLEAU DES OPÉRATIONS.

Première division :

$$\begin{array}{c|c} 2x^3 + 2x^2 - 2xy^2 - 2y^2 & 2x^2 - x(4y-1) - 2y^2 + y \\ -2x^3 + x^2(4y-1) + 2xy^2 - xy & \\ \hline & x, (4y+1) \\ \end{array}$$

$$x^2(4y+1) - xy - 2y^2$$
$$(\times 2)\, 2x^2(4y+1) - 2xy - 4y^2$$
$$-2x^2(4y+1) + x(16y^2 - 1) + (2y^2-1)(4y+1)$$

$$\overline{x(16y^2 - 2y - 1) + 8y^3 - 6y^2 - y}$$

Deuxième division :

$$\begin{array}{c|c} 2x^2 - x(4y-1) - 2y^2 + y & x(16y^2-2y-1)+8y^3-6y^2- \\ 2x^2(16y^2-2y-1)-x(64y^3-24y^2-2y+1)-(2y^2-y)(16y^2-2y+1) & \\ -2x^2(16y^2-2y-1)-x(16y^3-12y^2-2y) & 2x, -(80y^3-36y^2-4y+1 \\ \end{array}$$

$$-x(80y^3 - 36y^2 - 4y + 1) - (2y^2-1)(16y^2-2y+1)$$

$$[\times(16y-2y-1)]\ -x(80y^3-36y^2-4y+1)(16y^2-2y-1)-(2y^2-y)(16y^2-2y+1)^2$$
$$+x(80y^3-36y^2-4y+1)(16y^2-2y-1)+(80y^3-36y^2-4y+1)(8y^3-6y^2-y)$$

$$(80y^3-36y^2-4y+1)(8y^3-6y^2-y)-(2y^2-y)(16y^2-2y+1)^2$$
$$\text{ou } 32y^3(4y^3-12y^2+3y+1)=0.$$

En égalant ce reste à zéro, on a une équation dont les racines sont

$$\iota = 0,\ \tfrac{1}{2},\ \tfrac{1}{4}(5 + 33^{\tfrac{1}{2}}),\ \tfrac{1}{4}(5 - 33^{\tfrac{1}{2}}),$$

et l'avant-dernier reste égalé à zéro,

$$x\,(16y^2 - 2y - 1) + 8y^3 - 6y^2 - y = 0,$$

donne les valeurs correspondantes de x,

$$x = 0, \frac{1}{2}, -1, -1.$$

REMARQUE I. — En cherchant ainsi le produit des diviseurs binômes communs à φ et ψ, il peut arriver trois circonstances :

1° Il n'existe pas de diviseur entre φ et ψ; alors on obtient l'équation finale. C'est le cas de l'équation considérée;

2° Le dernier reste est nul de lui-même; il existe alors un commun diviseur entre φ et ψ sans qu'il y ait eu substitution d'une valeur préalable à la place d'un inconnu. Dans ce cas, le nombre des solutions est illimité.

En effet, désignons par D le commun diviseur; les équations proposées pourront s'écrire

$$\varphi_1\,(x,y).\ \mathrm{D} = o;\ \psi_1\,(x,y).\ \mathrm{D} = o,$$

et il suffira d'annuler D pour que les équations φ et ψ soient toujours satisfaites, quelles que soient x et y;

3° Enfin, si le reste était constant et indépendant d'un inconnu, il n'existerait aucune valeur de y dont la substitution dans φ et ψ conduirait à une valeur de x, et les deux équations ne pourraient être satisfaites en même temps, c'est-à-dire qu'elles seraient incompatibles.

EXEMPLE :

$$\begin{cases} x^2 - y^2 + 3 = o \\ x^3 y - (y^3 - 3y - 1) x + y = o. \end{cases}$$

REMARQUE II. — Lorsqu'on cherche le diviseur commun à φ et ψ, on est, en général, conduit à introduire, dans chacun des dividendes, des facteurs fonctions de l'inconnu non ordonnateur, afin d'éviter les quotients fractionnaires. L'introduction de ces facteurs peut altérer le reste final, qui, le plus souvent, contiendra des racines ne faisant pas partie du système de valeurs convenables pour les équations proposées. Nous les appellerons des solutions étrangères, et, pour reconnaître comment elles s'introduisent dans le calcul, dressons le tableau des opérations nécessitées par la recherche du diviseur.

Soit toujours x l'inconnu ordonnateur, et soient R, R_1, R_2, ..., Q, Q_1, Q_2, ... les restes et les quotients successifs; désignons par α, α_1, α_2, ... les facteurs en y introduits pour éviter les quotients fractionnaires. Nous aurons

(1) $\alpha . \varphi (x,y) = \psi (x,y) . Q + R$

(2) $\alpha_1 . \psi (x,y) = R Q_1 + R_1$

(3) $\alpha_2 . R = R_1 Q_2 + R_2$

. . . .

$(n + 1)$ $\alpha_n . R_{n-2} = R_{n-1} . Q_n + R_n,$

R_n désignant le reste indépendant de x et fonction de y seulement.

Cette suite d'identités montre d'abord que l'on est

en droit de chercher les valeurs convenables de y pour le système [$\varphi(x, y) = o$, $\psi(x, y) = o$], parmi les valeurs de y qui annulent R_n. En effet, l'identité (1) montre que, si des valeurs simultanées de x et de y annulent $\varphi(x, y)$ et $\psi(x, y)$, elles doivent aussi annuler R; donc, toute solution de [φ, ψ] se trouve parmi les solutions de [ψ, R].

De même l'identité (2) montre que toute solution de [ψ, R] se trouve parmi celles de [R, R_1]; mais les solutions du système proposé se trouvent déjà parmi celles de [ψ, R], donc elles se trouveront aussi parmi celles de [R, R_1].

En descendant ainsi d'idendité en identité, on démontrera que les solutions du système proposé se trouvent parmi celles du dernier système [R_{n-1}, R_n]. Ceci nous ramène à la règle déjà donnée pour découvrir les valeurs convenables de x et de y.

Mais je dis que les solutions du dernier système [R_{n-1}, R_n] se composent non seulement des solutions du système proposé, mais encore de celles d'une foule de systèmes étrangers. Comme $\alpha\varphi$ peut être rendu nul de deux manières, ou bien si $\varphi = o$, ou si $\alpha = o$, il s'ensuit que les solutions du système [ψ, R] doivent renfermer celles du système [ψ, α] aussi bien que celles du système proposé.

De même, les solutions de [R, R_1] doivent renfermer non seulement celles du système [ψ, R], mais encore celles de [R, α_1]; or, celles de [ψ, R] se composent déjà des solutions de [φ, ψ] et [ψ, α]; donc,

les solutions de [R, R₁] se composeront des solutions
de

$$[\varphi,\psi]; [\psi,\alpha]; R,\alpha_1].$$

On fera voir de la même manière que les solutions de [R₁, R₂] se composent de celles de

$$[\varphi,\psi]; [\psi,\alpha]; [R,\alpha_1]; [R_1,\alpha_2],$$

et ainsi de suite, jusqu'aux solutions de [R_{n-1}, R_n],
qui se composeront de celles de

$$[\varphi,\psi]; [\psi,\alpha]; [R,\alpha_1]; [R_1,\alpha_2]: \ldots; [R_{n-1},\alpha_n].$$

Il y a moyen de distinguer dans $R_n = o$ les solutions étrangères et d'en débarrasser cette équation.
— Pour que $y = r$ soit renfermée comme valeur
étrangère dans R_n, il faut qu'elle convienne à un
des systèmes étrangers $[\psi, \alpha]$, ..., $[R_{n-1}, \alpha_n]$, dans
chacun desquels l'une des équations renferme y
seulement. C'est donc parmi les racines de

$$\alpha = o, \alpha_1 = o, \alpha_2 = o, \ldots, \alpha_n = o$$

que se trouvent les valeurs étrangères de y. Mais
de ce qu'une équation $\alpha_k = o$ aura fourni une racine
r, on ne peut pas encore conclure que r fera partie
d'une solution étrangère et que le facteur binôme
$y - r$ se trouvera dans R_n; pour qu'il en soit ainsi,
il faut que l'on sache déduire de l'équation $R_{k-1} = o$
qui forme système étranger avec $\alpha_k = o$ une valeur
de x correspondant à $y = r$. Or, il arrive souvent
qu'une valeur r tirée de α_k, étant introduite dans
R_{k-1}, annule tous les termes en x; alors $y - r$ ne
se trouvera pas dans l'équation finale en qualité de

facteur étranger. Néanmoins, il pourrait s'y trouver pour indiquer une véritable solution des équations φ et ψ.

Si l'on veut débarrasser l'équation finale des facteurs étrangers qu'elle pourrait renfermer, on prendra les racines des équations

$$\alpha = o, \; \alpha_1 = o, \; \ldots, \; \alpha_{n-1} = o.$$

Toutes les fois qu'à l'une de ces racines correspondra une valeur de x capable d'annuler l'équation qui forme système étranger avec celle d'où l'on a tiré la racine, celle-ci indiquera un facteur dont on pourra dépouiller l'équation finale.

Dans la série des équations α, nous n'avons pas compris la dernière $\alpha_n = o$. C'est que cette dernière ne fournira jamais de valeur de y conduisant à des facteurs étrangers dans R_n. Les facteurs α, α_1, α_2, ... étant choisis de manière à éviter les quotients fractionnaires, α sera le coefficient de la plus haute puissance de x dans $\psi\,(x)$, α_1 le même coefficient dans R, et ainsi de suite. Or, l'avant-dernier reste est du premier degré en x; si α_n a été introduit pour rendre la dernière division possible sans quotient fractionnaire, cet avant-dernier reste aura eu la forme $\alpha_n\,x + f\,(y)$; cette quantité égalée à zéro ne donnera jamais de valeur pour x dès que $\alpha_n = o$.

Remarque III. — La règle indiquée pour débarrasser l'équation finale de ses facteurs ne s'applique guère avec succès que quand les solutions des équations α sont des **nombres commensurables avec** l'unité. Comme les opérations nécessaires pour réduire l'équation finale à sa plus simple expression sont assez fatigantes, on traite quelquefois cette équation telle qu'elle se présente. On tient compte de toutes les valeurs obtenues pour y et des valeurs correspondantes de x, puis on substitue ces couples de valeurs dans les équations proposées pour reconnaître les solutions convenables.

REMARQUE IV. — Il faut observer qu'il n'est pas permis, afin d'éviter les difficultés qui proviennent de l'introduction des facteurs étrangers, de chercher le diviseur commun sans cette introduction, en admettant des quotients fractionnaires. De cette manière, la théorie tomberait en défaut, car je suppose que l'on ait

$$\varphi(x, y) = \psi(x, y) . \frac{Q}{Y} + R,$$

Y étant une fonction de y. Soient $y = b$, $x = a$ des valeurs qui annulent φ et ψ; il peut se faire que sous $y = b$, Y s'annule aussi; alors $\frac{\psi(x, y)}{Y}$ est le quotient de deux nombres qui diminuent indéfiniment à mesure que y se rapproche de b, et la limite vers laquelle tend ce quotient peut être un nombre défini ou ce quotient peut croître au delà de toute limite au lieu d'être nul; par suite, R ne sera pas nécessairement nul pour $y = b$. On ne pourrait donc plus affirmer que toutes les solutions du système [$\varphi = o$, $\psi = o$] se trouvent parmi celles du système [$\psi = o$, R = o].

264. *Résolution d'un système de trois équations simultanées du* m^{ième} *degré à trois inconnus,*

$$\varphi_1(x, y, z) = o; \ \varphi_2(x, y, z) = 0; \ \varphi_3(x, y, z) = o.$$

On éliminerait l'un des inconnus, z par exemple, entre les deux équations où cet inconnu se présente de la manière la plus simple; puis on prendrait un autre couple d'équations pour éliminer de nouveau le même inconnu, ce qui conduirait à un système

$$\psi_1(x, y) = o; \ \psi_2(x, y) = o$$

dont on déduirait l'équation finale.

On pourra consulter les ouvrages de BEZOUT et de POISSON pour le développement de ces théories.

265. APPLICATIONS. — 1° *Résoudre le système des deux équations*

$$\varphi(x, y) = (y - 1)x^2 + 2x - 5y + 3 = 0$$
$$\psi(x, y) = yx^2 + 9x - 10y = 0.$$

Voici le tableau des opérations :

PREMIÈRE DIVISION.

$$
\begin{array}{c|c}
(y-1)x^2 + 2x - 5y + 3 & yx^2 + 9x - 10y \\
\hline
(\times y) \ y(y-1)x^2 + 2xy - 5y^2 + 3y & y - 1 \\
-y(y-1)x^2 - 9(y-1)x + 10y^2 - 10y & \\
\hline
(-7y+9)x + 5y^2 - 7y &
\end{array}
$$

DEUXIÈME DIVISION :

$$
\begin{array}{c|c}
y\,x^2 \;\;+9x\;\;-10y & (7y-9)\,x-5y^2+7y \\ \hline
[\times(7y-9)]\quad y(7y-9,x^2+9(7y-9)x-10y(7y-9) & yx,+5y^3-7y^2+63y-81 \\
\qquad -y(7y-9)x^2+(5y^3-7y^2)x & \\ \cline{1-1}
\qquad (5y^3-7y^2+63y-81)x-10y(7y-9) & \\
\end{array}
$$

$$[\times(7y-9)]\quad (5y^3-7y^2+63y-81)(7y-9)x-10y(7y-9)^2$$
$$-(5y^3-7y^2+63y-81)(7y-9)x+(5y^2-7y)(5y^3-7y^2+63y-81)$$

$$(5y^2-7y)(5y^3-7y^2+63y-81)-10y(7y-9)^2,$$

et l'on obtient pour l'équation finale

$$25y^5-70y^4-126y^3+414y^2-343y=0.$$

Voyons si l'équation finale renferme des valeurs étrangères. S'il en existe, elles se trouveront uniquement dans le multiplicateur y introduit lors de la première division ; il ne pourra donc y en avoir d'autre que $y=o$. Cette valeur étrangère existe en effet, car l'équation qui forme système étranger avec

$$y=0 \text{ cst } \psi\,(x,y)=y\,x^2+9x-10y=0$$

que fournit alors $x=o$.

La véritable équation finale,

$$25y^4-70y^3-126y^2+414y-343=0,$$

donne les racines

$$y=1,\,3,\,\frac{1}{5}(-3+3\,.\,10^{\frac{1}{2}}),\,\frac{1}{5}(-3-3\,.\,10^{\frac{1}{2}})$$

auxquelles correspondent d'après $\varphi\,(x,y)=o$,

$$x=1,\,2,\,-5-10^{\frac{1}{2}},\,-5+10^{\frac{1}{2}}.$$

2° *Résoudre le système des deux équations*

$$\varphi(x,y) = x^3 - (3y-3)x^2 + (3y^2 - 6y - 1)x - y^3 + 3y^2 + y - 3 = 0$$
$$\psi(x,y) = x^2 + (2y+4)x + y^2 + 4y + 3 = 0$$

En appliquant le procédé ordinaire, on obtient pour reste du premier degré

$$R' = (3y^2 + 3y)x + y^3 + 6y^2 + 5y,$$

et pour reste indépendant de x

$$R'' = y^6 + 3y^5 + y^4 - 3y^3 - 2y^2 = 0.$$

C'est la véritable équation finale, car l'équation $\psi(x, y) = o$ étant du second degré et le coefficient de x^2 étant un nombre constant, l'introduction d'un facteur dans le cours du calcul ne complique pas l'équation finale. Cela posé, on reconnaît facilement que l'équation $R'' = o$ revient à (n° 256)

$$y^2(y+1)^2(y-1)(y+2) = 0.$$

Considérons d'abord les deux racines de degré simple de cette équation. En faisant $y = 1$ dans le reste $R' = o$, on trouve

$$6x + 12 = 0, \text{ et } x = -2;$$

on a donc un premier système de valeurs

$$y = 1, x = -2.$$

Substituant de même $y = -2$ dans le reste $R' = o$, on trouve

$$6x + 6 = 0 \text{ et } x = -1;$$

donc un deuxième système de valeurs

$$y = -2, x = -1.$$

32

Considérons maintenant les racines de degré multiple. Si l'on fait $y = o$ dans $R' = o$, tous les termes de ce reste disparaissent. Il est à présumer que c'est le reste du second degré qui, sous $y = o$, devient diviseur commun à φ et ψ. En effet, remontons à ce reste du second degré(ψ); il vient, pour $y = o$,

$$x^2 + 4x + 3.$$

Faisant de même $y = o$ dans $\varphi = o$, il vient

$$x^3 + 3x^2 - x - 3.$$

Or, il est aisé de reconnaître que ce dernier polynôme est divisible par le précédent et donne pour quotient $x - 1$. De l'équation

$$x^2 + 4x + 3 = 0,$$

on tire d'ailleurs

$$x = -1 \text{ et } -3;$$

ce sont les deux valeurs de x qui correspondent à $y = o$.

Reste à considérer la racine $y = -1$ de l'équation finale, racine de degré double. En faisant $y = -1$ dans $R' = o$, on annule encore tous les termes. Mais si l'on remonte au diviseur du second degré et que l'on prenne $\psi(x, y) = o$, il vient, sous $y = -1$,

$$x^2 + 2x = 0;$$

d'où l'on tire

$$x = 0, x = -2.$$

La même valeur $y = -1$ reportée dans $\varphi(x, y) = o$ la réduit à

$$x^3 + 6x^2 + 8x = 0,$$

qui est divisible par $x^2 + 2x$.

Récapitulons. On trouve pour les solutions des équations proposées :

$$y = \left.\begin{array}{c}1\\-2\end{array}\right\}, \left.\begin{array}{c}-2\\-1\end{array}\right\}, \left.\begin{array}{c}0\\-1\end{array}\right\}, \left.\begin{array}{c}0\\-3\end{array}\right\}, \left.\begin{array}{c}-1\\0\end{array}\right\}, \left.\begin{array}{c}-1\\-2\end{array}\right\};$$

3° *Résoudre le système des deux équations*

$$\begin{cases} \varphi(x, y) = yx^3 - (y^3 - 3y + 1)x + y = 0 \\ \psi(x, y) = x^2 - y^2 + 3 = 0. \end{cases}$$

La première division donne le reste

$$R = x + y,$$

et la division de $\psi(x, y)$ par R donne le reste

$$R_1 = 3.$$

Les équations proposées sont incompatibles (n°263);

4° *Résoudre le système des deux équations*

$$\begin{cases} \varphi(x, y) = x^3 - 3yx^2 + 3y^2x - 5x^2 + 10xy + 6x - y^3 - 5y^2 - 6y = 0 \\ \psi(x, y) = x^3 - 5yx^2 + 8y^2x - x - 4y^3 + y = 0. \end{cases}$$

Ordonnant le premier membre par rapport à x et divisant φ par ψ, on obtient pour premier reste

$$R = (2y - 5)x^2 - (5y^2 - 10y - 7)x + 3y^3 - 5y^2 - 7y.$$

Prenant ce reste pour diviseur, et ψ pour dividende, on trouve pour second reste

$$R_1 = (y^4 - 10y^3 + 35y^2 - 50y + 24)x - y^5 + 10y^4 - 35y^3 + 50y^2 - 24y.$$

Enfin, après avoir multiplié R par le carré du coefficient de x dans R_1, si l'on divise par R_1 le polynôme R ainsi transformé, on parvient à un reste nul. Ce résultat semblerait indiquer que R_1 est diviseur commun de φ et de ψ, mais cela est évidemment impossible d'après l'inspection de R_1 dont les coefficients sont des fonctions de y, tandis que le coefficient de x^3 dans $\varphi(x, y)$ et dans $\psi(x, y)$ est égal à l'unité.

Pour expliquer cette contradiction, il faut observer qu'on a, par inadvertance, introduit dans R le carré du coefficient dont x est affecté dans R_1 sans s'assurer si ce coefficient n'est pas facteur de la partie de R_1 non affectée de x. Or, c'est précisément ce qui a lieu, car cette partie revient à

$$- y\,(y^4 - 10y^3 + 35y^2 - 50y + 24).$$

D'après cette remarque, ce n'est pas R_1 qui constitue le diviseur commun aux deux proposées, mais R_1 débarrassé du facteur $y^4 - 10y^3 + 35y^2 - 50y + 24$, c'est-à-dire

$$x - y.$$

Supprimant le facteur $x - y$ dans φ et ψ, on obtient pour résultat les deux équations

$$\begin{cases} \varphi_1(x,y) = x^2 - (2y + 5)\,x + y^2 + 5y + 6 = 0 \\ \psi_1(x, y) = x^2 - 4yx + 4y^2 - 1 = 0 \end{cases}$$

dont le système conduit à l'équation finale

$$y^4 - 10y^3 + 35y^2 - 50y + 24 = 0$$

et aux racines

$$y = 1, 2, 3, 4.$$

On trouve pour les valeurs de x correspondantes

$$x = 3, 5, 5, 7.$$

REMARQUE. — Pour plus de développement, on pourra consulter l'*Algèbre* de LEFEBURE et le traité de MAYER et CHOQUET.

266. *Calcul expéditif des valeurs des racines incommensurables avec l'unité d'un système de plusieurs équations à plusieurs inconnus.* — Nous nous bornerons à considérer un système de deux équations à deux inconnus

$$\varphi\,(x, y) = 0; \ \psi\,(x, y) = 0.$$

Supposons que l'on ait trouvé une valeur a approchée de x, une valeur correspondante b approchée de y, et cela au moyen des méthodes précédentes. Désignons par x' la fraction qu'il faut ajouter à a, par y' la fraction qu'il faut ajouter à b, pour que $a + x'$, $b + y'$ soient des valeurs convenables des racines.

x' et y' sont telles que

$$\begin{cases} \varphi\,(a + x', b + y') \text{ ou } \varphi\,(a, b) + \dfrac{d\,\varphi(a, b)}{dx}\,x' + \dfrac{d\,\varphi(a, b)}{dy}\,y' + \ldots = 0 \\[2ex] \psi\,(a + x', b + y') \text{ ou } \psi\,(a, b) + \dfrac{d\psi(a, b)}{dx}\,x' + \dfrac{d\psi(a, b)}{dy}\,y' + \ldots = 0. \end{cases}$$

Si x' et y' sont suffisamment petites, on pourra négliger les puissances x'^2, y'^2, ..., bien entendu si les valeurs demandées ne doivent pas être rigoureusement exactes, et admettre que x', y' soient telles que

$$\frac{d\varphi\,(a, b)}{dx}\,x' + \frac{d\varphi\,(a, b)}{dy}\,y' = -\,\varphi\,(a, b)$$

$$\frac{d\psi\,(a, b)}{dx}\,x' + \frac{d\psi\,(a, b)}{dy}\,y' = -\,\psi\,(a, b);$$

d'où l'on conclut

$$x' = \frac{-\varphi(a, b) \cdot \dfrac{d\psi(a, b)}{dy} + \dfrac{d\varphi(a, b)}{dy} \psi(a, b)}{\dfrac{d\varphi(a, b)}{dx} \cdot \dfrac{d\psi(a, b)}{dy} - \dfrac{d\varphi(a, b)}{dy} \dfrac{d\psi(a, b)}{dx}}$$

$$y' = \frac{-\dfrac{d\varphi(a, b)}{dx} \psi(a, b) + \dfrac{d\psi(a, b)}{dx} \cdot \varphi(a, b)}{\dfrac{d\varphi(a, b)}{dx} \cdot \dfrac{d\psi(a, b)}{dy} - \dfrac{d\varphi(a, b)}{dy} \cdot \dfrac{d\psi(a, b)}{dx}}.$$

Ainsi $a + x'$, $b + y'$ seront d'autres valeurs, plus rapprochées des véritables valeurs des racines, qu'on pourra substituer au lieu de a et de b dans x' et y', pour obtenir de nouvelles fractions x'' et y'' à ajouter à $a + x'$ et $b + y'$; de sorte que $a + x' + x''$, $b + y' + y''$ seront des valeurs plus approchées encore de celles des racines. Et ainsi de suite.

EXEMPLE. — *Résoudre le système des deux équations*

$$\begin{cases} \varphi(x, y) = x^7 - 5x^2 y^4 + 1506 = 0 \\ \psi(x, y) = y^5 - 3x^4 y - 103 = 0. \end{cases}$$

Les valeurs $x = 2$, $y = 3$ satisfont à peu près à ces équations. On obtient ici

$$\varphi(a, b) = 14; \quad \frac{d\varphi(a, b)}{dx} = -1172; \quad \frac{d\varphi(a, b)}{dy} = -2160;$$

$$\psi(a, b) = -4; \quad \frac{d\psi(a, b)}{dx} = -288; \quad \frac{d\psi(a, b)}{dy} = 357;$$

et, par suite,

$$x' = -0,0035, \quad y' = 0,0084,$$
$$x = 1,9965, \quad y = 3,0084.$$

On trouvera de la même manière, en prenant pour a et b ces dernières valeurs de x et de y,

$$\varphi(a, b) = -0,486; \quad \frac{d\varphi(a, b)}{dx} = -1189,170; \quad \frac{d\varphi(a, b)}{dy} = -2170,576;$$

$$\psi(a, b) = 0,026; \quad \frac{d\psi(a, b)}{dx} = -287,293; \quad \frac{d\psi(a, b)}{dy} = -361,890;$$

et

$$x'' = -0,00013: y'' = -0,000461,$$
$$x = 1,996387; \quad y = 3,008239,$$

qui sont exactes, à moins de 0,000001 près.

§ IV. — Résolution des équations logarithmiques et exponentielles par la méthode des dérivées.

267. La méthode de Newton (n° 259, 1°) s'applique avec succès à la recherche des racines des équations qui renferment des fonctions d'un variable incommensurables avec celui-ci. Nous ne pouvons nous occuper ici que des équations où entrent des fonctions logarithmiques et exponentielles du variable.

Lorsque, dans une pareille équation, nous aurons pu trouver une valeur a assez approchée de celle de la racine pour que l'omission de la fraction $\frac{\varepsilon}{\varphi'(a)}$ n'altère pas le nombre des dernières subdivisions décimales adoptées dans chacun des resserrements successifs, nous appliquerons ultérieurement la méthode de Newton. ε désigne ici une série composée d'un nombre illimité de termes et, à ce sujet, on se rappellera tout ce qui a été dit relativement au reste de la série (12) du n° 229.

Prenons pour exemple l'équation

$$\varphi(x) = x^x - 100 = 0. \quad (1)$$

On voit immédiatement que la racine est comprise entre 3 et 4, puisque $\varphi(3) = -73$ et $\varphi(4) = 156$. Mais, pour simplifier la résolution, qu'on calcule x par l'équation équivalente

$$\psi(x) = x \log_{10} x - 2 = 0 ;$$

il viendra

$$\psi'(x) = \log_{10} x + \log_{10} e,$$

et, par suite, (voir le n° **259**)

$$y = -\frac{\psi(3)}{\psi'(3)} = \frac{0,5686}{0,9114} = 0,6$$

à moins de 0,1 près ; approximation utile, puisque

$$\psi(3,5) = -0,096$$
$$\psi(3,6) = +0,0026.$$

La dernière substitution se rapprochant le plus de zéro, on adoptera pour nouvelle valeur approchée $x = 3, 6$; et l'on trouvera

$$y' = -\frac{\psi(3,6)}{\psi'(3,6)} = -0,002$$

à moins de 0,001 près. On verra que $\psi(3,597)$ est soustractif, tandis que $\psi(3,598)$ est additif.

Une approximation subséquente amènerait

$$x = 3,597285,$$

valeur dont les dernières subdivisions décimales sont exactes et qu'on pourrait encore resserrer davantage.

§ V. — Recherche des valeurs du variable qui rendent
maxima ou minima une fonction de ce variable.

268. Nous savons maintenant déterminer les
valeurs du variable qui rendent une fonction de
çe variable égale à des valeurs données : ce résultat a été acquis par la théorie générale de la résolution des équations. Pour étudier plus complètement
cette fonction, proposons-nous de *rechercher les*
valeurs du variable qui rendent la fonction plus
grande ou plus petite que les valeurs qu'elle acquiert
sous les valeurs du variable voisines des premières :
ce sont des états de la fonction que nous appellerons
maxima et *minima*.

269. *Recherche des maxima et des minima d'une*
fonction d'un seul variable indépendant, commensu-
rable avec celui-ci.

Représentons-nous la succession des valeurs que
prend la fonction continue

$$y = \varphi(x) \quad (1),$$

lorsqu'on donne à x successivement toutes les
valeurs additives et toutes les valeurs soustractives.
Si les valeurs de y, après avoir été croissantes,
deviennent décroissantes, la fonction $\varphi(x)$ aura passé
dans l'intervalle par une valeur additive ou soustractive (AB, A_1B_1, A_2B_2, ...) plus grande que celles
qui la précèdent ou la suivent immédiatement, c'est-
à-dire par un *maximum*. Au contraire, si les valeurs
de y, après avoir été décroissantes, commencent à

croître, la fonction $\varphi(x)$ aura passé dans l'intervalle par une valeur additive ou soustractive $(a\,b,\ a_1\,b_1,$ $a_2 b_2)$ plus petite que celles qui la précèdent ou la suivent immédiatement, c'est-à-dire par un *minimum*.

Il est clair que la fonction n'admet ni maximum ni minimum si elle peut croître ou décroître continuellement au delà de toute limite.

Une fonction $y = \varphi(x)$ *étant donnée, il s'agit de reconnaître s'il existe des valeurs du variable indépendant fournissant des maxima ou des minima de la fonction et de déterminer ces valeurs.*

A cet effet, recherchons les conditions auxquelles doit satisfaire une valeur particulière a du variable pour produire un maximum ou un minimum de la fonction. Pour que a pro-

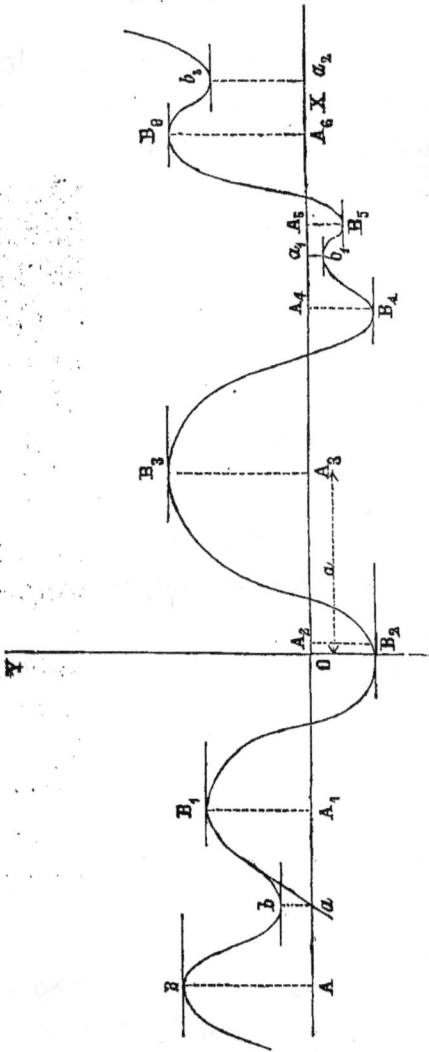

duise un maximum, elle doit être telle que, h étant suffisamment petit,

$$\varphi\,(a \pm h)\,\text{soit} < \varphi\,(a); \quad (2)$$

pour que a produise un minimum, elle doit être telle que

$$\varphi\,(a \pm h)\,\text{soit} > \varphi\,(a) \quad (3).$$

Supposons qu'il s'agisse d'abord du maximum. Pour que a produise un maximum, il faut que a soit telle que

$$\varphi\,(a \pm h) - \varphi\,(a)\,\text{soit soustractif}$$

ou que (formule 12, n° 229)

$$(4) \quad h\,\varphi'\,(a) + \frac{h^2}{1.2}\,\varphi''\,(a) + \frac{h^3}{1.2.3}\,\varphi'''\,(a) + \ldots \text{soit soustractif}$$

en même temps que

$$(5) \quad -h\,\varphi'\,(a) + \frac{h^2}{1.2}\,\varphi''\,(a) - \frac{h^3}{1.2.3}\,\varphi'''\,(a) + \ldots \text{soit soustractif.}$$

Rien ne limitant la petitesse de h, le signe du premier terme décidera donc du signe de l'ensemble de (4) et de (5), et comme l'on ne saurait avoir en même temps $\pm h\,\varphi'\,(a)$ soustractif, si $\varphi'\,(a)$ conserve une valeur quelconque lorsque x devient égal à a, il faut que $\varphi'\,(a)$ soit nulle. Quand, en outre, $\varphi''\,(a)$ sera soustractive, les conditions nécessaires et suffisantes pour que a produise un maximum seront satisfaites.

Supposons maintenant qu'il s'agisse du minimum. Pour que a produise un minimum de la fonction, il faut que a soit telle que

$$\varphi\,(a \pm h) - \varphi\,(a)\,\text{soit additif,}$$

ou que (formule 12, n° 229)

$$(6)\quad h\,\varphi'\,(a) + \frac{h^2}{1.2}\,\varphi''\,(a) + \frac{h^3}{1.2.3}\,\varphi'''\,(a) + \dots \text{ soit additif}$$

en même temps que

$$(7)\quad -\,h\,\varphi'\,(a) + \frac{h^2}{1.2}\,\varphi''\,(a) - \frac{h^3}{1.2.3}\,\varphi'''\,(a) + \dots \text{ soit additif.}$$

Par le même raisonnement que ci-dessus, on trouvera pour les conditions du minimum : $\varphi'\,(a)$ nulle et $\varphi''\,(a)$ additive.

De tout cela il résulte que :

Puisque une valeur a *de* x *ne produit un maximum ou un minimum de la fonction que si* φ' (a) *est nulle, les seules valeurs de* x *capables de faire comparaître un maximum ou un minimum de la fonction seront les racines de l'équation* φ' (x) = o. *Selon que ces racines attribueront à* φ'' (x) *une valeur additive ou soustractive, elles amèneront un minimum ou un maximum.*

REMARQUE. — Il peut arriver qu'une des racines a de $\varphi'\,(x) = o$ annule aussi $\varphi''\,(a)$; dans ce cas, la fonction $\varphi\,(a)$ ne sera un maximum ou un minimum que si cette valeur a annule encore $\varphi'''\,(a)$, car les conditions du maximum sont alors

$$(8)\ \pm\frac{h^3}{1.2.3}\,\varphi'''(a) + \frac{h^4}{1.2.3.4}\,\varphi^{IV}(a) \pm \frac{h^5}{1.2.3.4.5}\,\varphi^{V}(a) + \dots \text{ soustractif,}$$

et celles du minimum

$$(9)\ \pm\frac{h^3}{1.2.3}\,\varphi'''(a) + \frac{h^4}{1.2.3.4}\,\varphi^{IV}(a) \pm \frac{h^5}{1.2.3.4.5}\,\varphi^{V}(a) + \dots \text{ additif.}$$

C'est encore le premier terme qui impose son signe. Or, il ne peut rester constamment additif ou constamment soustractif, quand h est additif et soustractif; il faudra donc $\varphi'''(a) = o$, pour que les conditions (8) et (9) puissent se réaliser. Selon que les racines de $\varphi'(x) = o$ attribueront à $\varphi^{\text{IV}}(x)$ une valeur additive ou soustractive, il y aura minimum ou maximum.

On démontrerait de même que si $\varphi^{\text{IV}}(a) = o$, l'existence du maximum ou du minimum sous $x = a$ exigera $\varphi^{\text{v}}(a) = o$ et $\varphi^{\text{vi}}(a)$ soustractif ou additif.

En généralisant, on dira que :

Une valeur particulière a, *racine de* $\varphi'(x) = o$, *rend* $\varphi(x)$ *maximum ou minimum, lorsque la dérivée qui cesse de s'annuler sous* x = a *est d'ordre pair. Si cette dérivée est additive sous* x = a, *il y a minimum de* $\varphi(x)$; *si elle est soustractive, il y a maximum de* $\varphi(x)$.

Remarque II. — Il est clair que cette théorie des maxima et des minima, basée sur la formule (12) du n° 229, qui ne subsiste que dans le cas où les dérivées de la fonction sont limitées et varient d'une manière continue *sous les valeurs considérées des variables,* ne subsiste elle-même que dans ces circonstances. C'est, en particulier, le cas des fonctions dans lesquelles n'entrent que des fonctions commensurables du variable, somme, excès, produit, quotient et puissance, et qui forment les premiers membres des équations que nous avons considérées dans les §§ I, II et III de ce chapitre.

Nous discuterons les autres cas s'ils se présentent dans les phénomènes physiques.

EXEMPLES. — 1° *Trouver les valeurs de* x *qui rendent maxima ou minima la fonction*

$$\varphi(x) = x^m (b - x)^n.$$

L'équation qui donnera ces valeurs est

$$\varphi(x) = x^{m-1} (b - x)^{n-1} [mb - (m + n) x] = 0 ;$$

elle admet les trois racines

$$x = \frac{mb}{m + n}, \ x = b, \ x = o.$$

A la première correspond un maximum, car $\varphi''\left(\frac{mb}{m + n}\right)$ est soustractive.

Si m est pair, à la valeur o correspondra une valeur minima de la fonction, mais dans ce cas seulement.

Si n est pair, à la valeur $x = b$ correspondra un minimum, mais il n'y aura ni maximum ni minimum si n est impair;

2° *Trouver les valeurs de* x *qui rendent maxima ou minima la fonction*

$$\varphi(x) = \frac{x^2 - 7x + 6}{x - 10}.$$

L'équation qui donnera ces valeurs est

$$\varphi'(x) = \frac{x^2 - 20x + 64}{(x - 10)^2} = 0 \text{ ou } x^2 - 20x + 64 = 0,$$

dont les racines sont

$$x = 16 \text{ et } x = 4.$$

On trouve ensuite

$$\varphi''(x) = \frac{72}{(x-10)^3},$$

additive sous $x = 16$, additive sous $x = 4$.

Ainsi sous $x = 16$, la fonction $\varphi(x)$ est minima ; et sous $x = 4$, elle est aussi minima ;

3° *Trouver la valeur de* x *qui rend minima la fonction* x^x.

Comme il revient au même de faire la recherche du minimum sur le logarithme, d'après le système à base e par exemple, de cette fonction, considérons

$$\varphi(x) = \mathscr{L}\text{og } x^x = x\,\mathscr{L}\text{og } x.$$

L'équation qui donne la valeur de x demandée est

$$\varphi'(x) = 1 + \mathscr{L}\text{og } x = 0,$$

d'où

$$\mathscr{L}\text{og } x = -1,$$

c'est-à-dire que x est égal au nombre désigné par la base e affectée de l'exposant soustractif (-1) ou $\frac{1}{e}$.

Comme $\varphi''\left(\frac{1}{e}\right) = e$ est additif, on en conclut que x^x est minima pour $x = \frac{1}{e}$;

4° *La fonction*

$$\varphi(x) = x^5 - 5x^4 + 5x^3 + 1$$

admet-elle des maxima ou des minima?

Les valeurs de x qui peuvent produire ces états de la fonction sont données par

$$\varphi'(x) \text{ ou } 5x^4 - 20x^3 + 15x^2 = 0$$

dont les racines sont 0, 1 et 3.

Comme

$$\varphi''(x) = 20x^3 - 60x^2 + 30x$$

$$\varphi'''(x) = 60x^2 - 120x + 30,$$

on reconnaît que $x = 0$, annulant $\varphi''(x)$ sans annuler $\varphi'''(x)$ ne donne ni maximum ni minimum.

$x = 1$ donne un maximum.

$x = 3$ donne un minimum.

270. *Recherche des maxima et des minima d'une fonction implicitement liée au variable indépendant par une équation.* — On peut trouver ces valeurs de la fonction et les valeurs du variable qui les déterminent sans résoudre l'équation. Soit y la fonction de x, liée au variable indépendant par l'équation

$$\varphi(x, y) = 0,$$

et dont on veut connaître les maxima ou les minima.

La théorie reste évidemment la même : les maxima et les minima de la fonction, et les valeurs de x qui les produisent sont données par les équations.

$$\frac{dy}{dx} = -\frac{\dfrac{d\varphi(x, y)}{dx}}{\dfrac{d\varphi(x, y)}{dy}} = 0, \text{ et } \varphi(x, y) = 0.$$

On les substituera dans

$$\frac{d^2y}{dx^2} = \frac{-\dfrac{d\varphi\,(x,\,y)}{dy}\dfrac{d^2\varphi\,(x,\,y)}{dx^2} - \dfrac{d\varphi\,(x,\,y)}{dy}\dfrac{d^2\varphi\,(x,\,y)}{dx\,dy}\dfrac{dy}{dx}}{\left(\dfrac{d\varphi\,(x,\,y)}{dy}\right)^2}$$

$$+ \frac{\dfrac{d\varphi\,(x,\,y)}{dx}\dfrac{d^2\varphi\,(x,\,y)}{dy\,dx} + \dfrac{d\varphi\,(x,\,y)}{dx}\dfrac{d^2\varphi\,(x,\,y)}{dy^2}\dfrac{dy}{dx}}{}$$

obtenue d'après la règle de dérivation des fonctions composées d'une fonction y d'un variable indépendant (n° 215), et qui sous $\frac{dy}{dx} = o$ se réduit à

$$\frac{d^2y}{dx^2} = \frac{-\dfrac{d\varphi\,(x,\,y)}{dy}\dfrac{d^2\varphi\,(x,\,y)}{dx^2} + \dfrac{d\varphi\,(x,\,y)}{dx}\dfrac{d^2\,\varphi\,(x,\,y)}{dy\,dx}}{\left[\dfrac{d\varphi\,(x,\,y)}{dy}\right]^2} = -\frac{\dfrac{d^2\varphi\,(x,\,y)}{dx^2}}{\dfrac{d\varphi\,(x,\,y)}{dy}}$$

On obtiendra plus simplement l'expression de $\frac{d^2y}{dx^2}$ en dérivant l'équation

$$\frac{d\varphi\,(x,\,y)}{dx} + \frac{d\varphi\,(x,\,y)}{dy}\frac{dy}{dx} = o;$$

ce qui donne (n° 215)

$$\frac{d^2\varphi\,(x,\,y)}{dx^2} + 2\,\frac{d^2\varphi\,(x,\,y)}{dx\,dy}\frac{dy}{dx} + \frac{d\varphi\,(x,\,y)}{dy}\left(\frac{dy}{dx}\right)^2 + \frac{d\varphi\,(x,\,y)}{dy}\frac{dx^2}{dx^2} = o,$$

ou, puisque $\frac{dy}{dx} = o$ pour les maxima et les minima,

$$\frac{d^2\varphi\,(x,\,y)}{dx^2} + \frac{d\varphi\,(x,\,y)}{dy}\frac{d^2y}{dx^2} = o;$$

d'où

$$\frac{d^2y}{dx^2} = -\frac{\dfrac{d^2\varphi\,(x,\,y)}{dx^2}}{\dfrac{d\varphi\,(x,\,y)}{dy}}.$$

33

EXEMPLE. — *Trouver les maxima et les minima de la fonction* y *liée à* x *par l'équation*

$$y^2 - 2mxy + x^2 = a.$$

En dérivant cette fonction, on a

$$(y - mx)\frac{dy}{dx} - my + x = o;$$

d'où

$$\frac{dy}{dx} = \frac{my - x}{y - mx}.$$

Les valeurs maxima ou minima de y et les valeurs de x qui les déterminent sont données par les équations

$$y^2 - 2m\,xy + x^2 = a, \quad x - my = o.$$

271. *Recherche des maxima et des minima d'un certain nombre de fonctions* y, z, t, ... *liées au variable indépendant* x *par autant d'équations.* — Supposons que l'on ait trois fonctions y, z, t liées au variable indépendant x par le système d'équations

$$\left.\begin{array}{l} \varphi_1\,(x, y, z, t) = o \\ \varphi_2\,(x, y, z, t) = o \\ \varphi_3\,(x, y, z, t) = o \end{array}\right\} \quad \text{(I)}$$

On demande sous quelles valeurs de x l'une des fonctions, t par exemple, est susceptible d'un maximum ou d'un minimum. Pour éviter l'élimination préalable de y et de z entre les trois équations, on observera que, sous la condition nécessaire $\frac{dt}{dx} = o$, ces équations donnent par la dérivation

$$
\text{(II)} \quad \begin{cases} \dfrac{d\varphi_1\,(x,\,y,\,z,\,t)}{dy}\dfrac{dy}{dx} + \dfrac{d\varphi_1\,(x,\,y,\,z,\,t)}{dz}\dfrac{dz}{dx} + \dfrac{d\varphi_1\,(x,\,y,\,z,\,t)}{dx} = 0 \\[2ex] \dfrac{d\varphi_2\,(x,\,y,\,z,\,t)}{dy}\dfrac{dy}{dx} + \,.\;\;.\;\;.\;\;.\;\;.\;\;.\;\;.\;\;.\;\;.\;\;. = 0 \\[2ex] \dfrac{d\varphi_3\,(x,\,y,\,z,\,t)}{dy}\dfrac{dy}{dx} + \,.\;\;.\;\;.\;\;.\;\;.\;\;.\;\;.\;\;.\;\;.\;\;. = 0 \end{cases}
$$

et que l'élimination de $\frac{dy}{dx}$ et $\frac{dz}{dx}$ fournit une équation
résultante tenant lieu de $\frac{dt}{dx} = 0$. Cette équation et
le système (I) détermineront les valeurs extrêmes
de t et celles de x, y, z sous lesquelles elles se produisent.

Pour reconnaître si l'état extrême comparaît en
effet, il faudra recourir au $\frac{d^2t}{dx^2}$, calculé en tenant
compte des lois d'assujettissement d'après le n° 245.

L'élimination de $\frac{dy}{dx}$ et de $\frac{dz}{dx}$ entre les équations (II)
pourra se faire avantageusement par la méthode
des coefficients indéterminés (n° 156).

272. *Recherche des maxima et des minima des
fonctions explicites de plusieurs variables indépendants.* — Lorsqu'une fonction de plusieurs variables
indépendants x, y, z, ... atteint une valeur particulière qui surpasse toutes les valeurs immédiatement voisines, c'est-à-dire que l'on obtient en aug-
mentant ou en diminuant x, y, z, ... d'aussi peu
qu'on le veut, cette valeur particulière de la fonction est un *maximum*. Si, au contraire, une valeur
de la fonction est inférieure à toutes les valeurs

immédiatement voisines, elle est un *minimum* de la fonction.

Ces valeurs extrêmes dans les fonctions de plusieurs variables s'obtiennent par des raisonnements analogues à ceux que nous avons établis pour les fonctions d'un seul variable indépendant.

Recherchons les conditions auxquelles doivent satisfaire des valeurs particulières a, b, c, ... des variables x, y, z, ... pour produire un maximum ou un minimum de la fonction $\varphi(x, y, z, ...)$.

Pour que a, b, c, ... produisent un maximum, elles doivent être telles que

$$(1) \quad \varphi(a \pm h, b \pm k, c \pm l, ...) \text{ soit} < \varphi(a, b, c, ...),$$

h, k, l, ... étant suffisamment petits, ou telles que

$$\varphi(a \pm h, b \pm k, c \pm l, ...) - \varphi(a, b, c, ...) \text{ soit soustractif,}$$

ou telles que (formule 3, n° 236)

$$\left.\begin{array}{l} \pm h \dfrac{d\varphi(a, b, c, ...)}{dx} + \dfrac{h^2}{1.2} \dfrac{d^2\varphi(a, b, c, ...)}{dx^2} \pm \cdots \\[2ex] \pm k \dfrac{d\varphi(a, b, c, ...)}{dy} + \dfrac{k^2}{1.2} \dfrac{d^2\varphi(a, b, c, ...)}{dy^2} \pm \cdots \\[2ex] \pm l \dfrac{d\varphi(a, b, c, ...)}{dz} + \dfrac{l^2}{1.2} \dfrac{d^2\varphi(a, b, c, ...)}{dz^2} \pm \cdots \\[2ex] \pm \cdots \cdots \pm hk \dfrac{d^2\varphi(a, b, c, ...)}{dx\,dy} \\[2ex] \pm hl \dfrac{d^2\varphi(a, b, c, ...)}{dx\,dz} \\[2ex] \pm kl \dfrac{d^2\varphi(a, b, c, ...)}{dy\,dz} \\[2ex] + \cdots \cdots \end{array}\right\} \text{soit soustractif.}$$

ou, plus brièvement, par une notation connue, telles que

$$\left[\pm h\frac{d\varphi(a,b,c,\ldots)}{dx}\pm k\frac{d\varphi(a,b,c,\ldots)}{dy}\pm l\frac{d\varphi(a,b,c,\ldots)}{dz}\pm\ldots\right]$$

$$+\frac{1}{1.2}\left[\pm h\frac{d\varphi(a,b,c,\ldots)}{dx}\pm k\frac{d\varphi(a,b,c,\ldots)}{dy}\pm l\frac{d\varphi(a,b,c,\ldots)}{dz}\pm\ldots\right]\boxed{2}$$

$$+\frac{1}{1.2.3}\left[\pm h\frac{d\varphi(a,b,c,\ldots)}{dx}\pm\quad\ldots\quad\ldots\quad\ldots\quad\right]\boxed{3}$$

$$+\quad\ldots\quad\ldots\quad\ldots\quad\ldots\quad\ldots\quad\ldots\quad\ldots$$

soit soustractif. (2)

Rien ne limitant la petitesse de h, k, l, ..., le signe de la première partie :

$$\pm h\frac{d\varphi(a,b,c,\ldots)}{dx}\pm k\frac{d\varphi(a,b,c,\ldots)}{dy}\pm\ldots,$$

décidera du signe de l'ensemble de (2); il faudra donc que

$$\pm h\frac{d\varphi(a,b,c,\ldots)}{dx}\pm k\frac{d\varphi(a,b,c,\ldots)}{dy}\pm l\frac{d\varphi(a,b,c,\ldots)}{dz}\pm\ldots$$

soit soustractif,

quels que soient h, k, l, ...; ce qui ne saurait exister toujours si $\frac{d\varphi(a,b,c,\ldots)}{dx}$, ... conservent des valeurs quelconques lorsque x, y, z, ... deviennent égaux à a, b, c, ... Il faut donc, pour que (2) puisse être satisfaite, que

(3) $\quad\dfrac{d\varphi(a,b,c,\ldots)}{dx}=0,\quad\dfrac{d\varphi(a,b,c,\ldots)}{dy}=0,\quad\dfrac{d\varphi(a,b,c,\ldots)}{dz}=0,\ldots$

Si, en outre,

(4) $\quad\left[\pm h\dfrac{d\varphi(a,b,c,\ldots)}{dx}\pm k\dfrac{d\varphi(a,b,c,\ldots)}{dy}\pm\ldots\right]\boxed{2}$

est soustractif, les conditions nécessaires et suffisantes pour que a, b, c, ... produisent un maximum seront satisfaites.

Supposons maintenant qu'il s'agisse du minimum. On trouvera de même que les relations (3) devront être satisfaites et que (4) devra être additif, pour que a, b, c, ... produisent un minimum.

De tout cela, il résulte que :

Puisque des valeurs a, b, c, ... de x, y, z, ... ne produisent un maximum ou un minimum de la fonction que si

$$\frac{d\varphi (a, b, c, ...)}{dx}, \quad \frac{d\varphi (a, b, c, ...)}{dy}, \quad ....$$

sont nulles, les seules valeurs de x, y, z, ... capables de faire comparaître des états extrêmes de la fonction seront les racines des équations

$$\frac{d\varphi (x, y, z, ...)}{dx} = o, \quad \frac{d\varphi (x, y, z, ...)}{dy} = o, \quad \frac{d\varphi (x, y, z, ...)}{dz} = o, ... (5)$$

Selon que ces racines rendront

$$\left[\pm h \frac{d\varphi (x, y, z, ...)}{dx} \pm k \frac{d\varphi (x, y, z, ...)}{dy} \pm .... \right]^{\boxed{2}} \quad (6)$$

additif ou soustractif, quels que soient h, k, l, ..., elles amèneront un minimum ou un maximum.

Il peut arriver que les racines de (5) annulent aussi (6); dans ce cas, la fonction $\varphi (a, b, c, ...)$ ne sera un maximum ou un minimum que si ces racines annulent encore

$$\left[\pm h \frac{d\varphi (a, b, c, ...)}{dx} \pm k \frac{d\varphi (a, b, c, ...)}{dy} \pm l \frac{d\varphi (a, b, c, ...)}{dz} \pm .... \right]^{\boxed{3}},$$

en laissant subsister

$$\left[\pm h \frac{d\varphi\,(a,\,b,\,c,\,\ldots.)}{dx} \pm \ldots\right]\boxed{4}. \quad (7)$$

Selon que les racines de (5) attribueront à (7) une valeur additive ou soustractive, il y aura un minimun ou un maximum. En général, il y aura valeur extrême si le premier groupe qui cesse de s'annuler est d'ordre pair.

Mais il faut bien remarquer que le signe nécessaire de (6), et des autres groupes (7), ... dans le cas où l'on est forcé d'y recourir, doit subsister indépendamment de toute liaison entre les accroissements $h,\ k,\ l,\ \ldots$. On n'aura donc, d'une manière absolue, les véritables conditions essentielles du maximum et du minimum qu'autant qu'on assignera les circonstances dans lesquelles (6) reste constamment soustractif ou constamment additif. La recherche de ces conditions, quand il s'agit d'un nombre quelconque de variables, conduit à des résultats trop compliqués et trop peu utiles pour que nous les développions ici. Nous ne considérerons que les fonctions à deux et à trois variables.

I. *Quand il n'y a que deux variables,* il faudra que leurs valeurs déduites des équations

$$\frac{d\varphi\,(x,\,y)}{dx} = 0, \quad \frac{d\varphi\,(x,\,y)}{dy} = 0,$$

et introduites dans

$$\frac{h^2}{1.2}\,\frac{d^2\varphi\,(x,\,y)}{dx^2} \pm hk\,\frac{d^2\varphi\,(x,\,y)}{dx\;dy} + \frac{k^2}{1.2}\,\frac{d^2\varphi\,(x,\,y)}{dy^2} \quad (8),$$

rendent ce trinôme constamment soustractif pour qu'elles produisent un maximum, constamment additif pour qu'elles produisent un minimum. Par suite, le trinôme (8) ou

$$\frac{k^2}{2}\left[\frac{h^2}{k^2}\cdot\frac{d^2\varphi\,(x,\,y)}{dx^2} \pm 2\,\frac{h}{k}\cdot\frac{d^2\varphi\,(x,\,y)}{dx\,dy} + \frac{d^2\varphi\,(x,\,y)}{dy^2}\right] \quad (9)$$

ne pourra jamais changer de signe s'il existe une valeur extrême de la fonction. Mais, ce trinôme du second degré en $\frac{h}{k}$ ne garde constamment le signe du premier terme que s'il n'admet pas de racines $\frac{h}{k}$ qui l'annulent, c'est-à-dire que si (n° 165, remarque II)

$$\left[\frac{d^2\varphi\,(x,\,y)}{dx\,dy}\right]^2 \text{ est} < \frac{d^2\varphi\,(x,\,y)}{dx^2}\cdot\frac{d^2\varphi\,(x,\,y)}{dy^2}. \quad (10)$$

Cette condition exige que

$$\frac{d^2\varphi\,(x,\,y)}{dx^2},\,\frac{d^2\varphi\,(x,\,y)}{dy^2}$$

soient de même signe sous $x = a$, $y = b$. La qualité de ce signe fera connaître, le cas échéant, la qualité de l'extrême valeur de la fonction.

REMARQUE. — Il peut arriver que les valeurs a et b rendent

$$\left[\frac{d^2\varphi\,(x,\,y)}{dx\,dy}\right]^2 = \frac{d^2\varphi\,(x,\,y)}{dx^2}\cdot\frac{d^2\varphi\,(x,\,y)}{dy^2}.$$

Dans ce cas, le trinôme (9) qui doit garder constamment le même signe quel que soit $\frac{h}{k}$, peut s'écrire

$$\frac{1}{2}\left[h^2\frac{d^2\varphi(x,y)}{dx^2}\pm 2hk\frac{d^2\varphi(x,y)}{dx\,dy}+k^2\frac{\left[\dfrac{d^2\varphi(x,y)}{dx\,dy}\right]^2}{\dfrac{d^2\varphi(x,y)}{dx^2}}\right]$$

$$=\frac{1}{2}\frac{d^2\varphi(x,y)}{dx^2}\left[h^2\pm 2hk\frac{\dfrac{d^2\varphi(x,y)}{dx\,dy}}{\dfrac{d^2\varphi(x,y)}{dx^2}}+k^2\frac{\left[\dfrac{d^2\varphi(x,y)}{dx\,dy}\right]^2}{\left[\dfrac{d^2\varphi(x,y)}{dx^2}\right]^2}\right]$$

$$=\frac{1}{2}\left[h\pm k.\frac{\dfrac{d^2\varphi(x,y)}{dx\,dy}}{\dfrac{d^2\varphi(x,y)}{dx^2}}\right]^2\frac{d\varphi^2(x,y)}{dx^2}\quad(11)$$

On voit qu'alors (11) garde constamment le signe de $\frac{d^2\varphi(x,y)}{dx^2}$, sauf le cas où l'on aurait

$$\frac{h}{k}=\pm\frac{\dfrac{d^2\varphi(x,y)}{dx\,dy}}{\dfrac{d^2\varphi(x,y)}{dx^2}}.\quad(12)$$

Il y a lieu de tenir compte de cette relation, car il faut que le signe de (11) reste le même sous toutes les relations imaginables entre h et k; les relations particulières (12) qui annulent le binôme

$$h\pm k\frac{\dfrac{d^2\varphi(x,y)}{dx\,dy}}{\dfrac{d^2\varphi(x,y)}{dx^2}}.$$

devront annuler encore

$$\left[\pm h\,\frac{d\varphi\,(x,\,y)}{dx}\pm k\,\frac{d\varphi\,(x,\,y)}{dy}\right]\boxed{3}$$

et rendre

$$\left[\pm h\,\frac{d\varphi\,(x,\,y)}{dx}\pm k\,\frac{d\varphi\,(x,\,y)}{dy}\right]\boxed{4}$$

de même signe que $\frac{d^2\varphi\,(x,\,y)}{dx^2}$, pour qu'il existe maximum ou minimum

Si les valeurs a et b annulaient à la fois

$$\frac{d^2\varphi\,(x,\,y)}{dx^2},\ \frac{d^2\varphi\,(x,\,y)}{dy^2},\ \frac{d^2\varphi\,(x,\,y)}{dx\,dy},$$

il est visible qu'il n'y aurait valeur extrême que si les termes

$$\left[\pm h\frac{d\varphi\,(x,\,y)}{dx}\pm k\,\frac{d\varphi\,(x,\,y)}{dy}\right]\boxed{3}$$

étaient rendus nuls et qu'en même temps

$$\left[\pm h\,\frac{d\varphi\,(x,\,y)}{dx}\pm k\,\frac{d\varphi\,(x,\,y)}{dy}\right]\boxed{4}$$

gardât constamment le même signe, quels que fussent h et k.

SYNTHÈSE. — Ainsi, nous voyons que :

1° *Le système* x = a, y = b *déduit des équations*

$$\frac{d\varphi\,(x,\,y)}{dx}=0,\ \frac{d\varphi\,(x,\,y)}{dy}=0$$

amène toujours une valeur extrême de la fonction
$\varphi\,(\mathbf{x},\ \mathbf{y})$ *lorsque l'équation*

$$\frac{h^2}{k^2} \pm 2 \frac{\dfrac{d^2\varphi\,(x,\,y)}{dx\,dy}}{\dfrac{d^2\varphi\,(x,\,y)}{dx^2}} \cdot \frac{h}{k} + \frac{\dfrac{d^2\varphi\,(x,\,y)}{dy^2}}{\dfrac{d^2\varphi\,(x,\,y)}{dx^2}} = o \quad (13)$$

n'admet pas de racine;

2° *Que ce système ne fournit aucune valeur extrême
de la fonction lorsque* (13) *admet deux racines;*

3° *Lorsque* (13) *admet une racine, il faut se livrer
à une discussion ultérieure; il y aura état extrême
lorsque le premier groupe*

$$\left[\pm h\,\frac{d\varphi\,(x,\,y)}{dx} \pm k\,\frac{d\varphi\,(x,\,y)}{dy}\right]\boxed{n}$$

qui cesse de s'annuler sous les valeurs de $\dfrac{h}{k}$ *déduites
de* (13), *est d'ordre pair et garde constamment le signe
pris par*

$$\left[\pm h\,\frac{d\varphi\,(x,\,y)}{dx} \pm k\,\frac{d\varphi\,(x,\,y)}{dy}\right]\boxed{2}$$

sous les autres valeurs de $\dfrac{h}{k}$.

II. *Pour les fonctions à trois variables,* on pourra
avoir état extrême si

$$h^2\left[\frac{d^2\varphi\,(x,\,y,\,z)}{dx^2} + \frac{d^2\varphi\,(x,\,y,\,z)}{dy^2}\,\frac{k^2}{h^2} + \frac{d^2\varphi\,(x,\,y,\,z)}{dz^2}\,\frac{l^2}{h^2} \pm 2\,\frac{d^2\varphi\,(x,\,y,\,z)}{dx\,dy}\,\frac{k}{h}\right.$$

$$\left.\pm 2\,\frac{d^2\varphi\,(x,\,y',\,z)}{dx\,dz}\,\frac{l}{h} \pm 2\,\frac{d^2\varphi\,(x,\,y,\,z)}{dy\,dz}\,\frac{k}{h}\,\frac{l}{h}\right] \quad (14)$$

ne change pas de signe. Pour cela, il faut et il suffit

que l'équation (14) = o, résolue par rapport à $\frac{l}{h}$, n'ait pas de racine, ce qui exige que

$$\left[\frac{d^2\varphi\,(x,\,y,\,z)}{dx\,dz} \pm \frac{d^2\varphi\,(x,\,y,\,z)}{dy\,dz}\,\frac{k}{h}\right]^2$$

$$-\frac{d^2\varphi\,(x,\,y,\,z)}{dz^2}\left[\frac{d^2\varphi\,(x,\,y,\,z)}{dx^2} + \frac{d^2\varphi\,(x,\,y,\,z)}{dy^2}\,\frac{k^2}{h^2} \pm \frac{d^2\varphi\,(x,\,y,\,z)}{dx\,dy}\,\frac{k}{h}\right]$$

soit soustractif,

ou que

$$\frac{k^2}{h^2}\left[\left(\frac{d^2\varphi\,(x,\,y,\,z)}{dy\,dz}\right)^2 - \frac{d^2\varphi\,(x,\,y,\,z)}{dz^2}\,\frac{d^2\varphi\,(x,\,y,\,z)}{dy^2}\right]$$

$$\pm 2\left[\frac{d^2\varphi\,(x,\,y,\,z)}{dy\,dz}\,\frac{d^2\varphi\,(x,\,y,\,z)}{dx\,dz} - \frac{d^2\varphi\,(x,\,y,\,z)}{dz^2}\,\frac{d^2\varphi\,(x,\,y,\,z)}{dx\,dy}\right]\frac{k}{h}$$

$$+ \left(\frac{d^2\varphi\,(x,\,y,\,z)}{dx\,dz}\right)^2 - \frac{d^2\varphi\,(x,\,y,\,z)}{dz^2}\,\frac{d^2\varphi\,(x,\,y,\,z)}{dx^2}$$ soit soustractif.

Et cette dernière condition sera satisfaite elle-même quand on aura

$$\left[\frac{d^2\varphi\,(x,\,y,\,z)}{dy\,dz}\right]^2 - \frac{d^2\varphi\,(x,\,y,\,z)}{dz^2}\,\frac{d^2\varphi\,(x,\,y,\,z)}{dy^2}$$ soustractif

et

$$\left[\frac{d^2\varphi\,(x,\,y,\,z)}{dy\,dx}\,\frac{d^2\varphi\,(x,\,y,\,z)}{dx\,dz} - \frac{d^2\varphi\,(x,\,y,\,z)}{dz^2}\,\frac{d^2\varphi\,(x,\,y,\,z)}{dx\,dy}\right]^2$$

$$- \left[\left(\frac{d^2\varphi\,(x,\,y,\,z)}{dy\,dz}\right)^2 - \frac{d^2\varphi\,(x,\,y,\,z)}{dz^2}\,\frac{d^2\varphi\,(x,\,y,\,z)}{dy^2}\right]$$

$$\left[\left(\frac{d^2\varphi\,(x,\,y,\,z)}{dx\,dz}\right)^2 - \frac{d^2\varphi\,(x,\,y,\,z)}{dz^2}\,\frac{d^2\varphi\,(x,\,y,\,z)}{dx^2}\right]$$ soustractif.

Ce sont les deux conditions nécessaires et suffisantes pour qu'il y ait valeur extrême de la fonction.

Il y aura maximum si $\dfrac{d^2\varphi(x, y, z)}{dx^2}$ est soustractif ;

minimum si $\dfrac{d^2\varphi(x, y, z)}{dx^2}$ est additif.

273. *Recherche des maxima et des minima d'une fonction de plusieurs variables indépendants implicitement liée à ceux-ci par une équation.* — Prenons d'abord le cas particulier où l'on aurait à chercher l'état extrême d'une fonction

$$F(x, y, z), \quad (1)$$

lorsque les variables dont elle dépend sont liés entre eux par une condition

$$\varphi(x, y, z) = o. \quad (2)$$

On peut concevoir qu'on ait remplacé z par sa valeur en x et y déduite de (2), et alors les valeurs des variables x, y indépendants qui peuvent amener un état extrême sont données par les équations

$$\frac{dF[x, y, \psi(x, y)]}{dx} = o, \quad \frac{dF[x, y, \psi(x, y)]}{dy} = o \quad (3)$$

Mais, pour éviter cette élimination, on remarquera que ces deux dérivées peuvent s'obtenir en fonction de x, y, z et que les équations (3) reviennent à (n° **215**)

$$\frac{dF(x, y, z)}{dx} + \frac{dF(x, y, z)}{dz}\frac{dz}{dx} = o\,; \quad \frac{dF(x, y, z)}{dy} + \frac{dF(x, y, z)}{dz}\frac{dz}{dy} = o, \quad (4)$$

où $\dfrac{dz}{dx}, \dfrac{dz}{dy}$ sont déterminées par les équations

$$\frac{d\varphi(x, y, z)}{dx} + \frac{d\varphi(x, y, z)}{dz}\frac{dz}{dx} = o, \quad \frac{d\varphi(x, y, z)}{dy} + \frac{d\varphi(x, y, z)}{dz}\frac{dz}{dy} = o. \quad (5)$$

Leur introduction dans (4) donne

$$\frac{dF(x, y, z)}{dx}\frac{d\varphi(x, y, z)}{dz} - \frac{dF(x, y, z)}{dz}\frac{d\varphi(x, y, z)}{dx} = o,$$

$$\frac{dF(x, y, z)}{dy}\frac{d\varphi(x, y, z)}{dz} - \frac{dF(x, y, z)}{dz}\frac{d\varphi(x, y, z)}{dy} = o, \quad (6)$$

équations qui, avec

$$\varphi(x, y, z) = o, \quad (7)$$

donneront les valeurs de x, y, z qui peuvent amener un état extrême de la fonction F (x, y, z).

L'état extrême se réalise s'il se vérifie que le nombre

$$\frac{1}{1.2}\left\{\left[\frac{d^2F(x, y, z)}{dx^2} + 2\frac{d^2F(x, y, z)dz}{dx\,dz\,dx} + \frac{d^2F(x, y, z)}{dz^2}\left(\frac{dz}{dx}\right)^2 + \frac{dF(x, y, z)d^2z}{dz\,dx^2}\right]h^2\right.$$

$$\pm 2hk\left[\frac{d^2F(x, y, z)}{dx\,dy} + \frac{d^2F(x, y, z)}{dx\,dz}\frac{dz}{dy} + \frac{dF(x, y, z)}{dz}\frac{d^2z}{dx\,dz\,dy}\right.$$

$$+ \frac{d^2F(x, y, z)}{dy\,dz}\frac{dz}{dx} + \frac{d^2F(x, y, z)}{dz^2}\frac{dz}{dy}\frac{dz}{dx} + \frac{dF(x, y, z)}{dz}\frac{d^2z}{dx\,dy}\right]$$

$$\left. + k^2\left[\frac{d^2F(x, y, z)}{dy^2} + 2\frac{d^2F(x, y, z)dz}{dy\,dz\,dy} + \frac{d^2F(x, y, z)}{dz^2}\left(\frac{dz}{dy}\right)^2 + \frac{dF(x, y, z)d^2z}{dz\,dy^2}\right]\right\}, \quad (8)$$

où les dérivées de z, $\frac{dz}{dx}$, $\frac{dz}{dy}$, ... se calculent par la relation (7), conserve le même signe quand on attribue des variations quelconques h et k suffisamment petites à x, y et, par suite, à z.

REMARQUE. — L'opération à laquelle nous a conduit le raisonnement donne le même résultat que l'opération suivante, beaucoup plus simple, et qu'en pratique nous pourrons adopter sans scrupule :

Considérons le développement de la fonction

$F(x, y, z)$ sous les valeurs $x + \Delta x$, $y, + \Delta y$, $z + \Delta z$ de x, y, z, savoir :

$$F(x + \Delta x, y + \Delta y, z + \Delta z) = F(x, y, z)$$
$$+ \Delta x \frac{dF(x, y, z)}{dx} + \Delta y \frac{dF(x, y, z)}{dy} + \Delta z \frac{dF(x, y, z)}{dz} + \dots.$$

et celui de $\varphi(x + \Delta x, y + \Delta y, z + \Delta z)$, savoir :

$$\varphi(x + \Delta x, y + \Delta y, z + \Delta z) = \varphi(x, y, z)$$
$$+ \Delta x \frac{d\varphi(x, y, z)}{dx} + \Delta y \frac{d\varphi(x, y, z)}{dy} + \Delta z \frac{d\varphi(x, y, z)}{dz} + \dots.$$

Si l'on considère les équations en Δx, Δy, Δz,

$$\left.\begin{array}{l} \dfrac{dF(x, y, z)}{dx} \Delta x + \dfrac{dF(x, y, z)}{dy} \Delta y + \dfrac{dF(x, y, z)}{dz} \Delta z = 0 \\[3mm] \dfrac{d\varphi(x, y, z)}{dx} \Delta x + \dfrac{d\varphi(x, y, z)}{dy} \Delta y + \dfrac{d\varphi(x, y_2 z)}{dz} \Delta z = 0, \end{array}\right\} \quad (9)$$

formée de la partie des accroissements des fonctions $F(x, y, z)$ et $\varphi(x\ y, z)$, qui ne renferme que la première puissance de Δx, Δy, Δz, égalée à zéro, et qu'on élimine Δz, par exemple, entre ces équations (9), les équations (6) ne sont autres que les coefficients des accroissements conservés Δx et Δy, égalés à zéro.

Nous allons, du reste, traiter la question d'une manière plus générale.

274. *Recherche des maxima et des minima d'un certain nombre de fonctions* y_1, y_2, y_3, ... y_m, *liées aux variables indépendants* x_1, x_2, x_3, ... x_n *par le même nombre d'équations*

$$\left.\begin{array}{l} \varphi_1(x_1, x_2, \dots., x_n, y_1, y_2, \dots., y_m) = 0 \\ \varphi_2(x_1, x_2, \dots., x_n, y_1, y_2, \dots., y_m) = 0 \\ \cdot \quad \cdot \quad \cdot \quad \cdot \quad \cdot \quad \cdot \quad \cdot \quad \cdot \quad \cdot \quad \cdot \\ \varphi_m(x_1, x_2, \dots., x_n, y_1, y_2, \dots. y_m) = 0 \end{array}\right\} \quad (I)$$

Les valeurs de x_1, x_2, x_3, ... x_n, qui pourront
amener un état extrême de la fonction y_1 par exemple, seront données par les équations

$$\frac{dy_1}{dx_1} = o, \frac{dy_1}{dx_2} = o, \frac{dy_1}{dx_3} = o, ..., \frac{dy_1}{dx_n} = o, \quad (2)$$

que l'on pourra former si l'on parvient à trouver
les valeurs de y_1, y_2, ..., y_m en fonction de x_1, x_2, ...
x_n. Mais la résolution du système (I) sera généralement impossible. Quelques remarques vont nous
permettre de trouver les valeurs des variables x_1, x_2,
..., x_n qui peuvent amener un état extrême pour
y_1, y_2, ..., y_m, en même temps que ces états extrêmes,
sans être obligé de recourir à la résolution de (I).

La variation de y_1 correspondant à des variations
Δx_1, Δx_2, Δx_3, ..., Δx_n des variables indépendants
est (n° 236)

$$\Delta y_1 = \Delta x_1 . \frac{dy_1}{dx_1} + \Delta x_2 . \frac{dy_1}{dx_2} + ... + \Delta x_n . \frac{dy_1}{dx_n} + \Delta x_1{}^2 . \frac{d^2 y_1}{dx_1{}^2} + ...$$

et l'on voit que, sous les valeurs des variables indépendants qui peuvent amener des états extrêmes
de la fonction y_1, et qui doivent satisfaire aux équations (2), la partie de la variation de y_1 qui renferme
les premières puissances des variations Δx_1, Δx_2, ...,
Δx_n des indépendants, partie que nous appellerons,
pour cette raison, *variation du premier degré* de la
fonction y_1, est nulle.

Si nous parvenons à obtenir cette variation du
premier degré de la fonction y_1, les coefficients des
variations Δx_1, Δx_2, ..., Δx_n égalés à zéro constitue-

ront les n équations qui, avec les m équations (I), détermineront les valeurs de x_1, x_2, x_3, ..., x_n qui rendront maxima ou minima la fonction y_1, l'état extrême de cette fonction et les états correspondants des $(m-1)$ autres fonctions y_2, y_3, ..., y_m. Or, il est facile d'obtenir la variation du premier degré de y_1, que nous désignerons par dy_1 pour la distinguer du Δy_1 complet, et cela sans résoudre le système (I). En effet, si je donne à x_1, x_2, x_3, ..., x_n des variations Δx_1, Δx_2, ..., Δx_n, suffisamment petites pour que la formule (3) du n° 236 soit applicable, il en résulte des variations Δy_1, Δy_2, ..., Δy_m pour les fonctions y_1, y_2, ..., y_m, variations dont nous désignerons les parties du premier degré par dy_1, dy_2, ..., dy_m; et, par conséquent, pour la fonction $\varphi_1 (x_1, x_2, ..., x_n, y_1, y_2, ..., y_m)$, une variation $\Delta \varphi_1$ $(x_1, ..., x_n, y_1, ... y_m)$ qui, réduite aux parties du premier degré en Δx_1, ..., dy_1, ..., est

$$
\begin{aligned}
d\varphi_1 (x_1, x_2, ..., x_n, y_1, ..., y_m) = {}& \frac{d\varphi_1 (x_1, ..., x_n, y_1, ..., y_m)}{dx_1} \Delta x_1 + \\
& + \frac{d\varphi_1 (x_1, ..., x_n, y_1, ..., y_m)}{dx_2} \Delta x_2 + \\
& + \ \cdot \ \cdot \ \cdot \ \cdot \ \cdot \ \cdot \ \cdot \\
& + \frac{d\varphi_1 (x_1, ..., x_n, y_1, ..., y_m)}{dx_n} \Delta x_n + \\
& + \frac{d\varphi_1 (x_1, ..., x_n, y_1, ..., y_m)}{dy_1} dy_1 \\
& + \frac{d\varphi_1 (x_1, ..., x_n, y_1, ..., y_m)}{dy_2} dy_2 \\
& + \ \cdot \ \cdot \ \cdot \ \cdot \ \cdot \ \cdot \ \cdot \\
& + \frac{d\varphi_1 (x_1, ..., x_n, y_1, ..., y_m)}{dy_m} dy_m ;
\end{aligned}
$$

34

pour la fonction φ_2, une variation $\Delta\varphi_2$ qui, réduite aux parties du premier degré, est

$$d\varphi_2 = \frac{d\varphi_2}{dx_1}\Delta x_1 + \frac{d\varphi_2}{dx_2}\Delta x_2 + \dots + \frac{d\varphi_2}{dx_n}\Delta x_n$$
$$+ \frac{d\varphi_2}{dy_1}dy_1 + \frac{d\varphi_2}{dy_2}dy_2 + \dots + \frac{d\varphi_2}{dy_m}dy_n;$$

pour les fonctions φ_3, ..., φ_m, des variations $\Delta\varphi_3$, ..., $\Delta\varphi_m$, qui, réduites aux parties du premier degré, sont

$$d\varphi_3 = \frac{d\varphi_3}{dx_1}\Delta x_1 + \frac{d\varphi_3}{dx_2}\Delta x_2 + \dots + \frac{d\varphi_3}{dx_n}\Delta x_n + \frac{d\varphi_3}{dy_1}dy_1 + \dots + \frac{d\varphi_m}{dy_m}dy_m;$$

. . . .

$$d\varphi_m = \frac{d\varphi_m}{dx_1}\Delta x_1 + \frac{d\varphi_m}{dx_2}\Delta x_2 + \dots + \frac{d\varphi_m}{dx_n}\Delta x_n + \frac{d\varphi_m}{dy_1}dy_1 + \dots + \frac{d\varphi_m}{dy_m}dy_m.$$

Comme nous ne nous occupons, dans cette question, que des valeurs de $x_1, x_2, \dots, x_n$, qui donnent à $y_1, y_2, \dots, y_m$ des valeurs annulant φ_1, φ_2, ..., φ_m, et que, sous ces valeurs, les variations $d\varphi_1$, $d\varphi_2$, ..., $d\varphi_m$ sont elles-mêmes nulles, les variations Δx_1, Δx_2, ..., Δx_n des indépendants, ainsi que les variations du premier degré dy_1, dy_2, ..., dy_m des fonctions y_1, y_2, y_3, ..., y_m sont liées par les relations

$$(3) \begin{cases} \dfrac{d\varphi_1}{dx_1}\Delta x_1 + \dfrac{d\varphi_1}{dx_2}\Delta x_2 + \dots + \dfrac{d\varphi_1}{dx_n}\Delta x_n + \dfrac{d\varphi_1}{dy_1}dy_1 \\[2mm] \qquad + \dfrac{d\varphi_1}{dy_2}dy_2 + \dots + \dfrac{d\varphi_1}{dy_m}dy_m = 0 \\[3mm] \dfrac{d\varphi_2}{dx_1}\Delta x_1 + \dfrac{d\varphi_2}{dx_2}\Delta x_2 + \dots + \dfrac{d\varphi_2}{dx_n}\Delta x_n + \dfrac{d\varphi_2}{dy_1}dy_1 \\[2mm] \qquad + \dfrac{d\varphi_2}{dy_2}dy_2 + \dots + \dfrac{d\varphi_2}{dy_m}dy_m = 0 \\[2mm] \qquad\qquad \dots\dots\dots\dots\dots\dots \\[2mm] \dfrac{d\varphi_m}{dx_1}\Delta x_1 + \dfrac{d\varphi_m}{dx_2}\Delta x_2 + \dots + \dfrac{d\varphi_m}{dx_n}\Delta x_n + \dfrac{d\varphi_m}{dy_1}dy_1 \\[2mm] \qquad + \dfrac{d\varphi_m}{dy_2}dy_2 + \dots + \dfrac{d\varphi_m}{dy_m}dy_m = 0. \end{cases}$$

Pour obtenir la variation du premier degré dy_1 de y_1 en fonction des variations Δx_1, Δx_2, ..., Δx_n des indépendants, on éliminera entre les m équations précédentes les $(m-1)$ variations du premier degré dy_2, dy_3, ..., dy_u des fonctions y_2, ..., y_m. Les coefficients des variations Δx_1, Δx_2,... Δx_n, des indépendants, renfermés dans dy_1, égalés à zéro, constituent les n équations qui, avec les m équations (I), donneront les valeurs des n indépendants, qui pourront amener état extrême pour y_1, l'état extrême de y_1 et les états correspondants des fonctions y_2, y_3, ..., y_m.

Il reste à examiner ensuite si le groupe des termes en Δx_1^2, ... et les produits deux à deux de ces variations garde constamment le même signe, quand on considère les valeurs voisines de celles qui ont été attribuées aux variables, et que l'on tient compte des lois d'assujettissement. Cet examen est fort épineux et nous ne l'entreprendrons que s'il se présente comme une nécessité dans nos études ultérieures.

275. *Applications des théories précédentes.* — 1° *Déterminer les valeurs de* x *et de* y *qui rendent maxima la fonction*

$$\varphi(x, y) = p\,(p - x)\,(p - y)\,(x + y - p).$$

Les valeurs de x et de y qui pourront amener un état extrême sont données par les équations

$$\left.\begin{aligned}
\frac{d\varphi(x, y)}{dx} &\text{ ou } p\,(p - y)\,(2p - 2x - y) = 0 \\
\frac{d\varphi(x, y)}{dy} &\text{ ou } p\,(p - x)\,(2p - 2y - x) = 0
\end{aligned}\right\}$$

qui se décomposent en quatre systèmes :

(I) $y = p$; $x = p$

(II) $y = p$; $2p - 2y - x = o$; ou $y = p$, $x = o$

(III) $x = p$; $2p - 2x - y = o$; ou $x = p$, $y = o$

(IV) $2p - 2x - y = o$; $2p - 2y - x = o$, ou $x = y = \dfrac{2}{3} p$

On examinera la nature de l'état extrême sous chaque système de valeurs. Examinons, par exemple, le dernier système de valeurs : $x = \dfrac{2}{3} p$, $y = \dfrac{2}{3} p$; afin de reconnaître si ce système conduit à un maximum ou à un minimum, calculons

$$\frac{d^2\varphi\,(x, y)}{dx^2} = -\ 2p\ (p - y)\ ; \frac{d^2\varphi\,(x, y)}{dy^2} = -\ 2p\,(p - x);$$

$$\frac{d^2\varphi\,(x, y)}{dx\,dy} = p\,(2x + 2y - 3\,p),$$

et voyons d'abord si

$$\left(\frac{d^2\varphi\,(x, y)}{dx\,dy}\right)^2 \text{est} < \frac{d^2\varphi\,(x, y)}{dx^2} \cdot \frac{d^2\varphi\,(x, y)}{dy^2}\ (1)$$

sous $x = y = \dfrac{2}{3} p$, condition nécessaire pour qu'il puisse y avoir état extrême (n° 272). Or, sous $x = y = \dfrac{2}{3} p$, on a

$$\frac{d^2\varphi\,(x, y)}{dx\,dy} = -\frac{1}{3}\,p^2; \frac{d^2\varphi\,(x, y)}{dx^2} = -\frac{2}{3}\,p^2; \frac{d^2\varphi\,(x, y)}{dy^2} = -\frac{2}{3}\,p^2;$$

dès lors, puisque $\dfrac{1}{9}\,p^4$ est $< \dfrac{4}{9}\,p^4$, la condition (1) est satisfaite. Il y a maximum, puisque $\dfrac{d^2\varphi\,(x, y)}{dx^2}$ et $\dfrac{d^2\varphi\,(x, y)}{dy^2}$ sont soustractifs.

2° *Parmi tous les parallélipipèdes rectangles de même surface, déterminer celui dont le volume est le plus grand.*

En désignant par x, y, z les nombres d'unités mesures des arêtes d'un parallélipipède, on a pour le nombre d'unités mesure du volume,

$$F(x, y, z) = xyz, \quad (1)$$

et pour le nombre d'unités constant α^2 mesure de sa surface,

$$\varphi(x, y, z) = xy + xz + yz = \frac{\alpha^2}{2}. \quad (2)$$

On obtient, en appliquant les théories des n°ˢ **273** et **274**,

$$yz \cdot \Delta x + xz \cdot \Delta y + xy \, dz = 0$$
$$(y + z) \Delta x + (x + z) \Delta y + (x + y) \, dz = 0.$$

Éliminant dz, et annulant les coefficients de Δx et Δy, on a

$$\frac{yz}{y + z} = \frac{xz}{x + z} = \frac{xy}{x + y}; \text{ d'où } x = y = z = \frac{a}{6^{\frac{1}{2}}};$$

c'est-à-dire que le parallélipipède demandé aura des arêtes égales.

On pourra constater le maintien du signe de

$$\left(\frac{dF}{dx} \Delta x + \frac{dF}{dy} \Delta y \right) \lfloor \boxed{2} \rfloor$$

d'après les indications du n° **273**. Mais la recherche se simplifie si l'on remarque que tout se réduit à prouver le maintien du signe de

$$\left(\frac{dF}{dx} \Delta x + \frac{dF}{dy} \Delta y + \frac{dF}{dz} \, dz \right) \lfloor \boxed{2} \rfloor \quad (3)$$

sous les valeurs adoptées pour x, y, z, en tenant compte de la valeur que l'équation de condition (2) attribue à dz, variation du premier degré de Δz. D'après la relation $F(x, y, z) = xyz$, le développement (3) est

$$z\,\Delta x.\ \Delta y + y\Delta x.\ dz + x\Delta y.\ dz \text{ ou } x(\Delta x.\ \Delta y + \Delta v.\ dz + \Delta y\,dz),$$

dz étant donné par

$$(y + z)\,\Delta x + (y + z)\,\Delta y + (x + y)\,dz = o,$$

d'où l'on tire

$$dz = -\Delta x - \Delta y.$$

Alors le groupe en Δx^2, Δy^2, ... devient

$$-x(\Delta x^2 + \Delta y^2 + \Delta x.\ \Delta y) = -x\left[\left(\Delta x + \frac{1}{2}\,\Delta y\right)^2 + \frac{3}{4}\,\Delta y^2\right]$$

nombre constamment soustractif, quelles que soient Δx et Δy.

3° *Chercher le minimum de la fonction*

$$F(x, y, z, v) = x^2 + y^2 + z^2 + v^2, \quad (1)$$

lorsque les variables sont liés par la relation :

$$\varphi(x, y, z, v) = ax + by + cz + lv = k. \quad (2)$$

Cette question est évidemment un cas particulier de celle du n° 274.

La méthode des coefficients indéterminés s'applique heureusement à l'élimination des $(m - 1)$ variations dy_2, dy_3, ..., dy_m dans les équations (3) du n° 274. Sans modifier la première équation, qu'on multiplie les autres par les facteurs respectifs λ_1, λ_2, ..., λ_{m-1}, puis qu'on ajoute les produits à la première équation. On pourra, dans cette somme, déterminer les facteurs λ de manière à rendre nuls les coefficients des variations du premier degré des fonctions y_2, y_3, ..., y_m, et l'on obtiendra alors dy_1, etc.

Dans le cas particulier qui nous occupe, la résolution est bien simple. Les indépendants sont x, y, z; v est une fonction de x, y, z déterminée par l'équation (2). Les valeurs de x, y, z qui pourront amener un état extrême de la fonction (1), seront données par les équations

$$\frac{dF(x, y, z, v)}{dx} = 0, \quad \frac{dF(x, y, z, v)}{dy} = 0, \quad \frac{dF(x, y, z, v)}{dz} = 0. \quad (3)$$

Mais, afin d'éviter l'élimination de v dans le système (1) et (2), remarquons que les équations (3) ne sont autres que les coefficients des variations Δx, Δy, Δz égalés à zéro, dans

$$dF(x, y, z, v) = \Delta x . \frac{dF(x, y, z, v)}{dx} + \Delta y . \frac{dF(x, y, z, v)}{dy}$$

$$+ \Delta z . \frac{dF(x, y, z, v)}{dz} + dv . \frac{dF(x, y, z, v)}{dv},$$

Δx, Δy, Δz, dv étant liés par la relation

$$\Delta x . \frac{d\varphi(x, y, z, v)}{dx} + \Delta y . \frac{d\varphi(x, y, z, v)}{dy}$$

$$+ \Delta z . \frac{d\varphi(x, y, z, v)}{dz} + dv . \frac{d\varphi(x, y, z, v)}{dv} = 0;$$

ou dans

$$dF(x, y, z, v) = x . \Delta x + y . \Delta y + z . \Delta z + v . dv, \quad (4)$$

Δx, Δy, Δz, dv étant liés par

$$d\varphi(x, y, z, v) = a\Delta x + b\Delta y + c\Delta z + ldv = 0. \quad (5)$$

Si l'on remplace dans (4) dv par sa valeur tirée de (5), il vient

$$d\mathrm{F}\,(x,\,y,\,z,\,v) = \Delta x \left(x - \frac{a}{l}\,v\right) + \Delta y \left(y - \frac{b}{l}\,v\right) + \Delta z \left(z - \frac{c}{l}\,v\right)$$

Les quatre équations

$$x - \frac{a}{l}\,v = o \quad (6)$$

$$y - \frac{b}{l}\,v = o \quad (7)$$

$$z - \frac{c}{l}\,v = o \quad (8)$$

$$ax + by + cz + lv = o \quad (9)$$

détermineront les valeurs x, y, z, v qui pourront amener un état extrême de $\mathrm{F}\,(x,\,y,\,z,\,v)$.

CHAPITRE VI.

276. Nous possédons les moyens de calculer les valeurs qu'acquièrent des fonctions quelconques, commensurables ou incommensurables avec les variables dont elles dépendent, sous des valeurs déterminées de ceux-ci. Il est cependant des cas spéciaux que nous devons examiner : entre autres, le cas où le numérateur et le dénominateur d'une fonction fractionnaire $\frac{\varphi(x)}{\psi(x)}$ tendent simultanément vers zéro à mesure que x converge vers une valeur a. On ne pourra, dans ces circonstances, déterminer par une simple substitution la valeur de $\frac{\varphi(a)}{\psi(a)}$, puisque sa notation se réduit à la forme illusoire $\frac{o}{o}$, et l'on sera obligé de rechercher la limite vers laquelle converge $\frac{\varphi(x)}{\psi(x)}$ à mesure que x **converge vers** a.

277. *Recherche de la limite vers laquelle converge une fonction fractionnaire* $\frac{\varphi(x)}{\psi(x)}$, *lorsque,* x *convergeant vers une valeur* a, *le numérateur* $\varphi(x)$ *et le dénominateur* $\psi(x)$ *convergent indéfiniment vers zéro.*

Il est évident que si la valeur a de x annule les deux termes de $\frac{\varphi(x)}{\psi(x)}$, déterminer la limite vers laquelle tend cette fraction lorsque x converge vers a, revient à chercher la limite vers laquelle converge le quotient $\frac{\varphi(a+h)}{\psi(a+h)}$, lorsque h converge vers zéro. Or

$$(1)\ \lim. \frac{\varphi(a+h)}{\psi(a+h)} = \lim. \frac{\varphi(a)+h\varphi'(a)+\dfrac{h^2}{1.2}\varphi''(a)+\dfrac{h^3}{1.2.3}\varphi'''(a)+\ldots}{\psi(a)+h\psi'(a)+\dfrac{h^2}{1.2}\psi''(a)+\dfrac{h^3}{1.2.3}\psi'''(a)+\ldots}$$

$$= \lim. \frac{\varphi'(a)+\dfrac{h}{2}\varphi'',(a)+\ldots}{\psi'(a)+\dfrac{h}{2}\psi'',(a)+\ldots}$$

$\varphi(a)$, $\psi(a)$ étant nuls. La limite de

$$\frac{\varphi'(a)+\dfrac{h}{2}\varphi''(a)+\ldots}{\psi'(a)+\dfrac{h}{2}\psi''(a)+.,\ldots}$$

lorsque h converge vers zéro est $\frac{\varphi'(a)}{\psi'(a)}$. Ainsi

$$\lim. \frac{\varphi(x)}{\psi(x)}\,(x \to a) = \frac{\varphi'(a)}{\psi'(a)}\ \ (2).$$

Si la valeur a de x annule les deux termes de

$\frac{\varphi'(x)}{\psi'(x)}$, la limite vers laquelle tend cette fraction lorsque x converge vers a, est

$$\frac{\varphi''(a)}{\psi''(a)} \quad (3).$$

Nous le prouverions en raisonnant sur $\frac{\varphi'(a)}{\psi'(a)}$, comme nous avons raisonné sur la fraction primitive. Et ainsi de suite.

Supposons que $\varphi^{(p)}(a)$ et $\psi^{(p)}(a)$ soient les premières dérivées qui ne s'annulent pas simultanément sous $x = a$. Alors, on aura

$$\lim. \frac{\varphi(x)}{\psi(x)}(x \to = a) = \lim. \frac{\varphi^{(p)}(x)}{\psi^{(p)}(x)} \quad (x \to a).$$

Si la dérivée qui cesse de s'annuler la première est celle du numérateur, la fraction croît au delà de toute limite lorsque x converge vers a.

Si la dérivée qui cesse de s'annuler la première est celle du dénominateur, la fraction converge vers zéro, à mesure que x converge vers a.

Si les deux dérivées du numérateur et du dénominateur cessent de s'annuler en même temps, la fraction converge vers une valeur limitée $\frac{\varphi^{(p)}(a)}{\psi^{(p)}(a)}$, à mesure que x converge vers a.

EXEMPLES. — 1° *Chercher la limite vers laquelle converge*

$$f(x) = \frac{x^3 - 3x + 2}{x^4 - 6x^2 + 8x - 3}$$

lorsque x *converge vers* 1.

On a

$$\lim. f(x) (x \to 1) = \lim. \frac{3x^2 - 3}{4x^3 - 12x + 8} (x \to 1) = \frac{0}{0}.$$

Par conséquent,

$$\lim. f(x)\,(x \to 1) = \lim. \frac{6x}{12x^2 - 12}\,(x \to 1) = +\uparrow,$$

c'est-à-dire que la fonction $f(x)$ augmente au delà de toute limite, lorsque x converge vers 1.

2° *Chercher la limite vers laquelle converge*

$$f(x) = \frac{\mathscr{L}og\,(1 + x)}{x^n},$$

lorsque x *converge vers zéro.*

On a

$$\lim. f(x)\,(x \to 0) = \lim. \frac{\dfrac{1}{1 + x}}{nx^{n-1}}\,(x \to 0),$$

c'est-à-dire $+\uparrow$, si n est > 1; 1, si $n = 1$; 0 si n est < 1.

3° *Chercher la limite vers laquelle converge*

$$f(x) = \frac{x^x - x}{1 - x + \mathscr{L}og\,x}$$

lorsque x *converge vers* 1.

On a successivement

$$\lim. \frac{x^x - x}{1 - x + \mathscr{L}og\,x}\,(x \to 1)$$

$$= \lim. \frac{x^{x-1} + x^x.\,\mathscr{L}og\,x - 1}{-1 + \dfrac{1}{x}}$$

$$= \lim. \frac{x^x\,(1 + \mathscr{L}og\,x) - 1}{-1 + \dfrac{1}{x}}\,(x \to 1) = \frac{0}{0}$$

$$= \lim. \frac{(x^x + x^x\,\mathscr{L}og\,x)(1 + \mathscr{L}og\,a) + x^x.\,\dfrac{1}{x}}{-\dfrac{1}{x^2}}\,(x \to 1) = -2$$

4° Chercher la limite vers laquelle converge

$$f(x) = \frac{x(e^x + 1) - 2(e^x - 1)}{x^2(e^x - 1)} \ (x \to o),$$

lorsque x *converge vers zéro.*

On a successivement

$$\lim. \frac{x(e^x+1)-2(e^x-1)}{x^2(e^x-1)}(x \to o) = \frac{e^x+1+xe^x-2e^x}{2x(e^x-1)+x^2e^x}(x \to o) = \frac{o}{o}$$

$$= \lim. \frac{e^x(x-1)+e^x}{e^x(2+2x)+(2x+2x^2)e^x-2}.(x \to o) = \frac{o}{o}$$

$$= \lim. \frac{2e^x+e^x(2+2x)+e^x(2+2x)+e^x(2x+2x^2)}{e^x+e^x+e^x(x-1)}(x \to o). = \frac{1}{6}.$$

278. *Limite vers laquelle converge la fraction* $\frac{\varphi(x)}{\psi(x)}$, *lorsque,* x *convergeant vers* a, *le numérateur et le dénominateur croissent au delà de toute limite.* — On ne pourra pas non plus, dans ces circonstances, déterminer la valeur de $\frac{\varphi(a)}{\psi(a)}$ par une simple substitution, puisque sa notation se réduit à la forme illusoire $\frac{+\uparrow}{+\uparrow}$.

Remarquons que nous avons identiquement

$$\frac{\varphi(x)}{\psi(x)} = \frac{\dfrac{1}{\psi(x)}}{\dfrac{1}{(x)}}$$

Or, pour $x = a$, $\dfrac{1}{\psi(x)}$ et $\dfrac{1}{\varphi(x)}$ sont nuls. Donc (n° 277)

$$\lim. \frac{\varphi(x)}{\psi(x)} (x \to a) = \lim. \frac{-\dfrac{\psi'(x)}{\psi(x)^2}}{-\dfrac{\varphi'(x)}{\varphi(x)^2}} = \lim. \left[\frac{\psi'(x)}{\varphi'(x)} \cdot \frac{\varphi(x)}{\psi(x)} \cdot \frac{\varphi(x)}{\psi(x)}\right]$$

ou, en désignant par A la limite de $\frac{\varphi(x)}{\psi(x)}$ $(x \to a)$,

$$A = \lim. \frac{\psi'(x)}{\varphi'(x)}. \ A^2$$

d'où

$$A \ \text{ou} \ \lim. \frac{\varphi(x)}{\psi(x)} (x \to a) = \lim. \frac{\varphi'(x)}{\psi'(x)} (x \to a), \ \text{etc.}$$

REMARQUE. — La démonstration précédente suppose que la limite A de $\frac{\varphi(x)}{\psi(x)}$ $(x \to a)$ soit finie, c'est-à-dire que cette limite ne soit pas nulle ou que $\frac{\varphi(x)}{\psi(x)}$ ne croisse pas au delà de toute limite, lorsque x converge vers a.

Cependant, la règle trouvée subsiste encore si A est nulle. En effet, si nous cherchons la limite de $\frac{\varphi(x)}{\psi(x)} + k$, k étant une constante et $\lim. \frac{\varphi(x)}{\psi(x)} (x \to a)$ étant nulle, il est évident que nous devons obtenir k. Or

$$\frac{\varphi(x)}{\psi(x)} + k = \frac{(x) + k\psi(x)}{\psi(x)};$$

fraction dont les deux termes augmentent indéfiniment à mesure que x converge vers a, mais qui n'offre plus de particularité quant à sa limite. Nous aurons donc

$$\lim. \frac{\varphi(x) + k\psi(x)}{\psi(x)} (x \to a) = \lim. \frac{\varphi'(x) + k\psi'(x)}{\psi'(x)} (x \to a) = k + \lim. \frac{\varphi'(x)}{\psi'(x)}$$

Le résultat devant être k, on en conclut que

$$\lim. \frac{\varphi'(x)}{\psi'(x)} (x \to a) = 0$$

et l'on obtiendra donc la limite cherchée par l'application immédiate de la règle énoncée ci-dessus.

Si le quotient $\dfrac{\varphi\,(x)}{\psi\,(x)}$ croît au delà de toute limite lorsque x converge vers a, le quotient inverse $\dfrac{\psi\,(x)}{\varphi\,(x)}$ tend vers zéro lorsque x tend vers a; donc

$$\lim.\ \frac{\psi'\,(x)}{\varphi'\,(x)}\ (x \to a) = o \text{ et } \lim.\ \frac{\varphi'\,(x)}{\psi'\,(x)}\ (x \to a) = \dot{+}\ \uparrow$$

La règle est donc générale.

279. REMARQUE. — Dans le cas des nᵒˢ 277 et 278, lorsque les dérivées de $\varphi\,(x)$ et de $\psi\,(x)$ conduisent à des expressions qui présentent toujours pour $x = a$ la même indétermination que celle dont on cherche la limite, il faut recourir à des artifices particuliers. Celui qui réussit le plus généralement consiste à remplacer x par $a + h$, à développer les fonctions par la série (12) du nᵒ 229 ou par tout autre procédé, à opérer toutes les réductions et simplifications possibles et à faire finalement $h = o$. Ainsi

$$-\frac{x^{\frac{1}{2}} - a^{\frac{1}{2}} + (x - a)^{\frac{1}{2}}}{(x^2 - a^2)^{\frac{1}{2}}}\ \ (1)$$

se réduit à $\dfrac{o}{o}$ pour $x = a$.

Le quotient des dérivées

$$\frac{\dfrac{1}{2x^{\frac{1}{2}}} + \dfrac{1}{2\,(x - a)^{\frac{1}{2}}}}{\dfrac{x}{(x^2 - a^2)^{\frac{1}{2}}}}$$

possède deux termes qui croissent au delà de totue limite, lorsque x converge vers a, et il en est de même des dérivées suivantes. Pour déterminer la limite vers laquelle tend (1) lorsque x tend vers a, faisons $x = a + h$; il vient

$$\frac{(a+h)^{\frac{1}{2}} - a^{\frac{1}{2}} + h^{\frac{1}{2}}}{h^{\frac{1}{2}}(2a+h)^{\frac{1}{2}}}$$

ou, multipliant les deux termes par $(a+h)^{\frac{1}{2}} + a^{\frac{1}{2}}$,

$$\frac{h + h^{\frac{1}{2}}[(a+h)^{\frac{1}{2}} + a^{\frac{1}{2}}]}{h^{\frac{1}{2}}(2a+h)^{\frac{1}{2}}[(a+h)^{\frac{1}{2}} + a^{\frac{1}{2}}]}$$

ou

$$\frac{h^{\frac{1}{2}} + (a+h)^{\frac{1}{2}} + a^{\frac{1}{2}}}{(2a+h)^{\frac{1}{2}}[(a+h)^{\frac{1}{2}} + a^{\frac{1}{2}}]}$$

qui sous $h = o$ devient

$$\frac{2a^{\frac{1}{2}}}{2a^{\frac{1}{2}}(2a)^{\frac{1}{2}}} \text{ ou } \frac{1}{(2a)^{\frac{1}{2}}}.$$

280. *Limite vers laquelle converge la fonction* $f(\mathrm{x}) = \varphi(\mathrm{x}) . \psi(\mathrm{x})$, *lorsque,* x *convergeant vers* a, $\varphi(\mathrm{x})$ *converge vers zéro et* $\psi(\mathrm{x})$ *croît au delà de toute limite.* — On aura identiquement

$$\lim. \varphi(x) . \psi(x) = \lim. \frac{\varphi(x)}{\frac{1}{\psi(x)}} (x \rightarrow a) = \frac{o}{o},$$

qui se détermine par les règles précédentes.

EXEMPLE. — *Chercher la limite vers laquelle con-*

verge x. $e^{\frac{1}{x}}$ *lorsque* x *converge vers zéro.* — On a

$$x.\, e^{\frac{1}{x}} = \frac{e^{\frac{1}{x}}}{\frac{1}{x}}\; (x \to o) = \frac{+\uparrow}{+\uparrow}.$$

$$= \lim.\; \frac{e^{\frac{1}{x}}\left(-\dfrac{1}{x^2}\right)}{\left(-\dfrac{1}{x^2}\right)}\; (x \to o) = e^{+\uparrow} = +\uparrow,$$

(croît au delà de toute limite).

281. *Limite vers laquelle converge la fonction* $f(\mathrm{x}) = \varphi(\mathrm{x}) - \psi(\mathrm{x})$, *lorsque*, x *convergeant vers* a, $\varphi(\mathrm{x})$ *et* $\psi(\mathrm{x})$ *croissent au delà de toute limite.* — On a identiquement

$$\lim.\, f(x) = \lim.\left[\frac{1}{\frac{1}{\varphi(x)}} - \frac{1}{\frac{1}{\psi(x)}}\right] = \lim.\frac{\dfrac{1}{\psi(x)} - \dfrac{1}{\varphi(x)}}{\dfrac{1}{\varphi(x).\,\psi(x)}}\; (x \to a) = \frac{o}{o},$$

qui se détermine par les règles précédentes.

282. *Limites vers lesquelles converge la fonction* $f(\mathrm{x}) = \varphi(\mathrm{x})^{\psi(x)}$, *lorsque*, x *convergeant vers* a,

1° $\varphi(\mathrm{x})$ *et* $\psi(\mathrm{x})$ *diminuent indéfiniment;*

2° $\varphi(\mathrm{x})$ *croît au delà de toute limite,* $\psi(\mathrm{x})$ *converge indéfiniment vers zéro;*

3° $\varphi(\mathrm{x})$ *converge vers* 1, $\psi(\mathrm{x})$ *croît au delà de toute limite.*

Au lieu de $f(x) = \varphi(x)^{\psi(x)}$, on peut considérer

$$(1)\quad \mathscr{L}\mathrm{og}\, f(x) = \psi(x).\,\mathscr{L}\mathrm{og}\, \varphi(x) = \frac{\mathscr{L}\mathrm{og}\, \varphi(x)}{\dfrac{1}{\psi(x)}},$$

qui $(x \to a) = \dfrac{+\uparrow}{+\uparrow}$ dans le second cas, $= \dfrac{o}{o}$ dans le troisième.

Quant au premier cas, la formule (1) n'est pas applicable, puisque $\varphi\,(x)$ et $f\,(x)$ plus petits que **1** n'ont pas de logarithmes dans le système à base $e > 1$. Mais la relation

$$f\,(x) = \varphi\,(x)^{\psi(x)}$$

peut s'écrire

$$\frac{1}{f\,(x)} = \left(\frac{1}{\varphi\,(x)}\right)^{\psi(x)}$$

ou

$$\mathscr{L}og\,\frac{1}{f\,(x)} = \psi\,(x)\;\mathscr{L}og\,\frac{1}{\varphi\,(x)} = \frac{\mathscr{L}og\,\dfrac{1}{\varphi\,(x)}}{\dfrac{1}{\psi\,(x)}} = \frac{+\uparrow}{+\uparrow}\,(x \to a).$$

EXEMPLES. — 1° On a, pour $(x \to o)$, $x^x = o^o$. Cherchons

$$\lim. \frac{1}{x^x}\,(x \to o).$$

On a

$$\lim. \frac{1}{x^x} = \lim. \left(\frac{1}{x}\right)^x = \lim. e^{\mathscr{L}og\left(\frac{1}{x}\right)^x} = \lim. e^{x\,\mathscr{L}og\frac{1}{x}}\,(x \to o) = e^{o\times(+\uparrow)}$$

$$= \lim. e^{\dfrac{\mathscr{L}og\frac{1}{x}}{\frac{1}{x}}}\,(x \to o) = e^{\frac{+\uparrow}{+\uparrow}} = \lim. e^{\dfrac{-\frac{1}{x^3}}{-\frac{1}{x^2}}} = \lim. e^{\frac{1}{x}}\,(x \to o) = 1.$$

Donc aussi

$$\lim. x^x\,(x \to o) = 1.$$

2° On a, si x croît indéfiniment,

$$x^{\frac{1}{x}} = (+\uparrow)^o.$$

Mais

$$\lim. \; x^{\frac{1}{x}} = \lim. \; e^{\frac{\mathscr{L}og \, x}{x}} \; (x \to +\uparrow) = e^{\frac{+\uparrow}{+\uparrow}} = \lim. \; e^{\frac{1}{x}} \; (x \to +\uparrow) = 1$$

3° On a, si x converge vers 1,

$$x^{\frac{1}{1-x}} = 1 + \uparrow.$$

Mais

$$\lim. \; x^{\frac{1}{1-x}} = \lim. \; e^{\frac{\mathscr{L}og \, x}{1-x}} \; (x \to 1) = e^{\frac{0}{0}} = e^{-\frac{1}{x}} = \frac{1}{e^{\frac{1}{x}}} \; (x \to 1) = \frac{1}{e}.$$

CONCLUSION.

Le développement d'une fonction $\varphi\ (x + \Delta x)$, x désignant une valeur déterminée quelconque du nombre variable, Δx une variation de cette valeur, nous a fait connaître (n° 229) que

$$(1)\ \varphi(x+\Delta x)-\varphi(x)=\Delta x.\frac{d\varphi(x)}{dx}+\frac{1}{1.2}\Delta x^2.\frac{d^2\varphi(x)}{dx^2}+\frac{1}{1.2.3}\Delta x^3\frac{d^3\varphi(x)}{dx^3}+\ldots,$$

lorsque la fonction $\varphi\ (x)$ et ses dérivées sont limitées et continues sous les valeurs considérées du variable et que le reste de la série pris à partir du $(m + 1)^{ième}$ terme,

$$R_m = \frac{1}{1.\ 2\ldots(m+1)}\Delta x^{m+1}\frac{d^{m+1}\varphi\ (x+\theta.\Delta x)}{dx^{m+1}},$$

converge indéfiniment vers zéro à mesure que m augmente. Cette dernière condition est toujours satisfaite si Δx est plus petite que l'unité et si les dérivées conservent des valeurs limitées; en effet, si k est la plus grande valeur d'une des dérivées, on a

$$R_m < \frac{\Delta x^{m+1}}{1.2\ldots(m+1)}.k$$

reste qui converge vers zéro à mesure que m augmente indéfiniment par unité, lorsque Δx est < 1.

On a trouvé aussi (n° 236)

$$(2) \quad \varphi(x + \Delta c, y + \Delta y, z + \Delta z, \ldots) - \varphi(x, y, z, \ldots)$$

$$= \Delta x \frac{d\varphi(x, y, z, .)}{dx} + \Delta x . \frac{d\varphi(x, y, ..)}{dx} + \ldots$$

$$+ \frac{1}{1.2}\left[\Delta x \frac{d\varphi(x, u, z, \ldots)}{dx} + \Delta y \frac{d\varphi(x, y, z, \ldots)}{dy} + \ldots \right]\boxed{2}$$

$$+ \frac{1}{1.2.3}\left[\Delta x \frac{d\varphi(x, y, \ldots)}{dx} + \ldots \right]\boxed{3} + \ldots$$

$$+ R_m \text{ ou } \frac{1}{1.2\ldots(m+1)}\left[\Delta x \frac{d\varphi(x + 0\Delta x, u + 0\Delta u, \ldots)}{dx} + \ldots \right]\boxed{m+1}$$

Le reste R_m converge indéfiniment vers zéro à mesure que m augmente par unité, si Δx, Δy, Δz, ... sont plus petites que 1 et si toutes les dérivées sont finies.

On voit, par les formules (1) et (2), que la variation de la valeur d'une fonction d'un nombre quelconque de variables acquise sous des valeurs particulières x, y, z, ... de ceux-ci, variation qui résulte des variations Δx, Δy, Δz, ... des variables, se compose de diverses parties : 1° de parties qui ne renferment que les premières puissances des varia-tions Δx, Δy, ..., et dont nous appellerons le groupe *variation du premier degré* de la fonction propo-sée ; 2° de parties qui renferment les puissances deuxièmes des variations Δx, Δy, ..., et dont nous appellerons le groupe *variation du deuxième degré* de la fonction proposée ; etc. Chaque groupe forme une partie de plus en plus minime de la variation totale, si Δx, Δy, ... sont plus petites que l'unité. Le nombre de ces groupes est limité s'il s'agit d'une fonction commensurable avec les variables indépendants; leur suite est illimitée s'il s'agit d'une fonction incommensurable avec les variables indépendants. Les coefficients des puissances des variations Δx, Δy, ..., dans chaque groupe, sont les dérivées partielles, de même ordre que le degré de ces puissances, de la fonction proposée par rapport à chacun des variables.

D'autre part, nous avons démontré au n° 210 que : 1° *deux fonctions qui ne diffèrent que par un nombre constant, ont la même dérivée par rapport à l'un quelconque de leurs variables; 2° toute fonction de certains variables, qui diffère d'une autre fonction par sa composition même, n'a pas les mêmes dérivées que celle-ci; 3° réciproquement, si les dérivées de deux fonctions sont égales entre elles pour toutes les valeurs du variable par rapport auquel elles sont prises, renfermées entre certaines limites, les fonctions primitives sont les mêmes ou ne peuvent avoir entre elles qu'une différence constante pour les mêmes valeurs du variable.* La connaissance de la fonction primitive entraîne donc la connaissance de la fonction dérivée par rapport à tout variable que la première contient, et la connaissance de la fonction dérivée entraîne la connaissance de la fonction primitive à un nombre constant arbitraire près, pourvu que l'on parvienne à découvrir les procédés qui conduisent de l'une à l'autre.

Nous savons chercher les dérivées des fonctions, mais il nous reste une tâche importante à remplir : **la recherche des fonctions primitives lorsqu'on** connaît les fonctions dérivées ou lorsqu'on connaît des relations entre les fonctions dérivées et la fonction primitive.

On conçoit aussi, d'après ce qui a été dit ci-dessus, que les variations de degré quelconque ([1]) de deux fonctions qui ne diffèrent que par un nombre constant sont les mêmes, et que, par suite, la connaissance d'une variation de degré quelconque d'une fonction entraîne la connaissance de la fonction primitive à un nombre constant arbitraire près.

La recherche des fonctions primitives au moyen des dérivées, ou de relations entre les dérivées et les fonctions, ou des variations de degré quelconque des fonctions primitives constitue l'objet de ce qu'on appelle ordinairement : *le calcul intégral*. Nous pensons qu'avant d'aborder ce nouveau sujet, il convient de se rendre compte comment, dans les questions qui concernent les quantités des substances et des formes matérielles, on parvient à la connaissance des dérivées ou des variations de degré quelconque des fonctions dont on s'occupe.

C'est pourquoi nous développerons d'abord la *Science de l'espace* dans laquelle nous aurons à étudier des fonctions particulières. Elle formera le sujet d'un ouvrage que nous espérons pouvoir publier bientôt.

([1]) On a déjà remarqué que nous entendons par *variation du premier degré, du deuxième degré,....* d'une fonction les nombres qu'on désigne ordinairement sous les termes, assez vagues à notre avis, de *différentielle première, seconde....*

FIN.

ERRATUM.

Page 364, au lieu de :

Désignons par Δv, Δy, Δz, Δu, ..., etc:, *jusqu'à* (page 365) : La dérivée d'une fonction v de plusieurs fonctions, etc.;

Lisez :

Désignons par Δv, Δy, Δz, Δu, ... les accroissements de v, y, z, u, ..., correspondants à un accroissement Δx de x. Nous aurons pour la variation Δv :

$$\Delta v = f(y + \Delta y, z + \Delta z, u + \Delta u, ...) - f(y, z, u, ...)$$
$$= f(y + \Delta y, z + \Delta z, u + \Delta u, ...) - f(y, z + \Delta z, u + \Delta u, ...)$$
$$+ f(y, z + \Delta z, u + \Delta u, ...) - f(y, z, u + \Delta u, ...)$$
$$+ f(y, z, u + \Delta u, ...) - f(y, z, u, ...)$$

On a donc

$$\frac{\Delta v}{\Delta x} = \frac{f(y + \Delta y, z + \Delta z, u + \Delta u, ...) - f(y, z + \Delta z, u + \Delta u, ...)}{\Delta y} \frac{\Delta y}{\Delta x}$$
$$+ \frac{f(y, z + \Delta z, u + \Delta u, ...) - f(y, z, u + \Delta u, ...)}{\Delta z} \frac{\Delta z}{\Delta x}$$
$$+ \frac{f(y, z, u + \Delta u, ...) - f(y, z, u, ...)}{\Delta u} \frac{\Delta u}{\Delta x},$$

et, puisque *la limite d'une somme est égale à la somme des limites de ces parties*, nous obtiendrons pour la limite vers laquelle tend $\frac{\Delta v}{\Delta x}$, lorsque Δx et, par suite, Δy, Δz, Δu, ... tendent indéfiniment vers la nullité

$$\frac{dv}{dx} = \frac{dv}{dy} \cdot \frac{dy}{dx} + \frac{dv}{dz} \cdot \frac{dz}{dx} + \frac{dv}{du} \cdot \frac{du}{dx} + ...$$

TABLE DES MATIÈRES.

SECONDE PARTIE.

DES QUANTITÉS OU DES NOMBRES D'UNITÉS CONSIDÉRÉS DANS LEURS RELATIONS AVEC LES SUBSTANCES ET LES FORMES MATÉRIELLES QUI LES SUPPORTENT.

CHAPITRE PREMIER.

CHAPITRE II.

CHAPITRE III.

LIVRE SECOND.

PREMIÈRE PARTIE.

DES QUANTITÉS OU DES NOMBRES D'UNITÉS CONSIDÉRÉS DANS LES PHÉNOMÈNES DU CHANGEMENT AUXQUELS ILS SONT SOUMIS.

CHAPITRE UNIQUE.

SECONDE PARTIE.

DES QUANTITÉS OU DES NOMBRES D'UNITÉS, FONCTIONS D'AUTRES QUANTITÉS OU NOMBRES D'UNITÉS, CONSIDÉRÉS DANS LES PHÉNOMÈNES DU CHANGEMENT.

CHAPITRE PREMIER.

CHAPITRE II.

CHAPITRE III.

CHAPITRE VI.

WEISSENBRUCH · IMPRIMEUR DU ROI, RUE DU POINÇON 45 BRUXELLES

MAISON FONDÉE
A BRUXELLES
1795

ŒUVRES
DE J. J. ROUSSEAU
IMPRIMÉ PAR
M. M. REY
AMSTERDAM
1769

REVUE
ENCYCLOPÉDIQUE
LIÉGE
PRESS
BOUILLON

W

Calcul des Probabilités et Théorie des Erreurs, avec des applications aux sciences d'observation en général et à la géodésie en particulier, par J.-B.-J. Liagre, lieutenant général, ministre de la guerre, secrétaire perpétuel de l'Académie royale de Belgique, deuxième édition, revue par le capitaine d'état-major Camille Peny, professeur à l'école militaire. Un vol. in-8° de 600 pages. — Prix : 10 francs.

La Philosophie Scientifique. — Science, Art et Philosophie. — Mathématiques, sciences physiques et naturelles, sciences sociales, art de la guerre, par H. Girard, capitaine en premier du génie, ancien professeur de mathématiques supérieures, professeur d'art militaire et de fortification. Un vol. grand in-8° de ix-406 pages, imprimé sur beau papier en caractères elzévir. — Prix : 9 francs.